普通高等教育"十一五"国家级规划教材

普通高等学校机械类一流本科专业建设精品教材

机械制造技术基础
（第三版）

巩亚东　史家顺　朱立达　主编

科学出版社
北　京

内 容 简 介

本书体现了先进制造与自动化技术的进步和发展，内容体系贯穿了制造系统的思想，并适当加强了计算机辅助制造、柔性自动化、自动化装配、智能与数字制造等内容。同时，增加了数控机床、数控刀具及磨削新方法等。全书共 9 章，内容包括绪论、机械制造系统和机械制造单元、金属切削机床、金属切削与磨削加工、机械加工工艺规程的制定、机床夹具、机械加工精度的影响因素及控制、机械加工表面质量的影响因素及控制、机器的装配、机械制造技术发展。

本书可作为普通高等学校本科机械工程、机械设计制造及其自动化、智能制造工程等专业的教材，也可供研究生和企业工程技术人员参考。

图书在版编目（CIP）数据

机械制造技术基础 / 巩亚东，史家顺，朱立达主编. 3 版.
北京 ：科学出版社，2024. 6. -- （普通高等教育"十一五"国家级规划教材）（普通高等学校机械类一流本科专业建设精品教材）.
ISBN 978-7-03-078958-7

Ⅰ. TH16

中国国家版本馆 CIP 数据核字第 2024YA8304 号

责任编辑：朱晓颖　毛　莹 / 责任校对：王　瑞
责任印制：师艳茹 / 封面设计：迷底书装

科 学 出 版 社 出版
北京东黄城根北街 16 号
邮政编码：100717
http://www.sciencep.com
北京天宇星印刷厂印刷
科学出版社发行　各地新华书店经销
*
2010 年 6 月第　一　版　开本：787×1092 1/16
2024 年 6 月第　三　版　印张：17 3/4
2024 年 6 月第十三次印刷　字数：454 000
定价：59.80 元
（如有印装质量问题，我社负责调换）

前　言

为了适应新一轮科技革命和产业变革的机械类专业人才培养的需求，顺应学科专业设置布点改革优化，践行党的二十大报告提出的"坚持教育优先发展""加快建设教育强国""坚持为党育人、为国育才，全面提高人才自主培养质量"，便于机械制造技术基础课程教学，编者基于多年的教学实践总结和教学改革成果，编写了这本具有一定特色的专业基础课教材。

本书基于教育部高等学校机械类专业教学指导委员会最新编制的《中国机械工程学科教程（2023 年）》，遵循满足机械类专业教学的基本要求和培养学生解决复杂工程问题的综合能力和创新性思考的原则。在内容取舍和编排上有些新的尝试，所选内容既考虑到基础性和系统性，又兼顾前沿性和创新性，强化机械制造技术的基础，注意反映机械制造技术领域国内外的新发展和新观点。努力实现教材体系的优化和多门课程的有机整合，避免在教学上造成各专业课程间基本知识点的重复或遗漏。编写中力求做到内容叙述简明，概念准确清晰，举例典型通俗，便于学习和教学。

本书由巩亚东、史家顺、朱立达主编。绪论、第 1 章、第 3 章、第 6 章、第 7 章由巩亚东编写，第 2 章、第 9 章由朱立达编写，第 4 章、第 5 章、第 8 章由史家顺编写。全书由巩亚东教授统稿，由东北大学王宛山教授主审。本书的编写得到了东北大学机械工程与自动化学院先进制造与自动化技术研究所教师的积极配合和全力支持，特别是原所先教授、邹平教授、田文元老师和黄炜老师也付出了辛勤劳动，提出了中肯的建议，在此表示由衷的感谢。

为方便读者学习，依托东北大学开设了机械制造技术基础 MOOC 课程，本书在重要知识点位置设置了二维码，通过手机、平板电脑等移动终端扫描二维码，即可链接至相关知识点的微课视频讲解，从而将纸质教材与网络资源有机结合，有利于提升学习效果。本书还配有《机械制造技术基础学习辅导与习题解答》，供教师授课和学生学习参考使用。

限于编者水平，书中不当和疏漏之处在所难免，诚恳希望广大师生和读者提出宝贵意见，以便后续进一步完善。

编　者

2023 年 12 月

目　　录

绪论 ··· 1

第 1 章　机械制造系统和机械制造单元 ·· 4
　1.1　机械产品生产过程和工艺过程 ··· 4
　　1.1.1　机械产品生产过程 ··· 4
　　1.1.2　工艺过程 ··· 5
　1.2　机械制造系统及其组成 ·· 5
　　1.2.1　机械制造系统 ··· 5
　　1.2.2　机械制造系统的组成 ··· 6
　1.3　机械制造单元的组成及工艺系统 ·· 7
　　1.3.1　机械制造单元的组成 ··· 7
　　1.3.2　工艺系统 ··· 7
　1.4　机械制造系统自动化技术 ·· 8
　　1.4.1　机械制造系统自动化技术概述 ······································ 8
　　1.4.2　刚性自动化制造系统 ··· 9
　　1.4.3　柔性制造系统 ··· 9
　　1.4.4　计算机集成制造系统 ·· 11
　1.5　表面加工方法 ··· 12
　　1.5.1　零件成形方法 ·· 12
　　1.5.2　机械加工方法 ·· 13

第 2 章　金属切削机床 ·· 16
　2.1　零件表面形成方法及机床切削成形运动 ································ 16
　　2.1.1　零件表面的形成方法 ·· 16
　　2.1.2　机床切削成形运动 ··· 18
　　2.1.3　机床的主运动、进给运动、合成切削运动和辅助运动 ········ 18
　2.2　金属切削机床的类型及特点 ·· 20
　　2.2.1　机床的分类与型号编制 ·· 20
　　2.2.2　机床的传动联系和传动原理图 ····································· 23
　2.3　车床及其传动原理分析 ··· 25
　　2.3.1　车床概述 ·· 25
　　2.3.2　CA6140 型车床的传动系统分析 ···································· 27

2.4　其他典型机床概述 ···32

2.4.1　钻床 ···32

2.4.2　刨床和插床 ···34

2.4.3　铣床 ···36

2.4.4　镗床 ···37

2.4.5　磨床 ···39

2.4.6　齿轮加工机床 ···41

2.5　数控机床与加工中心 ···45

2.5.1　数控机床 ···45

2.5.2　加工中心 ···48

2.5.3　MJ-50 型数控车床简介 ·····································49

2.5.4　JCS-018 型立式镗铣加工中心简介 ···························51

第 3 章　金属切削与磨削加工 ···53

3.1　金属切削、磨削加工的基本概念 ···································53

3.1.1　金属切削与磨削的加工表面与用量 ···························53

3.1.2　刀具角度与标注 ···55

3.1.3　切削层参数 ···58

3.2　金属切削刀具 ···58

3.2.1　常用刀具材料 ···58

3.2.2　刀具的类型 ···61

3.2.3　常用刀具 ···61

3.3　磨料与磨具 ···69

3.3.1　常用磨料 ···69

3.3.2　砂轮形状与组成 ···70

3.3.3　砂轮特性表示 ···71

3.4　金属切削过程及机理 ···72

3.4.1　金属切削过程 ···72

3.4.2　切削力、切削功率与切削温度 ·······························74

3.4.3　刀具磨损与使用寿命 ·······································76

3.5　金属磨削过程及机理 ···77

3.5.1　金属磨削过程 ···77

3.5.2　磨削力与磨削温度 ···79

3.5.3　砂轮的磨损与修整 ···80

3.6　切削、磨削条件的合理选择 ·······································82

3.6.1　工件材料的切削加工性 ·····································82

3.6.2 刀具参数和切削工艺参数的选择 ··· 83

3.6.3 切削液、磨削液 ·· 85

3.7 先进切削、磨削加工技术 ·· 87

3.7.1 高速切削技术 ·· 87

3.7.2 超精密切削技术 ·· 88

3.7.3 高效率磨削技术 ·· 90

3.7.4 超高速磨削技术 ·· 92

3.7.5 超精密磨削技术 ·· 94

第 4 章 机械加工工艺规程的制定 ·· 96

4.1 机械加工工艺过程基本概念 ·· 96

4.1.1 机械加工工艺过程的组成 ·· 96

4.1.2 机械加工工艺规程及其编制步骤 ·· 98

4.2 机械加工工艺规程设计 ·· 100

4.2.1 机械加工工艺规程制定的准备工作 ·· 100

4.2.2 零件机械加工工艺路线的拟定 ·· 102

4.2.3 工序设计 ·· 110

4.3 尺寸链和工艺尺寸链问题 ·· 114

4.3.1 尺寸链概念及工艺尺寸链 ·· 114

4.3.2 工艺尺寸链问题的分析计算 ·· 116

4.4 机械加工的生产率和经济性 ·· 120

4.4.1 提高机械加工生产率的工艺措施 ·· 120

4.4.2 工艺过程的技术经济分析 ·· 121

4.5 计算机辅助工艺规程设计 ·· 122

4.5.1 计算机辅助工艺规程设计及其功能 ·· 122

4.5.2 计算机辅助工艺规程设计的主要方法 ·· 123

4.5.3 零件成组编码 ·· 124

4.5.4 创成法 CAPP 中工艺决策的实现 ·· 126

4.5.5 CAPP 系统实例 ·· 128

4.6 典型零件机械加工工艺 ·· 131

4.6.1 轴类零件加工工艺 ·· 131

4.6.2 箱体类零件加工工艺 ·· 136

4.6.3 圆柱齿轮加工工艺 ·· 141

第 5 章 机床夹具 ·· 146

5.1 机床夹具概述 ·· 146

5.1.1 工件在机床上的装夹方法 ·· 146

5.1.2　机床夹具的作用 ···147

5.1.3　机床夹具的组成 ···149

5.1.4　机床夹具的分类 ···149

5.2　工件在夹具中的定位 ···150

5.2.1　工件定位原理 ···150

5.2.2　六点定位原理的应用原则 ·································152

5.2.3　常用定位元件 ···153

5.2.4　典型定位方式 ···160

5.3　定位误差的分析与计算 ···163

5.3.1　基准位置误差的分析计算 ·································163

5.3.2　定位误差的分析与计算 ·································165

5.3.3　典型定位时定位误差计算举例 ·····················168

第6章　机械加工精度的影响因素及控制 ·····················173

6.1　机械加工精度的概念及其获得方法 ·····················173

6.1.1　机械加工质量的含义 ·································173

6.1.2　机械加工精度的概念 ·································174

6.1.3　机械加工精度的获得方法 ·································174

6.2　机械加工精度的影响因素及控制 ·····················176

6.2.1　机械加工工艺系统原始误差概述 ·················176

6.2.2　机械加工工艺系统原有误差的影响 ·············178

6.2.3　工艺系统受力变形的影响 ·································186

6.2.4　工艺系统受热变形的影响 ·································193

6.3　加工误差的统计分析与质量控制 ·····················197

6.3.1　加工误差的性质 ···197

6.3.2　加工误差的分布规律 ·································198

6.3.3　分布曲线统计分析方法 ·································199

6.3.4　点图分析法 ···203

6.4　提高机械加工精度的方法 ·································205

第7章　机械加工表面质量的影响因素及控制 ·············207

7.1　机械加工表面质量概述 ·································207

7.1.1　机械加工表面质量的含义 ·································207

7.1.2　机械加工表面质量对使用性能的影响 ·········208

7.2　机械加工表面质量的影响因素 ·····················210

7.2.1　切削加工表面的形成过程 ·································210

7.2.2　加工表面粗糙度 ···211

7.2.3 加工表面变质层 ··· 215

7.3 机械加工过程中的振动及控制 ··· 220

7.3.1 概述 ··· 220

7.3.2 强迫振动及其控制 ··· 221

7.3.3 自激振动及其控制 ··· 222

7.4 质量保证体系 ·· 227

7.4.1 质量工程的定义、范围和发展特点 ··· 227

7.4.2 设计质量工程 ··· 229

7.4.3 制造质量工程 ··· 229

第 8 章　机器的装配 ··· 233

8.1 装配过程概述 ·· 233

8.1.1 机器装配的内容 ·· 233

8.1.2 装配精度 ··· 233

8.2 装配尺寸链的分析计算 ··· 234

8.2.1 装配尺寸链的概念 ··· 234

8.2.2 装配尺寸链的建立 ··· 235

8.2.3 装配尺寸链的计算 ··· 236

8.3 保证装配精度的方法 ·· 241

8.3.1 互换装配法 ··· 241

8.3.2 选择装配法 ··· 244

8.3.3 修配装配法 ··· 245

8.3.4 调节装配法 ··· 249

8.4 自动化装配 ·· 253

8.4.1 自动化装配概述 ·· 253

8.4.2 自动化装配工艺设计注意的问题 ·· 254

8.4.3 提高装配自动化水平的技术措施 ·· 255

8.4.4 自动化装配工艺过程设计 ··· 256

8.5 装配工艺规程的制定 ·· 258

8.5.1 制定装配工艺规程的基本原则及原始资料 ··································· 258

8.5.2 制定装配工艺规程的步骤 ··· 259

第 9 章　机械制造技术发展 ··· 262

9.1 机械制造技术的发展进程 ··· 262

9.1.1 世界机械制造技术发展 ·· 262

9.1.2 中国机械制造技术发展 ·· 263

9.1.3 机械制造技术发展趋势 ·· 264

9.2 机械制造过程自动化 ·· 265

9.2.1 机械制造自动化意义 ··· 265

9.2.2 刚性自动化 ·· 265

9.2.3 数控自动化 ·· 267

9.3 先进制造技术发展 ·· 268

9.3.1 集成制造与智能制造 ··· 269

9.3.2 网络化制造 ·· 269

9.3.3 绿色制造 ··· 270

9.3.4 生物制造 ··· 271

9.4 现代制造中的管理技术 ·· 272

9.4.1 企业资源规划 ··· 272

9.4.2 产品数据管理技术 ··· 273

参考文献 ·· 274

随着新一轮科技和产业革命发展的影响，智能化时代和知识产业时代已经来临。全球性产业结构调整步伐加快，国际经济合作日趋紧密，用户需求个性化、制造数字化和智能化及快速响应市场技术需求越来越迫切，技术创新将成为企业竞争的焦点。随着中国制造业的发展和技术进步，中国将变成全球制造中心。中国国民经济的发展总量已居世界前列，开始由量的追求转向质的提高和结构优化，从粗放型经济方式向集约型经济方式转变，从初期中低端制造向高端制造转变。在这一背景下，中国制造业及机械制造业制造模式将发生新的重大变化，面临着机遇与挑战，并不断有新的进展。我国在实施制造强国建设的国家战略中，明确提出将智能制造作为主攻方向，实现从制造大国向制造强国的转变。推进制造业发展，最根本的要靠人，靠千千万万高素质、创新性、多样化、复合型的人才作为支撑。因此，必须抓住人才队伍建设和人才培养这个根本，重视制造工程领域人才的自主培养，加快构建制造工程领域人才资源的竞争优势。

制造业是将制造资源通过制造过程转化为可应用产品的工业总称，它对国民经济发展具有重要意义。它是近代人类物质文明和精神文明的基础，工业化国家中 60%～80%的财富是由制造业提供的；它是一个国家赖以生存、发展的基础，是综合国力得以提升的重要支柱产业，其技术和规模是衡量国家科技水平和经济实力的重要标志之一。

装备制造业是国民经济的装备部，是关系到国计民生和国家安全的战略性产业，也是经济技术大国崛起的基础性产业。高度发达的装备制造业和强大的自主创新能力是一个国家或地区实现先进工业化的重要保证，还是衡量其科技创新能力、国防实力和国际竞争力的重要标志。装备制造业是大国的立国之本，是决定国家兴衰的关键因素之一。从目前中国的情况来看，装备制造业是中国重工业的核心组成部分，是拉动经济增长和促进产业化结构调整升级的一个主导力量。装备制造业具有关联度大、产业链长和科技含量高的特点，它的发展已经带动一大批相关产业的发展，以及各产业部门的结构调整和技术升级。装备制造业无论是为中国实现农业机械化和国防现代化，还是推进工业化、信息化和城镇化建设都作出了重要贡献。随着产业与产品结构的不断升级，设备的更新速度加快，对新技术装备的需求与日俱增，装备制造业已成为中国经济的可持续增长和工业升级的发动机。

中国装备制造业从仿制普通机械产品到自行设计制造尖端大型成套设备过程中，形成了门类比较齐全的装备制造工业体系，基本满足了国民经济建设的需要，用装备制造的品质改变了中国和世界。但从中国装备制造业整体来看，自主创新能力不足，缺乏关键技术和核心技术是中国装备制造业发展的瓶颈因素，提高自主创新能力已刻不容缓。

机械制造业是消费品的主要生产部门，是高科技发展的重要平台，是国家和国防实力的重要保证。中国机械制造业发展到今天，已拥有 100 多个行业，生产 6 万多种产品，成为了一个门类相当齐全的工业体系，拥有了大型火电、水电、核电成套设备，高压大功率输变电设备，大型冶金、矿山、工程机械设备，大型石化、煤化工业成套设备，石油开采设备，船舶、机车、航空航天重型设备，正负电子对撞机等大型成套装备的制造能力。其固定资产原值、职工总数、总产值都接近全国工业的 1/4。2023 年机械工业实现营业收入 29.8 万亿元，同比增长 6.8%；实现利润总额近 1.8 万亿元，同比增长 4.1%。营业收入和利润总额增速分别比全国工业高 5.7 个和 6.4 个百分点，占全国工业的比重分别为 22.3% 和 22.8%，较上年分别提高 1.2 和 1.4 个百分点。机械工业主要涉及的五个国民经济行业大类增加值全部增长，其中电气机械和汽车起到突出带动作用，增加值增速分别达到 12.9% 和 13%。机械工业外贸总额、出口额均创新高。海关统计数据显示，2023 年机械工业外贸进出口总额达 1.09 万亿美元，同比增长 1.7%，连续第三年超过万亿美元，占全国外贸进出口总额的 18.3%。其中，出口额 7830.2 亿美元，同比增长 5.8%，占全国外贸出口额的 23.2%。2023 年机械工业战略性新兴产业相关行业合计营业收入 24.2 万亿元、同比增长 7.8%，实现利润总额 1.4 万亿元、同比增长 7.0%，占机械工业的比重分别为 81.3% 和 81.0%。我国机械行业在 2007 年产品销售数量位居世界首位，成为名副其实的世界机械工业产销大国，本土品牌产品已满足了国内市场需求的 90% 以上。发电设备产量、机床产量、汽车产量和工程机械产品均居世界第一位。改革开放后，机械工业总产值增长率达 14%，高于同期国内生产总值的平均增速，是工业生产中发展最快的行业之一。它的发展保证了国内建设装备水平的不断提高，保证了国家基础设施建设和一些关系国家安全和长远利益的重大装备国产化水平的提升。国家将机械工业列为国家支柱产业，工程机械、运输机械、基础零部件和重大技术成套设备是机械工业发展的关键和重点。目前，中国机械工业引进和自主开发结合，其工艺设备设计制造能力和工艺水平达到了一个新阶段，取得了巨大成就，但与工业发达国家相比还有一定差距。中国是制造大国，并不是制造强国。在实现新型工业化，全面推进实施制造强国战略下，新一代信息技术与传统产业深度融合，将加快行业高端化、智能化、绿色化转型。知识经济下的制造业需要注入高科技知识，更需要培养掌握高科技知识的人才。这就需要我们共同努力，来完成实现机械工业现代化、建设世界制造强国的任务。

机械制造业的产品是用制造方法获得的各种具有机械功能的产品。现代机械制造技术经过 200 多年的发展，在加工制造能力、加工工艺方法、加工精度、自动化程度、生产率、生产响应能力和柔性及可持续发展方面均有飞速发展：包括各种切削和磨粒加工等机械加工方法和利用机械、电能、热能、化学能的特种加工方法的快速发展，超精密加工技术的发展和机械制造精度的大幅度提高；机械化、单机刚性自动化、组合机床、刚性自动线、组合机床自动线、数控机床、加工中心、机器人、柔性制造系统、计算机集成制造系统和智能制造系统等制造自动化的进步；计算机辅助工艺规程编制、计算机辅助工艺装备设计、计算机辅助数控编程、机床计算机数字控制和智能控制、计算机辅助检测和质量管理、工艺过程和制造系统计算机仿真和工艺优化、CAD/CAM 集成、虚拟制造等计算机技术在机械制造中的应用；精密成形技术和快速原型以及近净毛坯制造技术的进步；网络化制造和虚拟企业等企业生产管理模式的变化等。先进制造技术已成为当今世界科技发展的热点之一。信息、网络和计算机技术极大地改变了制造面貌，目前制造技术正向数字化、网络化、智能化发展，而且不断同其他学科结合，开拓和延伸制造领域，如纳米制造、生物制造、绿色制造等。

机械制造及其自动化是机械工程的重要学科。它主要研究机械制造中的设备和装备、工艺技术方法、加工工艺和生产组织管理问题，以提高整个机械制造过程的能力、柔性、效益、自动化程度和可持续发展性。有统计表明，企业的工艺技术工作是产品设计工作的四五倍，工艺费用约占产品的 50%，因工艺因素造成的产品质量问题占 60%～70%，在产品设计制造过程中有大量工艺技术问题需要解决，这也反映了本学科的重要性。

　　"机械制造技术基础"是机械工程学科领域知识体系的重要内容，是机械工程专业的一门必修专业基础课程。课程设置以金属切削理论为基础，以制造工艺为主线，以产品质量、加工效率与经济性三者之间的优化为目标，兼顾工艺装备知识与现代制造技术等。各章主要内容之间关系如图 0-1 所示，主要包括金属切削原理与刀具，金属切削机床，机械制造（金属切削加工/机械装配）工艺知识，机械加工精度，机械加工表面质量，尺寸链理论和工件定位夹紧等基本原理、基本概念和基本方法。

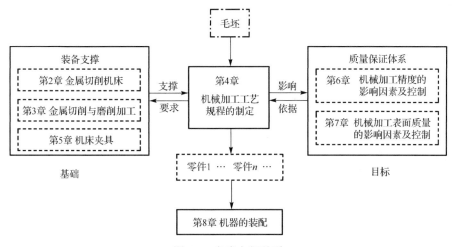

图 0-1　各章之间关系

　　本课程的特点是实践性强，其理论学习与工艺实践的关系非常紧密。通过理论课程的学习和实践环节的训练，学生可以掌握机械制造技术的基本知识、基本原理；同时结合生产实习、专业课程设计教学，培养学生运用机械制造技术的基础理论、知识解决机械制造工程问题的能力和计算实际工程问题的能力，为后续专业课程的学习和将来从事机械制造工程技术工作打下良好基础。

微课视频

第1章

机械制造系统和机械制造单元

1.1 机械产品生产过程和工艺过程

制造业是将制造资源(物料、能源、设备工具、资金、技术、信息和人力等),通过制造过程,转化为可供利用的工业品或生活消费品的行业。机械制造业的产品是机械产品,是用制造方法获得的各种具有机械功能的物体。这些产品可以是一台机器、一个部件或是某一种零件。

1.1.1 机械产品生产过程

一般来说,机械制造企业的决策者根据订货或市场需求分析及潜在的市场预测,策划决定生产制造某种产品,然后组织研究设计部门进行产品开发、设计及研制,工艺部门进行工艺设计,供应部门准备需要的原材料、设备和装备,生产部门进行生产组织准备,毛坯车间进行毛坯制造。这些准备工作完成后,再进行产品零件加工和处理、产品机器装配和调试、性能测试、质量检验和包装仓储,以及许多其他与之相关的各个环节。产品最终制造完成后,还需要销售、发运和进行售后服务,并由市场反馈获得所制造的机械产品的综合信息。这一过程就是机械制造过程。这是一个十分复杂的过程,并依市场经营需求而进行,与市场和用户有密切的关系。机械制造过程及其与市场和用户的关系如图1-1所示。

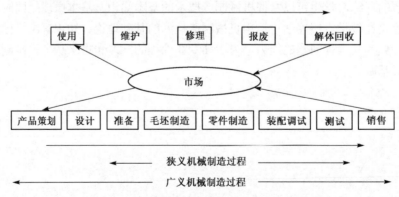

图 1-1 机械制造过程及其与市场和用户的关系

如果从狭义的制造概念出发,则认为机械制造过程是指利用各种机理、技术和设备工具对原材料、半成品进行加工或处理,最终使之成为机械产品的过程。由原材料转化为最终产品的一系列相互关联的劳动过程的总和称为生产过程,它包括生产组织准备、原材料准备、毛坯制造、把毛坯加工成零件、机器装配、生产过程中的物料运输、质量检验及许多其他与之相关的内容。

1.1.2　工艺过程

在生产过程中，那些与由原材料转变为产品直接相关的过程称为工艺过程，它包括毛坯制造、零件加工、热处理、质量检验和机器装配等。而为保证工艺过程正常进行所需要的刀具和夹具制造、机床调整维修等则属于辅助过程。

通常，机械加工是获得机器零件的最主要手段。在工艺过程中，以机械加工方法按一定顺序逐步地改变毛坯形状、尺寸、表面层性质，直至成为合格零件的过程称为机械加工工艺过程。生产过程、工艺过程、辅助过程与机械加工工艺过程及装配工艺等其他过程的关系如图1-2所示。

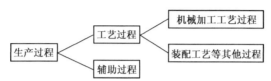

图 1-2　生产过程、工艺过程、辅助过程与机械加工工艺过程及装配工艺等其他过程的关系

1.2　机械制造系统及其组成

1.2.1　机械制造系统

由为完成机械制造过程所涉及的硬件(原材料、辅料、设备、工具、能源等)、软件(制造理论、工艺、技术、信息和管理等)和人员(技术人员、操作工人、管理人员等)组成的，通过制造过程将制造资源(原材料、能源等)转变为产品(包括半成品)的有机整体，称为机械制造系统。

广义的机械制造系统是一个输入制造资源、输出产品的输入输出系统，其结构由硬件、软件和人员组成，并包括了市场分析、产品策划、开发设计、生产组织准备、原材料准备和储存、毛坯制造、零件加工、机器装配、质量检验及许多其他与之相关的各个环节的生产全过程。其典型系统如图1-3所示。

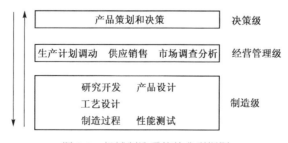

图 1-3　机械制造系统的典型框图

上述广义的机械制造系统仅指机械产品的宏观尺度制造，与微加工制造系统(即微观尺度的加工制造机理、方法和需要的制造系统)有本质区别，因此微加工制造系统不在本节讨论范围。

根据考察研究的对象不同，一个公司、一个工厂、一个车间、一条生产线、一个机群，

微课视频

动画

甚至一台机床，都可以看成不同层次的机械制造系统。例如，一台机床的机械制造系统是单级系统，包括多台机床的机械制造系统是多级系统。

单级机械制造系统是最小的机械制造系统，是多级系统的基本组成单元，也可以称为机械制造单元。

机械制造系统也像其他系统一样，具有集合性、相关性、环境适应性、动态特性、反馈特性和随机特性等。在对待和解决机械制造系统的问题时，必须应用系统科学与工程的观点和方法。

1.2.2 机械制造系统的组成

根据实际生产需要，机械制造系统有不同的复杂程度，但无论是复杂的还是简单的机械制造系统，在运行过程中，无时无刻不伴随着物料流、信息流和能量流的运动。

机械加工过程输入的是原材料和毛坯(有时也包括半成品)及在加工过程中使用消耗的刀具、量具、夹具、润滑油、冷却液和其他辅助物料等，最后输出半成品或产品(一般还伴随着切屑的输出)。整个加工过程是物料的输入和输出的动态过程。这种物料在机械制造系统中的运动称为物料流。

为保证机械加工过程的正常进行，需要各方面的信息。这些信息主要包括加工任务、加工工序、加工方法、刀具状态、工件要求、质量指标、切削参数等。这些信息又可分为静态信息(如工件尺寸要求、公差大小等)和动态信息(如刀具磨损程度、机床故障状态等)。所有这些信息构成了机械加工过程的信息系统。这个系统不断地和机械制造系统的各个环节进行信息交换，从而有效地控制机械加工过程，保证机械加工的效率和产品质量。这种信息在机械制造系统中的作用过程称为信息流。

能量是一切物质运动的基础。机械制造系统是一个动态系统，机械加工过程中的各种运动，特别是物料的运动，均需要能量来维持。来自机械制造系统外部的能量主要是电能，它转变成为机械能后，一部分用以维持系统中的各种运动，另一部分传递到机械加工的切削区，转变成为分离金属材料的动能和势能。这种在机械加工过程中的能量运动称为能量流。

机械制造系统中的物料流、信息流和能量流之间是相互联系、相互影响的，是一个不可分割的整体。图1-4所示为机械制造系统中的物料流、信息流和能量流运动示意图。

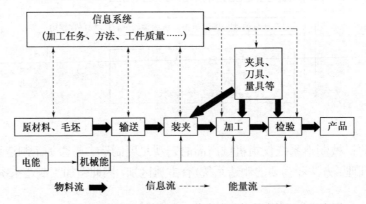

图 1-4 机械制造系统中物料流、信息流和能量流的运动示意图

1.3　机械制造单元的组成及工艺系统

1.3.1　机械制造单元的组成

机械制造单元的基本组成包括工艺设备、工艺装备和制造过程。工艺设备和工艺装备共同构成机械制造单元或系统的硬件部分。

工艺设备是完成工艺过程的主要生产装置，如各种机床、加热炉、电镀槽等。机械加工工艺设备主要是金属切削机床。工艺装备是产品制造过程中所用的各种工具的总称，包括刀具、夹具、模具、辅具、量具、检具和钳工工具等。机械加工工艺装备主要包括刀具、夹具、辅具、量具和检具。

在工艺装备中，刀具是能从工件上切除多余材料或切断材料的带刃工具。夹具是用以装夹工件(和引导刀具)的装置。辅具是用以连接刀具和机床的工具。量具是用以直接或间接测出被测对象量值的工具、仪器、仪表等。

根据其通用性，工艺装备还分为专用工艺装备、通用工艺装备和标准工艺装备。专用工艺装备是专为某一产品所用的工艺装备。通用工艺装备是能为几种产品所共用的工艺装备。标准工艺装备是已纳入标准的工艺装备。

例如，图 1-5 所示为在一台立式钻床上钻孔。机床是立式钻床，刀具是麻花钻头。用一个带锥柄钻夹头将麻花钻头固定在钻床主轴上，该带锥柄钻夹头是辅具。用一台机器虎钳将工件固定在钻床工作台上，该机器虎钳是夹具。

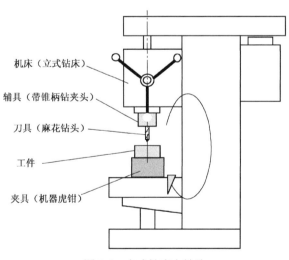

机床（立式钻床）
辅具（带锥柄钻夹头）
刀具（麻花钻头）
工件
夹具（机器虎钳）

图 1-5　立式钻床上钻孔

1.3.2　工艺系统

在零件加工过程中，被加工的是工件，直接完成加工过程的是刀具，决定被加工工件尺寸和精度的是刀具和工件之间的相对位置。如图 1-5 所示，刀具固定于机床之上，工件通过夹具也固定于机床之上，刀具-机床-夹具-工件构成一个闭环，切削力和尺寸关系通过它们也构成一个闭环,即刀具和工件之间的相对运动和位置决定于这个闭环。它们形成一个统一体来共同影响加工过程。这个在机械加工中由机床、刀具、夹具和工件所组成的统一体称为工艺系统。

在工艺系统中,机床用来向制造过程提供刀具和工件之间的相对位置和相对运动,以及为改变工件的形状和性质而提供能量;刀具从工件上切除多余材料以完成加工工作;夹具用来正确地确定工件相对于机床和刀具位置,并在加工时将它牢固地夹紧。

在讨论研究机械制造问题时经常要涉及工艺系统,所以本书将分章介绍有关机床、刀具和夹具的内容。

1.4　机械制造系统自动化技术

1.4.1　机械制造系统自动化技术概述

随着科学技术的发展,机械制造技术除了寻求精密和细微加工尺寸的极限外,同时还不断追求更高水平的加工自动化系统。机械制造系统自动化也是人类在长期加工制造生产实践中不断追求的主要目标之一。机械制造系统自动化技术是先进制造技术的重要组成部分,其主要表现形式是自动化的机械加工生产线。

随着机械加工制造技术、控制技术、计算机技术及管理技术的发展,机械制造自动化已远远突破了传统意义的机械加工自动化概念,具有更加广泛和深刻的内涵。通常,机械制造自动化是指对机械制造过程进行规划、运作、管理、组织、控制与协调优化,以使产品机械制造过程实现高效、优质、低耗、及时和环保的目标。

无论哪种机械制造自动化概念与内涵,都应包括在产品制造过程中代替人的体力劳动,代替和辅助人的脑力劳动,机械制造系统中人与设备以及整个系统的协调、管理和优化三个方面的含义;都应该实现缩短产品制造周期,提高生产率;保证和提高产品质量;有效降低成本,提高经济效益;替代或减轻制造人员的体力和脑力劳动,更好地做好市场服务工作;切实减少废弃物和环境污染,推进实现绿色制造和可持续发展制造等多项功能。

机械制造自动化不仅涉及具体生产制造过程,而且涉及产品全寿命周期的过程。采用机械制造自动化技术可以有效改善体力和脑力劳动强度与条件,提高制造人员的素质与水平,显著提高劳动生产率;可有效地提高产品质量,促进产品和制造技术更新,大幅度降低产品成本,提高经济效益,强化企业的产品市场竞争力。就机械制造自动化技术的技术地位而言,机械制造自动化技术代表着先进制造技术的水平,是机械制造业发展的重要表现和标志,也体现了一个国家的机械制造科技水平。

回顾机械制造的历史,到目前为止,机械制造自动化技术的生产模式和发展经历了刚性自动化、数控加工、柔性制造、计算机集成制造及新的机械制造自动化模式(如智能制造、敏捷制造、虚拟制造、网络制造、绿色制造、全球制造)五个阶段,如图1-6所示。

21世纪制造业的竞争焦点是技术创新和快速响应市场。机械制造自动化技术更主要的核心是提高产品市场的快速响应能力和企业适应瞬息万变的市场的能力。因此,机械制造自动化技术是机械制造技术先进性的重要标志之一,制造自动化将以智能化、敏捷化、柔性化、网络化、数字化、绿色化、全球化的特征与技术来满足全球经济一体化的快速变化的市场需求。

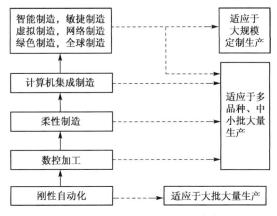

图 1-6　机械制造自动化发展的阶段

1.4.2　刚性自动化制造系统

刚性自动化制造系统，通常是为了满足大批量生产类型，按照给定的产品加工工艺，利用自动化技术，部分替代人对加工制造工艺的调整、操作及控制，保证产品质量的一致性和实现较高的生产率而形成的制造系统。它包括自动单机和刚性自动生产线。其原理是应用传统的机械设计与制造工艺方法，采用专用机床和组合机床、自动单机或自动化生产线进行大批量生产。其主要特征是高生产率和刚性结构，但难以实现生产产品的改变和工艺变化，不利于产品更新换代。20世纪四五十年代该技术在世界范围已相当成熟，已引入的新技术有继电器程序控制和组合机床等。1956年中国建成投入使用的用于加工汽车发动机汽缸端面孔的组合机床自动化生产线是中国第一条机械加工自动化生产线。1959年建成加工轴承内外环的自动化生产线。1969年建成加工电动机转子轴自动化生产线。在随后的几年里，中国机床制造厂先后为各行业制造出很多自动化生产线和自动化加工设备。

目前实际的大批量生产中，刚性自动化制造系统仍有很多的应用。为了解决刚性自动化制造系统存在的问题，采用了一些组合夹具和具有柔性的工艺装备，可以进行某一产品族的加工制造或系列产品的生产，扩大了刚性自动化制造系统的功能和技术应用的范围。

然而，刚性自动化制造系统不应强调全盘自动化，事实上，人的智能和技术能力是无法被全部替代的。

1.4.3　柔性制造系统

20世纪60年代以来，用户对产品需求开始朝着多样化、个性化的方向发展，传统的适应大批量生产的自动化生产线方式已不能满足企业的要求。企业开始寻找新的生产模式和技术以适应多品种、中小批量的市场需求，减小生产成本，缩短产品开发周期，实现快速响应市场。由于计算机技术的产生和发展，CAD/CAM(计算机辅助设计/制造)、数字控制、计算机网络等新技术的出现和自动化控制理论、生产管理科学的进展也为新的生产技术产生奠定了技术基础。柔性制造系统正是适应多品种、中小批量生产而产生的一种自动化技术。图1-7显示了柔性制造技术的应用范围。

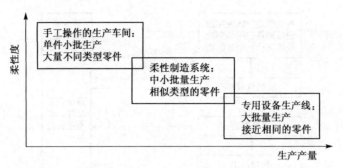

图 1-7　柔性制造技术的应用范围

柔性制造系统的特征是强调制造过程的柔性和高效率，适应多品种、中小批量的生产和快速响应市场。涉及的主要技术包括成组技术、数控技术、柔性制造单元、车间计划与控制、计算机控制与通信网络等。

柔性制造系统作为一种新的制造模式与技术，在零件的机械加工与装配相关的生产领域得到了广泛应用。目前国际上关于柔性制造系统还没有统一的定义。美国国家标准局(United States Bureau of Standard)将柔性制造系统定义为"由一个传输系统联系起来的一些设备，传输装置将工件放在其他连接装置上送到各个加工设备，使工件加工准确、迅速和自动化。中央计算机控制机床和传输系统，柔性制造系统有时可同时加工几种不同的零件。"

实现各种柔性是柔性制造系统的根本所在，虽然对于柔性制造系统的定义和描述方法不同，但公认柔性制造系统应具有如下一种或几种功能：

(1) 设备柔性。系统中的设备具有易于实现加工不同零件的转换能力，设备柔性的大小由系统中设备实现加工不同零件所需的调整时间来决定。

(2) 工艺柔性。系统具有能够以多种方法加工某一零件组的能力，通过系统能够加工的零件品种数来衡量。

(3) 流程柔性。系统具有处理故障并维持生产持续进行的能力，通过系统发生故障时生产率下降程度或零件能否继续加工来体现。

(4) 工序柔性。系统具有变换零件加工工序、顺序的能力，表明了系统根据生产和质量的需要变换工序加工零件性能的强弱。

(5) 产品柔性。系统具有能够经济而迅速地转向生产新产品的转产能力，表征的是系统从加工一种零件转向另一种零件所需要的时间。

(6) 批量柔性。系统在不同批量下运行都具有经济效益的能力，使用系统保证具有经济效益的最小批量来衡量。

(7) 扩展柔性。系统具有能根据生产需要通过模块进行组建和扩展的能力，通过系统能扩展规模大小来衡量。

柔性制造系统的规模差别较大，功能有很大不同，但都包含加工系统、运储与管理系统、计算机控制系统三个基本组成部分。加工系统把原材料加工成最后产品，主要包括各种 CNC

机床、装配站、测量和清洗等加工设备。运储与管理系统实施对工件、夹具、刀具等的搬运和装卸工作，通常包括装卸站、自动化仓库、搬运机器人、AGV 导向车（自动导向车）、自动传输系统和管理系统。计算机控制系统用来实施对整个柔性制造系统的监控，它是一个多级控制系统，第一级是设备控制器，第二级是工作站控制器，第三级是单元控制器，分别从属于上下位计算机控制。

柔性制造系统的技术组成决定了它具有以下特点：设备利用率高，可采用计算机进行生产调度；零件可以集中在加工中心上加工，有效减少生产周期；在计算机控制下可以绕过故障机床，具有维持生产的能力；生产加工具有柔性，可以快速响应市场需求；产品质量高，且可保证产品质量的一致性；生产成本低，特别是生产批量在较大范围变化，仍可实现生产成本最低。柔性制造系统除了一次性投资大、对技术和操作人员要求高以外，其他各项均优于传统的生产方案。

1.4.4　计算机集成制造系统

生产中为了保证质量和提高效率以及降低成本，广泛采用了各种不同的自动化系统。由于各个自动化分系统逻辑上的不一致，系统软、硬件的异构性，信息的多样化、复杂性和控制管理的非实时性等一系列问题，各个自动化分系统难以互通信息，无法统一调度，限制了系统的进一步发展和效率、效益的提高。激烈的市场竞争和个性化产品需求对制造业提出新的挑战，要求根据用户的需求更加缩短产品设计和制造周期，不断提高产品质量，减少库存占用的资金，同时，要求将市场信息和管理信息引入企业的经营部门。市场经济条件下的企业要求综合发挥各个自动化系统的优势，充分优化生产管理。在此背景下产生和发展了计算机集成制造技术。

计算机集成制造系统(computer integrated manufacturing systems, CIMS)最早来源于 1974 年美国约瑟夫·哈林顿(Joseph Harrington)博士提出的 CIM(computer integrated manufacturing)理念，它的主导思想是借助计算机，将企业中各种与制造相关的技术系统集成，进而提高企业适应市场竞争的能力。

计算机集成制造系统是一种基于 CIM 理念构成的计算机化、网络化、信息化、智能化和集成化的制造系统。计算机集成制造系统是实现 CIM 理念的具体有效方法，它包括总体技术、支撑技术、设计与制造自动化技术、集成化管理与决策信息系统技术等，其中特别强调系统的观点和信息化的观点。它是自动化领域的前沿学科，是多种高技术集成一体的现代制造技术。

1993 年美国工程师协会(SME)提出计算机集成制造系统基本结构由顾客、企业组织中的人员和群体工作方法、信息共享系统、企业生产活动、企业管理和企业外部环境六个层次组成。通常认为计算机集成制造系统是在网络系统和数据库系统两个支撑分系统基础上，由管理信息系统、产品设计/制造工程自动化系统和产品质量保证系统四个分系统组成。具体功能结构如图1-8所示。

由于企业规模不同，分散程度不同，开发的计算机集成制造系统构成和内容也会有所不同，可按照企业生产需求和发展目标，选择合适的功能。对大多数企业来说，计算机集成制造系统是一个逐步实施的过程。

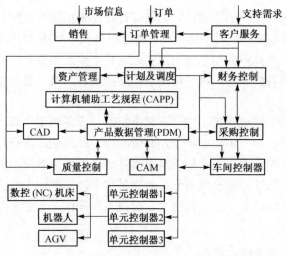

图 1-8　通用计算机集成制造系统功能体系结构

1.5　表面加工方法

1.5.1　零件成形方法

任何机械产品都是由许多单个零件装配而成的，所以，零件制造是机械制造的基础。零件制造的任务是通过一定成形方法使毛坯变成有确定的外形和一定性能及功能的三维实体(即零件)。

成形方法广泛应用于机械制造、首饰工艺品加工、陶瓷生产等许多领域。根据现代成形学的观点，从物质的组织方式上(不包括生物的发育生长)可把成形方法分为以下三类：

(1) 去除成形。去除成形是应用分离的办法，把一部分材料(裕量材料)有序地从毛坯基体分离出去而成形的方法。车、铣、刨等切削加工方法，磨削、珩磨、研磨等磨粒加工方法，切割、激光打孔、电火花加工等方法，都是常见的去除成形方法。这一方法在机械加工中获得了广泛应用。

(2) 堆积成形。堆积成形是应用合并与连接的办法，把材料(气、液、固)有序地堆积合并起来而成形的方法。焊接、3D 打印、快速成形等均属于该种方法。这一方法正在机械加工中获得了越来越广泛的应用。

(3) 受迫成形。受迫成形是应用材料的可成形性(塑性、流动性等)，在特定的外围约束(边界约束或外力约束)下成形的方法。锻造、铸造、粉末冶金、冲压等都属于这种成形方法。这一方法在机械加工中主要用于毛坯的制造和特种材料的成形。

在上述三种成形方法中，去除成形要去除裕量材料并产生切屑，材料利用率较低；堆积成形材料利用率相对较高；受迫成形一般也要产生飞边、浇冒口等工艺废料。去除成形通常为最终成形，可达到的精度最高；堆积成形也能达到高的精度；受迫成形一般精度较低，但精密锻造、精密铸造、注塑加工等成形精度也较高，属于净成形或近净成形范畴。去除成形难于制造形状复杂的零件；堆积成形中快速成形方法可以制造的零件形状复杂程度最高；受迫成形中的铸造可以制造形状复杂的零件。通常的零件是由受迫成形方法制造毛坯，再由去除成形方法最后制得的。

在这三种方法中，受迫成形和堆积成形过程能决定零件的材料和组织，而去除成形只能影响零件的表面质量。所以，一些零件为获得需要的性质，在加工中还要经过热处理和表面精饰等过程。

关于锻造、铸造、焊接等利用受迫成形和堆积成形方法来获得毛坯，以及钢铁材料热处理的有关内容详见其他有关课程。本节将着重介绍切削加工、磨粒加工等去除成形方法，即机械加工方法。

1.5.2　机械加工方法

机械加工方法在机械制造中应用非常广泛。由于它要从毛坯上切除多余的材料并产生切屑，所以又称为有屑工艺。

根据加工过程中使材料分离所使用的能量的种类不同，机械加工方法可以分为利用机械能的、利用化学能的、利用热能的和利用复合能(同时复合利用几种能量形式)的若干种。

图 1-9 所示为上述分类下的常见具体机械加工方法。在诸多的机械加工方法中，使用机械能的切削加工和磨粒加工应用最为广泛。使用机械能的冲压加工主要用于板材的冲孔、落料等。

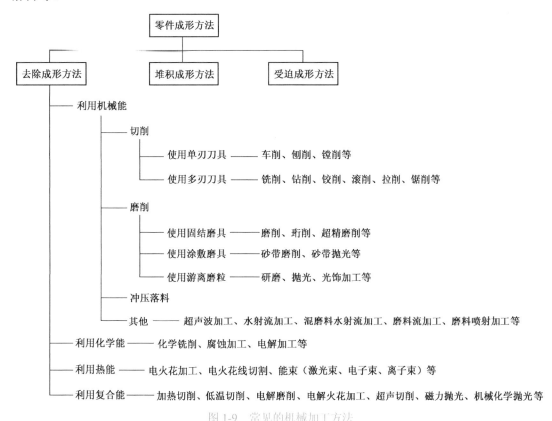

图 1-9　常见的机械加工方法

切削加工和磨粒加工的共同特点是利用机械能和依靠切削刃进行工作。切削刃的硬度比工件材料高，在力的作用下可以侵入工件，使工件材料产生分离破坏。切削加工和磨粒加工方法比较简单，可以加工各种大小尺寸的工件和许多种形状的表面，适应性强，并且得到的加工精度和表面质量是其他加工方法难以实现的。所以切削加工和磨粒加工作为传统的加工方法，目前在机械制造中还占有非常重要的地位，尚不能被其他方法所取代。

切削加工使用的工具是具有确定切削刃几何形状的刀具。使用的刀具还有只有一个切削刃的单刃刀具(如车刀、刨刀)和有多个切削刃的多刃刀具(如铣刀、钻头、铰刀)的区别。

磨粒加工过程是由切削刃几何形状不确定和经常变化的硬质矿物颗粒——磨粒完成的。把磨粒用结合剂粘接在一起成为形状固定的磨削工具叫固结磨具(如砂轮、油石)；把磨粒用结合剂粘接在一块柔性材料上而形成的磨削工具叫涂覆磨具(如砂带、砂纸)；直接用散砂样的磨粒(或用油料介质调和)作磨削工具的称为游离磨粒加工。

根据形成被加工表面的切削成形运动的不同，切削加工还有车削、刨削、镗削等具体方式；磨粒加工则有外圆磨削、内圆磨削、平面磨削等。关于切削加工、磨粒加工及其使用设备的详细内容将在本书第 2 章和第 3 章予以介绍。

切削加工和磨粒加工方法也有其固有的不足：加工过程中能量的利用率极低，难于加工一些难加工材料(如玻璃、陶瓷)，某些特形表面(如微小孔、异型孔)无法加工等。这促使了一系列利用机械能用介质流对工件进行撞击(磨料喷射加工、水射流加工)等加工方法、利用化学能(如化学铣削、腐蚀加工、电解加工)、热能(如电火花加工、电火花线切割，能束如激光束、电子束、离子束加工)和利用复合能(如加热切削、机械化学抛光、电解磨削)的加工方法的发展和应用。目前这些加工方法的应用还没有切削加工和磨粒加工那样广泛。所以，一般称它们为特种加工方法。

常见的利用机械能的特种加工方法如下：

(1) 超声波加工。它是利用工具做超声频振动，激使在悬浮液中的磨料去除加工硬脆材料的一种加工方法。

(2) 水射流加工。它是利用高压细束水射流的冲击能量对薄的金属片、纤维增强复合材料等材料进行精密切割的加工方法，也称高压水切割技术。

(3) 混磨料水射流加工。水射流加工难于切割很硬的材料，混磨料水射流加工是高压细束水射流和细磨料相混合作为介质进行加工的方法，可以进行难加工材料的切割。

(4) 磨料流加工。它是利用含有磨料的半流体介质在压力下在工件内腔往复低速运动而对金属产生去除作用，能进行表面光饰、去毛刺、倒圆角等工作。

(5) 磨料喷射加工。它是使磨料在喷管内随高压气体喷出，打击在工件表面上而去除其余量进行加工的方法。

常见的利用化学能的特种加工方法如下：

(1) 化学铣削。该种方法一般用于铝材整体壁板的加工，它用氢氧化钠对外露的铝板表面进行腐蚀，而非加工表面用耐腐蚀性涂层保护起来，使特定部位的金属发生溶解去除而达到加工目的。

(2) 电解加工。它是利用电化学作用过程中金属阳极溶解的原理进行的加工方法。通常是以氯化钠的水溶液为电解液，将工具和工件分别连接阴极和阳极，通电后工件表面就会逐渐溶解而被去除一层金属。

常见的利用热能的特种加工方法如下：

(1) 电火花加工。该种方法利用工具和工件之间脉冲性的火花放电，依靠电火花局部、瞬间产生的高温把金属材料蚀除。电火花线切割是电火花加工的一种特殊形式。

（2）激光束加工。它是利用激光能的加工方法，可以产生极高的温度。该种方法的原理是利用激光器发出的强光束，经过光学系统聚焦，可以在百分之几毫米范围内产生几百万摄氏度的高温，使各种难加工材料熔融而致气化。

（3）电子束加工。它是在真空条件下利用电流加热阴极，使之发射电子束，并以极高的能量密度轰击被加工材料，将其气化去除的加工方法。该种方法可以加工 $10\sim20\mu m$ 的小孔和窄缝。

（4）等离子束加工。它的原理和电子束加工类似，也在真空条件下进行。它是使惰性气体通过离子枪产生离子束，并经过加速、集束、聚焦后投射到工件表面的加工部位以实现去除材料的目的。

常见的利用复合能的特种加工方法如下：

（1）加热切削。这种方法是利用等离子电弧或激光加热工件待加工部位，瞬时改变材料的物理力学性能，达到使金属余量容易被去除的目的。

（2）低温切削。这种方法是利用低温使工件材料产生脆性，可改善其切削性能，断屑容易。

（3）电解磨削。这种方法是利用电化学作用使工件表面的金属在电解液中发生阳极溶解，然后用导电砂轮通过机械作用将溶解了的金属去除。

利用复合能的特种加工方法还有电解电火花加工、超声切削、磁力抛光、磁化切削、机械化学抛光等。

切削加工、磨粒加工及主要特种加工方法的比较，如表1-1所示。

表 1-1　主要加工方法的比较

加工方法	最大材料切除率 /(cm³/min)	典型功率消耗 /[kW/(cm³/min)]	精度/mm		典型机床功率/kW
			可达到	最大切除率时	
普通车削	3300	0.046	0.005	0.013	22
普通磨削	820	0.48	0.0025	0.05	20
化学铣削	490	—	0.013	0.075	—
等离子束加工	164	0.91	0.5	2.54	150
电解磨削	33	0.091	0.005	0.063	3
电解加工	16.4	7.28	0.013	0.15	150
电火花加工	4.9	1.82	0.004	0.05	11
超声波加工	0.82	9.10	0.005	0.04	11
电子束加工	0.0082	455	0.005	0.05	7.5
激光束加工	0.0049	2731	0.013	0.13	15

第2章

金属切削机床

2.1　零件表面形成方法及机床切削成形运动

2.1.1　零件表面的形成方法

通常机器都是由机器部件与零件组成的。大部分机械零件采用切削或磨削加工的方法制造。金属切削刀具和工件按一定规律做相对运动，通过刀具上的切削刃切除工件上多余的(或预留的)金属，从而使工件的形状、尺寸精度及表面质量都符合预定的要求，这样的加工称为金属切削加工。金属切削(磨削)机床则是实现刀具(磨具)对金属工件进行切削(磨削)加工的机器。

构成不同机器的机器零件种类繁多，形状和大小也各异。但不难发现，机器零件的表面一般是由为数不多和形状比较简单的表面组合而成的。各种表面的组合构成了不同的零件形状，所以零件的切削加工归根到底是表面成形问题。

组成零件的常见表面有：内、外圆柱面和圆锥面、平面、球面及一些成形表面(如渐开线面、螺纹面和一些特殊的曲面等)。如图2-1所示的圆柱齿轮是由渐开线表面1和2、外圆柱面3和4、内圆柱面5及平面6所组成的。

从几何学的观点来看，表面是由一条线(母线)沿另一条线(导线)运动的轨迹所形成的。例如，平面是一条直线沿另一条直线移动的轨迹；圆柱面是一个圆沿直线移动的轨迹。图2-1所示的齿轮渐开线表面则是渐开线沿直线移动，或者直线沿渐开线移动的轨迹。形成上述表面的母线和导线若是可以互换的，称为可逆表面；若是不能互换的，称为不可逆表面，如螺纹面。

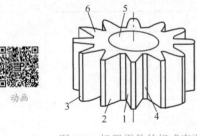

图 2-1　机器零件的组成表面

形成表面的母线和导线统称为发生线。图2-2所示为几种不同的母线和导线相对移动形成不同表面的示例。需要注意的是，有些表面的两条发生线完全相同，只因母线的原始位置不同，也可形成不同的表面，如图2-2(c)和图2-2(d)中，母线皆为直线，导线皆为圆，轴心线和所需的运动也相同，但是由于母线相对于旋转轴线的原始位置不同，所产生的表面就分别变为圆柱面和圆锥面。

在机床上，发生线是由刀具的切削刃与工件间的相对运动得到的。由于使用的刀具切削刃形状和采取的加工方法不同，形成发生线的方法也就不同，归纳起来有以下四种。

(1) 轨迹法。它是利用刀具做一定规律的轨迹运动来对工件进行加工的方法。如图2-3(a)所示，以普通刨刀加工为例，刀具切削刃与被形成表面可看成点接触。切削点沿工件宽度方向的运动轨迹即形成母线。在刀具往复直线运动形成母线的同时，又沿曲线移动加工出所需的表面。这样导线也是由轨迹法形成的。机床为用轨迹法形成所需的加工表面提供了一个轨迹运动。

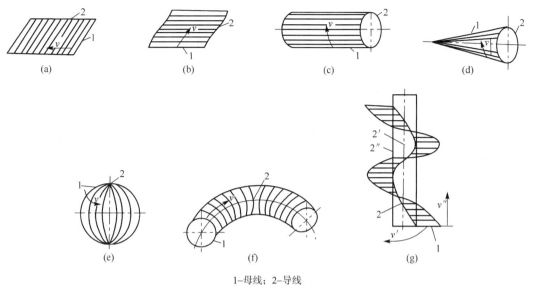

1—母线；2—导线

图 2-2　由母线相对导线移动形成的几种零件几何表面

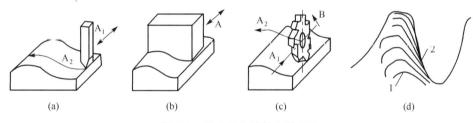

图 2-3　形成发生线的几种方法

（2）成形法。它是利用成形刀具对工件进行加工的方法。刀具切削刃本身形成了母线，即发生线的形成不需机床提供运动（图2-3（b））。

（3）相切法。它是利用刀具边旋转边做轨迹运动来对工件进行加工的方法。如图 2-3（c）所示，用铣刀加工成形表面，刀具本身做旋转运动，旋转的切削刃与被成形表面可看成点接触，当切削刃的旋转中心沿工件宽度方向移动时，切削点运动轨迹与被成形表面间的相切线就形成了母线。刀具同时又沿曲线（导线）横向移动加工出所需的表面。这种形成表面的方法又称相切-轨迹法。一般来说，铣床和磨床是以相切法进行加工的。相切法中，刀具的旋转是加工方法的需要，切削刃旋转的圆周轨迹仅形成辅助线，辅助线沿一定规律移动时的包络线形成发生线。用钻头钻孔和用镗刀镗孔时，刀具也是做旋转运动，但切削刃沿圆线旋转直接形成了发生线，因此它们属于轨迹法。

（4）展成法。它是利用刀具和工件做展成切削运动的加工方法，又称为范成法。展成法的典型示例为图2-3（d）所示的渐开线齿形加工，刀具切削刃为切削线 1，它与需要形成的发生线 2 的形状不吻合。切削线 1 与发生线 2 彼此做无滑动的相对纯滚动。发生线 2 就是切削线 1 在滚动过程中连续位置的包络线。因此，用展成法形成发生线需要机床提供一个展成运动。

动画

动画

动画

2.1.2　机床切削成形运动

机床上形成表面所需的刀具和工件间的相对运动，称为表面成形运动，这是机床上最基本的运动。同一种表面，如图 2-3 所示的曲面，因采用的工艺方法不同，所用的刀具不同，所需机床的成形运动也不同，从而使机床具有不同的结构。

表面成形运动(简称成形运动)是保证得到工件要求的表面形状的运动。例如，图2-4所示为用车刀车削外圆柱面，其形成母线和导线的方法属于轨迹法。工件的旋转运动 B 产生母线(圆)，刀具的纵向直线运动 A 产生导线(直线)，运动 B 和 A 就是两个表面成形运动。又如刨削，滑枕带着刨刀(牛头刨床)或工作台带着工件(龙门刨床)做往复直线运动，产生母线，工作台带着工件(牛头刨床)或刀架带着刀具(龙门刨床)做间歇直线运动，产生导线。

旋转运动和直线运动是两种最简单的成形运动，因而称为简单成形运动。在机床上，它们以主轴的旋转、刀架或工作台的直线运动的形式出现。一般用符号 A 代表直线运动，用符号 B 代表旋转运动。

成形运动也有的不是简单运动。如图 2-5 所示用螺纹车刀车削螺纹的运动，螺纹车刀是成形刀具，其形状相当于螺纹沟槽的轴剖面形状。这时形成螺旋面只需一个运动，即车刀相对工件做螺旋运动。在机床上，最容易得到并最容易保证精度的运动是旋转运动(如主轴的旋转)和直线运动(如刀架的移动)。因此，通常把这个螺旋运动分解成等速旋转运动和等速直线运动。像这种通过刀具直线移动 A 和工件旋转运动 B 的复合得到的成形运动称为复合成形运动。为了得到一定导程的螺旋线，机床应保证运动的两个部分 A 和 B 严格保持相对关系，即工件每转 1 转，刀具的位移量应为一个导程。

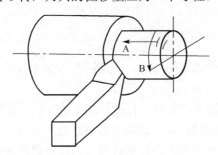

图 2-4　车削外圆柱面时的成形运动

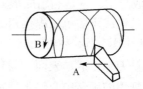

图 2-5　加工螺纹时的运动

有些零件的表面形状很复杂，如螺旋桨的表面，加工它需要十分复杂的表面成形运动。这种成形运动有时要分解成更多个分运动，这通常只能在多轴联动的数控机床上实现。每一个分运动，就对应数控机床上的一个坐标轴。通常坐标轴越多，机床就越复杂。

由复合成形运动分解成的各个分运动，虽然都是直线或旋转运动，与简单运动相类似，但其本质是不同的。各个分运动是复合运动的一部分，各个部分必须保持严格的相对运动关系，是互相依存的，而不是独立的。简单运动之间是互相独立的，没有严格的相对运动关系。

2.1.3　机床的主运动、进给运动、合成切削运动和辅助运动

根据切削加工过程所起的作用不同，表面成形运动又可分为主运动和进给运动。

(1) 主运动。它是使刀具的切削部分进入工件材料，使被切金属层转变为切屑的运动。

在表面成形运动中，必须有而且只能有一个主运动。一般地，主运动消耗的功率较大，速度也较高。例如，在图 2-4 所示的车削加工中，工件的回转运动是主运动；在钻削、铣削和磨削中，刀具或砂轮的回转运动是主运动。主运动可能是简单的成形运动，也可能是复合的成形运动。在图2-5 所示的车削螺纹中，主运动就是 A 和 B 的复合运动。

由于切削刃上各点的运动情况不一定相同，所以在研究切削运动时，通常总是选取切削刃上某一个适合的点为研究对象，该点称为切削刃上选定点。主运动方向是指切削刃上选定点相对工件的瞬时主运动方向。切削速度 v_c 是指切削刃上选定点相对工件主运动的瞬时速度(图 2-6)。

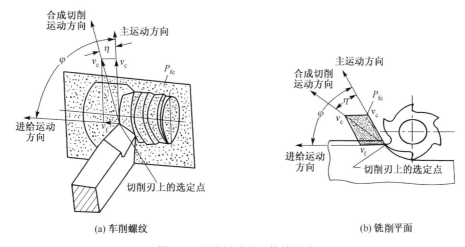

(a) 车削螺纹　　　　　　　　　(b) 铣削平面

图 2-6　刀具相对于工件的运动

(2) 进给运动。维持切削继续的运动称为进给运动。它配合主运动连续不断地切削工件，同时形成具有所需几何形状的已加工表面。例如，在图 2-4 所示的切削加工中，刀具的纵向移动是进给运动；在钻削、铣削和磨削中，刀具或工件的纵向移动是进给运动。进给运动可以是连续的(如车削外圆柱面时刀具的纵向移动)，也可以是间歇的(如牛头刨床上加工平面时，刨刀每往复一次，工作台带着工件横向间歇移动一次)。同样，进给运动可以是简单运动，也可以是复合运动。例如，用成形铣刀铣削螺纹(图 2-7)时，铣刀相对于工件的螺旋复合运动是进给运动，铣刀自身的旋转运动是主运动。

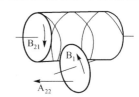

图 2-7　成形铣刀铣削螺纹的运动

进给运动方向为切削刃上选定点相对于工件的瞬时进给运动方向。进给速度 v_f 为切削刃上选定点相对于工件瞬时进给运动的瞬时速度(图2-6)。

(3) 合成切削运动。由同时进行的主运动和进给运动合成的向量和称为合成切削运动。合成切削运动的方向为主运动和进给运动向量和方向，合成切削速度 v_e 为主运动速度和进给运动速度的向量和(图2-6)。

主运动方向和合成切削运动方向之间的夹角用 η 表示，它在工作进给剖面 P_{fe} 内度量(图 2-6)。显然，在车削中(图 2-6(a))，$v_e = v_c/\cos\eta$。在大多数实际加工中 η 很小，可以近似认为 $v_e = v_c$。

(4) 辅助运动。除上述的表面成形外，机床上还有在切削加工过程中所必需的其他一些运动，统称为机床的辅助运动，如车床上的快进、快退运动和插齿机上的让刀运动等。机床的转位、分度、换向以及机床夹具的夹紧与松开等操纵运动也属于辅助运动。

2.2　金属切削机床的类型及特点

2.2.1　机床的分类与型号编制

1. 机床的技术性能

为正确选择和合理使用机床，必须了解机床的技术性能。通常机床的技术性能包括工艺范围、机床的主要技术参数或技术规格、加工精度和表面粗糙度、生产效率和自动化程度、人机关系、成本等。

机床的工艺范围是指在机床上能够加工的工序种类、被加工工件的类型和尺寸、使用刀具的种类及材料等。

机床的主要技术参数，又称技术规格，主要包括尺寸参数、运动参数与动力参数。尺寸参数反映机床的加工范围，包括主参数、第二主参数和与被加工零件有关的其他尺寸参数。表2-1给出了常用机床的主参数和第二主参数。运动参数是指机床执行件的运动速度、行程范围或分级范围，如车床主轴转速范围和分级数、刀架纵横向进给速度和进给量范围等。动力参数多指机床上主电机的功率，有些机床还给出主轴允许的最大扭矩等其他内容。通常在机床的使用说明书中均详细列有该机床的主要技术参数(技术规格)，供选择和使用机床时参考。

表2-1　常用机床的主参数和第二主参数

序号	机床名称	主参数	第二主参数
1	普通车床	床身上工件最大回转直径	工件最大长度
2	立式车床	最大车削直径	
3	摇臂钻床	最大钻孔直径	最大跨距
4	卧式镗床	主轴直径	
5	坐标镗床	工作台工作面宽度	工作台工作面长度
6	外圆磨床	最大磨削直径	最大磨削长度
7	矩台平面磨床	工作台工作面宽度	工作台工作面长度
8	滚齿机	最大工件直径	最大模数
9	龙门铣床	工作台工作面宽度	工作台工作面长度
10	升降台铣床	工作台工作面宽度	工作台工作面长度
11	龙门刨床	最大刨削宽度	
12	牛头刨床	最大刨削长度	
13	卧式内拉床	额定拉力	最大行程

加工精度和表面粗糙度由机床、刀具、夹具、切削条件以及操作者技术水平等因素所决定。国家制定的机床精度标准规定的各种机床的加工精度、表面粗糙度以及通常机床说明书中所给出的机床加工精度和表面粗糙度，是指在正常工艺条件下所能达到的经济精度，并非机床可能实现的最高加工精度和表面粗糙度。

机床的生产率一般是指单位时间内机床所能加工的工件数量，它直接影响生产成本。提高机械加工生产率的主要途径之一是提高机床的自动化程度。最大限度地提高机床的自动化程度是现代机床发展的重要趋势之一。

选用机床时，通常应根据被加工零件的类型、形状、尺寸、技术要求以及生产批量和生产方式等，选择技术性能与之相适应的机床，才能充分发挥机床的效能，取得良好的经济效益。不切实际地选用高性能(高精度、高效率)和大规格的机床，只会造成设备的浪费和生产成本的增加。

2. 机床的分类

动画

机床的品种和规格繁多，为方便于区别、选用和管理，需对机床加以分类和编制型号。机床的传统分类方法主要是按机床的加工性质和使用的刀具分类。根据中国制定的机床型号编制方法，目前将机床分为十二大类：车床、钻床、镗床、铣床、刨(插)床、拉床、磨床、齿轮加工机床、螺纹加工机床、切断机床、超声波及电加工机床、其他机床。每一大类机床中，按结构、性能、工艺范围、布局形式的不同，还可细分为若干组，每一组又细分为若干系(系列)。

在上述基本分类方法的基础上，还可根据机床的其他特征进一步区分。

同类机床按其通用性可分为通用机床、专用机床和专门化机床。通用机床以尽可能少的品种规格、经济合理地满足尽可能多的加工需要为目的，具有较宽的工艺范围，可完成多种多样的工序，因此又称它为万能机床。但它结构复杂，难以实现自动化，因此，生产效率和加工精度相对较低，适用于经常变动的单件、小批量生产。专用机床是为某一特定零件的特定工序而专门设计、制造的，一般具有较高的生产效率和自动化程度。但当用户转产或换型而不再生产该零件时，专用机床也往往失去其使用价值。因此，只有在大批大量生产中使用才经济合理，如汽车变速箱专用镗床、车床导轨专用磨床等。各种组合机床也属于专用机床。专门化机床用于某种或少数集中特定工序，工艺范围较窄，如插齿机就是一种加工圆柱齿面的专门化机床。

同类型机床按工作精度又可分为普通精度机床、精密机床和高精度机床。大多数通用机床属于普通精度机床。精密机床是在普通机床的基础上提高其主要零部件的制造精度得到的。高精度机床通常是特殊设计、制造的，并采用了保证高精度的机床结构等技术措施，因而其造价通常较高，甚至是同类普通机床价格的十几倍或更高。

同类型机床按自动化程度又可分为手动机床、机动机床、半自动机床和自动机床。

同类型机床按质量和尺寸又可分为仪表机床、中型机床(一般机床)、大型机床(10t)、重型机床(大于 30t)和超重型机床(大于 100t)。

同类机床按主要工作部件的数目，又可以分为单轴机床、多轴机床或单刀机床、多刀机床等。

随着机床的发展，其分类方法也将会不断发展。现代机床正朝着数控化方向发展，数控机床的功能日趋多样化，工序也更加集中。例如，现在一台数控车削加工中心不仅集中了转塔车床、自动车床等功能，更包含了车、钻、铣、镗等类机床的功能，可见机床数控化引起了机床传统分类方法的变化。这种变化主要表现在机床品种不是越分越细，而是趋向综合。

3. 机床型号的编制方法

按 2008 年国家标准局颁布的《金属切削机床型号编制方法》国家推荐标准(GB/T 15375—2008)，普通机床型号用下列方式表示：

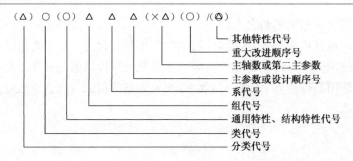

在上述表示方式中，有"○"符号者，为大写的汉语拼音字母。有"△"符号者，为阿拉伯数字。有"( )"的代号或数字，当无内容时，则不表示；若有内容，则不带括号。有"◁"符号的，为大写的汉语拼音字母，或阿拉伯数字，或两者兼有之。

机床的分类代号用阿拉伯数字表示，位于类代号前，但第一分类不予表示，如磨床类分为 M、2M、3M 三类。类别代号用该类别机床名称的汉语拼音大写字母表示。例如，车床用"C"表示；磨床用"M"表示。表2-2给出了常见机床的类别和代号。

表2-2　机床的类别和代号

类别	车床	钻床	镗床	磨床	齿轮加工机床	螺纹加工机床	铣床	刨(插)床	拉床	锯床	其他机床
代号	C	Z	T	M	Y	S	X	B	L	G	Q
读音	车	钻	镗	磨	牙	丝	铣	刨	拉	割	其

机床的特性代码表示机床所具有的某些通用特性和结构特性。当某类型的机床除了普通型外，还具有如表2-3所示的某种通用特性，则在类别代号之后加上相应的特殊代号，如"CK"表示数控车床。若同时具有两种通用特性，则可以同时用两个代码示之，如"MBG"表示半自动高精度磨床。

表2-3　机床通用特性代号

通用特性	高精度	精密	自动	半自动	数控	加工中心（自动换刀）	仿型	轻型	加重型	柔性加工单元	数显	高速
代号	G	M	Z	B	K	H	F	Q	C	R	X	S
读音	高	密	自	半	控	换	仿	轻	重	柔	显	速

为了区分主参数相同而结构不同的机床，在型号中用结构特性代号表示。结构代号为汉语拼音字母。例如，CA6140 型卧式车床型号中的"A"，可以理解为这种型号车床在结构上区别于 C6140 车床。结构特性的代号是根据各类机床的情况分别规定的，在不同型号中的意义不一定相同。

机床的组别和系别代号用两位数字表示。每类机床按其结构性能及使用范围划分为10个组，用数字0～9表示。每组机床又分若干个系(系列)。系的划分原则是，主参数相同，并按一定公比排列，工件和刀具本身的及相对运动特点基本相同，且基本结构及分布形式相同的机床，即划为同一系。

机床主参数代表机床规格的大小，用折算值(主参数乘以折算系数)表示，通常折算系数取为 1/1、1/10 或 1/100。某些通用机床当无法用一个主参数表示时，则在型号中用设计顺序号表示。设计顺序号用 01,02,03,… 的顺序选用。第二主参数一般是指主轴数、最大跨距、最大工件长度、工作台工作面长度等。第二主参数也用与主参数相同的折算值(第二主参数乘以折算系数)表示。

当机床的性能及结构布局有重大改进,并按新产品重新设计、试制和鉴定时,在原机床型号的尾部加重大改进顺序号,以区别于原机床型号。序号按 A, B, C, …字母的顺序选用。

某些机床,根据加工的需要,在基本型号机床的基础上仅改变机床的部分性能结构时,则在该机床型号后面加 1, 2, 3, …,作为同一型号机床的变型代号。

普通机床型号的举例如下:

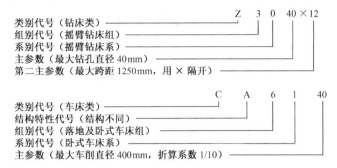

类别代号 (钻床类) —— Z
组别代号 (摇臂钻床组) —— 3
系别代号 (摇臂钻床系) —— 0
主参数 (最大钻孔直径 40mm) —— 40
第二主参数 (最大跨距 1250mm, 用 × 隔开) —— ×12

类别代号 (车床类) —— C
结构特性代号 (结构不同) —— A
组别代号 (落地及卧式车床组) —— 6
系别代号 (卧式车床系) —— 1
主参数 (最大车削直径 400mm, 折算系数 1/10) —— 40

2.2.2　机床的传动联系和传动原理图

微课视频

1. 机床的传动链

机床的基本用途如下:牢固地装夹工件和刀具,并把二者组合在一个统一体中;提供一定的运动和足够的动力;使二者做表面成形运动,并通过切削过程形成所要求的加工表面。

为了得到所需要的运动,机床需要通过一系列的传动件(如皮带、齿轮、轴、轴承、离合器等)把安装刀具和工件的执行件(如主轴、刀架、工作台等)和动源(如电动机、液压马达等),或者把执行件和执行件(如把主轴和刀架等)连接起来,构成一个传动联系。构成这样一个传动联系的一系列传动件称为传动链。机床传动系统由若干传动链所组成。动源、传动件(系统)和执行件是构成机床的基本部分,缺一不可。根据传动联系的性质,传动链可以分为外联系传动链和内联系传动链两类。

外联系传动链联系动源和执行件,使执行件得到预定速度的运动,并传递一定的动力。此外,外联系传动链还包括变速机构和换向机构等。外联系传动链的变化只影响生产率或表面粗糙度,不影响发生线的性质。因此外联系传动链不要求有严格的传动比关系。例如,在车床上用轨迹法车削圆柱面时,主轴的旋转和刀架的移动就是两个相互独立的成形运动,即有两条外联系传动链。

内联系传动链联系复合成形之间的各个运动分量,所联系的执行件之间的相对速度(及相对位移量)有严格的要求,即有严格的传动比要求,以确保运动轨迹正确性。例如,在车床上车削螺纹,为了保证所加工螺纹的导程,机床的传动链设计应确保主轴(工件)每转一转,车刀必须准确地移动一个导程。联系主轴和刀架之间的传动链就是一条内联系传动链。为保证准确的传动比,内联系传动链中不能用摩擦传动或瞬时传动比有变化的传动件,如链传动。

传动链包括各种传动机构，如带传动、定比齿轮副、齿轮-齿条副、丝杠-螺母副、蜗轮蜗杆副、滑移齿轮变速机构、离合器变速机构、交换齿轮或挂轮架以及各种电的、液压的和机械的无级变速机构、数控机床的数控系统等。上述各种机构又可以分为具有固定传动比的"定比机构"（如定比齿轮副、齿轮齿条副、丝杠螺母副等）和可变换传动比的"换置机构"（如齿轮变速箱、挂轮架、各类无级变速机构等）两类。

2. 传动原理图

为便于研究机床的传动联系，常用一些简明的符号把机床的传动原理和传动路线表示出来，这就是传动原理图。图2-8为绘制传动原理图常用的一些符号，其中表示执行件的符号因未统一规定，一般多采用较直观的示意图表示。

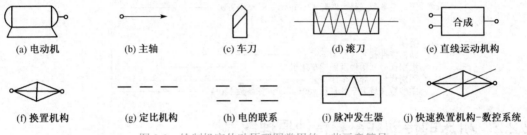

(a) 电动机　　(b) 主轴　　(c) 车刀　　(d) 滚刀　　(e) 直线运动机构

(f) 换置机构　(g) 定比机构　(h) 电的联系　(i) 脉冲发生器　(j) 快速换置机构-数控系统

图 2-8　绘制机床传动原理图常用的一些示意符号

图 2-9 给出了车削外圆柱面时设计的传动原理的几种方案。图中机床主轴和工件用简单图形示之，工件装于主轴上，随主轴一起做旋转运动B_1；车刀固定在刀架上，随刀架一起做直线进给运动A_2。通常动源多是做旋转运动，因此，对于如刀架的直线运动，需要有把旋转运动变为直线运动的机构，如齿轮-齿条副、丝杠-螺母副等。此类机构一般统称为直线运动机构。习惯上在传动原理图中统以图2-8(e)所示的丝杠-螺母传动简图表示直线运动机构，而实际并非一定就是采用丝杠-螺母机构。

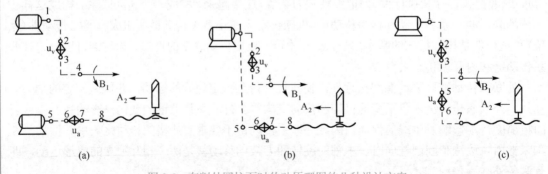

(a)　　　　　　　　　　(b)　　　　　　　　　　(c)

图 2-9　车削外圆柱面时传动原理图的几种设计方案

主轴转动是主运动，因此称电动机到主轴这条传动链为主运动传动链；同理，组成进给传动的传动链成为进给运动传动链。加工时通常需要根据工艺要求选用不同的主轴转速和刀架的进给速度。因此在传动链中需要有变换传动比的换置机构。在图 2-9 中，u_v表示主运动传动链中的换置机构，u_a表示进给运动传动链中的换置机构。图中以虚线代表定比传动，它可以由齿轮副、蜗轮副、带轮副、链轮副或摩擦副等组成。换置机构中有时也包括改变运动方向的换向机构和运动启停机构等。主运动、进给运动以及必要的辅助运动传动链构成了一台机床的传动系统。

如图2-9所示，进给运动传动链既可以有自己单独的动源(图2-9(a))，也可以与主运动共用一个动源(图2-9(b))，还可以另一个执行件(主轴)作间接动源(图2-9(c))。这三种方式虽然在传动形式上不同，据此设计出的机床也会有相应的差别，但从完成车削外圆柱面的运动角度来看，本质是一样的。若车削螺纹，则只有图2-9(c)中通过 u_a 换置机构才能够保证主轴(工件) B_1 和刀架(刀具) A_2 之间严格的比例关系。

为完成上述外圆柱面的加工，还可以有其他组合形式的传动原理。例如，车刀不动，工件转动且移动；工件不动，车刀转动且移动；车刀转动，工件移动。一般来说，传动原理图只表明机床最基本的表面成形运动和必要的辅助运动。

2.3　车床及其传动原理分析

2.3.1　车床概述

车床主要用于加工回转表面(内圆柱面、外圆柱面、圆锥面、成形回转面等)及其端面等。主运动是主轴的回转运动，进给运动是刀架的直线移动。车床上使用的刀具主要是车刀，也使用钻头、铰刀、扩孔钻、中心钻等刀具。由于具有回转表面的零件较多，车床的性能又能满足加工要求，因而车床的应用最为普遍，往往可占机床总台数的 20%～35%。图2-10是卧式车床所能加工的典型表面。

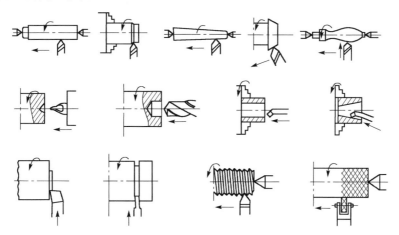

图 2-10　卧式车床所能加工的典型表面

车床按其用途和结构的不同可分为普通车床、六角车床、立式车床、塔式车床、自动和半自动车床、数控车床等。普通车床是车床中应用最广泛的一种，约占车床总数的60%，其中 CA6140 卧式车床为目前最为常见的车床之一。

图2-11是 CA6140 型卧式车床外形图，其主要组成部分包括主轴箱、刀架、尾座、进给箱、溜板箱和床身等。主轴箱的功用是支撑主轴并把动力经主轴箱内的变速传动机构传给主轴，使主轴带动工件按规定的转速旋转，以实现主运动，包括实现车床的启动、停止、变速和换向等。刀架部件的功用是装夹车刀，实现纵向、横向或斜向运动。尾座的功用是用后顶尖支承长工件，也可以安装钻头、中心钻等刀具进行孔类表面加工。进给箱内装有进给运动

的换置机构，包括变换螺纹导程和进给量的变速机构（包括基本组和增倍组）、变换公英制螺纹路线的移换机构、丝杠和光杠的转换机构、操纵机构以及润滑系统等。

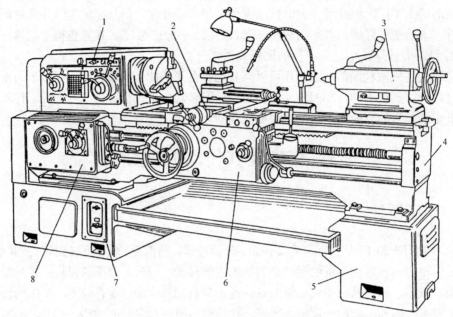

1–主轴箱；2–刀架；3–尾座；4–床身；5–右床腿；6–溜板箱；7–底座；8–进给箱

图 2-11　CA6140 型普通卧式车床外形图

　　进给箱上有三个操纵手柄，右边两个手柄套装在一起。全部操纵手柄及操纵机构都装在前箱盖上，以便装卸及维修，用于改变机动进给的进给量或所加工螺纹的导程。溜板箱与刀架连接在一起做纵向运动，把进给箱传来的运动传递给刀架，使刀架实现纵向和横向进给或快速移动或车削螺纹。床身用于安装车床的各个主要部件，使它们在工作时保持准确的相对位置或运动轨迹。

　　CA6140 型普通卧式车床的主要技术性能和参数如下。

几何参数：

床身最大工件回转直径	400mm
最大工件长度	750mm；1000mm；1500mm；2000mm
最大车削长度	650mm；900mm；1400mm；1900mm
刀架上最大工件回转直径	210mm
主轴内孔直径	48mm

运动参数：

主轴转速	正转 24 级	10～1400r/min
	反转 12 级	14～1580r/min
进给量	纵向进给量 64 级	0.028～6.33mm/r
	横向进给量 64 级	0.014～3.16mm/r
溜板箱及刀架纵向快移速度		4m/min

车削螺纹范围

公制螺纹	44 种	$S = 1 \sim 192\text{mm}$
英制螺纹	20 种	$a = 2 \sim 24$ 扣/in
模制螺纹	39 种	$m = 0.25 \sim 48\text{mm}$
径节螺纹	37 种	DP $= 1 \sim 96$ 牙/in

动力参数：

主电机功率和转速　　　　　　　　　　　　　　　　　7.5kW，1450r/min

加工精度：

精车外圆的圆度　　　　　　　　　　　　　　　　　0.01mm

精车外圆的圆柱度　　　　　　　　　　　　　　　　0.01mm/100mm

精车端面的平面度　　　　　　　　　　　　　　　　0.02mm/300mm

精车螺纹的螺距精度　　　　　　　　0.04mm/100mm；0.06mm/300mm

精车表面粗糙度　　　　　　　　　　　　　　　　　$Ra = 1.25 \sim 2.5\mu\text{m}$

2.3.2　CA6140 型车床的传动系统分析

CA6140 型普通卧式车床在卧式车床中具有典型的代表意义。下面以 CA6140 普通卧式车床为例，分析其传动系统及其换置机构传动比的计算方法。

图 2-9 所示的机床传动原理图仅仅给出了机床主运动和进给运动间最基本的原理和逻辑关系，机床全部运动的传动关系最后要通过机床的传动系统图体现出来。机床的传动系统图通常用简单的规定符号代表各种传动元件，按照运动的先后顺序，以展开图的形式画出来，并尽可能反映各部件的相对位置和机床外形。传动系统图只表示传动关系，并不代表各元件的实际尺寸和空间位置。

图 2-12 为 CA6140 型普通车床的传动系统图。

1. 主运动传动链

主运动的动源是电动机，执行件是主轴。运动由电动机经三角带轮传动副$\dfrac{\phi 130}{\phi 230}$传至主轴箱中的轴 I 。轴 I 上装有一个双向多片摩擦离合器 M_1，离合器左半部接合时，主轴正转；右半部接合时，主轴反转；左右都不接合时，轴 I 空转，主轴停止转动。轴 I 运动经 $M_1 \rightarrow$ 轴 II $\rightarrow$ 轴 III ，然后分成两条路线传给主轴：当主轴 VI 上的滑移齿轮 Z_{50} 移至左边位置时，运动从轴 III 经齿轮副 $\dfrac{63}{50}$ 直接传给主轴，使主轴得到高转速；当滑移齿轮 Z_{50} 向右移，使齿轮式离合器 M_2 接合时，则运动经轴 III $\rightarrow$ IV $\rightarrow$ V 传给主轴 VI ，使主轴获得中、低转速。主运动传动路线表达如下：

$$
\text{电动机} - \frac{\phi 130}{\phi 230} - \text{I} - \begin{bmatrix} M_1(\text{左，正转}) - \begin{bmatrix} \frac{56}{38} \\ \frac{51}{43} \end{bmatrix} \\ M_1(\text{右，反转}) - \frac{50}{34} - \text{VII} - \frac{34}{30} \end{bmatrix} - \text{II} - \begin{bmatrix} \frac{39}{41} \\ \frac{30}{50} \\ \frac{22}{58} \end{bmatrix} - \text{III} - \begin{bmatrix} \begin{bmatrix} \frac{20}{80} \\ \frac{50}{50} \end{bmatrix} - \text{IV} - \begin{bmatrix} \frac{20}{80} \\ \frac{51}{50} \end{bmatrix} - \text{V} - M_2 \\ \frac{63}{50} \end{bmatrix} - \text{VI}(\text{主轴})
$$

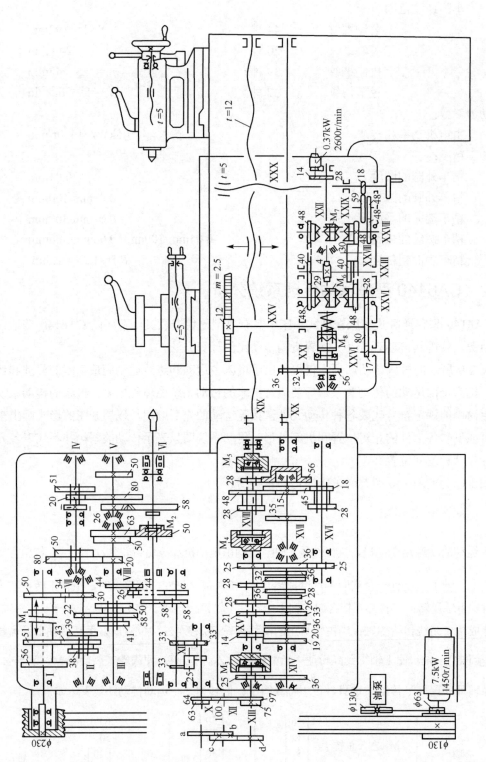

图 2-12 CA6140 型普通车床传动系统图

正转时，轴Ⅱ上的双联滑移齿轮可有两种啮合位置，分别经 $\frac{56}{38}$ 或 $\frac{51}{43}$ 使轴Ⅱ获得两种速度。其中的每种转速经轴Ⅱ的三联滑移齿轮 $\frac{39}{41}$ 或 $\frac{22}{58}$ 或 $\frac{30}{50}$ 的齿轮啮合，使轴Ⅲ获得三种转速，因此轴Ⅱ的两种转速可使轴Ⅲ获得 2×3＝6 种转速。经高速分支传动路线时，由齿轮副 $\frac{63}{50}$ 使主轴获得 6 种高转速。经低速分支传动路线时，轴Ⅲ的 6 种转速经轴Ⅳ上的两对双联滑移齿轮，使主轴得到 6×2×2＝24 种转速，轴Ⅲ到轴Ⅴ间的四种传动比为

$$u_1 = \frac{50}{50} \times \frac{51}{50} \approx 1, \quad u_2 = \frac{50}{50} \times \frac{20}{80} = \frac{1}{4}, \quad u_3 = \frac{20}{80} \times \frac{51}{50} \approx \frac{1}{4}, \quad u_4 = \frac{20}{80} \times \frac{20}{80} = \frac{1}{16}$$

其中，u_1 和 u_2 基本相等，因此Ⅲ轴传给主轴的转速应有 6×(4−1)＝18 种。主轴的转速级数为 2×3×(1+4−1)＝24，其中有 6 种重复转速。

同理，主轴反转时，只能获得 3+3×(2×2−1)＝12 级转速。

主轴的转速可按下列运动平衡式计算：

$$n_{\text{主}} = 1450 \times \frac{130}{230} \times (1-\varepsilon) u_{\text{Ⅰ−Ⅱ}} \times u_{\text{Ⅱ−Ⅲ}} \times u_{\text{Ⅲ−Ⅳ}} \ (\text{r/min})$$

其中，ε 为三角带传动的滑动系数，可取 $\varepsilon = 0.02$；$u_{\text{Ⅰ−Ⅱ}}$，$u_{\text{Ⅱ−Ⅲ}}$，… 分别为两轴间的可变传动比。

例如，图2-12所示的齿轮啮合情况，将离合器 M_2 拨向右侧时，主轴的转速为

$$n_{\text{主}} = 1450 \times \frac{130}{230} \times 0.98 \times \frac{51}{43} \times \frac{22}{58} \times \frac{20}{80} \times \frac{20}{80} \times \frac{26}{58} = 10 \ (\text{r/min})$$

主轴反转主要用于车螺纹，在不断开主轴和刀架间传动联系的情况下，使刀架退回到起始位置。

2. 进给运动传动链

车床进给运动传动链是实现刀具纵向或横向移动的传动链。卧式车床在切削螺纹时，进给传动链是内联系传动链。主轴每转 1 转，刀架的位移量应等于螺纹的导程。在切削外圆柱面和端面时，进给传动链是外联系传动链，进给量也以工件每转刀架的位移量计。因此，在分析进给传动链时，都把主轴和刀架当作传动链的两端。

CA6140 型普通车床可以车削公制(也称米制)、英制、模数和径节四种螺纹。下面仅对车削公制螺纹的进给传动原理作一下分析。

车削螺纹时，主轴与刀架之间必须保持严格的传动比关系，即主轴每转 1 转，刀架应均匀地移动1个螺距，即导程 S。

由此可列出车削螺纹传动链的运动平衡方程式

$$1_{(\text{主轴})} \times u t_{\text{丝}} = S = KT \ (\text{mm})$$

其中，u 为从主轴到丝杠之间全部传动副的总传动比；$t_{\text{丝}}$ 为机床丝杠的导程(由于是单头螺纹故等于螺距)，$t_{\text{丝}} = 12\text{mm}$；$T$ 为工件螺纹的螺距；K 为工件螺纹的头数。

公制螺纹是中国常用的螺纹，在国家标准中已规定了如表2-4所示的标准螺纹距值。

表 2-4　公制螺纹标准螺纹距值　　　　　　　　　　　　　　　（单位：mm）

1	1.25	1.5	1.75	2	2.25	2.5		
	(2.5)	3	3.5	4	4.5	5	5.5	6
		(6)	7	8	9	10	11	12
		(12)	14	16	18	20	22	24
		(24)	28	32	36	40	44	48
		(48)	56	64	72	80	88	96
		(96)	112	128	144	160	176	192

可以看出，公制标准螺纹螺距数列是分段的等差级数，即每行是一段，每段都是等差数列，而每列又是公比为 2 的等比数列。CA6140 型普通车床是由进给箱中的双轴滑移齿轮机构(或称基本传动组)实现等差数列的传动比，再由增倍组实现等比数列的传动比，将两传动组串联，就获得各种不同螺距的螺纹。

车削公制螺纹时，进给箱中的离合器 M_3 和 M_4 脱开，M_5 接合。此时，运动由主轴 VI 经齿轮副 $\frac{58}{58}$、换向机构 $\frac{33}{33}$ (车左螺纹时经 $\frac{33}{25} \times \frac{25}{33}$)、挂轮 $\frac{63}{100} \times \frac{100}{75}$ 传到进给箱中轴 XIII，然后由移换机构的齿轮副 $\frac{25}{36}$ 传到轴 XIV，由轴 XIV 经双轴滑移变速机构中的 8 对齿轮副中的任何一对(该 8 对齿轮副称为基本组，用 u_j 表示)传至轴 XV，以获得按等差级数排列的传动比。这 8 对齿轮副是 $\frac{26}{28}$、$\frac{28}{28}$、$\frac{32}{28}$、$\frac{36}{28}$、$\frac{19}{14}$、$\frac{20}{14}$、$\frac{33}{21}$、$\frac{36}{21}$。然后再由移换机构的齿轮副 $\frac{25}{36} \times \frac{36}{25}$ 传至轴 XVI，经过轴 XVI 与轴 XVIII 之间的齿轮副(可变换 4 种传动比，称为倍增组，用 u_b 表示)传至轴 XVIII，最后经由齿式离合器 M_5 传至丝杠 XIX。当溜板箱中的开合螺母与丝杠接合时，就可带动刀架车削公制螺纹，其传动路线的表达式如下：

$$主轴 \quad VI-\frac{58}{58}-IX-\left[\begin{array}{l}\frac{33}{33}(右螺纹)\\[2mm]\frac{33}{25}-XI-\frac{25}{33}(左螺纹)\end{array}\right]-X-\frac{63}{100}\times\frac{100}{75}-XIII-\frac{25}{36}-XIV-u_j(基本组)-$$

$$XV-\frac{36}{25}\times\frac{25}{36}-XVI-u_b(倍增组)-XVIII-M_5(啮合)-XIX(丝杠)-刀架$$

其中，基本组 u_j 的 8 种传动比为

$$u_{j1}=\frac{26}{28}=\frac{6.5}{7}, \qquad u_{j2}=\frac{28}{28}=\frac{7}{7}, \qquad u_{j3}=\frac{32}{28}=\frac{8}{7}, \qquad u_{j4}=\frac{36}{28}=\frac{9}{7}$$

$$u_{j5}=\frac{19}{14}=\frac{9.5}{7}, \qquad u_{j6}=\frac{20}{14}=\frac{10}{7}, \qquad u_{j7}=\frac{33}{21}=\frac{11}{7}, \qquad u_{j8}=\frac{36}{21}=\frac{12}{7}$$

这组变速机构是获得螺纹导程的基本机构，组内传动副的传动比值基本为等差数列排列。改变 u_j，就可以车削出按等差数列排列的导程组。

轴 XVI–XVIII 间的倍增组 u_b 可变换 4 种不同的传动比

$$u_{b1} = \frac{18}{45} \times \frac{15}{48} = \frac{1}{8}, \qquad u_{b2} = \frac{18}{45} \times \frac{35}{28} = \frac{1}{2}, \qquad u_{b3} = \frac{28}{35} \times \frac{15}{48} = \frac{1}{4}, \qquad u_{b4} = \frac{28}{35} \times \frac{35}{28} = 1$$

它们之间是 2 倍的关系。改变 u_b，可把由基本组获得的导程值成倍地扩大或缩小。这两种变速机构组合的结果，即可获得按分段的等差级数排列的工件导程。根据传动系统图可列出车削公制螺纹(右旋)时的运动平衡式如下：

$$S = 1(\text{主轴}) \times \frac{58}{58} \times \frac{33}{33} \times \frac{63}{100} \times \frac{100}{75} \times \frac{25}{36} \times u_j \times \frac{25}{36} \times \frac{36}{25} \times u_b \times 12 \ (\text{mm})$$

其中，u_j 和 u_b 分别为基本组和增倍组的传动比。

将上式简化可得

$$S = 7 u_j u_b$$

把 u_j 和 u_b 代入上式，可得 $8 \times 4 = 32$ 种导程值，其中符合标准的只有 20 种，如表 2-5 所示。

表 2-5　CA6140 型车床车削公制螺纹导程表　　　　　　(单位：mm)

基本组 u_{ji}　　　导程 S　　　倍增组 u_{bi}	$\dfrac{26}{28}$	$\dfrac{28}{28}$	$\dfrac{32}{28}$	$\dfrac{36}{28}$	$\dfrac{19}{14}$	$\dfrac{20}{14}$	$\dfrac{33}{21}$	$\dfrac{36}{21}$
$u_{b1} = \dfrac{18}{45} \times \dfrac{15}{48} = \dfrac{1}{8}$	—	—	1	—	—	1.25	—	1.5
$u_{b3} = \dfrac{28}{35} \times \dfrac{15}{48} = \dfrac{1}{4}$	—	1.75	2	2.25	—	2.5	—	3
$u_{b2} = \dfrac{18}{45} \times \dfrac{35}{28} = \dfrac{1}{2}$	—	3.5	4	4.5	—	5	5.5	6
$u_{b4} = \dfrac{28}{35} \times \dfrac{35}{28} = 1$	—	7	8	9	—	10	11	12

3. 传动系统的转速图

在分析机床的传动系统和进行机床传动系统设计时，为简化计算，常采用图解分析法，即用转速图表示机床各轴的转速和传动比的方法。通常通过转速图可以了解该机床主轴的每一级转速是通过哪些传动副得到的，这些传动副之间的关系如何，各传动轴的转速是多少等。

图 2-13 是 CA6140 型车床主传动系统的转速图。转速图由以下三部分组成。

(1) 距离相等的一组竖线代表各轴。轴号写在竖线上面。竖线间的距离不代表实际的中心距，故一般取等间距。

(2) 距离相等的一组水平线代表各级转速。与各竖线交点代表各轴的转速。由于机床分级变速机构转速的设计通常是按等比数列排列的，故转速采用对数坐标。相邻两水平线之间的速度间隔为 $\lg\psi$，其中 ψ 为相邻两级转速之比，称为公比。为简化起见，转速图中省略了对数符号。

(3) 各轴之间连线的倾斜方式代表了传动副的传动比，斜线倾斜 x 格表示传动副的实际传动比为 $u = z_{\pm}/z_{\text{被}} = \psi^{\pm x}$，其中 "+" 为升速(在图中表现为向上倾斜)，"–" 为降速(在图中表现为向下倾斜)。

例如，在图 2-13 的 CA6140 型普通车床主传动系统转速图中，公比 $\psi = 1.26$，在轴 II 与轴 III 之间的传动比 $30/50 \approx 1/\psi^2$，基本下降 2 格；$22/58 \approx 1/\psi^4$，基本下降 4 格。

动画

微课视频

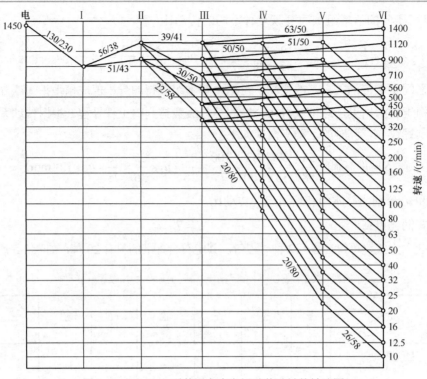

图 2-13　CA6140 型普通车床主运动传动链的转速图

2.4　其他典型机床概述

2.4.1　钻床

钻床主要用来加工外形较复杂，没有对称回转轴线的工件上的孔，如箱体、机架等零件上的各种孔。在钻床上加工时，工件不动，刀具旋转做主运动，并沿轴向移动完成进给运动。在钻床上可完成钻孔、扩孔、铰孔、锪平面、攻螺纹等工作。钻床的加工方法如图 2-14 所示。

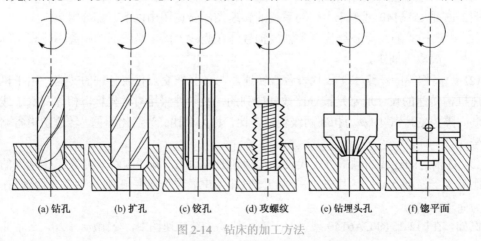

(a) 钻孔　　(b) 扩孔　　(c) 铰孔　　(d) 攻螺纹　　(e) 钻埋头孔　　(f) 锪平面

图 2-14　钻床的加工方法

钻床的主要类型有立式钻床、台式钻床、摇臂钻床、深孔钻床及其他钻床。

1）立式钻床

图2-15（a）为立式钻床的外形图。由主轴箱、进给箱、主轴、工作台、立柱、底座等部件组成。主运动是由电动机经主轴箱驱动主轴旋转，同时又做轴向进给运动。钻床主轴部件的结构与卧式车床主轴部件是不同的，如图2-15（b）所示，加工时主轴在主轴套筒中旋转，同时，由进给箱传来的运动通过小齿轮和主轴套筒上的齿条，使主轴随着主轴套筒做轴向进给运动。进给箱和工作台可沿着立柱的导轨调整上下位置，以适应加工不同高度的工件。

在立式钻床上当加工完一个孔后再钻另一个孔时，需要移动工件，使刀具与另一个孔对准，这对大而重的工件操作很不方便。因此，立式钻床适用于在单件、小批生产中加工中、小型工件。

2）台式钻床

台式钻床简称台钻，实质上是加工小孔的立式钻床，钻孔直径一般小于 15mm，最小可以加工十分之几毫米的孔。由于加工孔径小，所以台钻主轴的转速很高，最高可达每分钟几万转。台钻结构简单、小巧灵活、使用方便，适合于加工小孔。但是，自动化程度低，通常是手动进给，工人劳动强度大，在大批量生产中一般不用这种机床。

3）摇臂钻床

对于大而重的工件，在立式钻床上加工很不方便，这时希望工件不动而移动主轴，使主轴能在空间任意调整位置，对准被加工孔的中心，因此就产生了摇臂钻床。图2-16为摇臂钻床的外形图。机床主轴箱5可沿摇臂4的导轨做横向移动调整位置，摇臂可沿外立柱3的圆柱面上下移动调整位置。由于摇臂钻床结构上的这些特点，可以很方便地调整主轴6的位置，这时工件固定不动。

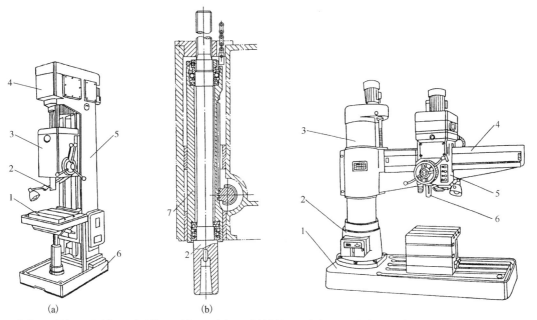

(a)　　　　　　　　(b)

1-工作台；2-主轴；3-进给箱；4-变速箱；5-立柱；6-底座；7-主轴套筒　　　1-底座；2-工作台；3-立柱；4-摇臂；5-主轴箱；6-主轴

图 2-15　立式钻床外形图　　　　　　　图 2-16　摇臂钻床外形图

摇臂钻床广泛地应用于单件和中、小批生产中加工大中型零件。

4）深孔钻床

深孔钻床主要用于加工深孔，如加工炮筒、枪管、油缸和机床主轴等零件的深孔。由于加工的孔较深，为了减少孔中心线的偏斜，加工时由工件转动来实现主运动，而深孔钻头并不转动，只做直线进给运动。这种机床加工的孔较深，工件又较长，为了排除切屑方便及避免机床过于高大，通常深孔钻床是卧式布局。深孔钻床中设有冷却液输送装置和周期退刀排屑装置。

2.4.2　刨床和插床

刨床和插床因其主运动都是直线运动，故又称为直线运动机床。刨床主要用于加工各种平面和沟槽，插床主要用于插削槽、平面和成形表面。当工件的尺寸和质量较小时，由刀具移动实现主运动，而工件的移动完成进给运动，如牛头刨床和插床。当工件大而重时，由工作台带动工件做直线往复运动实现主运动，而刀具移动完成进给运动，如龙门刨床。下面对刨床和插床的功用作简要介绍。

1）牛头刨床

牛头刨床如图2-17所示。底座6上装有床身5，滑枕4带着刀架3可沿床身导轨在水平方向做往复直线运动，使刀具实现主运动，而工作台1带着工件做间歇的横向进给运动。滑座2可在床身上升降，以适应不同的工件高度。牛头刨床的刀具在反向运动时不加工、浪费时间。滑枕在换向的瞬间有较大的惯量，限制了主运动速度的提高，因此切削速度较低。牛头刨床通常采用单刀加工，不能多刀同时加工，所以生产率较低。但是，使用刀具简单，多用于单件小批生产或机修、工具车间。

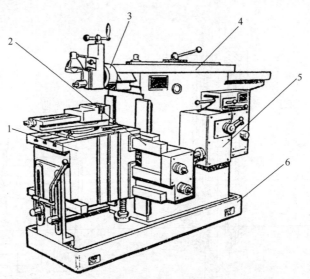

1-工作台；2-滑座；3-刀架；4-滑枕；5-床身；6-底座

图 2-17　牛头刨床外形图

2）插床

当滑枕带着刀具在竖直方向做往复直线运动（主运动）时，这类机床称为插床，其实质是立式刨床。图2-18为插床的外形图。由滑枕2带着插刀沿立柱3上下方向往复运动实现主运动，工件安装在圆工作台 1 上，圆工作台的回转做间歇的圆周进给运动或分度运动。上滑座 6 和下滑座 5 可带动工件做纵向和横向进给运动。插床主要用于单件小批量生产中插削槽、平面和成形表面。

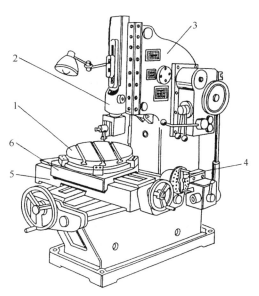

1—圆工作台；2—滑枕；3—立柱；4—分度盘；5—下滑座；6—上滑座

图 2-18　插床外形图

3）龙门刨床

当需要刨削较长的大型或重型工件时，因牛头刨床的滑枕行程有限，需要具有龙门式布局的龙门刨床。图 2-19 为龙门刨床的外形图。龙门刨床主要由顶梁 5、立柱 6、床身 1、横梁 3 组成，构成一个"龙门"式框架。工作台 2 可在床身上做纵向直线往复运动，使刀具实现主运动。两个立刀架 4 可在横梁 3 上做横向运动。两个横刀架 9 可分别在两根立柱上做升降运动。

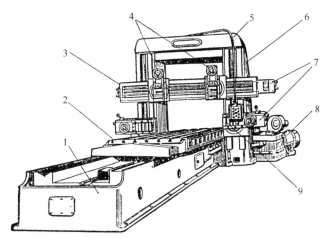

1—床身；2—工作台；3—横梁；4—立刀架；5—顶梁；6—立柱；7—进给箱；8—减速箱；9—横刀架

图 2-19　龙门刨床外形图

龙门刨床可以进行精细刨削,获得较高的直线精度(直线度可小于0.02mm/1000mm)和较好的表面质量(Ra=0.25~0.32μm),可对大型机床导轨进行精细刨削加工。适用于单件、小批生产及机修车间。龙门刨床的主参数是最大刨削宽度。

2.4.3 铣床

铣床是用铣刀进行铣削加工的机床,适合于加工平面、沟槽、分齿零件、螺旋形表面等。铣床的主运动是铣刀的旋转运动。由于它的切削速度较高,又是多刃连续切削,所以其加工平面的效率较之刨削加工高。

铣床的主要类型有升降台式铣床、床身式(工作台不升降)铣床、龙门铣床、工具铣床、仿形铣床以及各类专门化铣床等。下面仅对常见的升降台式铣床和龙门铣床作简要介绍。

1)升降台式铣床

升降台式铣床包括卧式升降台铣床、万能升降台铣床和立式升降台铣床三大类,适用于单件、小批及成批生产中的小型零件加工。

如图2-20所示,卧式升降台铣床的主轴为水平布置,它由床身1、悬梁2及悬梁支架6、铣刀轴(刀杆)3、升降台7、滑座5、工作台4及底座8等部件组成。铣刀的旋转为主运动,工件移动为进给运动。固定在升降台上的工件,通过工作4台、滑座5和升降台7,可以在相互垂直的三个方向实现任一方向的调整或进给。

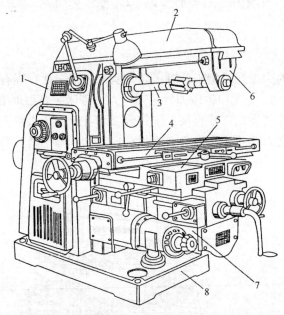

1—床身;2—悬梁;3—铣刀轴;4—工作台;5—滑座;6—悬梁支架;7—升降台;8—底座

图2-20 卧式升降台铣床外形图

万能升降台铣床与卧式升降台铣床的差别,仅在于滑座5之上有回转盘,工作台4在回转盘的导轨上移动。回转盘可绕竖轴在±45°范围内转动。因此,工作台的运动方向就不一定与横向垂直,而是可以与横向成±45°内的任意角度,以便铣削各种角度的螺旋槽。

立式升降台铣床的主轴是竖直的，简称立铣。立铣床可以加工平面、斜面、沟槽、台阶、齿轮、凸轮及封闭轮廓表面等。

2）龙门铣床

龙门铣床是一种大型高效通用铣床，它可以通过多个铣头同时加工几个面，来提高生产效率。龙门铣床主要用于加工各类大型工件上的平面、沟槽等。图2-21为龙门铣床的外形图。机床呈框架式结构，横梁 5 可以在立柱 4 上升降，以适应工件的高度。横梁上装有两个立式铣削主轴箱(立铣头)3 和 6,可在横梁上做水平横向运动。两根立柱上分别装有两个卧铣头 2 和 8，可以在立柱上升降。每个铣头都是一个独立的部件，内装主运动变速机构、主轴和操纵机构。装在工作台 9 上的工件可通过工作台做水平纵向运动。上述运动可以都是进给运动，

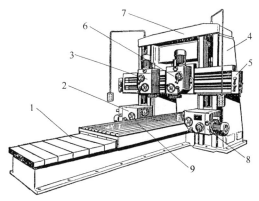

1-床身；2-卧铣头(左)；3-立铣头(左)；4-立柱；5-横梁；6-立铣头(右)；7-顶梁；8-卧铣头(右)；9-工作台

图 2-21 龙门铣床外形图

也可以是调整铣头与工件间相对位置的快速调位(辅助)运动。装在主轴套筒内的主轴可以通过手摇实现伸缩，以调整切深。

2.4.4 镗床

镗床是指主要用镗刀在工件上加工已有预制孔的机床。通常，镗刀旋转为主运动，镗刀移动或工件移动为进给运动。此外，镗床也可以进行钻床上的一些加工，还可以用铣刀铣削平面等。因此，镗床的工艺范围较广，尤其适用于尺寸较大的箱体类工件的孔或孔系加工，而且精度较高。

镗床类机床主要有卧式铣镗床、坐标镗床、精镗床，此外还有深孔镗床、立式镗床和汽车、拖拉机修理用镗床等。下面以卧式铣镗床为例，简要介绍镗床的功用。

卧式铣镗床是镗床类机床中应用较广泛的一种通用机床，可对各种大中型工件进行钻孔、镗孔、扩孔、铰孔、锪平面等加工；若安装铣刀或其他附件，还可铣平面、切制螺纹；利用平旋盘径向刀架，还可镗大孔和铣大平面等。因此，在卧式铣镗床上，工件可在一次装夹中完成其大部分或全部的加工工序。卧式铣镗床工作的万能性较好，其主参数是镗轴直径。

图2-22为卧式铣镗床的主要加工方法，其中图2-22(a)为装在镗轴上的悬伸刀杆镗孔，由镗轴移动做纵向进给运动；图2-22(b)为装在平旋盘上的悬伸刀杆镗大直径孔，由工作台移动做纵向进给运动；图 2-22(c)为装在平旋盘上的车刀车端面，由径向刀架的移动做进给运动；图2-22(d)为装在镗轴上的钻头进行钻孔；图 2-22(e)为装在镗轴的端铣刀铣平面，由主轴箱和工作台移动做进给运动；图2-22(f)为组合铣刀铣成形导轨面，由工作台做横向进给运动；图2-22(g)为装在径向刀架上的螺纹车刀车削较大的螺纹孔，由镗轴的旋转和工作台的纵向移动实现内联系传动；图2-22(h)为装在镗轴上的螺纹车刀车削螺纹孔，由镗轴的旋转及其轴向移动实现内联系传动。

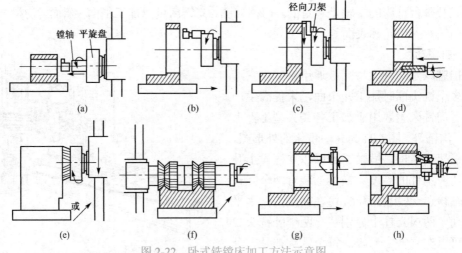

图 2-22　卧式铣镗床加工方法示意图

　　图 2-23 为卧式铣镗床的布局及其组成部件。它的主要组成部件有床身 1、前立柱 3、主轴箱 2、工作台 7 和后立柱 10 等。前立柱固定在床身的右端，在它上面安装有主轴箱，可沿前立柱导轨垂向移动。主轴箱中安装有水平布置的主轴组件、主传动和进给传动的变速机构。加工时，刀具可以安装在镗轴 5 前端的锥孔中，或装在平旋盘 6 与径向刀架 4 上。镗轴的旋转为主运动，它还可沿轴向移动做进给运动。平旋盘只能做旋转主运动，而装在平旋盘导轨上的径向刀架，可做径向进给运动。安装工件的工作台部件有三层，工作台 7 可与下滑座 9 沿床身导轨做纵向移动，还可与上滑座 8 沿下滑座的导轨做横向移动。工作台也可在上滑座的圆导轨上绕垂直轴线转位，以便加工相互平行或形成一定角度的孔与平面。后立柱 10 安装在床身的左端，在它上面装有支承架 11，用来支承悬伸较长的刀杆，以增加刀杆的刚度。后立柱还可沿床身导轨 12 做纵向移动，以调整位置。

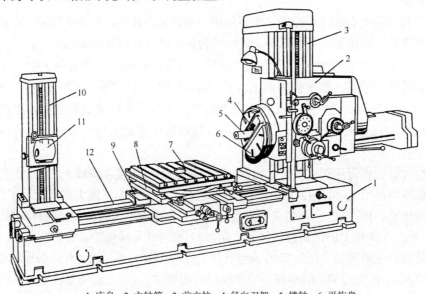

1—床身；2—主轴箱；3—前立柱；4—径向刀架；5—镗轴；6—平旋盘；
7—工作台；8—上滑座；9—下滑座；10—后立柱；11—支承架；12—导轨

图 2-23　卧式镗铣床的布局及组成部件

　　当需要加工大型和重型工件时，需要用落地式铣镗床。落地式铣镗床的工件安装在落地工作台上固定不动，在加工过程中的成形运动和辅助运动均由机床的相关部件来完成。立柱沿床身导轨纵向移动或纵、横向移动，主轴箱可沿立柱垂向移动。因此，镗轴的位置是由上述二者的运动来调整和确定的。

　　落地铣镗床有较大的万能性，可以进行镗、钻、铣等工作。为提高运动的灵敏性和防止爬行现象，机床上采用静压导轨或滚动导轨。为操纵方便。通常采用悬挂式操纵板或集中操纵台。为便于测量和减轻工人劳动强度，机床上移动部件设有数码显示装置。

微课视频

2.4.5　磨床

　　用磨料或磨具(如砂轮、砂带、油石、研磨剂等)为工具来加工工件各表面的机床称为磨床。磨削加工是对工件进行精加工的主要手段，其主要特点是加工精度高，表面粗糙度低，且能够加工淬硬工件等一般切削刀具不易加工的高硬度材料，但其允许的加工余量通常较小，且生产效率低。最近发展的一些高效磨削机床，如缓进给磨床、高效深切磨床等已可以直接将工件从毛坯加工至成品。

　　磨床有以下几种类型：

　　(1) 外圆磨床。这种磨床有万能外圆磨床、宽砂轮外圆磨床等，主要用于磨削圆柱形和圆锥形外表面。工件一般装夹在头架和尾座顶尖间进行磨削。

　　(2) 内圆磨床。这种磨床主要用于磨削圆柱形和圆锥形内表面，砂轮主轴一般为水平布置。

　　(3) 无心磨床。这种磨床工件采用无心夹持，一般支承在导轮和托架之间，由导轮驱动工件旋转，主要用于磨削圆柱形表面。

　　(4) 平面磨床。这种磨床主要有卧轴矩台平面磨床、立轴矩台平面磨床、卧轴圆台平面磨床、立轴圆台平面磨床等类型，主要用于磨削工件的各种平面。

　　(5) 导轨磨床。这种磨床主要用于磨削机床各种形状导轨面。

　　(6) 砂带磨床。这种磨床是用快速运动的柔性砂带进行磨削各种表面的磨床，特别适用于只对工件表面粗糙度提出要求的磨削加工，具有很高的磨削效率。

　　(7) 工具磨床。这种磨床有万能工具磨床、工具曲线磨床及各种刀刃磨床等，主要用于磨削各种工具。

　　其他还有珩磨机、研磨机、轴承磨床、凸轮轴磨床、中心孔磨床等。下面仅对外圆磨床作简要介绍。

　　外圆磨床主要用来磨削外圆柱面、圆锥面和圆柱端面，其基本磨削方法有纵磨法和切入磨法。普通精度级外圆磨床主要用于IT6、IT7级精度的圆柱形或圆锥形的外表面。所获得的加工表面粗糙度一般为 $Ra=0.02\sim1.25\mu m$。

　　下面以M1432A型万能外圆磨床为例，简要说明其功用。M1432A型万能外圆磨床主要用于磨削圆柱形、圆锥形的外圆和内孔表面，也可磨削阶梯轴肩或尺寸不大的平面。该种机床适用于单件小批生产车间、工具车间或机修车间。机床的主要工作精度如下：圆度 0.003～0.005mm，圆柱度 0.005mm，表面粗糙度 $Ra=0.2\sim0.4\mu m$。

　　图 2-24 为 M1432A 型万能外圆磨床外形图。该机床主要由床身 1、头架(床头)2、尾座 5、

工作台 8、内圆砂轮轴 6 和砂轮架 3 等部件组成。在床身 1 上装有工作台 8，工作台 8 的台面上装有头架 2 和尾座 5，工件支承在头架和尾座顶尖上，或用夹盘夹持在头架主轴上，由头架的传动装置驱动工件主轴旋转。尾座可在工作台上左右移动，以适应装夹不同长度工件的需要。工作台 8 通过液压系统驱动可沿床身上的纵向导轨往复运动，实现纵向进给运动，也可手动纵向进给。工作台由上下两层组成，其上工作台可相对下工作台回转一定角度（≤10°），以便磨削不同的圆锥面。装有砂轮主轴及传动装置的砂轮架（磨头）3，安装在床身顶面后部的横向导轨上。通过横向进给机构可实现周期或连续横向进给运动。内圆砂轮轴 6 是带有砂轮或与接长杆相连的套筒式部件，用于磨削圆柱及圆锥形内表面。砂轮架 3 和头架 2 都可绕垂直轴线转动一定的角度，以便磨削较大的圆锥面和内孔锥面。磨床的主要运动有砂轮的旋转运动 $n_{砂}$（即主运动）、工件的旋转运动 $n_{工}$（即工件圆周进给运动）、工件的纵向往复运动 f_l 和砂轮横向间歇进给运动 f_t。

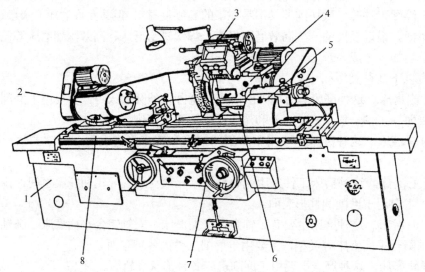

1—床身；2—头架；3—砂轮架；4—砂轮主轴箱；5—尾座；6—内圆砂轮轴；7—手轮；8—工作台

图 2-24　M1432A 型万能外圆磨床示意图

此外，该机床还有辅助运动，如砂轮架横向快速进退运动和尾座套筒轴向伸缩运动，以节省装卸工件或测量工件的时间。

M1432A 型机床的运动是由机械传动和液压传动实现的，其中，工作台的往复直线运动、砂轮架横向快速进退及尾座顶尖套筒的缩回为液压传动，其余为机械传动。磨削外圆时，砂轮的转动是由电动机经 V 带传动获得，其切削速度为

$$v = \frac{\pi D_s n_s}{60 \times 1000} = \frac{\pi \times 400 \times 1670}{60 \times 1000} \approx 35\,(\text{m/s})$$

其中，D_s 为砂轮直径，mm；n_s 为砂轮转速，$n_s = 1500 \times \frac{127}{113} \approx 1670\,(\text{r/min})$。

磨削内圆时，砂轮是旋转由内圆砂轮轴电动机经平带传动获得。

工件的旋转是通过头架上的拨盘旋转实现的。通过双速电动机（700/1360r/min，0.55/1.1kW）和 V 带塔轮变速，可使工件获得 6 种圆周进给转速。

为了调整机床和磨削阶梯轴的台肩，可用手轮 7 驱动工作台纵向移动。手轮转一圈，工作台纵向移动量为

$$s = 1 \times \frac{15}{72} \times \frac{18}{72} \times 18 \times 2 \times \pi \approx 6 \, (\text{mm})$$

砂轮架由液压油缸驱动快速接近工作位置，油缸停止移动后，转动手轮 7，通过齿轮、丝杠螺母传动，使砂轮架做横向进给运动。手轮 7 的刻度盘的圆周上刻度有 200 格，而刻度盘每转一格所对应的粗、细进给量分别为 0.01mm 和 0.0025mm。

2.4.6 齿轮加工机床

1. 概述

齿轮的加工可以采用铸造、锻造、冲压和切削加工等方法。其中切削法加工齿轮，精度最高，应用最广泛。

按形成齿轮的原理，切削齿轮的方法可分为成形法和展成法两类。

用成形法加工齿轮，要求所用刀具的切削刃形状与被切齿轮的齿槽形状相同。例如，在铣床上用盘形或指形齿轮铣刀铣削齿轮，铣完一个齿后，进行分度，接着铣下一个齿。成形法加工的优点是，机床结构简单，可以利用通用机床加工。缺点是对于同一模数的齿轮，只要齿数不同，齿廓形状就不同，就需采用不同的成形刀具。事实上，不可能每种齿数都各有一把刀。为了减少刀具数量，每种模数通常只配 8 把或 15 把刀，各自适应一定的齿数范围，因此加工出来的齿形是近似的，加工精度较低。成形法加工齿轮，多用于精度要求不高的修配行业。

展成法加工齿轮应用齿轮啮合原理，即把齿轮啮合副(齿条-齿轮、齿轮-齿轮)中的一个转化为刀具，另一个作为工件，并保证刀具和工件做严格的啮合运动。被加工齿的齿廓表面是在刀具和工件包络(展成)过程中，由刀具切削刃的位置连续变化形成的。展成法加工齿轮的优点是，只要模数和压力角相同，一把刀具可以加工任意齿数的齿轮。这种方法的加工精度和生产率一般比较高，因而在齿轮加工机床中应用最广泛。

用于加工齿轮的机床一般可分为圆柱齿轮加工机床和圆锥齿轮加工机床两大类。圆柱齿轮加工机床主要有滚齿机、插齿机等；锥齿轮加工机床有加工直齿锥齿轮的刨齿机、铣齿机、拉齿机和加工弧齿锥齿轮的铣齿机和拉齿机等。用来精加工齿轮齿面的机床有珩齿机、剃齿机和磨齿机等。下面仅对最常用的滚齿机和插齿机加工齿轮的工作原理做简要分析。

2. 滚齿机

1) 滚齿原理

滚齿机在齿轮加工中应用十分广泛，可用来加工直齿和斜齿圆柱齿轮、蜗轮和花键轴。滚齿机用展成法加工直齿和斜齿圆柱齿轮。图2-25 为滚齿机工作原理图，它基于螺旋齿轮啮合原理(图2-25(a))，将其中一个作为滚刀，它的特点是螺旋角很大，齿数 Z 很少，类似于蜗杆(图 2-25(b))，开槽和铲削齿背后就形成了滚刀(图 2-25(c))。机床传动链使被加工齿轮和滚刀保持一对螺旋齿轮的啮合关系，再加上滚刀的进给运动，就可完成对工件全部齿形的加工。

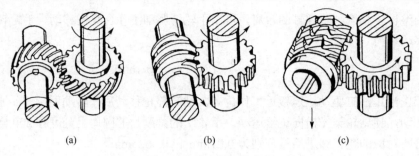

(a)   (b)   (c)

图 2-25　滚齿机工作原理

2) 滚切直齿圆柱齿轮时机床的运动和传动原理

用滚刀加工直齿圆柱齿轮必须具备以下两个运动：一个是形成渐开线齿廓所需的展成运动 (B_1 和 B_{12})；另一个是切出整个齿宽所需的滚刀沿工件轴线的垂直进给运动(A_2)，如图 2-26 所示，图中 ω 为滚刀的螺旋升角，δ 为滚刀安装角。

图 2-27 是滚切直齿圆柱齿轮的传动原理图，完成滚切直齿圆柱齿轮，需以下传动链。

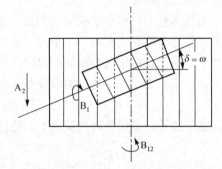

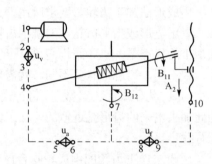

图 2-26　滚切直齿圆柱齿轮所需的运动　　　　图 2-27　滚切直齿圆柱齿轮的传动原理

(1) 主运动，即滚刀的旋转，构成展成运动的外联系传动链：电动机—1—2—u_v—3—4—滚刀，其中滚刀的转速 $n_刀 = 1000v/(\pi D)$。

(2) 展成运动，即形成渐开线齿廓的滚刀与工件之间的啮合运动，它可以分解成滚刀的旋转运动 B_{11} 和工件的旋转运动 B_{12}。展成运动是个复合运动($B_{11} + B_{12}$)，因此 B_{11} 与 B_{12} 之间构成一条内联系传动链：滚刀—4—5—u_a—6—7—工件，以保证滚刀与工件间的运动关系为，滚刀转 1 转，工件转 k/Z 转(Z 为工件的齿数，k 为滚刀的头数)。

(3) 垂直进给运动，即滚刀沿工件轴线所做的垂直进给(A_2)，以便切出整个齿宽。A_2 是个简单运动，其传动链为：工件—7—8—u_f—9—10—刀架升降丝杠，这是一条外联系传动链，称为进给传动链。

综上所述，滚切直齿圆柱齿轮时，共有三条传动链。用展成法形成渐开线，需要一个复合的成形运动，这个运动需要一条内联系传动链(展成运动传动链)和一条外联系传动链(主运动传动链)。另外需要一条外联系的进给传动链，以实现垂直进给。

3) 滚切斜齿圆柱齿轮的运动和传动原理

斜齿圆柱齿轮与直齿圆柱齿轮相比，端面齿廓也是渐开线，但齿长方向不是直线，而是螺旋线。加工斜齿圆柱齿轮时，除也需要一个形成渐开线的展成运动外，还需一个形成螺旋线的运动。形成渐开线的展成运动与加工直齿轮相同，但后一个运动则不同。加工直齿轮时的进给运动为直线运动，是简单运动。加工斜齿轮时的进给运动是螺旋运动，是一个复合运动。这个运动可分解为滚刀的直线运动 A_{21} 和工件的旋转运动 B_{22}（图2-28）。工件要同时完成 B_{12} 和 B_{22} 两种旋转运动，故 B_{22} 称为附加转动。最后，工件的实际转动为 $B_{12}+B_{22}$。图2-29是滚切斜圆柱齿轮的传动原理图。滚切斜齿轮时，展成运动传动链和进给运动传动链（产生螺旋运动的外联系传动链）均与加工直齿轮时相同。但是，进给运动为复合运动，还需要一条产生螺旋线的内联系传动链，它连接刀架移动 A_{21} 和工件附加转动 B_{22}，以保证刀架直线移动距离为 1 个螺旋线的导程 T 时，工件附加转动为 1 转。这条传动链为：刀架—12—13—u_s—14—15—Σ（合成）—6—7—u_1—8—9—工件，此链称为差动传动链。因为工件的实际转动为 $B_{12}+B_{22}$，所以采用合成机构，将两个分别独立的运动 B_{12} 和 B_{22} 合成后传给工件。

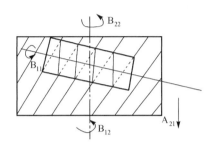

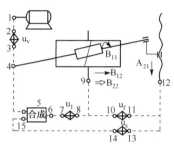

图 2-28　滚切斜齿圆柱齿轮所需的运动　　　　　图 2-29　滚切斜齿圆柱齿轮传动原理

滚齿机既可加工直齿，又可加工斜齿圆柱齿轮。当加工直齿轮时，就将差动传动链断开（换置器的挂轮取下），并把合成机构固定成一个如同联轴器的整体。

图2-30给出了常见的 Y3150E 型滚齿机外形图。该种滚齿机主要用于滚切直齿和斜齿圆柱齿轮，也可以滚切花键轴或用手动径向进给法滚切蜗轮。Y3150E 型滚齿机最大可以加工直径为 500mm，最大宽度为 250mm，最大模数为 8mm，最小齿数为 $Z_{min}=5k$（k 为滚刀头数）的圆柱齿轮。

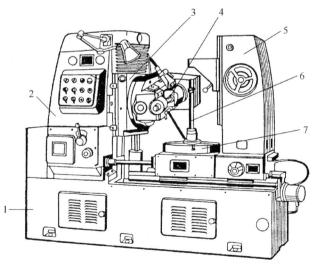

1-床身；2-立柱；3-刀架；4-滚刀主轴；5-小立柱；6-工件心轴；7-工作台

图 2-30　Y3150E 型滚齿机外形图

3. 插齿机

1) 插齿原理

插齿机主要用于加工直齿圆柱齿轮，尤其适用于加工在滚齿机上不能加工的内齿轮和多联齿轮。但插齿机不能加工蜗轮。插齿机加工原理为一对圆柱齿轮的啮合，其中一个是齿轮形刀具——插齿刀。插齿刀实质上是一个端面磨有前角、齿顶及齿侧磨有后角的齿轮。插齿机同样是按展成法加工圆柱齿轮的。图 2-31 表示插齿机的工作原理及加工时所需要的运动。

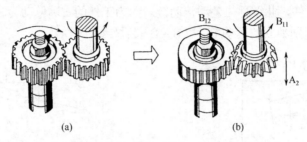

图 2-31　插齿机的工作原理及加工时所需要的运动

2) 插齿机床的运动和传动原理

插齿刀和工件应保持一对圆柱齿轮的啮合运动关系，这是一个复合运动，称为展成运动。展成运动可被分解成两部分：插齿刀的旋转运动 B_{11} 和工件的旋转运动 B_{12}。插齿刀沿工件轴线所做的直线往复运动 A_2 为主运动，这是一个简单运动，用以形成轮齿齿面。插斜齿时，用斜齿插刀，插刀主轴是在一个专用的螺旋导轨上移动。这样，上下往复移动时，插刀获得一个附加运动。插齿刀的转动称为圆周进给运动。插齿刀转动的快慢决定了工件转动的快慢，同时也决定了插齿刀每一次切削的进给量。圆周进给运动以插齿刀上下往复一次时插齿刀在节圆上所转过的弧长来表示。插齿刚开始时，插齿刀相对于工件要做一径向切入运动，直到全齿深为止，然后工件转过一圈，全部轮齿加工完毕。加工完后插齿刀与工件分离。有时，为了提高加工精度，径向切入可分为几次进行。每次进给后，工件需转过一圈。插齿刀向下的直线运动为工作行程，向上为空行程。空行程时不切削，为了减少刀刃的磨损，机床上还需有一个让刀运动，使空行程时刀具在径向退离工件。

图 2-32 是插齿机的传动原理图。切入运动及让刀运动并不影响加工表面的形成，所以在传动原理图中没有表示出来。图中，点 8 到点 11 之间的传动链是展成传动链(内联系)；点 4

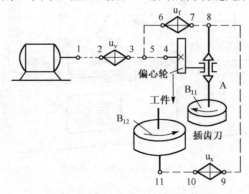

图 2-32　插齿机的传动原理

到点 8 之间的传动链为圆周进给传动链(外联系)。以上两条传动链分别用来确定渐开线成形运动的轨迹和速度。由电动机点 1 至曲柄偏心盘点 4 之间的传动链是机床的主运动传动链,用以确定插齿刀每分钟往复次数(速度)。

2.5　数控机床与加工中心

2.5.1　数控机床

1. 数控机床的组成

数字程序控制机床,简称数控机床,是按加工要求预先编制的程序,由计算机数字控制系统发出数字信息指令来控制机床各个执行件,使之按顺序和要求加工出所需工件的自动化机床。它综合应用了计算机技术、自动控制、精密测量和机床结构设计等方面的最新成就。

数控机床一般由程序编制、数控装置、伺服机构和机床四部分组成。图2-33给出了数控机床的基本组成及其加工零件的步骤。

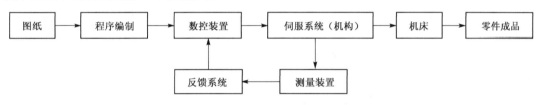

图 2-33　数控机床基本组成及其加工步骤

程序编制就是根据加工图纸及所需的全部加工信息,编制数控装置能够接受的程序。程序编制虽然不是数控机床的一个具体部件,但其重要性远远超出了一个部件的作用。尤其对于复杂零件加工,程序编制往往成为能否有效使用数控机床的关键。零件数控加工程序的编制一般需要专门的技术人员完成。对于复杂的零件加工程序的编制,有时会花费较长的时间,从而不能充分发挥数控机床高效率的优势。近年来随着 CAD/CAM(计算机辅助设计/制造)技术的发展,数控加工自动编程技术得到了较大的发展。数控加工自动编程系统利用 CAD 设计的图纸提供的零件几何参数信息和 CAPP(计算机辅助工艺规程)设计提供的零件加工工艺规程,可以自动、快捷、准确地完成零件数控加工程序的编制,从而大大节省产品的生产周期,减轻编程技术人员的劳动强度。

数控装置是数控机床的运算和控制系统,它阅读输入程序中的数据指令,进行运算,然后将程序控制和功能控制的指令经过伺服机构传给执行部件。

伺服机构是数控装置的执行器官,即数控机床的进给驱动系统。伺服机构的作用是把来自数控装置的脉冲信号转换为机床相应部件的机械运动,使机床按照规定的速度和位移量有序地工作,自动地加工出所需的零件。

采用数字控制的机床在基本组成上与一般普通机床一样,也是由主运动系统、进给运动系统和支承件等几个主要部件组成。但由于采用了数控装置及其控制下的伺服进给系统或机构,使得数控机床在结构上与普通机床有许多不同之处。

2. 数控机床的特点与应用

数控机床有如下特点：

(1) 适应性强。在数控机床上改变加工对象时，除装卸工件、更换刀具外，只需重新编制工件的加工程序，可以很快地从加工一种工件改变为另一种工件。特别是可以加工一般机床难于加工或无法加工的外形复杂的工件。

(2) 加工精度高。数控机床是按数字形式给出的指令进行加工的，目前数控装置的脉冲当量已达到 0.001mm，而且进给传动链的反向间隙与丝杠螺距误差等均可由数控装置进行补偿，同时数控机床的自动加工方式避免了人为偶然误差，同一批工件的尺寸一致性好，加工精度高而且稳定。

(3) 生产率高。每一道工序的完成都能选用最有利的切削用量，良好的结构刚性允许强力切削，有效地节省了机动时间。移动部件的快移和定位均采用了加速和减速措施，因而快进、快退和定位时间短。更换工件几乎不需要重新调整机床，而工件又都安装在简单的定位夹紧装置中，用于停机安装调整的时间少。由于加工精度稳定，经加工程序校验及刀具完好的情况下，一般只作首件检验或工序间关键尺寸的抽样检验，减少停机检验的时间，因此数控机床的生产率比一般机床高得多。使用带有刀库和自动换刀装置的数控加工中心时，在一台机床上实现了多道工序的连续加工，减少了半成品的周转时间，生产效益的提高更为明显。

(4) 劳动强度小。数控机床加工是按事先编好的程序自动完成的，操作者除了操作键盘、装卸工件、关键工序的中间测量及观察机床的运行之外，不需要进行繁重的手工操作，劳动强度与紧张程度均大为减轻。

(5) 经济效益好。节省加工前的划线、机床调整、加工和检验时间，减少了直接生产费用。由于不需要制作模型、凸轮、钻模板及其他工夹具，节省了工艺装备费用。而且，由于加工精度稳定，废品率减少，可使生产成本进一步下降。

数控机床使用数字信息与标准代码输入，最适于与数字计算机联系。目前已成为 CAD/CAM 及管理一体化的基础。

数控机床最适合加工多品种小批量生产的工件，合理生产批量为 10~100 件，以及外形比较复杂的工件，需要频繁改型的工件，价格昂贵、不允许报废的工件和需要生产周期短的急需工件。

推广数控机床的最大障碍是设备的初始投资大。由于系统本身的复杂性，又增加了维修费用。如果缺少完善的售后服务，不能及时排除设备故障，会影响机床的利用率，增加综合生产成本。

另外，数控机床还存在程序编制方面的问题。当数控机床数量不多，工件形状又不复杂的情况下，可以用手工或计算机辅助编程，制作控制介质。手工编程不仅速度慢，而且容易出错。当数控机床增多，工件数量多而且复杂时，尤其是三坐标或更复杂的曲面加工，手工编制程序就会更加困难，因此必须使用自动编程系统，这需要配备专门的程序设计人员，并对程序进行校核与试切削验证。这些措施将会增加生产费用。因此，选用数控机床之前，需要进行分析论证，以发挥数控机床最好的经济效益。但是近年来，随着计算机技术的不断发展，机床数控自动编程系统日趋完善，已逐步开始代替手工编程；仿真技术的应用也使数控机床的试切削验证变得容易和经济。这些技术上的不断进步，对于推广、应用数控机床起到了积极的推动作用。

3. 数控机床分类

(1) 按工艺用途分类有普通数控机床和加工中心两类。

普通的数控机床(NC)包括：数控钻床、数控车床、数控铣床、数控镗床、数控磨床与数控齿轮加工机床等。除切削加工用数控机床外，数控技术还用于压力机、冲床、弯管机、电火花加工机床等金属成形机床和特种加工机床上。

加工中心(MC)是具有刀库、能自动更换刀具、对一次装夹的工件进行多工序加工的数控机床，或称自动换刀数控机床。以铣削加工中心为例，它在数控铣床上增加了一个容量较大的刀库(一般为16~120把刀)和自动换刀装置，工件在一次装夹后，可以对许多加工面进行铣、镗、扩、铰及攻丝等多工序加工。加工中心大多以镗铣为主，主要用于加工箱体或棱形工件。车削加工中心则几乎可以完成回转体工件的全部加工工序。加工中心可以有效地避免由于多次安装造成的定位误差，减少了机床的台数和占地面积，大大提高了生产率和加工自动化程度。

(2) 按运动方式分类有点位控制系统、点位直线控制系统和轮廓控制系统(图2-34)。

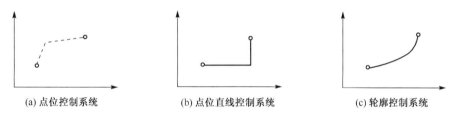

(a) 点位控制系统　　　(b) 点位直线控制系统　　　(c) 轮廓控制系统

图 2-34　按运动方式分类的三种数控机床系统

点位控制系统的机床移动部件只能实现由一个位置到另一个位置的精确移动，在移动和定位过程中不进行任何加工，移动部件的运动路线并不影响加工的孔距精度；数控装置只需控制行程终点的坐标值，而不控制点与点之间的运动轨迹。因此几个坐标轴之间的运动不需要有任何联系。为了尽可能地减少移动部件的运动和定位时间，通常先快速移动到接近终点坐标，然后再以低速准确移动到定位点，以保证良好的定位精度。这类数控机床主要有数控坐标镗床、数控钻床、数控冲床、数控点焊机及数控弯管机等。

点位直线控制系统的机床移动部件不仅要实现由一个位置到另一个位置的精确移动，而且能够实现平行于坐标轴的直线切削加工运动。在数控镗床上使用点位直线控制系统，扩大了镗床的加工范围，能够在一次安装中对箱体的平面和台阶进行铣削，之后再进行钻孔、镗孔，这样可有效地提高加工精度和生产率。由于它只能进行单坐标切削进给运动，因此不能加工较复杂的平面和轮廓。

轮廓控制系统，也称为连续控制系统，能够对两个或两个以上的坐标轴同时进行控制，不仅能够控制机床移动部件的起点和终点坐标，而且能控制整个加工过程每一点的速度和位移量。也就是说，要控制移动轨迹，将工件加工成一定的轮廓形状。这种系统要比点位控制系统更为复杂，在加工过程中需要不断进行插补运算，然后进行相应的速度与位置控制。数控铣床、数控车床和数控磨床是典型的轮廓控制数控机床。它们代替了所有类型的仿形加工机床，提高了加工精度和生产率。

(3) 按有无检测装置分类有开环系统和闭环系统两种，根据测量装置安装位置和反馈信息又可将闭环系统分为全闭环和半闭环两种。

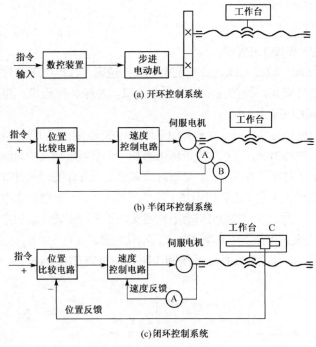

图 2-35　按有无检测装置分类的三种数控机床系统框图

开环控制系统没有检测反馈装置(图2-35(a)),其数控装置发信号的流向是单向的,对移动部件如工作台的实际位置不作检测。通常使用功率型步进电动机或电液脉冲马达作为执行元件。数控装置输出的脉冲通过环形分配器和驱动电路,不断改变供电状态,使步进电动机转过相应的步距角,再经过减速齿轮或直联传动丝杠旋转,最后转换为移动部件的直线位移。移动部件的速度和位移量由输入脉冲的频率和脉冲个数所决定。开环控制系统具有结构简单、调试维修方便和成本较低等优点,但控制精度差,目前主要应用于经济型数控机床上。

半闭环控制系统对工作台的实际位置不进行检测(图 2-35(b)),而是通过与伺服电动机有联系的测量元件,如速度测量元件 A 和光电编码器 B(或旋转变压器)等检测出伺服电动机的转角,推算出工作台的实际位移量,用此值与指令值进行比较,用差值来实现位置控制。由于工作台没有包括在控制回路中,因而称之为半闭环控制系统。这种控制系统结构比较简单,精度介于开环与闭环之间,因此配有精密滚珠丝杠和减速齿轮副的半闭环控制系统正在被广泛地采用。目前已经逐步把角位移检测装置和伺服电动机组成一个部件,使系统变得更加简单。

闭环控制系统在机床移动部件上直接装有直线位移检测装置,将测量到的实际位移值反馈到数控装置中,与输入的指令位移值进行比较,用差值进行控制,使移动部件按照实际需要的位移量运动,最终实现移动部件的精确定位。闭环控制系统的组成框图如图 2-35(c)所示,图中 A 为速度测量元件,C 为位置测量元件。当指令值发送到位置比较电路时,若此时工作台没有移动,则没有位置反馈量,指令值使得伺服电动机转动。通过 A 将速度反馈信号送到速度控制电路,通过 C 将工作台实际位移量反馈给数控装置,实现高精度加工。

闭环控制系统的优点是精度高、速度快,但调试与维修比较复杂,成本较高。

2.5.2　加工中心

动画

加工中心配有刀库、换刀机械手、自动交换工作台(APC)、多动力头等装置,在程序控制下,可以方便地在一次安装中执行多工序作业,实现了工序的最高集成,因而加工质量,尤其是表面间的位置精度得到了更好的保证,生产效率也大为提高。

加工中心刀库的刀具容量可以从十几把到一百多把。通常可以直观地从刀库的大小判断出一台加工中心加工能力的大小。自动交换工作台(APC)最少为两个,最多为 6 个。有了交换工作台，可以实现加工时间与工件装卸时间的重合，进一步提高昂贵设备的利用率，节约工件通过时间。加工中心刀具的种类和尺寸(直径、长度)等数据都存储在计算机内，存储的刀具信息甚至包括了刀具的使用时间和寿命控制数据。刀具的尺寸测定是在对刀仪中完成的，其数据可直接与加工中心的刀具库通信，实现了换刀自动控制(ATC)。

通常在选用加工中心加工产品零件时需要考虑如下问题：

(1) 加工中心种类，如零件以回转面为主，则可选择车削中心。如其上还有键槽、小平面、螺孔等需要加工的表面，要选择带动力头的车削中心，带有分度的C轴等。对箱体类零件的加工往往选择卧式镗铣加工中心或钻削中心。对模具、叶片等类的加工任务则宜选用立式加工中心。

(2) 根据加工表面及曲面的复杂程度，决定其联动轴数。一般采用三轴三联动或三轴两联动式。对复杂曲面加工，往往需要四轴三联动，甚至五轴五联动。

(3) 根据工件尺寸范围考虑其尺寸、型号，主要考虑 X、Y、Z 行程及工件大小、承重，再考虑其精度等级要求。加工中心导轨有的采用贴塑导轨，有的采用滚动导轨。其中，贴塑导轨负载能力较大，适宜有较重载切削的工况。滚动导轨磨损小，运动速度快，适宜切削力较小的工况。当切削力过大时，为了提高机床刚性，还往往选用龙门式结构的加工中心。

(4) 其他功能的选择。加工中心还往往带有接触式测头，测头占一把刀具的工位，可以由程序控制调出，检测加工表面的精度。有些加工中还有自适应控制能力，即根据电动机功率来自动调整切削用量，以达到提高生产率、保护设备和刀具的目的。

由于加工中心的加工质量、加工效率高，并具备高度柔性，其应用越来越广。

2.5.3　MJ-50 型数控车床简介

1. MJ-50 型数控车床用途及布局

MJ-50 型数控车床主要用来加工轴类零件的内外圆柱面、圆锥面、螺纹表面、成形回转体表面。对于盘类零件可进行钻孔、扩孔、铰孔、镗孔等加工。机床还可以完成车端面、切槽、倒角等加工。图2-36 为 MJ-50 型数控车床的外形图。

MJ-50 型数控车床为两坐标连续控制的卧式车床。如图 2-36 所示，床身 14 为平床身，床身导轨面上支承着30°倾斜布置的滑板13，排屑方便。导轨的横截面为矩形，支承刚性好，且导轨上配置有防护罩8。床身的左上方安装有主轴箱4，主轴由交流伺服电动机驱动，免去变速传动装置，因此使主轴箱的结构变得十分简单。为了快速而省力地装夹工件，主轴卡盘3 的夹紧与松开是由主轴尾端的液压缸来控制的。

床身右上方安装有尾座12。该机床有两种可配置的尾座：一种是标准尾座，另一种是选择配置的尾座。

滑板的倾斜导轨上安装有回转刀架11，其刀盘上有 10 个工位，最多安装 10 把刀具。滑板上分别安装有 X 轴和 Z 轴的进给传动装置。

根据用户的要求，主轴箱前端面上可以安装对刀仪 2，用于机床的机内对刀。检测刀具时，对刀仪转臂 9 摆出，其上端的接触式传感器测头对所用刀具进行检测。检测完成后，对刀仪的转臂摆回图中所示的原位，且测头被锁在对刀仪防护罩 7 中。

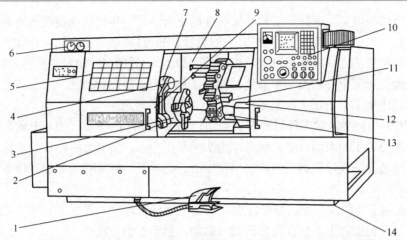

1–脚踏开关；2–对刀仪；3–主轴卡盘；4–主轴箱；5–防护门；6–压力表；7–对刀仪防护罩；
8–导轨防护罩；9–对刀仪转臂；10–操作面板；11–回转刀架；12–尾座；13–滑板；14–床身

图 2-36　MJ-50 型数控车床外形图

10 是操作面板。5 是机床防护门，可以配置手动防护门，也可以配置气动防护门。液压系统的压力由压力表 6 显示。1 是主轴卡盘夹紧与松开的脚踏开关。

2. MJ–50 型数控车床的传动系统

图 2-37 是该机床的传动系统图。其中主运动传动系统由功率 11/15kW 的交流伺服电动机驱动，经一级 1∶1 的带传动带动主轴旋转，最低转速为 35r/min，最高转速为 3500r/min。转速在此范围内可实现无级调速，主轴箱内部省去了齿轮传动变速机构，精度提高，维修方便。

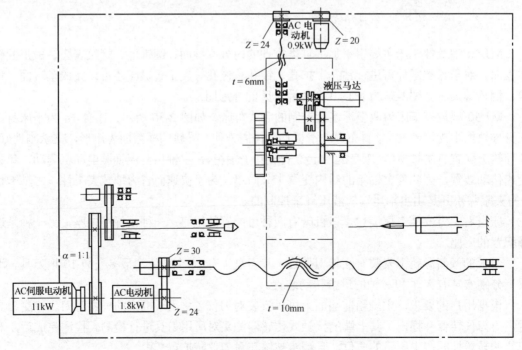

图 2-37　MJ-50 型数控车床的传动系统图

MJ-50 型数控车床的进给系统分为 X 轴进给传动和 Z 轴进给传动。X 轴进给由功率为 0.9 kW 的交流伺服电动机驱动，经 20/24 的同步带轮传动到滚珠丝杠上，螺母带动回转刀架移动。Z 轴进给传动也由功率为1.8kW 的交流伺服电动机驱动，经 24/30 的同步带轮传动到滚珠丝杠上，其上螺母带动滑板移动。

自动回转刀架的夹紧与松开、刀盘的转位均由液压系统驱动。

2.5.4 JCS-018 型立式镗铣加工中心简介

1. JCS-018 型立式镗铣加工中心用途和结构简介

JCS-018 型立式镗铣加工中心是一种具有自动换刀装置的CNC 数控立式镗铣机床，它采用了软件固定型计算机数控系统。把工件一次装卡在工作台上，可自动连续地完成铣、钻、镗、铰、锪、攻丝等多种工序的加工。该机床适用于小型板类、盘类、模具类等复杂工件的多品种中小批量加工，也可加工小型箱体类工件。

机床外形如图2-38所示。在床身 1 的后部固定着框式立柱 9，主轴箱 5 可沿立柱导轨做升降运动(Z 轴)，滑座 2 在床身前部做横向(前后)运动(Y 轴)，工作台 3 在滑座 2 上做纵向(左右)运动(X 轴)。自动换刀装置(刀库 6 和换刀机械手 7)装在立柱左前部，其后部是数控柜 8，立柱右侧面装驱动电柜 4(电源、伺服系统等)。

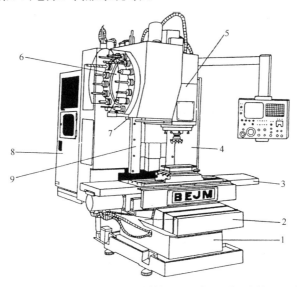

1–床身；2–滑座；3–工作台；4–驱动电柜；5–主轴箱；6–刀库；7–换刀机械手；8–数控柜；9–框式立柱

图 2-38 JCS-018 型立式镗铣加工中心外形图

2. 机床主要技术参数

工作台面尺寸(长×宽)	1200mm×450mm(1000mm×320mm)
工作台纵向行程(X 轴)	750mm
工作台横向行程(Y 轴)	400mm

主轴箱垂向行程(Z 轴)	470mm
主轴端面距工作台面距离	180~650mm
主轴锥孔	锥度 7:24，BT-45，大端直径 57.15mm
主轴转速(标准型/高速型)	22.5~2250r/min/45~4500r/min
主轴伺服电动机功率(FANUC 交流主轴电动机 12 型)	5.5kW
快移速度(X、Y 轴)	15m/min
(Z 轴)	10m/min
进给速度(X、Y、Z 轴)	1~4000mm/min
进给伺服电动机功率(FANUC-BESK 直流伺服电动机 15 型)	1.4kW
刀库容量	16 把
选刀方式	任选
刀库电动机功率(FANUC-BESK 直流伺服电动机 15 型)	1.4kW
各轴定位精度	±0.012mm/300mm
各轴重复定位精度	±0.006mm
机床质量	4.5t

3. 机床传动系统

图2-39 为 JCS-018 型立式镗铣加工中心机床传动系统图。主传动系统比较简单，无级调速交流主轴伺服电动机(5.5kW)经两级塔带轮φ183.6/φ119 和φ183.6/φ239，三联 V 带传动直接驱动主轴。塔带轮传动比为 1:2 和1。当传动比为 1:2(图示位置)时，主轴转速为 22.5~2250r/min；当传动比为 1 时，主轴转速为 45~4500r/min。传动用的三联 V 带一次成形，彼此长度相等，受力均匀，因而承载能力比多根 V 带(截面积之和相等)高，允许的线速度也高。由于机床无齿轮传动，主轴运转时振动小，噪声低。伺服进给系统也很简单，直流伺服电动机(1.4 kW)经联轴节直接驱动滚珠丝杠旋转，再由螺母变为工作台等移动部件的直线运动。

移动部件的移动速度和运动方向均由直流伺服电动机所决定。

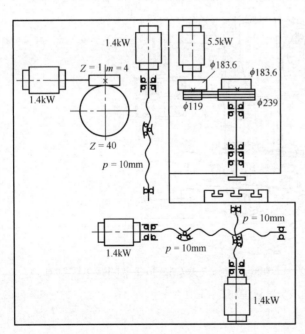

图 2-39 JCS-018 型立式镗铣加工中心机床传动系统图

第3章

金属切削与磨削加工

金属切削加工是利用机械能依靠刀具切削刃在毛坯表面切除材料，进行零件加工工作。严格上讲，磨削是一种特殊金属切削加工，它使用磨粒实现被加工表面材料的去除。目前，金属切削与磨削加工是应用最为广泛的机械加工方法，在机械制造中占有非常重要的地位和很大比例。本章将介绍金属切削和磨削加工的基本概念、刀具和磨具的结构和材料、金属切削和磨削过程、切削和磨削工艺条件的选择，并简要介绍先进的切削和磨削方法。

3.1 金属切削、磨削加工的基本概念

3.1.1 金属切削与磨削的加工表面与用量

1. 切削或磨削加工表面

切削或磨削加工中获得的要求表面是逐渐形成的，在这一过程中，工件上存在有待加工表面和已加工表面以及过渡表面三个不断变化着的表面，如图3-1所示。其中，待加工表面是加工时即将被去除金属层的表面；已加工表面是已被切除多余金属新形成的符合要求的工件表面；过渡表面(或称切削表面)是位于待加工表面和已加工表面之间的，正在由刀具或砂轮的切刃在工件上形成的那个表面。

2. 切削用量和磨削用量

在切削加工中，切削速度 v_c、进给量 f 和背吃刀量(切削深度) a_p 称为切削用量。相似地，在磨削加工中，磨削速度 v_s、进给量 f 和砂轮切削深度 a_p(区别于单个磨粒切刃的切深)称为磨削用量。切削或磨削用量的大小反映单位时间内金属切除量的多少，也直接影响切削或磨削的力、功率、温度、刀具或砂轮寿命等。所以，在切削或磨削加工时，要根据工件材料、刀具材料和其他技术经济要求来选择适宜的用量。

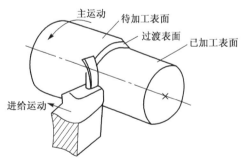

图 3-1　外圆车削的切削运动和加工表面

切削速度即主运动速度。刨削、拉削(图3-2(b)、(e))等主运动为直线移动。车削、铣削、钻削、铰削和磨削(图 3-2(a)、(c)、(d)、(f))等大多数主运动则采用回转运动。回转体(刀具或工件)上外圆或内孔某一点的切削速度为

$$v_c = \pi dn / 1000 \tag{3-1}$$

其中，d 为工件或刀具上某一点的回转直径，mm；n 为工件或刀具的转速，r/s 或 r/min。

通常磨削速度单位用m/s，其他加工的切削速度单位习惯用m/min。如因刀刃上各点旋转

半径不同而切削速度不同时，考虑到切削速度对刀具磨损和加工质量的影响，计算时应取最大的切削速度。

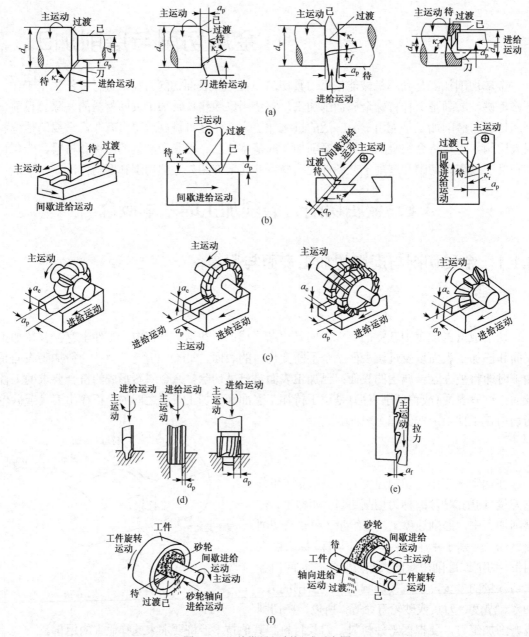

图 3-2　几种常见切削运动示意图

切削中，主运动回转一周时刀具(或工件)沿进给方向上的位移量，称为进给量 f(单位：mm)。单位时间的进给量，称为进给速度 v_f(单位：mm/s 或 mm/min)。它与进给量 f 之间的关系为

$$v_f = fn \tag{3-2}$$

但磨削中，进给量 f 不是指砂轮而是指工件回转一周时砂轮沿进给方向上的位移量。

对于铣刀、铰刀、拉刀、齿轮滚刀等刀齿数为 Z 的多齿刀具，还要规定出每个刀齿的进给量，即每齿进给量 f_z。它是后一个刀齿相对于前一个刀齿的进给量(单位：mm/Z)，即

$$f_z = f/Z \tag{3-3}$$

对于图 3-2 所示的车削和刨削，背吃刀量(切削深度) a_p 为工件上已加工表面和待加工表面间的垂直距离(单位：mm)。外圆车削时切削深度为

$$a_p = (d_m - d_w)/2$$

对于钻削　　　　　　　　　　　　　$a_p = d_m/2$

其中，d_w 为已加工表面直径，mm；d_m 为待加工表面直径，mm。

3.1.2　刀具角度与标注

1.　刀具切削部分的结构要素

微课视频

刀具的切削部分担负主要的切削工作，直接从工件上切下金属形成切屑。刀具种类很多，除单刃刀具(如车刀、刨刀等)外，还有各种多刃刀具(如铣刀、拉刀、钻头、铰刀、滚刀等)，及表面具有大量微小磨粒切刃的砂轮。但它们切削部分的几何形状与参数都可以以外圆车刀的切削部分为基本形状。因此，刀具切削部分几何形状的确定通常以车刀切削部分几何形状为基础来定义，其结构要素如图 3-3 所示，定义和说明如下。

1)切削部分的刀面(图 3-3)

(1)前刀面，刀具上切屑流过的表面。如果前刀面是由几个相互倾斜的表面组成的，则可从切削刃开始，依次把它们称为第一前刀面、第二前刀面等。

(2)后刀面，与工件上新形成的过渡表面相对的刀具表面。也可以分为第一后刀面、第二后刀面等。

(3)副后刀面，与副切削刃毗邻、与工件上已加工表面相对的刀面。同样也可以分为第一副后刀面、第二副后刀面等。

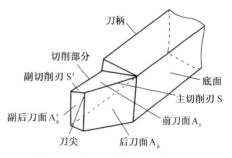

图 3-3　车刀切削部分结构要素

2)切削刃(图 3-4)

前刀面上直接进行切削的边锋，称为切削刃。切削刃有主切削刃和副切削刃之分。

(1)主切削刃是前刀面与后刀面的交线。在切削过程中，承担主要的切削任务并形成工件上的过渡表面。

(2)副切削刃是前刀面与副后刀面的交线。它参与部分的切削任务，并影响已加工表面的粗糙度。

(3)过渡刃是刀尖处连接主、副两条切削刃之间的一小段切削刃。它可以没有(交点刀尖)、也可以是直线(倒棱刀尖)或圆弧(圆弧刀尖，图 3-5)。

2.　刀具角度的参考系

为了确定刀具表面在空间的相对位置，可以用一定的几何角度表示。用来确定刀具几何

角度的参考系有两类：一类称为刀具标注角度参考系，即在刀具设计图标注、制造、测量和刃磨时使用的参考系；另一类称为刀具工作角度参考系，它是确定刀具在切削运动中有效工作角度的基准。前者由主运动方向确定，而后者则由合成切削运动方向确定。通常刀具工作角度近似地等于刀具标注角度，故在此重点介绍刀具标注角度参考系。

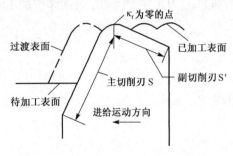

图 3-4　有关刀具切削部分术语的说明

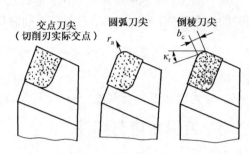

图 3-5　刀尖形状示意图

动画

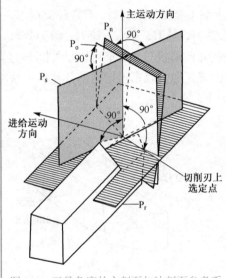

图 3-6　刀具角度的主剖面与法剖面参考系

构成刀具标注角度参考系的主要参考平面有基平面、切削平面、主剖面和切削刃法剖面(图3-6)。

(1) 基平面(简称基面)P_r。通过切削刃选定点、垂直于主运动方向的平面。通常它平行或垂直于刀具的制造、安装的定位平面或轴线。

(2) 切削平面 P_s。通过切削刃选定点、与主切削刃相切并垂直于基面的平面，也就是切削刃与切削速度方向构成的平面。基面和切削平面是刀具标注角度参考系中两个基本的参考平面，再加上以下所述的任一剖面，便构成各种不同的刀具标注角度参考系。

(3) 主剖面 P_o 和主剖面参考系。主剖面 P_o 是通过切削刃选定点、同时垂直于基面和切削平面的平面。它必然垂直于切削刃在基面上的投影。图 3-6 中 P_r-P_s-P_o 组成正交的主剖面参考系。这是目前生产中最常用的刀具标注角度参考系。

(4) 切削刃法剖面 P_n 和法剖面参考系。法剖面 P_n 是通过切削刃选定点、并垂直于切削刃的平面。在图3-6中，由 P_r-P_s-P_n 组成一个法剖面参考系。主剖面参考系与法剖面参考系的基面和切削平面相同。

3. 刀具的标注角度

刀具在设计、制造、刃磨和测量时，用标注角度参考系中的刀具标注角度来标明切削刃和刀面在空间的位置。所定义的角度均应为切削刃选定点处的角度；凡未指明者，则一般是指切削刃上与刀尖毗邻的那一点的角度。现以图3-7所示普通车刀的标注角度为例对各标注角度加以说明，这些定义也可以用于其他类型的刀具。其主要视图是车刀在基面上的投影图 R 向(P_r)、车刀在切削平面上的投影图S向(P_s)、主剖面的剖视图 O-O 剖视图(P_o)和法剖面的剖视图 N-N 剖视图(P_n)。

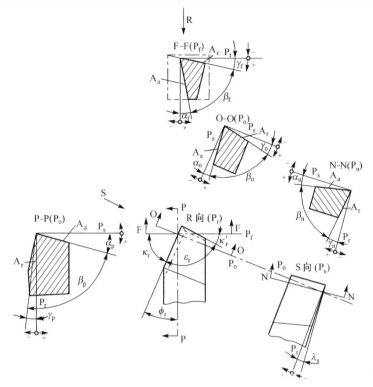

图 3-7　车刀的标注角度

1）主剖面参考系内的标注角度

（1）在主剖面 P_o 内的标注角度。

前角 γ_o：在主剖面内度量的基面与前刀面间的夹角。当前刀面与切削平面间的夹角小于90°时取正号；大于 90°时则取负号。

后角 α_o：在主剖面内度量的后刀面与切削平面间的夹角。当后刀面与基面夹角小于 90°时取正号；大于 90°时取负号。

楔角 β_o：在主剖面内度量的后刀面与前刀面间的夹角。上述三角度之和为 90°。

（2）在基面 P_r 内的标注角度。

主偏角 κ_r：在基面内度量的切削平面与进给平面间的夹角。它也是主切削刃在基面上投影与进给运动方向的夹角。

副偏角 κ_r'：在基面内度量的副切削刃与进给运动方向在基面上投影间的夹角。

刀尖角 ε_r：在基面内度量的切削平面和副切削平面间的夹角。它也是主切削刃和副切削刃在基面上投影间的夹角。显然，上述三角度之和为 180°。

（3）在切削平面 P_s 内的标注角度。

刃倾角 λ_s：在切削平面内度量的主切削刃与基面间的夹角。如图 3-8 所示，当刀尖处在切削刃最高位置时，刃倾角取正号；若刀尖处于切削刃最低位置时，刃倾角取负号；当主切削刃与基面平行时，刃倾角为 0。

以上所述角度中，基本角度只有前角 γ_o、后角 α_o、主偏角 κ_r、副偏角 κ_r' 和刃倾角 λ_s 五个，其余是派生角度。

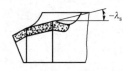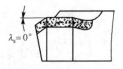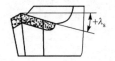

图 3-8　车刀的刃倾角

2) 法剖面参考系内的标注角度

法剖面参考系和主剖面参考系的区别仅在于以法剖面代替主剖面作为测量前角、后角和楔角的平面。法剖面的标注角度有法前角 γ_n、法后角 α_n 和法楔角 β_n，而其余角度完全相同。

4. 刀具工作角度

上述刀具标注角度是在假定运动和安装条件下的标注角度。如果考虑合成运动和实际安装情况，则刀具的参考系将发生变化，刀具角度也发生变化。按照刀具工作中的实际情况，在刀具工作角度参考系中确定的角度，称为刀具工作角度。一般不必进行工作角度的计算。只有在进给运动和刀具安装对工作角度产生较大影响时，才需计算工作角度。例如，在以大进给量切断小直径工件、车螺纹或丝杠、铲背、刀具安装位置有较大变化时等。

3.1.3　切削层参数

切削加工的切削层参数，可用图 3-9 所示的外圆车削来说明。车刀车外圆，若刀具刃倾角 $\lambda_s = 0°$，副偏角 $\kappa_r' \neq 0°$，工件每转一转时，车刀主切削刃沿工件轴线移动一个进给量，从 II 的位置移动到 I 的位置。I、II 之间的金属层转变为切屑。由车刀正在切削着的这一层金属称为切削层。切削层截面尺寸称为切削层参数。切削层参数通常在基面内测量。

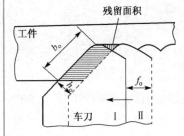

图 3-9　切削层参数及残留面积

（1）切削厚度。垂直于过渡表面度量的切削层尺寸，称为切削厚度，以 h_0 表示。

（2）切削宽度。沿过渡表面度量的切削层尺寸，称为切削宽度，以 b_0 表示。

（3）切削面积。切削层在基面 P_r 内的面积，称为切削面积，以 A_D 表示。

（4）残留面积。因刀具有副偏角，切削时残留在已加工表面上的不平部分。

主偏角增大，切削厚度也增大，但切削宽度减小。当 $\kappa_r = 90°$ 时，$h_0 = f_0$。

3.2　金属切削刀具

3.2.1　常用刀具材料

刀具材料指刀具切削部分的材料，磨料指磨粒的材料。它们直接影响刀具和磨具的切削性能、加工生产率、加工质量和成本。

1. 刀具材料应具备的基本性能

在切削过程中，刀具切削部分不仅要承受很大的切削力和摩擦，而且要承受切削所产生的高温。因此，刀具材料应具备以下性能：①刀具材料必须具有高于工件材料的硬度，否则无法切入工件；②为了承受切削力和切削过程中的冲击和振动，刀具材料应有足够的强度和韧性；③要求刀具材料要有好的抵抗磨损的能力；④要求刀具材料在高切削温度下保持高硬度、高强度的性能，即耐热性，并有良好的抗扩散、抗氧化的能力；⑤尽量大的导热系数和小的线膨胀系数，这样由刀具传导出去的热量多，有利于降低切削温度和提高刀具的使用寿命，并可减少刀具的热变形；⑥为便于制造刀具和有高的性能价格比，要求刀具材料具有良好的工艺性(可加工性、可磨削性和热处理特性)和经济性。

2. 常用刀具材料

刀具材料的种类很多，其中，碳素工具钢和合金工具钢耐热性差，仅用于手工工具的制造。陶瓷、金刚石和立方氮化硼，由于质脆、工艺性差及价格昂贵等原因，使用范围较小，但有不断扩大的趋势。目前在生产中最常见的刀具材料主要是高速钢和硬质合金。

(1) 高速钢。高速钢是一种加入了较多钨、钼、铬和钒等合金元素的高合金工具钢。它具有一定的硬度(63~70HRC)和耐磨性，较高的热稳定性，在切削温度达 500~650℃时仍能进行切削。它还具有较高的强度和冲击韧性，能刃磨出锋利的刃口，故有"锋钢"之称。它可以加工从有色金属到高温合金的范围广泛的材料。高速钢刀具制造工艺性好，容易锻造、切削和磨削，容易磨出锋利的刃刃，因此适宜制造各类切削刀具，特别是在复杂刀具(钻头、丝锥、成形刀具、拉刀、齿轮刀具等)的制造中占有重要地位。高速钢按用途不同，可分为通用型高速钢和高性能高速钢；按制造工艺方法不同，可分为熔炼高速钢和粉末冶金高速钢。通用型高速钢(如 W18Cr4V 和 W6Mo5Cr4V2)是切削硬度在 250~280HBS 以下的大部分结构钢和铸铁的基本刀具材料，应用最为广泛。切削普通钢料时的切削速度一般不高于 40~60m/min。高性能高速钢(如 W6Mo5Cr4V2Co8 和 W6Mo5Cr4V2A1 等)的切削性能较通用型高速钢好，适合于加工奥氏体不锈钢、高温合金、钛合金和超高强度钢等难加工材料。

(2) 硬质合金。硬质合金是用具有高耐磨性和高耐热性的 WC、TiC 等金属粉末，以钴、镍作为黏结剂，用粉末冶金法制得的合金。其硬度为 89~93HRA(相当于 74~82HRC)，能耐 850~1000℃的高温，具有很好的耐磨性，允许使用的切削速度可达 100~300m/min，可加工包括淬硬钢在内的多种材料，因此得到广泛的应用。但硬质合金的抗弯强度低，冲击韧性差，所以很少用于制造整体刀具。一般用它制成各种形状的刀片，焊接或夹固在刀体上使用。常用的硬质合金有钨钴类(YG 类)、钨钛钴类(YT 类)、通用硬质合金(YW 类)和 TiC(N)基硬质合金(YN 类)等。表 3-1 给出了几种常见硬质合金牌号的应用范围。

(3) 陶瓷材料。陶瓷是以氧化铝(Al_2O_3)或氮化硅(SiN_4)等为主要成分，经压制成形后烧结而成的刀具材料。陶瓷刀具材料分为三类：氧化铝基陶瓷、氮化硅基陶瓷和复合氮化硅-氧化铝陶瓷。它硬度高、化学性能稳定、耐氧化，陶瓷刀具与传统硬质合金刀具相比，具有下列优点：①可加工硬度高达 65HRC 的高硬度难加工材料；②耐用度可提高几倍至几十倍；③可进行高速切削，切削效率提高 3~10 倍。但其强度低、韧性和导热性差，主要用于精加工。近年，由于改进了陶瓷刀具材料的制造工艺，抗弯强度、断裂韧性和抗冲击性能有很大提高，应用范围日益扩大。除适于一般精加工和半精加工外，还可用于某些粗加工。

表 3-1　几种常见硬质合金的应用范围

牌号	性能	应用范围
YG3X		铸铁、有色金属及其合金的精加工和半精加工，不能承受冲击载荷
YG3		铸铁、有色金属及其合金的精加工和半精加工，不能承受冲击载荷
YG6X		普通铸铁、冷硬铸铁、高温合金的精加工和半精加工
YG6A	硬度、耐磨性、切削速度　←　抗弯强度、韧性、进给量	铸铁、有色金属及其合金的半精加工和粗加工
YG6		铸铁、有色金属及其合金、非金属材料的粗加工，也用于断续加工
YG8		冷硬铸铁、有色金属及其合金的半精加工，也可用于高锰钢、淬硬钢的半精加工和精加工
YT30		碳素钢、合金钢的精加工
YT15、YT14		碳素钢、合金钢在连续切削时的粗加工、半精加工，也可用于断续切削时的精加工
YT5		碳素钢、合金钢的粗加工，也可用于断续切削
YW1		高温合金、高锰钢、不锈钢等难加工材料及普通钢料、铸铁、有色金属及其合金的粗加工和半精加工
YW2		高温合金、高锰钢、不锈钢等难加工材料及普通钢料、铸铁、有色金属及其合金的粗加工和半精加工

(4) 涂层刀具。目前 80%以上的刀具都是涂层刀具。这种刀具是在硬质合金或高速钢刀体上涂敷氧化铝、碳氮化钛、氮化铝钛、碳氮化铝钛等，具有优异的高温性能。涂层工艺有化学气相沉积法(CVD)和物理气相沉积(PVD)法。涂层硬质合金刀具有高的硬度和耐磨性、高的耐热性、高的抗黏结性能和化学稳定性、摩擦系数低等特点。有的还适合于高速切削。所以，近20年来涂层硬质合金刀具有了很大发展，在工业先进国家已在可转位刀具中占50%~60%。但它不适于特别重载下的粗加工和冲击大的断续切削以及高硬度材料(如淬硬钢、冷硬铸铁)加工。

(5) 金刚石。天然和人造金刚石都是碳的同素异形体，是自然界中最硬的材料。天然金刚石质量好，价格昂贵，只用作超精密加工切削工具。人造金刚石刀具材料主要有以下几种：①聚晶金刚石(PCD)，其晶粒无序排列，硬度均匀。它可加工铝合金、铜合金、硬质合金、纤维增强材料、木材等有色金属和耐磨非金属材料。通常 PCD 是在硬质合金基片上烧结的，制成人造聚晶金刚石复合片(PCD/CC)，再切割成刀片焊接在刀体上使用。②人工合成单晶金刚石，具有最高的热导率及与天然金刚石同等的强度，和比 PCD 更好的耐磨性。③金刚石涂层，是用 CVD 法制得的多晶金刚石。其结构致密，热稳定性接近天然金刚石。它可在基体上沉积成厚度小于 30μm 的 CVD 薄膜和沉积成厚度达 1mm 的无衬底的 CVD 厚膜。CVD 厚膜可以钎焊在基体上使用。金刚石刀具能切削陶瓷、高硅铝合金、硬质合金等难加工材料，还可以切削有色金属及其合金，但不能切削铁族材料。因为碳元素和铁元素有很强的亲和性，能加快刀具磨损。当温度大于 700℃时，金刚石转化为石墨结构而丧失了硬度。

(6) 立方氮化硼。立方氮化硼(CBN)是以六方氮化硼为原料，经高温高压获得的人工合成材料，硬度仅次于金刚石，和金刚石并称为超硬材料。它具有很好的热稳定性，可承受 1000℃以上的切削温度。它的最大优点是在 1200~1300℃时也不会与铁族金属起反应，既能胜任淬硬钢、冷硬铸铁的粗车和精车，又能胜任高温合金、热喷涂材料、硬质合金及其他难加工材料的高速切削，其切削速度比硬质合金高 5 倍。CBN 刀具材料多制成厚 0.5mm 左右的 PCBN 聚晶层直接烧结或钎焊在硬质合金基体上，做成 PCBN 复合片（CBN/CC），再采用机械夹固或焊接方法固定在刀头上。PCBN 刀具可以在 500～1500m/min 高速下加工铸铁，在 100～400m/min 下加工 45～65HRC 的淬硬钢，在 100～200m/min 下加工耐热合金。但不宜加工铁素体和 45HRC 以下的钢及合金钢、合金铸铁、耐热合金，特别不宜于加工 35HRC 以下的钢工件。CBN 是一种大有发展前途的新型刀具材料，将在金属切削中获得越来越广泛的应用。

动画

3.2.2　刀具的类型

被加工工件的材质、形状、技术要求和加工工艺的多样性客观上要求刀具应具有不同的结构和切削性能。因此，生产中所使用的刀具种类很多。通常按加工方式和用途进行分类，刀具分为车刀、孔加工刀具、铣刀、拉刀、螺纹刀具、齿轮刀具、自动线及数控机床刀具和磨具等几大类型。刀具还可以按其他方式进行分类，如按切削部分的材料可分为高速钢刀具、硬质合金刀具、陶瓷刀具等；按结构不同可分为整体刀具、镶片刀具、机夹刀具和复合刀具等；按是否标准化可分为标准刀具和非标准刀具等。刀具的种类及其划分方式将随着科学技术的发展而不断变化。

3.2.3　常用刀具

1. 车刀的种类、结构形式及用途

车刀是金属切削加工中应用最广泛的一种刀具。它可以用来加工外圆、内孔、端面、螺纹及各种内、外回转体成形表面，也可用于切断和切槽等。车刀的主要类型如图3-10所示。外圆车刀用于加工外圆柱面和外圆锥面，它分为直头和弯头两种。弯头车刀通用性较好，可以车削外圆、端面和倒棱。外圆车刀又可分为粗车刀、精车刀和宽刃光刀。精车刀刀尖圆弧半径较大，可获得较小的残留面积，以减小表面粗糙度；宽刃光刀用于低速精车；当外圆车刀的主偏角为 90° 时，可用于车削阶梯轴、凸肩、端面及刚度较低的细长轴。外圆车刀按进给方向又分为左偏刀和右偏刀。

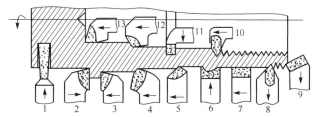

1–切断刀；2–左偏刀；3–右偏刀；4–弯头车刀；5–直头车刀；6–成形车刀；7–宽刃精车刀；
8–外螺纹车刀；9–端面车刀；10–内螺纹车刀；11–内槽车刀；12–通孔车刀；13–不通孔车刀

图 3-10　常用车刀的种类及用途

车刀在结构上可分为整体车刀、焊接车刀、焊接装配式车刀和机械夹固刀片的车刀。机械夹固刀片的车刀又分为机夹车刀和可转位车刀。

（1）整体车刀。整体车刀主要是高速钢车刀，俗称"白钢刀"，截面为正方形或矩形，使用时可根据不同用途进行修磨。

（2）焊接车刀。焊接车刀是在普通碳钢刀杆上镶焊（钎焊）硬质合金刀片，经过刃磨而成的刀具（图3-11）。其优点是结构简单，制造方便，并且可以根据需要进行刃磨，硬质合金的利用也较充分，故目前在车刀中仍占相当比重。硬质合金焊接车刀的缺点是其切削性能主要取决于工人刃磨的技术水平，与现代化生产不相适应；此外刀杆不能重复使用，当刀片用完以后，刀杆也随之报废。在制造工艺上，由于硬质合金和刀杆材料（一般是中碳钢）的线膨胀系数不同，当焊接工艺不够合理时易产生热应力，严重时会导致硬质合金出现裂纹，因此在焊接硬质合金刀片时，应尽可能采用熔化温度较低的焊料，对刀片应缓慢加热和缓慢冷却，对于YT30等易产生裂纹的硬质合金，应在焊缝中放一层应力补偿片。

（3）焊接装配式车刀。焊接装配式车刀是将硬质合金刀片钎焊在小刀块上，再将小刀块装配到刀杆上，这种结构多用于重型车刀。重型车刀体积和质量较大，刃磨整体车刀，劳动强度大，采用焊接装配式结构以后，只须装配小刀块，刃磨省力，刀杆也可重复使用，图3-12所示为焊接装配式重型车刀的一种结构。

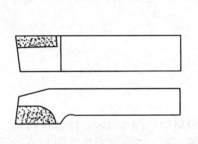

图3-11　焊接车刀

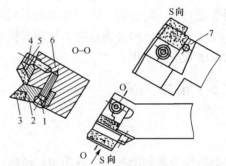

1，5—螺钉；2—小刀块；3—刀片；4—断屑器；6—刀杆；7—支承销

图3-12　焊接装配式车刀

（4）机夹车刀。机夹车刀是将硬质合金刀片用机械夹固的方法安装在刀杆上的车刀（图3-13）。机夹车刀只有一条主切削刃，用钝后必须修磨，而且可修磨多次。其优点是刀杆可以重复使用，刀具管理简便；刀杆也可进行热处理，提高硬质合金刀片支承面的硬度和强度，这就相当于提高了刀片的强度，减少了打刀的危险性，从而可提高刀具的使用寿命；此外，刀片不经高温焊接，排除了产生焊接裂纹的可能性。机夹车刀在结构上要保证刀片夹固可靠，结构简单，刀片在重磨后能够调整尺寸，有时还要考虑断屑的要求。

（5）可转位车刀。可转位车刀是使用可转位刀片的机夹车刀，它与普通机夹车刀的不同点在于刀片为多边形，每一边都可作切削刃，用钝后只需将刀片转位，即可使新的切削刃投入工作，当几个切削刃都用钝后，即可更换新刀片。可转位车刀除具备机夹车刀的优点外，其最大优点在于几何参数完全由刀片和刀槽保证，不受工人技术水平的影响，因此切削性能稳定，很适合现代化生产的要求。可转位车刀由刀杆、刀片、刀垫和夹固元件组成（图3-14）。硬质合金可转位刀片的形状很多，常用的有三角形、偏8°三角形、凸三角形、正方形、五角形、圆形等。刀片大多不带后角，但在每个切削刃上做有断屑槽并形成刀片的前角。刀具的实际角度由刀片和刀槽的角度组合确定。

2. 铣刀的种类、结构形式及用途

铣刀的种类很多，如图3-15所示。铣刀可以按用途分类如下。

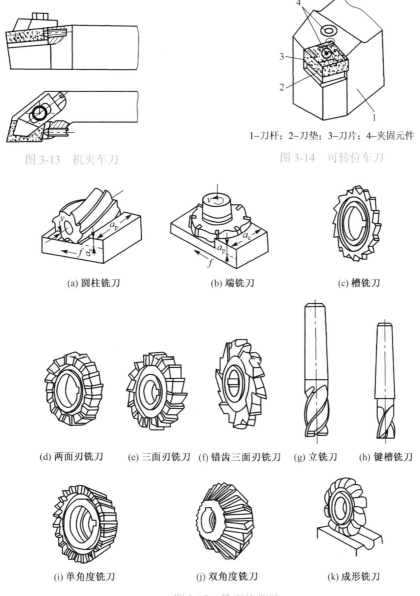

1–刀杆；2–刀垫；3–刀片；4–夹固元件

图 3-13　机夹车刀　　　　　　　　图 3-14　可转位车刀

(a) 圆柱铣刀　　　　(b) 端铣刀　　　　(c) 槽铣刀

(d) 两面刃铣刀　(e) 三面刃铣刀　(f) 错齿三面刃铣刀　(g) 立铣刀　(h) 键槽铣刀

(i) 单角度铣刀　　　　(j) 双角度铣刀　　　　(k) 成形铣刀

图 3-15　铣刀的类型

（1）圆柱铣刀。如图3-15(a)所示，它用于卧式铣床上加工平面。主要用高速钢制造，也可以镶焊螺旋形的硬质合金刀片。圆柱铣刀采用螺旋形刀齿以提高切削工作的平稳性。圆柱铣刀仅在圆柱表面上有切削刃，没有副切削刃。

（2）端铣刀。如图3-15(b)所示，它用在立式铣床上加工平面，轴线垂直于被加工表面，端铣刀的主切削刃分布在圆锥表面或圆柱表面上，端部切削刃为副切削刃。端铣刀主要采用硬质合金刀齿，故有较高的生产率。

（3）盘形铣刀。盘形铣刀分槽铣刀、两面刃铣刀、三面刃铣刀和错齿三面刃铣刀，如图 3-15(c)～(f)所示。槽铣刀一般用于加工浅槽，两面刃铣刀用于加工台阶面，三面刃铣刀用于切槽和台阶面。

（4）锯片铣刀。这是薄片的槽铣刀，用于切削窄槽或切断材料，它和切断车刀类似，对刀具几何参数的合理性要求较高。

（5）立铣刀。如图3-15(g)所示，用于加工平面、台阶、槽和相互垂直的平面，利用锥柄或直柄紧固在机床主轴中。立铣刀圆柱表面上的切削刃是主切削刃，端刃是副切削刃。用立铣刀铣槽时槽宽有扩张，故应取直径比槽宽略小的铣刀(0.1mm以内)。

（6）键槽铣刀。如图3-15(h)所示，键槽铣刀一般有两三个刃瓣，端刃为完整刃口，既像立铣刀又像钻头，它可以用轴向进给对毛坯钻孔，然后沿键槽方向运动铣出键槽的全长。键槽铣刀重磨时只磨端刃。

（7）角度铣刀。角度铣刀有单角度铣刀(图3-15(i))和双角度铣刀(图3-15(j))，用于铣削沟槽和斜面。角度铣刀大端和小端直径相差较大时，往往造成小端刀齿过密，容屑空间过小，因此常在小端将刀齿间隔地去掉，使小端的齿数减少一半，以增大容屑空间。

（8）成形铣刀。如图3-15(k)所示，成形铣刀是用于加工成形表面的刀具，其刀齿廓形要根据被加工工件的廓形来确定。

3. 孔加工刀具的种类、结构形式及用途

孔加工刀具按其用途可分为两大类：一类用在实体材料上加工出孔的刀具，常用的有中心钻、麻花钻和深孔钻等；另一类是对工件上已有孔进行再加工的刀具，常用的有扩孔钻、铰刀及镗刀等。

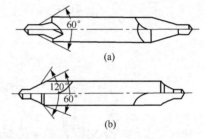

图 3-16　中心钻

（1）中心钻。中心钻主要用于加工轴类零件的中心孔，有无护锥中心钻(图3-16(a))及带护锥中心钻(图3-16(b))两种。前端导向，可防止孔的偏斜。

（2）麻花钻。麻花钻是孔加工刀具中应用最为广泛的刀具(图3-17)，特别适合于ϕ30mm以下孔的粗加工，有时也可用于扩孔。麻花钻的制造材料主要有高速钢和硬质合金。

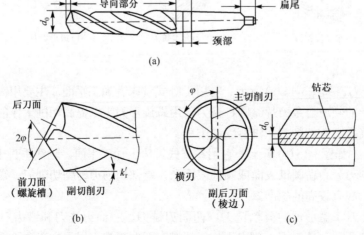

图 3-17　标准麻花钻的结构

(3) 深孔钻。深孔钻一般是用来加工孔深度与直径之比大于 5～10 的孔。为解决深孔加工中的断屑、排屑、冷却润滑和导向等问题，人们先后开发了外排屑深孔钻、内排屑深孔钻、喷吸钻和套料钻等多种深孔钻。图 3-18 是用于加工枪管的外排屑深孔钻的工作原理。

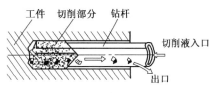

图 3-18　深孔钻

(4) 扩孔钻。扩孔钻通常用于铰或磨前的预加工或毛坯孔的扩大。扩孔钻的外形和麻花钻类似，只是加工余量小，主切削刃较短，因而容屑槽浅，刀齿数目较麻花钻多，刀体强度高，刚性好，故加工后的质量比麻花钻加工的好，通常作为孔的半精加工刀具。常见的结构形式有高速钢整体式、镶齿套式和镶硬质合金可转位式，分别如图 3-19(a)～(c) 所示。

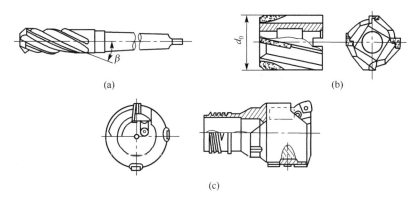

图 3-19　扩孔钻

(5) 锪钻。锪钻用于在孔的端面上加工圆柱形沉头孔(图 3-20(a))、锥形沉头孔 (图 3-20(b))或凸台表面(图 3-20(c))。锪钻上的定位导向柱是用来保证被加工的孔或端面与原来的孔有一定的同轴度或垂直度的。导向柱可以拆卸，以便制造锪钻的端面齿。锪钻可制成高速钢整体结构或硬质合金镶齿结构。

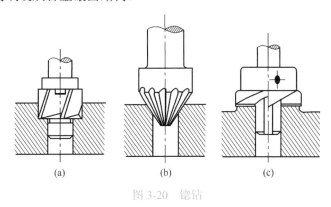

图 3-20　锪钻

(6) 铰刀。铰刀是精加工或半精加工刀具(图 3-21)，由于加工余量小、齿数多、加工精度和表面质量都较高，常用于中小孔的半精加工和精加工。

(7) 镗刀。镗刀是一种很常见的扩孔用的刀具，在许多机床上都可以用镗刀镗孔(如车床、镗床、铣床及组合机床等)。镗孔常用于较大直径的孔的粗加工、半精加工和精加工。

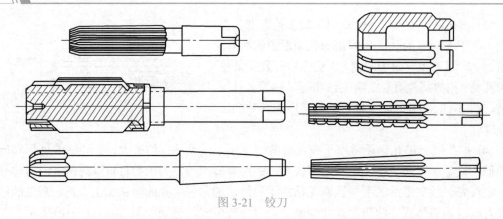

图 3-21　铰刀

根据镗刀的结构特点及使用方式,可分为单刃镗刀、双刃镗刀。单刃镗刀如图 3-22 所示,结构与车刀类似,只有一个主切削刃,其结构简单、制造方便、通用性强,但刚性差,镗孔尺寸调节不方便,生产效率低,对工人操作技术要求高。单刃镗刀一般均有调整装置。在精镗机床上常采用微调镗刀以提高调整精度,如图 3-23 所示。

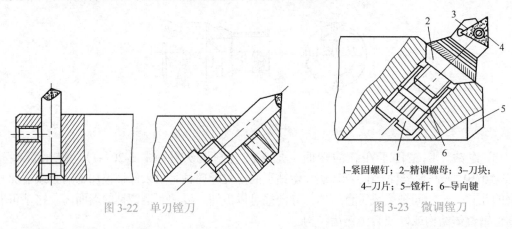

图 3-22　单刃镗刀

1–紧固螺钉;2–精调螺母;3–刀块;
4–刀片;5–镗杆;6–导向键

图 3-23　微调镗刀

双刃镗刀两边都有切削刃,工作时可以消除径向力对镗杆影响,工件的孔径尺寸与精度由镗刀径向尺寸保证。镗刀上的两个刀片径向可以调整,因此可以加工一定尺寸范围的孔。图 3-24 为常用的装配式浮动镗刀,刀块 1 以动配合状态浮动安装在镗杆的径向孔中,工作时,刀块在切削力的作用下保持平衡对中,可以减少镗刀块安装误差及镗杆径向跳动所引起的加工误差。

4. 数控加工中的刀具

与普通机床加工方法相比,数控加工对刀具提出了更高的要求,不仅需要刚度好、精度高,而且要求尺寸稳定,耐用度高,断屑和排屑性能好;同时要求安装调整方便,这样来满足数控机床高效率的要求。数控机床上所选用的刀具常采用适应高速切削的刀具材料(如高速钢、超细粒度硬质合金),并使用可转位刀片。

1) 数控刀具的基本特点

(1)切削刀具由传统的机械工具实现了向高科技产品的飞跃,刀具的切削性能有显著提高;

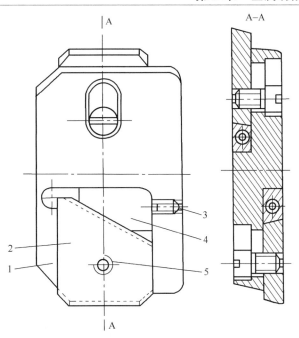

1–刀块；2–刀片；3–调节螺钉；4–斜面垫板；5–紧固螺钉

图 3-24 双刃镗刀

(2) 切削技术由传统切削工艺向创新制造工艺的飞跃，大大提高了切削加工的效率；

(3) 刀具工业由脱离使用、脱离用户的低级阶段向面向用户、面向使用的高级阶段的飞跃，成为用户可利用的专业化的社会资源和合作伙伴。

切削刀具从低值易耗品过渡到全面进入"三高一专"(高效率、高精度、高可靠性和专用化)的数控刀具时代，实现了向高科技产品的飞跃，成为现代数控加工技术的关键技术，与现代科学的发展紧密相连，是应用材料科学、制造科学、信息科学等领域的高科技成果的结晶。数控加工刀具必须适应数控机床高速、高效和自动化程度高的特点，一般应包括通用刀具、通用连接刀柄及少量专用刀柄。刀柄要连接刀具并装在机床动力头上，因此已逐渐标准化和系列化。

2) 数控刀具的分类

数控刀具的分类有多种方法，具体如下。

(1) 按照刀具结构可分为整体式(钻头、立铣刀等)、镶嵌式(包括刀片采用焊接式和机夹式)和特殊形式(复合式、减振式等)；

(2) 按照切削工艺可分为车削刀具(外圆、内孔、螺纹、成形车刀等)、铣削刀具(面铣刀、立铣刀、螺纹铣刀等)、钻削刀具(钻头、铰刀、丝锥等)和镗削刀具(粗镗刀、精镗刀等)。

3) 数控机床的工具系统

由于在数控机床上要加工多种工件，并完成工件上多道工序的加工，因此需要使用的刀具品种、规格和数量较多。为了减少刀具的品种规格，有必要发展柔性制造系统和加工中心使用的工具系统。在加工中心上，各种刀具分别装在刀库中，按程序的规定进行自动换刀。因此，必须采用标准刀柄，以便使钻、镗、扩、铣削等工序用的刀具能迅速、准确地装到机床主轴上，与此同时，编程人员应充分了解机床上所用刀柄的结构尺寸、调整方法以及调整范围，以便在编程时确定刀具的径向和轴向尺寸。加工中心所用的刀具必须适应加工中心高速、高效和自动化程度高的特点，其刀柄部分要连接通用刀具并装在机床主轴上。由于加工中心类型不同，其刀柄柄部的形式及尺寸不尽相同。加工中心刀具的刀柄分为整体式工具系统和模块式工具系统两大类。工具系统一般为模块化组合结构，在一个通用的刀柄上可以装多种不同的刀具，使数控加工中的刀具品种规格大大减少，同时也便于刀具的管理。

数控机床的工具系统具体可分为车削类工具系统和镗铣类工具系统。

(1) 车削类工具系统。数控机床车削类工具系统的构成和结构，与机床刀架的形式、刀具类型及刀具是否需要动力驱动等因素有关。数控车床常采用立式或卧式转塔刀架作为刀库，刀库容量一般为 4～8 把刀具，常按加工工艺顺序布置，由程序控制实现自动换刀，其特点是结构简单，换刀快速，每次换刀仅需 1～2s。图 3-25 所示为数控机床车削用工具系统的一般结构体系。

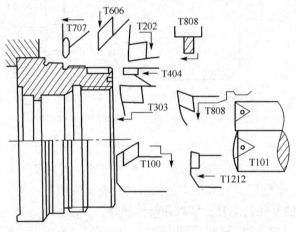

图 3-25　数控机床车削加工用刀具

(2) 镗铣类工具系统。镗铣类工具系统可分为整体式工具系统和模块式工具系统两大类。

图 3-26 所示为镗铣类整体式工具系统。该系统是把工具柄部和装夹刀具的工作部分做成一体，要求不同工作部分都具有同样结构的刀柄，以便于机床主轴相连，所以具有可靠性强、使用方便、结构简单、调换迅速及刀柄的种类较多的特点。

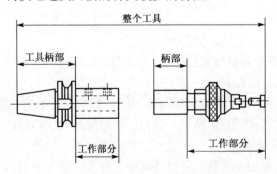

图 3-26　镗铣类整体式工具系统

图 3-27 所示为镗铣类模块式工具系统。该系统是把整体式刀具分解成柄部(主柄模块)、中间连接部(连接模块)、工作头部(工作模块)三个部分，然后通过各种连接结构，在保证刀杆连接精度、强度、刚度的前提下，将这三部分连接成整体。

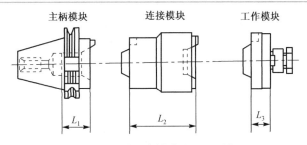

图 3-27　镗铣类模块式工具系统

模块式工具系统由于其定位精度高、装卸方便、连接刚度好、具有良好的抗振性，是目前用得较多的一种类型，它具有单圆柱定心、径向销钉锁紧的连接特点，它的一部分为孔，而另一部分为轴，两者之间进行插入连接，构成一个刚性刀柄，一端和机床主轴连接，另一端安装上各种可转位刀具便构成一个工具系统。根据加工中心类型，可以选择莫氏及公制锥柄。中间接杆有等径和变径两类，根据不同的内外径及长度将刀柄和工作头模块相连接。工作头有可转位钻头、粗镗刀、精镗刀、扩孔钻、立铣刀、面铣刀、弹簧夹头、丝锥夹头、莫氏锥孔接杆、圆柱柄刀具接杆等多种类型。可以根据不同的加工工件尺寸和工艺方法，按需要组合成铣、钻、镗、铰、攻丝等各类工具进行切削加工。模块工具系统发展迅速，应用广泛，是加工中心使用的基本工具。

3.3　磨料与磨具

3.3.1　常用磨料

对磨料的基本要求是它的硬度要高于被磨材料；要有一定动态强度或韧性，使磨粒侵入和冲击工件时不易破碎；但还要有一定脆性，在磨粒变钝后容易破碎形成锋锐的新切刃。

1. 普通磨料

普通砂轮磨料都是基于氧化铝(Al_2O_3)和碳化硅(SiC)的人造材料。它们各有不同品种以适应不同的用途。硬度高的磨料通常更脆些。碳化硅磨料的硬度和脆性比氧化铝的要高。较硬和较脆的磨料通常用于精密磨削，粗粒度韧性磨料则更适合于粗磨削。

氧化铝磨料由于组织特征和制造过程的不同，得到的不同品种主要如下：

(1) 普通刚玉或棕刚玉。比白刚玉硬度和脆性较低，广泛用于重磨削、粗磨和半精磨。

(2) 微晶刚玉。普通刚玉快速冷却而获得。结晶尺寸很细，韧性更好，主要用于重磨削。

(3) 单晶刚玉。含极少量氧化物杂质，切刃锋锐，主要用于精磨作业。

(4) 白刚玉。几乎完全是氧化铝，其磨粒具有锋锐的破碎表面。铬刚玉则是在刚玉中添加了少量可溶铬氧化物，改良了白刚玉的硬度和韧性。它们主要用来进行精磨加工。

(5) 烧结刚玉。是用铝矾土细粉糊压制成粒再经煅烧制得的。它有非常细的晶粒和特别高的韧性。磨粒产品通常是圆刃，没有锋锐的角。这种磨料用来进行重磨削。

(6) 锆刚玉。是氧化铝和氧化锆(ZrO_2)的共晶体混合物，硬度低但韧性非常好，有更高的化学稳定性，使磨粒在很高负载下不破碎，用于更苛刻的重磨削条件。

碳化硅磨料包括绿色碳化硅和黑色碳化硅。绿色碳化硅较纯，黑色碳化硅则硬度较低。碳化硅磨料比刚玉硬度高许多，也更具脆性。它更适合于铸铁、陶瓷和非金属的精磨。但它和铁和钢合金有化学反应，不太适合磨削钢铁材料。

2. 超硬磨料

人造金刚石的较多品种主要制成树脂结合剂砂轮磨削硬质合金。这时，金刚石磨粒经常要镀覆占磨粒质量55%的镍，以使磨粒和树脂结合剂结合得更牢固，并在空气中提供保护。八面体单晶磨粒则主要制成金属结合剂砂轮进行陶瓷、石材、玻璃和其他硬脆材料的磨削或切割。同样的，金刚石磨料不适合磨削大多数铁族材料。

立方氮化硼（CBN）是磨削钢和高强非铁合金的重要替代超硬磨料。CBN 的热稳定性比金刚石好。在大气中 CBN 至 1300℃仍不氧化，直至 1400℃也不发生结构转化。而金刚石在大气中的热稳定性只能保持到 800℃。单晶 CBN 磨粒具有锋锐的尖刃，但表面光滑而难于被黏结，也需要用镍镀覆磨粒使它和树脂结合剂连接得更牢固。

上述常见磨料的代号、特性和适用范围如表 3-2 所示。

表 3-2　几种常用磨料特性及适用范围

序列	磨料名称	代号	显微硬度(HV)	特性	适用范围
氧化物系	棕刚玉	A	2200~2280	棕褐色，硬度高，韧性大，价格便宜	磨削碳钢、合金钢、可锻铸铁、硬青铜
	白刚玉	WA	2200~2300	白色，硬度较棕刚玉高，韧性较棕刚玉低	磨削淬火钢、高速钢、高碳钢、非铁金属及薄壁零件
	铬刚玉	PA	2000~2200	玫瑰红或紫红色，韧性比白刚玉高，磨削粗糙度小	磨削淬火钢、高速钢、高碳钢、轴承钢及薄壁零件
	锆刚玉	ZA	1965	黑褐色，强度和耐磨性高	磨削耐热合金、钛合金和奥氏体不锈钢
	单晶刚玉	SA	2200~2400	浅黄色或白色，硬度和韧性比白刚玉高	磨削不锈钢、高钒高速钢和高强度、大韧性的材料
	微晶刚玉	MA	2000~2300	颜色与棕刚玉相似，强度高，韧性和自锐性好	磨削不锈钢、轴承钢和特种球墨铸铁，适用于高速和小粗糙度磨削
碳化物系	黑碳化硅	C	2820~3320	黑色，有光泽，硬度比刚玉高，性脆而锋利，导电和导热性好	磨削铸铁、黄铜、铝、耐火材料及非金属材料
	绿碳化硅	GC	3280~3480	绿色，硬度和脆性比黑碳化硅高，导电和导热性良好	磨削硬质合金、宝石、陶瓷、玉石、非铁金属、石材等
	碳化硼	BC	4400~5400	灰黑色，硬度比黑、绿碳化硅高，耐磨性好	主要研磨和抛光硬质合金、拉丝模、宝石和玉石等
	立方碳化硅	SC	2000~2300	浅绿色，立方晶体结构，强度比黑碳化硅高，磨削能力强	磨削韧而黏的材料，如不锈钢等；磨削轴承沟道或用于轴承超精加工
高硬磨料系	人造金刚石	D	10000	无色透明或淡黄色、黄绿色、黑色，硬度高，耐磨性好，比天然金刚石脆	磨硬脆材料、硬质合金、宝石、光学玻璃、半导体、切割石材等以及制作各种钻头(地质、石油钻头等)
	立方氮化硼	CBN	8000~9000	黑色或淡白色，立方晶体，硬度仅次于金刚石，耐热性高，发热量小	磨削各种高温合金，高钼、高钒、高钴钢，不锈钢，镍基合金钢等，聚晶立方氮化硼可制造车刀

3.3.2　砂轮形状与组成

普通磨料砂轮由磨料加结合剂用制造陶瓷的工艺方法制成。所以，砂轮由磨粒、结合剂和气孔三部分组成。砂轮为适应不同使用方法而有各种形状,如平形(P)、薄片形(PB)、筒形(N)、杯形(B)、碗形(BW)、碟形(D)等,可分别用字母表示。砂轮尺寸则用一组数字表示,单位为mm。例如,P400×40×127 表示外径为 400mm、厚度为 40mm、内径为 127mm 的平形砂轮。

3.3.3　砂轮特性表示

决定普通砂轮特性的五个要素,分别是磨料、粒度、结合剂、硬度和组织。砂轮特性的表示方法为

磨料代号-粒度号-硬度等级-组织号-结合剂代号-砂轮最高使用速度(m/s)

(1) 磨料。常用的磨料有氧化物系、碳化物系和高硬磨料系三类。表示代号如表 3-2 所示。

(2) 粒度。粒度指磨料颗粒的大小。较大的磨粒用它能通过的筛网号表示。例如,60# 粒度表示磨粒能通过每英寸长度上有 60 个孔眼的筛网。直径小于 40μm 的磨料颗粒称为微粉,粒度以其粒径大小(μm)表示,一般为 W63～W3.5。一般粗磨使用颗粒较粗的磨粒,精磨使用颗粒较细的磨粒。当工件材料软、塑性大和磨削面积大时,为避免砂轮堵塞也采用较粗的磨粒。常用砂轮粒度及应用范围如表 3-3 所示。

表 3-3　常用砂轮粒度及应用范围

粒度号	使用范围
12# ～ 16#	粗磨、荒磨、打磨毛刺
20# ～ 36#	磨钢锭,打磨铸件毛刺,切断钢坯,磨陶瓷和耐火材料
40# ～ 60#	内圆、外圆、平面磨削,无心磨,工具磨等
60# ～ 80#	内圆、外圆、平面磨削,无心磨,工具磨等半精磨或精磨
100# ～ 240#	半精磨、精磨、珩磨、成形磨、工具刃磨等
240# ～ W20	精磨、超精磨、珩磨、螺纹磨等
W20 至更细	精磨、精细磨、超精磨、镜面磨等
W10 至更细	精磨、超精磨、镜面磨、制作研磨膏用于研磨和抛光等

(3) 结合剂。结合剂作用是将磨粒黏合在一起,使砂轮具有一定的形状和强度。常用的结合剂如下。

①陶瓷结合剂(代号 V)。陶瓷结合剂由黏土、长石、滑石、硼玻璃和硅石等材料配制烧结而成,化学性质稳定、耐水、耐酸、耐热和成本低。除切断砂轮外,大多数砂轮均采用陶瓷结合剂。砂轮线速度一般为 35m/s。

②树脂结合剂(代号 B)。其成分主要为酚醛树脂或环氧树脂。它强度高、弹性好,多用于高速磨削、切断和开槽等工序。缺点是耐热性差,当达到 200～300℃时结合力下降。但因其强度下降时磨粒易于脱落而自励,故在对磨削烧伤和裂纹敏感的工序中也有采用。

③橡胶结合剂(代号 R)。多数采用人造橡胶。橡胶结合剂比树脂结合剂弹性更好,使砂轮具有良好的抛光作用。多用于制造无心磨床的导轮和切断、开槽及抛光砂轮。

④金属结合剂(代号 M)。常用的是青铜结合剂,主要用于制作金刚石砂轮。其特点是形面成形性好,强度高,有一定韧性。缺点是自励性较差。

(4) 硬度。砂轮硬度表示磨粒在磨削力作用下从砂轮表面脱落的难易程度。砂轮硬,磨粒不易脱落;砂轮软,磨粒易于脱落。一般地,工件材料越硬则砂轮应选软一些,使砂轮自锐性强,避免工件烧伤。工件材料越软则砂轮应选硬一些。砂轮与工件接触面大则砂轮应选

软些，防止砂轮堵塞。砂轮粒度号大，砂轮硬度应选软些。精磨和成形磨时，应选硬一些的砂轮，以利于保持砂轮的形状。砂轮硬度等级如表 3-4 所示。机械加工中最常使用的砂轮硬度是软 2(H)～中 2(N)。

表 3-4 砂轮硬度等级名称及代号

名称	超软	软 1	软 2	软 3	中软 1	中软 2	中 1	中 2	中硬 1	中硬 2	中硬 3	硬 1	硬 2	超硬
代号	D、E、F	G	H	J	K	L	M	N	P	Q	R	S	T	Y

(5) 组织。砂轮组织表示磨粒、结合剂、气孔三者之间的比例关系。磨粒在砂轮总体积中所占比例越大，砂轮组织越紧密，气孔越小。砂轮组织级别分为紧密、中等、疏松三大类 (表 3-5)。紧密组织适于重磨削，中等组织适于一般磨削。疏松组织砂轮不易堵塞，适于平面磨、内圆磨等磨削接触面大的工序，以及磨削热敏性强的材料或薄工件。

表 3-5 砂轮组织代号

类别	紧密				中等				疏松				
组织号	0	1	2	3	4	5	6	7	8	9	10	11	12
磨粒占砂轮体积/%	62	60	58	56	54	52	50	48	46	44	42	40	38

3.4 金属切削过程及机理

3.4.1 金属切削过程

1. 塑性材料的切屑形成过程

当没有副切削刃参加切削，并且刃倾角 $\lambda_s = 0°$ 时，如图 3-28 所示，切削层 AFHD 可以看成由许多平行四边形组成的，如 ABCD、BEGC 等。当这些扁块受到刀具前刀面的推挤时，便经过滑移形成另一些扁块并形成切屑，如 ABCD 受到推挤后，变为 AB′C′D，BEGC 滑移成 B′E′G′C′ 等。这样，切屑的形成过程是可以简单地看成切削层受到前刀面的挤压后产生的以滑移为主的塑性变形过程。

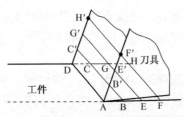

图 3-28 简化的塑性材料切屑形成过程

如图 3-29 示，描述实际的切削过程比较复杂：①当刀具与工件接触的瞬间，刀具前刀面推挤切削层材料，使其在切削区内产生弹性变形和应力，离切削刃愈近，应力愈大。②随着切削运动继续进行，变形和应力不断增大。切削区域内开始使曲线 OA 上各点的剪应力 τ 达到材料屈服极限 τ_s，被切削材料开始沿 OA 线产生剪切滑移，OA 称为始滑移线。③OA 线上某点 1 继续相对刀刃向前运动时，和滑移运动的复合使点 1 进入点 2 的位置，2-2′ 就是滑移量。由于塑性变形会发生强化现象，要继续滑移必须不断提高应力 τ，该点继续向前运动时受到的剪应力不断增加，滑移也不断进行，如 3-3′、4-4′。④当到达 OM 线上的 4 点后，被切材料的流向与前刀面平行，滑移终止，OM 称为终滑移线。由此可见，切削层的材料是经过一个从 OA 到 OM 的剪切变形区(称为第一变形区)而变成切屑的。剪切区内的剪切线与自由表面的交角约为 45°。在一般切削速度范围内，这一变形区的宽度仅为 0.02～0.2mm。切削速度愈高，宽度愈小。因此可以将变形区视为一个剪切平面，称为剪切面。剪切面与切削速度夹角以 φ 表示，称为剪切角。

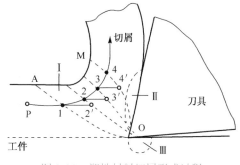

图 3-29　塑性材料切屑形成过程

除第一变形区外，在切屑沿前刀面滑出时会受到前刀面的挤压和摩擦，使紧靠前刀面的金属发生显著的变形和纤维化，纤维方向基本与前刀面平行。这靠前刀面处称为第二变形区(图 3-29 中的Ⅱ)。已加工表面处的材料也经过刀刃和后刀面的挤压和摩擦，发生显著变形和纤维化，这一变形区称为第三变形区(图 3-29 中的Ⅲ)。

2. 硬脆材料的切削机理

脆性被切削材料在外力作用下，先形成裂纹。裂纹尖端附近应力强度达到其临界值时，裂纹就会发生失稳扩展，导致被切削材料的断裂。例如，使用金刚石刀具切削陶瓷时，陶瓷在刀刃挤压作用下，在刀刃附近先产生裂纹，并先向前下方扩展，深度超过切削深度；然后一边前进一边向上方扩展；最后穿过上部的自由表面。此时形成较大的薄片状切屑，并在切削表面上留下凹痕。这称之为大规模挤裂。从这种状态继续切削，实际切除的只是崩碎后的残留部分，这时发生小规模挤裂，生成切削表面上较平滑的部分。在小规模挤裂发生以后，刀刃前方的材料就形成与切削表面近似垂直的形状，切削深度再次变大，并再次发生大规模挤裂。大规模与小规模挤裂交替进行(图 3-30)，工件材料就逐步被切除。

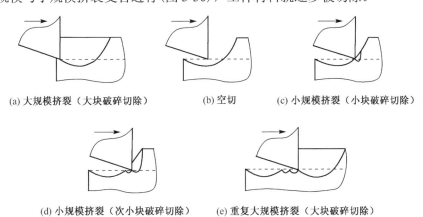

(a) 大规模挤裂（大块破碎切除）　　　(b) 空切　　　(c) 小规模挤裂（小块破碎切除）

(d) 小规模挤裂（次小块破碎切除）　　　(e) 重复大规模挤裂（大块破碎切除）

图 3-30　硬脆材料切削过程

3. 切屑及积屑瘤

1) 切屑的种类

国际标准化组织制定了切屑分类标准，常见切屑类型可分为三种形态。当第一变形区内的应力只是超过材料屈服极限而没超过强度极限，切屑流出后并不断裂，形成带状切屑

动画

(a) 带状切屑　　(b) 节状切屑　　(c) 崩碎切屑

图 3-31　切屑的三种形态

（图 3-31（a））。若变形应力超过了材料的强度极限，切屑将发生。在切削厚度上只发生部分断裂则形成节状切屑（挤裂切屑，图 3-31（b））；如发生完全断裂，则得到崩碎切屑（也有成为单元切屑，图 3-31（c））。崩碎切屑常在加工脆性材料（如铸铁、青铜）时产生。

2）积屑瘤

切削塑性金属材料时，在切速不高、又能形成带状切屑的情况下，切屑沿前刀面流出，并伴随强烈的摩擦。这使切屑的流动速度降低，温度升高。在大的挤压力作用下，会使切屑底层金属与前刀面的外摩擦超过分子间结合力，一些金属材料冷焊黏附在前刀面切刃附近，逐渐形成硬度很高的瘤状楔块，成为积屑瘤（图 3-32）。积屑瘤随着切削的进行不断长大，又不断破裂被带走，如此反复。积屑瘤能代替切削刃进行切削，使刀具实际前角增大，能保护刀具和降低切削力。但积屑瘤的存在和脱离使加工尺寸精度降低，嵌入在加工表面的积屑瘤碎块使表面加工质量降低（图 3-33）。所以，积屑瘤对粗加工有利，而对精加工有害。

图 3-32　积屑瘤的生成

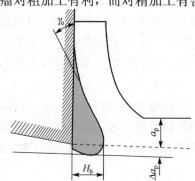

图 3-33　积屑瘤增大前角和切削厚度

3.4.2　切削力、切削功率与切削温度

1. 切削力及其分量

切削过程中刀具要克服工件材料的弹性和塑性变形抗力，以及与切屑和工件间的摩擦力。这些力形成切削力。切削力是计算切削功率，设计机床、刀具和夹具的依据。它又直接影响切削热的产生、刀具磨损和加工表面质量。

在主剖面内的总切削力可以分解为三个正交的分力，以车削为例，它们分别如下所示（图 3-34）。

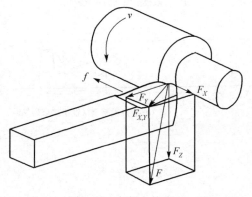

图 3-34　车削力的分力

（1）主切削力 F_Z。垂直于基面、与切削速度方向一致的分力，又称切向力。它做功占机床功率的 90% 以上，它使刀杆弯曲、刀头受压，是设计机床、刀具和夹具的主要依据。

（2）吃刀抗力 F_Y。在基面内、与进给方向垂直的分力，又称径向力。它使工件轴线弯曲、刀具退让，使工件刀具的相对位置发生变化，直接影响工件的形状精度。

（3）走刀抗力 F_X。在基面内、与进给方向平行的分力，又称轴向力。它作用在机床进给机构上，是设计进给机构的主要依据。它所做的功只占机床总功的 1%～5%。

切削力的大小主要受工件材料和切削面积的影响。刀具几何参数、刀具材料和切削液等对切削力也有一定影响。在实际中，常用实验法、查表法和经验公式法确定切削力的大小。

2. 切削功率

切削功率是三个切削分力消耗功率的总和。在图 3-34 所示的外圆车削中，切削速度与 F_Z 方向相同，F_Y 方向的运动速度为零，而 F_X 消耗的功率与主切削力功率相比很小，可以忽略不计。所以，切削功率 P 可根据 F_Z(N) 和 v_c(m/s) 计算

$$P = F_Z \cdot v_c \cdot 10^{-3} \text{（kW）} \tag{3-4}$$

3. 切削热和切削温度

1）切削热

切削时消耗能量的 98%～99% 转换为热能，称为切削热。切削热的大小随工件和刀具材料及切削条件的不同而异。切削热一般集中在切削区，它使切削区温度上升，影响刀具的磨损和使用寿命，以及工件的加工质量。

切削热的主要来源是第一变形区的切屑变形，其次是切屑和前刀面的摩擦，最后是工件和后刀面的摩擦，并由切屑、工件、刀具和周围的介质传导出去。各自传出的比例随加工条件不同而有差别。车削加工 50%～86% 的热由切屑带走，10%～40% 的热由刀具传出，3%～9% 的热传入工件。而钻削加工的切屑会滞留孔中，且钻头刃带和孔壁有很大摩擦，所以，只有约 28% 的热量由切屑带走，约 14% 由刀具传出，却有约 53% 传入工件。传入工件的热量能使工件温度升高并发生变形，影响加工精度。传入刀具的热量则使刀具达到很高的温度，加速了刀具的磨损。因此，加工中应尽量减少切削热的产生。

2）切削温度

切削温度是指前刀面与切屑接触区内的平均温度，它由切削热的产生与传出的平衡条件所决定。切削热产生的愈多，传出的愈慢，则切削温度愈高。凡是增大切削力和切削功率的因素都会使切削温度上升。而有利于切削热传出的因素都会降低切削温度。影响切削温度的主要因素如下。

（1）切削用量的影响。切削速度 v_c 对切削温度的影响最大。随着进给量 f 的增大，切削速度 v_c 对切削温度的影响程度逐渐减小。进给量 f 对切削温度的影响比切削速度 v_c 小。切削深度 a_p 变化使产生的切削热和散热面积按相同的比率变化，对切削温度的影响很小。

（2）刀具几何参数的影响。前角 γ_o 增大，使切屑变形程度减小，产生的切削热减少，切削温度下降。主偏角 κ_r 减小，使切削宽度增大，散热面积增加，故切削温度下降。

（3）工件材料的影响。工件材料的强度、硬度等力学性能提高时，产生的切削热增多，切削温度升高；工件材料的热导率愈大，通过切屑和工件传出的热量愈多，切削温度下降。

（4）刀具磨损的影响。刀具后刀面磨损量增大，切削温度升高；磨损量达到一定值后，对切削温度的影响加剧；切削速度愈高，刀具磨损对切削温度的影响就愈显著。

(5)切削液的影响。浇注切削液对降低切削温度有明显效果。切削液的热导率、比热容和流量愈大,切削温度愈低。切削液本身温度愈低,其冷却效果愈显著。

3.4.3　刀具磨损与使用寿命

切削时刀具将切屑切离工件,同时本身也发生磨损或破损。磨损是连续的、逐渐的发展过程;而破损是随机的突发破坏(包括脆性破损和塑性破损)。这里只讨论刀具的磨损。

1. 刀具的磨损机理

切削加工中,与刀具表面接触的切屑底面是活性很高的新鲜表面,接触压力大、接触温度高,因此其磨损包括机械的、热的和化学的作用以及摩擦、黏结、扩散等现象。

1) 刀具的磨损形式

(1)前刀面磨损。切削塑性材料时,切屑在前刀面上激烈摩擦,会在前刀面上形成月牙洼磨损。它从切削温度最高的位置开始发生,逐渐向前后扩展,深度不断增加。月牙洼的发展会降低切削刃强度,容易导致切削刃破损。

(2)后刀面磨损。第三变形区内后刀面与工件间接触压力很大的摩擦导致后刀面磨损。因刀尖部分强度低、散热差,磨损比较严重;后刀面磨损带的中间部位则磨损比较均匀。

2) 刀具的磨损原因

刀具正常磨损的原因主要是机械磨损和热、化学磨损。前者是由工件材料中硬质点的刻划作用引起的,后者则是由黏结、扩散、腐蚀等引起的。

(1)磨料磨损。工件材料中的杂质和组织中的碳化物、氮化物、氧化物等硬质点在刀具表面刻划出沟纹而造成的磨损称为磨料磨损。一般磨料磨损量与切削路程成正比。在低速切削时磨料磨损是刀具磨损的主要原因。

(2)黏结磨损。黏结是指刀具与工件材料接触达到原子间距离时所产生的黏结现象,又称为冷焊。刀具-工件摩擦面上具备高温、高压和新鲜表面的条件,极易发生黏结。刀具表面局部材料会因黏结破裂而被工件材料带走,形成黏结磨损。刀具与工件材料的硬度比愈小,相互间的亲和力愈大,黏结磨损就愈严重。

(3)扩散磨损。刀具在高温下与被切出的化学活性很大的新鲜表面接触时,刀具与工件材料中的化学元素有可能互相扩散,使化学成分发生变化,削弱刀具材料的性能,加速磨损过程。扩散速度随切削温度升高而急剧增大。此外接触表面的相对滑动速度愈高,扩散愈快。

(4)化学磨损。化学磨损是在一定温度下,刀具材料与某些周围介质(如空气中的氧、切削液中的硫、氯等)起化学作用,在刀具表面形成一层硬度较低的化合物,而被切屑带走,加速刀具磨损。化学磨损主要发生于较高的切削速度条件下。

2. 刀具的磨损过程

典型刀具磨损过程曲线如图 3-35 所示。刀具的磨损过程分为三个阶段。

(1)初期磨损阶段。新刃磨的刀具后刀面有粗糙不平及显微裂纹等缺陷,而且切刃锋利,与加工表面接触面积较小。这一阶段后刀面的凸出部分很快被磨平,刀具磨损较快。

(2)正常磨损阶段。经初期磨损后刀具粗糙表面已经磨平,缺陷减少,刀具进入比较缓慢的正常磨损阶段。后刀面的磨损量与切削时间近似地成比例增加。该阶段时间较长。

（3）急剧磨损阶段。当刀具的磨损带达到一定限度后，切削力和切削温度迅速增高。磨损速度急剧增加。为了合理使用刀具，保证加工质量，应该在该阶段发生之前及时换刀。

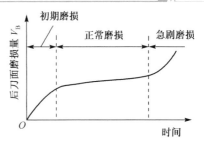

图 3-35　刀具磨损的典型曲线

3．刀具使用寿命

刀具磨损到一定限度后就不能继续使用。这个磨损限度称为磨钝标准。刃磨后的刀具自开始切削直到磨损量达到磨钝标准为止的切削时间，称为刀具使用寿命，以 T 表示。它是表征刀具材料切削性能和工件材料切削加工性的综合性指标。以往也将其称为刀具耐用度。而一把新刀用到报废之前的总切削时间称为刀具总使用寿命。

切削用量与刀具使用寿命有着密切的关系。当工件材料、刀具材料和刀具几何形状确定后，切削速度对刀具使用寿命的影响最大。一般切削速度越高刀具使用寿命越低。刀具材料的耐热性越低，切削速度对刀具使用寿命的影响越大。进给量 f 对刀具使用寿命影响次之，切削深度 a_p 最小。这与对切削温度的影响顺序完全一致。

在自动化加工中，对刀具磨损和破损进行及时的检测与监控是十分重要的。其检测与监控方法有在线的，有离线的；有通过力和功率信号进行检测的，也有通过声信号进行检测的等。

3.5　金属磨削过程及机理

3.5.1　金属磨削过程

1．磨削加工的特点

磨削加工与切削加工比较具有如下特点：

（1）磨削是依靠大量磨粒的微小切刃完成的，一般每个磨粒切刃的切削深度和切削长度很小，形成的磨屑和在工件表面上刻画的沟痕也非常细微，能够进行很小砂轮切深的磨削，获得高的加工精度和表面质量。磨削加工精度一般可达 IT5、IT6 级，甚至高于 IT5 级；表面粗糙度可达 Rz 0.04~0.2μm，是使用最广泛的精加工方法。目前，工业发达国家的磨床约占机床总数的 30%~40%。

（2）矿物质磨粒具有很高的硬度，可以对各种材料，特别是高硬度材料进行加工，所以磨削一般又是零件热处理后的最终加工方法。

（3）由于砂轮的磨削速度很高和每个磨粒的切削路程很短，每个磨粒的切削过程都是非常短暂的瞬时高温高压条件下的材料变形过程，磨削机理与普通切削有较大区别。

（4）砂轮上每个磨粒的切刃形状和切削角度都不相同，并由于磨粒的磨损和脱落还在随时变化。另外，磨削是一个非常复杂的过程，可变影响因素达 30 多个，所以磨削操作也需要更丰富的经验和技艺。磨削理论研究难度较大。

2. 塑性材料磨屑形成机理

磨削时砂轮表面众多的由结合剂桥弹性支承着的突出磨粒类似于铣刀刀齿，在一定的刀刃-工件几何干涉条件下将材料去除而形成磨屑。所以早期常把磨削比作铣削来讨论。实际上，磨粒可以近似为带有许多棱面和刃尖的球体，切削刃具有相当大的负前角。一般负前角为$-85°\sim-60°$，刃口楔角为$80°\sim145°$，刃端钝圆半径为$3\sim28\mu m$。当磨粒作用于工件表面时，类似硬度试验中钢球压入试件表面的情况(图 3-36(a))。钢球

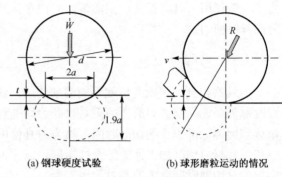

(a) 钢球硬度试验　　(b) 球形磨粒运动的情况

图 3-36　磨屑形成的球形磨粒挤压模型

压入表面一小段距离后，下面的局部区域产生塑性变形(虚线为塑性作用的边界)。如果球做水平移动(图 3-36(b))，表面下的塑性变形区倾斜，材料受挤压剪切而向上变形，经自由开口处流出而形成切屑。这类似于金属挤压，只不过由弹塑性边界代替了挤压磨具的壁。这一模型可以定性地说明塑性材料成屑机理。

3. 单颗磨粒切除过程的三个阶段

磨削时，磨粒的切深由零增加到最大值，然后再逐渐减小为零，直至和工件脱离接触。这一过程中材料的变形和去除经历三个阶段(图 3-37)：①刚开始接触的一段距离内，磨粒切入深度很小，磨粒-工件间只发生弹性变形，磨粒仅在工件表面上滑擦而过，不能切入工件，该阶段称为滑擦阶段；②随着磨粒切入深度加大，开始发生塑性变形，工件表面出现刻痕，使部分材料向磨粒两旁隆起，但磨粒前刀面上没有磨屑流出，该阶段称为耕犁阶段；③磨粒切入深度足够大时，除弹性和塑性变形外，塑性变形还大到在磨粒前方形成切屑，称为切屑形成阶段。

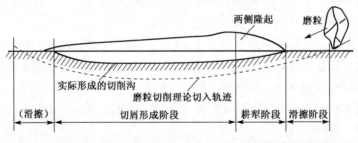

图 3-37　单颗磨粒切除过程的三个阶段

各阶段的临界点取决于工件材料性能，磨粒相对工件材料的切入角和运动速度、磨粒-工件间的接触刚度和摩擦特性、磨粒切刃形状等。由于滑擦和耕犁阶段只消耗能量而不产生有效的材料去除，所以应尽量减小这两个阶段。

4. 磨屑和磨削火花

每一个作用的磨粒参加切削后形成一个磨屑。磨屑未形成前在工件上根据磨粒-工件几何干涉条件确定的形状为未变形磨屑形状。由于磨粒分布和切刃形状的随机性，未变形磨屑

形状差异很大，从而实际形成的磨屑也形态各异。一般可分为带状磨屑、剪切型磨屑、挤裂型磨屑、逗号型磨屑、积屑瘤型磨屑和熔结的球状磨屑等。

由于磨屑体积微小、比表面积大，并且温度很高，所以在被砂轮抛离工件表面在空气中飞行时，会发生强烈氧化并使磨屑温度进一步升高，达到炽热或熔化的程度，形成特有的磨削火花。根据磨削火花的颜色和爆裂形态，还可以大致判断工件材料的成分。

3.5.2　磨削力与磨削温度

1. 磨削力

磨削力起源于砂轮与工件接触后引起的弹性变形、塑性变形、切屑形成，以及磨粒和结合剂与工件材料间的摩擦。和切削力一样，为便于分析，通常也把磨削力分成切向力 F_t、法向力 F_n 和轴向力 F_a（图 3-38）。不同于切削的，是磨削法向力大于切向力，F_n/F_t 为 2～4。法向力 F_n 和轴向力 F_a 的比值为 10，切入磨削的轴向力 F_a 为零。

由于磨粒是大负前角切削，去除材料要经历滑擦、耕犁、切屑形成三阶段，还有大量切深较小的磨粒只经历滑擦、耕犁而不产生切屑，所以在磨削力的构成中，材料剪切所占比重较小，而摩擦所占比重较大，可达 70%～80%。这意味着磨削是一种高耗能的加工方法。去除单位体积钢所消耗的能，对车削是 1～10J/mm^3，对磨削却高达 10～200J/mm^3。

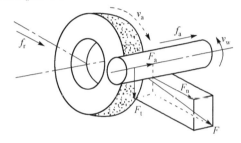

图 3-38　磨削力的三分力

影响磨削力的因素很多，主要有工件材料力学性能、磨削用量、磨削液性能、砂轮特性、表面磨粒分布与锋锐情况、砂轮的磨损与堵塞等。显然，要建立简洁的磨削力方程以定量地确定磨削力是困难的。所以，磨削力经常采用经验公式进行估算。

2. 磨削循环

磨床是一个弹性系统。在较大的法向磨削力的作用下，使工艺系统产生弹性变形，在开始几次进给中，实际径向进给量远小于名义进给量。随着进给次数的增加，实际进给量逐渐加大，直至达到名义进给量。这个阶段称为初磨阶段（图 3-39）。之后，磨削进入稳定阶段，实际进给量与名义进给量相等。当余量即将磨完时，进行光磨，靠工艺系统的弹性变形恢复，磨削至尺寸要求，该阶段为无火花磨削阶段。这种周期性变化是磨削过程的又一特点。

3. 磨削热

如上所述，磨削过程中消耗的能量包括滑擦能、耕犁能和切屑形成能，这些能量的绝大部分转化为磨削热。磨除单位体积材料发出磨削热要比切削大得多。滑擦和耕犁产生的热能，几乎全部传入工件；切屑形成产生的热能也有约 55%传入工件。一般磨削时，磨削总热量的 60%～95%将在瞬间传入工件，使工件表层温度显著升高，形成局部高温。产生的工件表面温度可达 1000℃以上，在工件表层形成极大的温度梯度（600～1000℃/mm），出现尺寸形状偏差、表面烧伤、裂纹以及表面变质层等缺陷。

4. 磨削温度

磨削温度通常是指砂轮与工件接触区的平均温度，但只有磨粒与工件接触面的温度才是真正的磨削点温度，它们对磨削过程有各自不同的影响，故将磨削温度区分为：①工件平均温度，指磨削热传入工件而引起的工件温升，它影响工件的形状和尺寸精度。在精密磨削时，为获得高的尺寸精度，要尽可能降低工件的平均温度并防止温度不均。②磨粒磨削点温度，指磨粒切削刃与工件接触局部的温度，是磨削中温度最高的部位，其值可达 1000℃ 左右，它直接影响磨削刃的热磨损、砂轮的磨损、破碎和黏附等。③磨削区温度，是砂轮与工件接触区的平均温度，一般有 500～800℃，它与磨削烧伤和磨削裂纹的产生有密切关系。

磨削加工工件表面层的温度分布，是指沿工件表面层深度方向温度的变化。它与热源强度与分布、砂轮进给速度、材料的热特性等有关。图 3-40 是不同深度处的温度经历情况。由图可见，实际热源接近于三角形分布，工件表层温度梯度很大，磨粒磨削点温度的影响仅限于很小的深度。

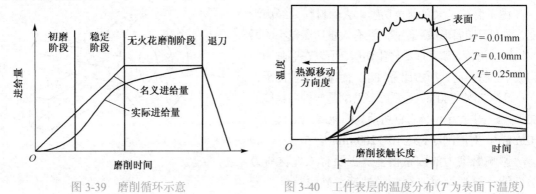

图 3-39 磨削循环示意 　　　　　　　图 3-40 工件表层的温度分布（T 为表面下温度）

由于高的磨削温度会引起工件尺寸和形状误差，以及表面热损伤，所以必须控制磨削区温度。要降低磨削区温度，应降低热源强度、提高热源移动速度和希望工件材料和磨料有较大的热传导率。

3.5.3 砂轮的磨损与修整

1. 砂轮的磨损

砂轮同切削刀具一样，也存在磨损问题。但在所有切削刀具中，砂轮是唯一具有自锐能力的，磨损与自锐交替进行，使它的磨损过程比一般刀具复杂得多。

磨削时，工件材料被砂轮磨去，砂轮也被工件磨损，两者的体积或质量的比值称为磨削比。工件材料加工性的难易程度、砂轮与工件材料的适应性、磨削液的性能，以及磨削用量的选用是否恰当，均直接影响磨削比。

砂轮磨损的含义与通常的磨损概念不同，它包括磨粒磨耗磨损、磨粒破碎和结合剂桥断裂（磨粒脱落）三种形态（图 3-41）。磨耗磨损会在磨粒上形成磨损平面，并使磨损平面面积增大，会引起工件表面热损伤；磨粒不规则地破碎和脱落，使砂轮表面形貌发生变化，影响表面粗糙度；而因此产生的砂轮径向、边角或轮廓的磨损，会影响工件的尺寸精度和产生形状误差。

磨粒的磨耗磨损，取决于磨削区的物理状态以及砂轮、工件材料和磨削液的物化性能，这种类型的磨损，大致有氧化磨损、磨料磨损(硬质点引起的机械磨损)、磨粒与工件相互作用扩散和塑性磨损(磨粒表面在高温高压下的塑性流动)等几种形式。实际磨削时往往几种磨损形式同时存在。磨粒的磨耗磨损主要受平均接触压力、摩擦速度、平均的接触时间和接触频率的影响。磨耗磨损对磨削有极重要的影响，它直接关系到磨削力、磨削热和工件的表面质量。

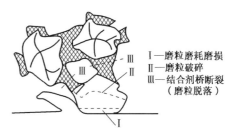

Ⅰ—磨粒磨耗磨损
Ⅱ—磨粒破碎
Ⅲ—结合剂桥断裂
　（磨粒脱落）

图 3-41　砂轮磨损的三种形态

磨削时，磨粒工作表面在百万分之几秒的时间中升到高温，又在磨削液作用下激冷。冷热循环频率高达每分钟数千次。磨粒表面在交变热和力的作用下会出现疲劳裂纹，使表面脱落细小的质点。磨削液汽化后楔入磨粒表面微细裂纹，也会促进磨粒表面的微细碎落，即疲劳磨损。

各种原因引起的磨耗磨损和疲劳磨损，只占砂轮磨损体积的百分之几。砂轮磨损体积最大的是磨粒的破碎和脱落。磨粒的破碎主要取决于磨粒的易碎性、工件材料的性能、磨削用量(特别是最大切屑厚度,即磨粒上所受的最大切削力)和磨粒上磨损平面的面积(影响摩擦力大小)。磨粒破碎时，最初从它表面上存在的细微裂纹开始，当冲击的能量超过裂纹传播所需值时，即发生破碎。

当磨粒受力过大而未发生破碎，却使把持磨粒的结合剂桥断裂，整个磨粒则会从砂轮表面脱落下来。磨粒受力和破碎与脱落之间的关系较为复杂，随机性较大，主要受砂轮硬度和磨削用量的影响。

磨粒的磨耗、破碎和脱落，使砂轮半径减小；砂轮边角处的磨粒只有两个方向有结合剂桥把持，易于破碎和脱落；成形砂轮轮廓各处的磨削余量不同，磨损速度也不同，引起轮廓变化。这些形成砂轮的形状磨损变化。

磨粒的磨耗、破碎和脱落改变了砂轮地貌，影响加工表面粗糙度。砂轮形状变化则影响工件的加工精度。当磨削表面完整性、表面粗糙度、加工精度及磨削振动将要超出允许值时，则需要进行砂轮修整。

2. 砂轮的修整

砂轮的磨损致使其工作表面钝化，并逐渐丧失所要求的形状。因此使得工件的表面粗糙度增大并且可能出现振纹和烧伤。这就必须重新修整砂轮，以恢复其磨削性能。

砂轮修整目的有两个：一是恢复砂轮表面地貌和锋锐性；二是恢复砂轮工作表面的形状精度。前者称为修锐，后者称为整形。除超硬磨料砂轮外，一般在一次操作中同时完成两个目的，这并称为修整。

除不需要修整而靠砂轮自锐保持砂轮状态的荒磨、切断外，在各类磨削中砂轮修整都是一个重要的工艺因素。所采用的修整方法和修整条件不同，砂轮的工作表面形貌会有很大的差别。这对砂轮磨削性能参数、磨削力、磨削热和砂轮磨损等，均有重大影响。因而对于工件的尺寸和形状精度、表面完整性和表面粗糙度也起重要作用。

砂轮两次修整间的磨削时间为砂轮耐用度。它取决于各项质量要求之一超出指标的时间。修整的时候就不能磨削零件，影响生产率，还使砂轮产生损耗，因此应合理选择砂轮耐用度。

修整器的几何形状和修整过程中的运动情况,对砂轮形貌有重大影响。根据运动情况的不同,修整器可以分为两大类。

(1) 静止的修整器。不存在砂轮速度方向的运动,只有垂直于砂轮表面的切入运动,和平行于修整轮廓的进给运动,如单粒金刚石修整笔和多粒金刚石修整器。

(2) 运动的修整器。具有砂轮速度方向的运动,如金刚石滚轮和滚压修整器。

3.6　切削、磨削条件的合理选择

3.6.1　工件材料的切削加工性

工件材料的切削加工性是指在一定的切削条件下,工件材料切削加工的难易程度。它是个相对的概念,随着加工性质、加工方法和具体加工条件不同而不同。

工件材料的切削加工性通常可用以下几个指标来衡量:①以刀具使用寿命来衡量,相同切削条件下刀具使用寿命高,切削加工性好;②以切削力和切削温度来衡量,相同切削条件下切削力大或切削温度高,则切削加工性差;③以加工表面质量来衡量,易获得好的加工表面质量,则切削加工性好;④以断屑性能来衡量,在相同切削条件下所形成的切屑便于清除,则切削加工性好。

对于同一种工件材料,当切削加工性的评定指标不同时,也可能得出不同的结论。例如,若从加工难易程度衡量,纯铁的加工性好;但从加工质量角度评定,由于精加工时纯铁表面粗糙度很难达到要求,则其加工性不好。

影响工件材料的切削加工性的因素很多,主要有工件材料的物理力学性能、化学成分和金相组织等。

(1) 材料的物理力学性能的影响。材料的硬度和强度越高,切削力就越大,切削温度也越高,所以切削加工性也越差。材料的高温硬度对材料切削加工性的影响尤为显著。这正是某些耐热、高温合金切削加工性差的主要原因。材料的塑性越大,材料的切削加工性也越差。其原因是这时使材料塑性变形所消耗的功也越大,切屑变形、加工硬化及与刀具表面的冷焊现象比较严重,并不易断屑和不易获得好的表面质量。但当加工塑性太低的材料时,切屑与前刀面接触长度过短,切削力和切削热集中在切削刃附近,加剧了磨损,也会使切削加工性变坏。材料韧性高,切削力和切削温度也高,且不易断屑,切削加工性差。工件材料的热导率越大,越有利于降低切削区的温度,切削加工性也越好。

(2) 材料化学成分的影响。材料的化学成分是通过材料的物理力学性能的影响而影响切削加工性的。

(3) 材料金相组织的影响。一般情况下,钢中铁素体与珠光体的比例关系是影响钢的切削加工性的主要因素。铁素体塑性大,而珠光体硬度较高,故珠光体的含量越少者,允许的切削速度越高,刀具使用寿命越长,切削加工性越好;马氏体比珠光体更硬,因而马氏体含量高者,加工性差。另外珠光体有球状、片状和针状之分。球状硬度较低,易加工;而针状硬度大,不易加工,即切削加工性差。

工件材料的磨削加工性和切削加工性的情况相类似。

3.6.2　刀具参数和切削工艺参数的选择

1. 刀具几何参数的合理选择

一把完整的刀具形状和结构，是由一套系统的刀具几何参数所决定的。各参数之间存在着相互依赖、相互制约的作用，因此应综合考虑各种参数以便进行合理地选择。

(1) 前角的选择。增大前角，可减少切削变形，减少切削力、切削热和切削功率，提高刀具的使用寿命；还可以抑制积屑瘤的产生，减少振动，提高加工质量。但增大前角会削弱切削刃强度和散热情况，也不利于断屑。对应最大刀具使用寿命的前角称为合理前角 γ_{opt}，刀具材料和工件材料不同时，同种刀具材料的合理前角也不相同。硬质合金车刀合理前角的参考值如表 3-6 所示。高速钢车刀的前角一般比表中数值增大 5°～10°。

(2) 后角的选择。增大后角，可增加切削刃的锋利性，减轻后刀面与已加工表面的摩擦，降低切削力和切削温度，提高已加工表面质量。但增大后角会使切削刃和刀头的强度降低，减少散热面积和容热体积，加速刀具磨损。后角较大的刀具磨钝时，会影响工件的尺寸精度。表 3-6 也列出了硬质合金车刀常用后角的合理数值，可供参考。

表 3-6　硬质合金车刀合理前、后角参考值

工件材料种类	合理前角参考范围/(°)		合理后角参考范围/(°)	
	粗车	精车	粗车	精车
低碳钢	20～25	25～30	10～12	10～12
中碳钢	10～15	15～20	6～8	6～8
合金钢	10～15	15～20	6～8	6～8
淬火钢	−15～−5		8～10	
不锈钢(奥氏体)	15～20	20～25	8～10	8～10
灰铸铁	10～15	5～10	6～8	6～8
铜及铜合金(脆)	10～15	5～10	6～8	6～8
铝及铝合金	30～35	35～40	10～12	10～12
钛合金 $\sigma_b \leqslant 1.177\ GPa$	5～10		10～15	

注：粗加工用的硬质合金车刀，通常都磨有负倒棱及负刃倾角。

(3) 主偏角的选择。减少主偏角会使切削厚度减少，切削宽度增加，从而使单位长度切削刃所承受的载荷减轻，提高刀尖强度，有利于散热，可提高刀具使用寿命。但减少主偏角会导致径向力增大，加大工件的变形，并容易引起振动，使加工表面的粗糙度加大。所以工艺系统刚性好，不易产生变形和振动，则主偏角可取小值；若系统刚性差(如切削细长轴)，则宜取大值。

(4) 副偏角的选择。副偏角的主要作用是最终形成已加工表面。副偏角越小，切削刃痕的残留面积高度也越小，可有效减少已加工表面粗糙度。但副偏角过小会增加副切削刃的工作长度，增大副后刀面与已加工表面的摩擦，易引起系统振动，反而增大表面粗糙度。主偏角、副偏角的选择可参考表 3-7。

表 3-7　硬质合金车刀合理主、副偏角参考值

加工情况		偏角数值/(°)	
		主偏角 κ_r	副偏角 κ_r'
粗车，无中间切入	工艺系统刚度好	45, 60, 75	5~10
	工艺系统刚度差	60, 75, 90	10~15
车削细长轴，薄壁件		90, 93	6~10
精车，无中间切入	工艺系统刚度好	45	0~5
	工艺系统刚度差	60, 75	0~5
车削冷硬铸铁，淬火钢		10~30	4~10
从工件中间切入		45~60	30~45
切断刀、切槽刀		60~90	1~2

(5) 刃倾角的选择。刃倾角的选择可参照表 3-8。刃倾角的作用可归纳以下几方面。①影响切削刃的锋利性，当刃倾角 $\lambda_s \leqslant 45°$ 时，刀具的工作前角和工作后角将随 λ_s 的增大而增大，而切削刃钝圆半径却随之减少，增大了切削刃的锋利性；②影响刀头强度和散热条件，负的刃倾角可以增强刀尖强度，其原因是切入时是从切削刃开始的，而不是从刀尖开始的，进而改善了散热条件，有利于提高刀具使用寿命；③影响切削力的大小和方向，一般刃倾角为正时切削力降低，为负时切削力增大；④影响切屑流出方向，当 λ_s 为负值时，切屑流向已加工表面，易划伤已加工表面，λ_s 为正值时，切屑流向待加工表面。精加工时，常取正刃倾角。

表 3-8　刃倾角 λ_s 选用表

$\lambda_s/(°)$	0~+5	+5~+10	−5~0	−10~−5	−15~−10	−45~−10	−47~−5
应用范围	精车钢，车细长轴	精车有色金属	粗车钢和灰铸铁	粗车余量不均匀钢	断续车削钢和灰铸铁	带冲击切削淬硬钢	大刃倾角刀具薄切削

2. 刀具使用寿命的选择

从生产效率考虑，刀具使用寿命规定过高，允许采用的切削速度就低，使生产效率降低；刀具使用寿命规定过低，装刀、卸刀及调整机床的时间增多，生产效率也降低。这就存在一个最大生产效率刀具使用寿命。从加工成本考虑，刀具使用寿命过高则切削速度必须很低，加工时间加长，机床和人工费用增加，成本提高；若刀具使用寿命过低，换刀时间增多，刀具消耗及与磨刀成本均提高，成本也增高。这样也存在一个经济刀具使用寿命。

合理的刀具使用寿命的确定，要综合考虑各种因素的影响。一般刀具使用寿命制定可遵循以下原则：①根据刀具的复杂程度、制造和磨刀成本的高低来选择。复杂刀具制造、刃磨成本高，换刀时间长，刀具使用寿命要选高些；简单刀具使用寿命可取低些。例如，齿轮刀具为 $T = 200 \sim 300\text{min}$，硬质合金端铣刀为 $T = 120 \sim 180\text{min}$，可转位车刀为 $T = 15 \sim 30\text{min}$。②多刀机床、组合机床以及数控机床上的刀具，刀具使用寿命应选得高些。③精加工大型工件时刀具使用寿命应规定至少能完成一次走刀。

3. 切削用量的选择

选择切削用量的原则就是在保证加工质量，降低成本和提高生产效率的前提下，使 a_p、

f、v_c 的乘积最大，工序的切削时间最短。

粗加工时，一般先按照刀具使用寿命的限制确定切削用量，再验算系统刚度、机床与刀具的强度等是否允许。精加工时主要按表面粗糙度和加工精度要求确定切削用量。

在切削用量中，a_p 对刀具使用寿命的影响最小，f 次之，v_c 的影响最大。确定切削用量时应尽可能选择较大的 a_p，其次按工艺装备与技术条件的允许选择最大的 f，最后再根据刀具使用寿命确定 v_c，这样可在保证一定刀具使用寿命的前提下，使 a_p、f、v_c 的乘积最大。

a_p 应根据加工余量确定。粗加工时应尽可能一次走刀切除全部粗加工的余量，这样可以减少走刀次数。在两次走刀情况下，应将第二次走刀的切深取小些，以使下工序获得较小的表面粗糙度及较高的加工精度。

粗加工时限制进给量的主要是切削力。半精加工和精加工时，限制进给量的主要是表面粗糙度。当刀尖圆弧半径大、副偏角小时，加工表面粗糙度较小，可选较大的进给量；当切削速度较高时，切削力降低，可适当增大进给量。

当 a_p 与 f 选定后，再选最大的切削速度 v_c。一般先按刀具使用寿命来求出切削速度，再校验机床功率是否超载。另外，还应考虑积屑瘤的产生、断续切削、工件刚度、振动发生等情况的限制。

4. 磨削工艺参数的选择

砂轮特性的选择在前面已经介绍。另外要注意以下原则：①粗磨削时选择较硬的砂轮，精磨削时选择较软的砂轮；②大去除量的高效率磨削，选择湿磨，使用粗粒度、松组织和韧性磨料的砂轮；③低粗糙度表面的磨削，使用细粒度、紧组织和韧性磨料砂轮，砂轮要精修整到很细的砂轮粗糙度；④成形磨削，使用细粒度、更紧组织的砂轮；⑤大面积磨削，使用粗粒度、较软硬度的砂轮；⑥小面积磨削，使用较细粒度、较大硬度的砂轮；⑦软材料的磨削，使用较粗粒度、较硬硬度的砂轮；⑧硬材料的磨削，使用细粒度、较软级硬度的砂轮；⑨砂轮表面磨粒破碎过快时要选择韧性磨料、较硬的硬度和较紧的组织；⑩砂轮容易堵塞并发生烧伤时要选择更脆的磨料、较软的硬度和较松的组织。

磨削用量的选择一般如下：砂轮速度 $28\sim33$m/s，工件进给速度为砂轮速度的 $1/60\sim1/100$，粗磨砂轮切深取 $0.020\sim0.075$mm，精磨砂轮切深取 $0.005\sim0.020$mm，砂轮横进给量为 $1/10\sim1/4$ 砂轮宽度。在磨削工艺参数的选择中，砂轮修整参数的合理选择也非常重要。

3.6.3　切削液、磨削液

生产实际中为减少加工过程中的摩擦、降低切削或磨削温度，经常需要使用切削剂或磨削剂。它们包括气、液、固三种形态，但最常用的是液体，所以常称为切削液和磨削液。

1. 切削液、磨削液的基本要求

切削液、磨削液应符合下列基本要求：①良好的润滑性能和吸附性能，对重切削则要在高温高压条件下仍能保持润滑作用；②高的导热系数、大的热容量和汽化热，具有良好的冷却作用；③良好的流动性和渗透性，在压力作用下能对工件、刀具或磨具表面起到良好的冲刷和清洗作用，并防止碎屑黏着在工件或刀具磨具表面上；④具有良好的防锈性能，避免工件、机床和刀具受周围介质的影响而发生腐蚀；⑤无毒、无臭，不刺激皮肤，不易变质和产

生泡沫，废液易处理和再生，不污染环境；⑥易于过滤，使用过程中不会沉淀和形成硬质点；⑦经济性好。以上各种要求难以全面满足，应按使用具体要求，择要考虑。

2. 切削液、磨削液的基本类型和性能

切削液、磨削液可分为油基和水基两大类。介于两者之间的为乳化液，兼有油基的润滑性和水基的冷却性。下面对这三类切削液、磨削液的主要成分和性能作简要介绍。

(1) 非水溶性切削油、磨削油。以轻质矿物油为主体，掺入 5%～10% 的脂肪油，还加入硫、氯等极压添加剂，使其有化学活性。它渗透性和润滑性良好。硫化脂肪中的硫在 370℃ 以上时会在刀具或磨粒与工件的界面压力下呈活性，在金属表面形成有良好抗黏着性能的硫化膜。切削油、磨削油中添加氯化物添加剂可使活性增加，形成金属氯化物的薄膜，在加工界面的高压下有良好润滑性和抗黏着性能。在矿物油中加入脂肪会降低油对金属的界面张力，增加其润滑效果。

这类切削液、磨削液的冷却性能较差，如果把水的冷却性能作为 1，则苏打溶液 (按浓度不同) 为 0.8～0.9，乳化液为 0.3～0.8，而油只有 0.25 左右。另外，它还易于发烟和产生油雾，影响工作环境，使用时要设吸尘装置。

(2) 乳化型水溶性切削液、磨削液。这种切削液、磨削液由矿物油、乳化剂和各种添加剂组成。兼有一定的润滑和冷却性能，但较易变质。它往往添加一些石油、磺酸等防锈剂，和一些具有渗透性、清洗性和能降低表面张力的化合物和极压添加剂。

这类磨削液的乳化状态可分为油/水型 (油为分散相，水为连续相) 和水/油型。油/水型的导热性较好。一般加工中，常加入 10～30 倍的水，使成为乳白色的液体。高速加工时，常用 5∶1 的配比，甚至采用油、水各半，往往有较好的效果。

(3) 透明水溶性切削液、磨削液。这种切削液、磨削液不含矿物油，由多种化学制剂溶解于水而成。其成分包括：用于防锈的胺和亚硝酸盐，用于稳定亚硝酸盐的硝酸盐，用于软化水的磷酸盐与硼酸盐，用于润滑和减少表面张力的肥皂与润湿剂，用作化学润滑的磷、硫与氯的化合物，用作混合剂的乙二醇及杀菌剂。它冷却性能好但润滑性较差，并在水分蒸发后会产生结晶沉淀物。

利用切削液中的无机盐在切刃和工件表面的离子吸附作用防止黏着的切削液通常称为离子型切削、磨削液。它往往对一些难加工材料起重要作用，如钛及其合金的加工。

机械加工中还使用二硫化钼、二硫化钨等作固态切削、磨削剂。

3. 切削液、磨削液的使用方法及系统

切削液、磨削液的使用方法很多，常见的有：浇注法、高压冷却法和喷雾冷却法。对于磨削还有渗透供液法。

(1) 浇注法。它是用低压泵将切削液、磨削液泵出，靠重力或不高的压力浇注于加工部位，起到冷却和润滑作用。浇注法使用方便，应用广泛。在磨削中，由于有砂轮表面的气流屏障作用，则还需要使用气流导流板和特殊形状的喷嘴。

(2) 高压冷却法。它是利用高压 (一般为 1.47～1.96MPa) 切削液、磨削液直接冲击到加工部位进行冷却和润滑。它可将碎屑冲离加工区甚至排走，对深孔加工、狭缝深槽加工等非常重要。液体的高速流动还能改善渗透性、加强对流而改善冷却效果。对于磨削，高压磨削液能冲破砂轮表面的气流屏障，使冷却润滑可靠，还能冲洗砂轮表面，在高效率磨削中广泛采用。

（3）喷雾冷却法。它是以压力为 0.3～0.6MPa 的压缩空气，使切削液雾化，高速喷向加工区域。雾化液滴能方便地渗入切屑、刀具和工件之间，遇到灼热表面便快汽化，带走大量热量，有效降低切削区温度。高压气体的体积膨胀也能降低气体温度，使冷却作用加强。因此，它综合了气体冷却和液体冷却的优点，适用于难加工材料加工和高速加工，也可用于一般加工。

对于磨削，由于普通砂轮具有多孔结构，所以还有由砂轮内孔注入磨削液，借砂轮高速旋转的离心作用，使磨削液经砂轮微小孔隙喷射到磨削区的中心渗透供液法；以及在砂轮的磨削位置前方将磨削液高压注入砂轮内部，再借砂轮高速旋转的离心作用，使磨削液经砂轮微小孔隙在磨削区位置喷射到砂轮与工件之间的外部渗透供液法。但这一方法使磨削液雾化，并经砂轮甩到附近空间，使工作环境变差。

3.7　先进切削、磨削加工技术

随着机械制造过程自动化程度的提高，机械加工"辅助工时"大为缩短。但还必须采用高速高效率加工技术，大幅度降低机械加工的"切削工时"。另外在精密、超精密加工方面也有很大需求。切削和磨削作为机械制造的一项共性基础技术，近年有很大进步。现作一简单介绍。

3.7.1　高速切削技术

1. 高速切削特点及应用

国际生产工程学会定义切削速度为 500～7500m/min 的切削为高速切削。高速切削与常规切削相比具有如下显著特点：①金属切除率可提高 3～6 倍，单位功率材料切除率可达 130～160cm^3/(min·kW)，生产效率大幅度提高；②切削力可降低 3%～15%，尤其是径向切削力大幅度降低；③高速加工时机床的激振频率特别高，远离"机床-刀具-工件"工艺系统的固有频率，工作平稳，工艺系统振动小；④95%～98%的切削热被切屑带走，切削温度增加逐步缓慢，工件温升低，基本可以保持冷态加工，工件表面热损伤小，适于加工容易热变形的零件；⑤由于加工振动小，切屑变薄，切削力和受力变形小，所以可以获得良好的加工精度和表面质量，加工表面质量提高一两级，可获得相当于磨削加工的表面粗糙度；⑥允许进给速度提高 5～10 倍，切削速度和进给速度每提高 15%～20%，可降低制造成本 10%～15%。高速切削可降低制造成本 20%～40%。

目前，高速切削技术已应用于航空航天、汽车、模具等工业加工钢、铸铁及其合金、铝、镁合金、超级合金及碳素纤维增强塑料等材料，其中以加工铸铁和铝合金最为普遍。在这些应用中对各种材料采用的切削速度大致如下：加工钢、铸铁及其合金切削速度达到 500～1500m/min，加工铸铁最高切削速度达 2000m/min；加工 35～65HRC 的淬硬钢切削速度达到 100～500m/min；加工铝及其合金切削速度达到 3000～4000m/min，最高达到 7500m/min，主要受限于主轴转数和功率；加工镁及其合金的切削速度主要受限于镁的易燃性。

高速切削的切削速度目标值如下：铣削，加工铝及其合金 10000m/min，加工铸铁 5000m/min，加工普通钢 2500m/min；钻削，加工铝及其合金 30000r/min，加工铸铁 20000r/min，加工普通钢 10000r/min。

2. 高速切削的相关技术

高速切削技术是一项综合性高技术，其主要相关技术主要包括高速切削刀具、高速切削安全技术以及高速机床技术。

(1) 高速切削刀具材料和刀具系统。高速切削要选用合理的刀具材料和允许的切削条件，才能获得最佳的切削效果。对铝合金、铸铁、钢及合金和耐热合金等的高速切削，主要以金刚石、立方氮化硼、陶瓷刀具、涂层刀具和 TiC(N) 基硬质合金刀具(金属陶瓷)等为刀具材料。

涂层粉末冶金高速钢切削速度可达 150～200m/min。细晶粒和亚微细晶粒硬质合金、TiC、TiN 和 TiC(N) 基硬质合金、稀土硬质合金等适于在 200～400m/min 的高速下切削一般钢和合金钢，也可用于铸铁的精加工。涂层硬质合金刀具可用 200～500m/min 的速度加工钢、合金钢、不锈钢、铸铁和合金铸铁等。陶瓷刀具是高速切削最重要的刀具材料之一。选择合适的陶瓷刀具，可以用 500～1000m/min 的高速切削铸铁，用 300～800m/min 的速度切削钢件，用 100～200m/min 的速度切削高硬材料(50～65HRC)，用 100～300m/min 的速度切削耐热合金。金刚石刀具是目前高速切削(2500～5000m/min)铝合金的理想刀具材料。聚晶立方氮化硼(PCBN)刀具则可以在 500～1500m/min 高速下加工铸铁，在 100～400m/min 下加工 45～65HRC 的淬硬钢，在 100～200m/min 下加工耐热合金。

高速切削时随着主轴转速的提高离心力很大，可能损坏刀具和主轴，操作人员的安全受到威胁。所以，高速切削需要正确设计刀体和刀片的夹紧结构，正确选择刀柄与主轴的连接结构，主轴系统采用自动平衡装置。

(2) 高速切削机床。能实现高速、超高速切削的机床的核心是高速主轴系统。高性能的由内装电机直接驱动的电主轴是高速机床的基础。它具有可实现准停的变频驱动和优良的矢量控制功能，采用高精度陶瓷轴承、磁力轴承或流体静压轴承。转速最高达到 180000r/min，功率最高可达 70kW。

高速、超高速机床还要求进给系统能实现与主轴高转速相应的高进给运动速度和加速度。直线电机实现了无接触直接驱动，可获得高精度的高移动速度和很好的稳定性。其最高移动速度可达到 160m/min，加速度达到 $2.5g$ 以上。

另外，高速驱动控制单元和数控系统也是高速切削机床的关键技术之一。

3.7.2　超精密切削技术

近年微电子技术、计算机技术、自动控制技术、激光技术等各种新技术的广泛的应用，使超精密加工技术产生了飞跃发展。这主要体现在两个方面：一是超精密加工精度越来越高，由微米级、亚微米级、纳米级，正在向原子级加工极限逼近；二是超精密加工已进入国民经济和生活的各个领域，批量生产达到的精度也在不断发展。而超精密切削是超精密加工技术的重要方面。

1. 超精密加工技术概念和应用

一般认为被加工零件的尺寸和形状误差小于零点几微米，粗糙度介于几纳米到十几纳米之间的加工技术，是超精密加工技术。

目前的超精密加工的手段主要包括：①超精密切削，包括超精密金刚石刀具镜面车削、镗削和铣削；②超精密磨削、研磨和抛光；③超精密微细加工(电子束、离子束、激光束加工以及同步加速器的 X 射线刻蚀等)；④基于扫描隧道显微镜的原子搬迁技术等。

超精密加工在许多领域都有重要应用，同时也促进了机械、液压、电子、光学、传感器、计量、半导体及材料科学的发展。①超精密偶件加工。导弹、飞机等的惯性导航仪器系统中的气浮陀螺的浮子以及支架、气浮陀螺马达轴承等零件的尺寸精度和圆度、圆柱度都要求达到亚微米级精度。人造卫星仪表的真空无润滑轴承，其孔和轴的表面粗糙度 Ra 达到 1nm，圆度和圆柱度均为纳米级精度，这些零件都是用超精密金刚石刀具镜面车削加工的。②超精密异形零件加工。陀螺仪框架零件形状复杂、精度要求高，是超精密数控铣床加工的。雷达的关键元件波导管的内腔表面粗糙度值越小越好。采用超精密车削，其内腔粗糙度可达 Ra 0.01～0.02μm，端面粗糙度可达 0.01μm，平面度和垂直度小于 0.1μm。③超精密光学零件、电子产品零件加工。红外探测器中接收红外线的反射箔是红外导弹的关键性零件，该反射镜表面粗糙度要求达到 Ra0.015～0.01μm。只有采用超精密车削才能满足要求。小型化高精度瞄准系统的非球面反射镜可在超精密数控车床上加工。民用隐形眼镜是用超精密数控车床加工的。计算硬盘驱动器、光盘、复印机等高技术产品的很多精密零件都是用超精密加工手段制成的。

2. 超精密切削机理

要实现超精密切削，就必须满足如下条件：①能从工件表面切下极薄的切屑。只有在切屑很薄的情况下，切削力才非常微小，产生的工艺系统变形、切削热作用、切削振动也极其微小，不影响加工精度；也只有在切屑很薄的情况下，才能控制和达到极高的尺寸精度和形状精度的要求。②能获得非常光洁的表面。③能精确控制形成表面的切削运动。这由超精密机床的几何精度和运动精度保证。④具有稳定的、理想的切削条件和环境。例如，环境温度、空气洁净程度、切削液洁净程度、环境的振动干扰等要进行严格控制，才能保证理想的切削状态能连续进行。这主要由超精密加工环境来保证。

极薄的微观切削与一般宏观切削有以下不同：

(1) 微观的极薄切削的刀刃钝圆半径常常大于或是接近于切深尺寸，实际是大负前角切削。一般超精密切削的刀具前角达到–70°～–40°。在大负前角切削条件下切削，其切屑的形成要有许多不同的特点。

(2) 超精密切削的单位面积剪切阻力远大于普通切削加工。对于普通切削剪切作用发生在大于晶粒直径的范围，工件材料在晶界处发生破坏和滑移，单位面积的剪切阻力较小；当切深为几微米至几十微米时，切削在晶粒内部进行，位错线在位错缺陷基础上发生移动，滑移的剪切应力仍比其理论剪切强度低得多；当吃刀深度小于 1μm，工件材料的剪切滑移基本在完全理想致密的材料中进行，其单位面积的剪切阻力将接近材料的理论剪切强度。

(3) 微切削过程中材料急剧发生位错，材料的塑性变形机理表现为位错及其迅速扩展。

(4) 对脆性材料进行超精密切削，还会使一般切屑生成时的脆性破坏变为"延性去除"，使加工表面更加光洁，并减少了表面下微裂纹的产生。加工时是否产生延性去除，取决于材料发生断裂的临界应力、材料弹性模量、硬度、切深和加工条件(如冷却液等)。切削深度越小，越容易向延性去除域转变。

(5) 刀具锋锐程度影响着超精密切削加工的主要性能，并最终决定超精表面的状态。因此，刀具的刃口半径是超精密切削的最主要加工参数。

3. 超精密切削金刚石刀具

进行超精密切削，其刀具必须具有如下性能：①参与切削过程的刀尖附近的极小局部区域能承受比普通切削强烈得多的高温高压作用，刀具材料必须有极高的硬度、耐磨性和弹性模量，能承受很大的比压，以及具有很长的寿命和很高的尺寸耐用度；②刀具材料必须保证刃口能磨得极其锋锐，刀刃钝圆半径能达到几十纳米或以下，能实现超薄切削；③刀刃必须非常平直、无缺陷，能得到超光滑表面；④和工件材料的抗黏结性好、化学亲合力小、摩擦系数低，能得到极好的表面完整性。

由于天然单晶金刚石具有硬度高、刚度大、组织纯、摩擦系数非常小、耐磨性非常高、热膨胀系数小、导热系数大的一系列优异特性，因此它是优质的刀具材料。所以，超精密切削加工都是使用金刚石刀具完成的。但金刚石很脆，怕振动，要求切削稳定。另外，金刚石与铁原子的亲和力大，不适于切削黑色金属。

金刚石的性质决定了金刚石刀具的切削特点如下：①它能加工除了铁以外的各种金属和非金属材料，如铝、青铜、黄铜、含油轴承合金、合成材料、橡皮、塑料、石墨、陶瓷、玻璃、硬质合金、大理石和花岗岩等；②能在极薄切削下承受极大的切削比压，可以进行极薄切削而不变钝，精确而又反复地传递进给运动；③刀刃在切削进程中不发生变形，切刃不易变形和断裂，能长期保持其锋利性；④导热性好，适于做高速切削；⑤热膨胀系数小，刀具不易产生热变形，加工精度高；⑥切削时要对切削区强制风冷或酒精喷雾冷却，以使刀尖的温度降至780℃以下；⑦不适于切削铁类工件，金刚石在650℃时开始碳化，在切削黑色金属工件时与铁元素亲合，变成碳化铁，这便是金刚石的化学不稳定性。

4. 超精密切削机床

使用金刚石刀具的超精密切削主要有超精密车削、超精密铣削和超精密镗削。所以，相应的也有超精密车床、超精密铣床和超精密镗床。超精密机床多采用回转精度很高的气浮轴承主轴。同时，主轴系统要很好解决电磁振动、热伸长等问题。机床要有高的运动精度和运动分辨率。其驱动系统既要有平稳的超低速运动特性，又要有大的调速范围。在轻载情况下，摩擦驱动技术有很好的表现。超精密机床要有测量精度高、测量范围大的加工检测系统。其数控系统要有高的编程分辨率(1nm)和高精度的伺服控制软硬件环境。另外，超精密机床还需要非常严格的环境控制技术，如恒温及热变形控制、隔振及振动控制、洁净度控制等。超精密机床的材料和结构都有其特殊的要求。总之，超精密机床是现代高新技术的结晶。

3.7.3　高效率磨削技术

磨削和磨料加工在机械制造领域占有越来越重要的地位。磨床在企业机床的占有比例很大。所以提高磨削加工效率对整个机械制造业具有重要的意义。

磨削时，高速旋转的砂轮表面众多突出的磨粒通过砂轮和工件的接触区，切下大量的磨屑，使被加工面的材料被去除。单位时间被磨除的工件材料的体积-材料磨除率等于磨屑平均断面积、磨屑平均长度和单位时间内的作用磨粒数(磨屑数)的积。材料磨除率越高，磨削效率则越高。所以高效率磨削方法都尽量提高材料磨除率。

要提高材料磨除率，可以有增大每一个磨粒切下的磨屑的体积和增加单位时间内参加磨削的磨粒数两种途径。增大磨屑体积可增大磨屑横截面积或增大磨屑长度，增加单位时间作用磨粒数可提高砂轮圆周速度或增加磨削宽度。在技术上能实现的高效率磨削方法按其原理区分，可以有如下几类：①增大磨屑平均断面积的有重负荷荒磨、强力磨削和砂带磨削；②增大磨屑平均长度的有沟槽深磨(缓进给磨削)、切断磨削、立轴平面磨削；③提高砂轮速度的有高速磨削；④增大砂轮宽度的有宽砂轮磨削、多砂轮磨削和双端面磨削；⑤几种方法联合使用的有高速重负荷磨削、强力立轴平面磨削、高速强力磨削和高速深磨等。其中几种典型的高效率磨削方法介绍如下。

(1) 缓进给深磨。缓进给深磨是以大的砂轮切深（可达 1～30mm）和缓慢的进给速度实现高效磨削的一种方法。其特点如下：①材料去除率高，由于砂轮与工件接触弧长（即未变形切屑长度）比普通磨削大几倍到几十倍，故材料去除率高，工件往复次数少，节省了工作台换向和空程时间；②砂轮磨损小，由于进给速度低，磨削厚度薄，单个磨粒承受的切削力小，磨粒脱落破碎减少，同时缓进给减轻了磨粒与工件边缘的冲击，也使砂轮使用寿命提高；③磨削质量好，砂轮在较长时间内可保持原有精度，缓进给减轻了磨粒与工件边缘的冲击，这些都有利于保证加工精度和减小表面粗糙度；④磨削力和磨削热大，为避免磨削烧伤，宜采用顺磨，以改善冷却条件，且必须提供充足的冷却。

(2) 砂带磨削。砂带磨削是利用砂带来进行的磨削方法，砂带是在带基上黏结细微砂粒而构成。砂带在一定工作压力下与工件接触，并做相对运动，进行磨削或抛光。砂带磨削有以下特点：①磨削表面质量好。砂带与工件柔性接触，磨粒载荷小且均匀，且能减振，故有"弹性磨削"之称。加之工件受力小，发热少，散热好，因而可获得好的加工表面质量，粗糙度可达 $Ra\,0.02\mu m$。②磨削性能强。静电植砂制作的砂轮，磨粒有方向性，尖端向上，容屑空间大，摩擦生热少，砂轮不易堵塞，且不断有新磨粒进入磨削区，磨削条件稳定。③磨削效率高。砂带与工件的磨削接触面积大，同时参加磨削的磨粒数多。强力砂带磨削的金属磨除率很高，磨削比（切除工件质量与砂带磨耗质量之比）大，有"高效磨削"之称。加工效率可达铣削的 10 倍。④经济性好。设备简单，无须平衡和修整，砂带制作方便，成本低。⑤适用范围广。可用于内、外表面及成形表面加工。一般金属材料和非金属材料、钛合金和高镍合金等难加工材料、陶瓷、宝石均可加工。

目前，在工业发达国家的砂带磨床的应用已经接近砂轮磨床。它们的产值比在美国为 49 : 51，德国为 45 : 55，日本为 25 : 75。图 3-42 显示了几种常见的砂带磨削方式。

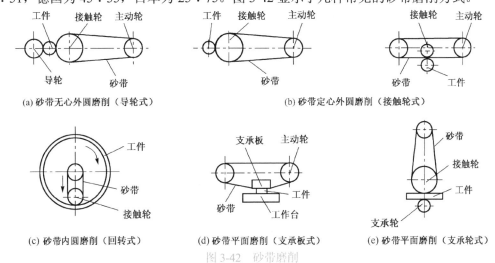

(a) 砂带无心外圆磨削（导轮式）　　(b) 砂带定心外圆磨削（接触轮式）

(c) 砂带内圆磨削（回转式）　(d) 砂带平面磨削（支承板式）　(e) 砂带平面磨削（支承轮式）

图 3-42　砂带磨削

(3) 高速重负荷磨削。高速重负荷磨削以尽量高的经济磨除率为目的，主要用于荒磨。其技术近年发展较大。目前在磨削参数上，砂轮速度普遍达到 80m/s，个别达到 120m/s；磨削压力一般为 10000～12000N，个别达到 30000N；磨削功率一般为 100～150kW，个别达到 300kW；磨料为锆刚玉、烧结刚玉等，具有高韧性；磨粒为 8#～16#粒度。由于在粗大的磨粒上加有很高的磨削力，其磨屑几乎和铣屑一样粗大。再由于高速度产生的单位时间内作用磨粒数的增加，所以最高金属磨除率可达 500kg/h，是目前金属磨除率最高的一种磨削方式。特别是在机床自动化方面，实现了自动随进给速度变化调整压力和保持砂轮恒周速，更使磨削生产率有了极大提高。

(4) 高速磨削。普通磨削砂轮线速度为 30～35m/s。通常高于 50 m/s 时，称为高速磨削。与普通磨削相比，高速磨削在单位时间内通过磨削区的磨粒数增加。若采用与普通磨削相同的进给量，则高速磨削时每颗磨粒的切削厚度变薄，负荷减小。有利于减小磨削表面粗糙度，并可提高砂轮使用寿命。若保持与普通磨削相同的切削厚度，则可相应提高进给量，因而生产效率可比普通磨削高 30%～40%。

高速磨削要注意砂轮的安全与防护，还应避免产生振动。由于高速磨削过程中，磨削温度较高，为避免磨削烧伤和裂纹，宜采用极压切削液，以减小磨粒与工件间的摩擦，从而减小磨削热的产生。

3.7.4　超高速磨削技术

1. 超高速磨削及机理

超高速磨削是指砂轮圆周速度为 150 m/s 以上(普通磨削速度的 5 倍以上)的磨削。如图 3-36 所示，磨削时磨粒可以看成一个球状压球，以一定压力压在工件材料之上并向前运动。压应力产生的塑性、弹性变形部分会向前方倾斜，部分材料在磨粒前方流出形成磨屑。在磨粒以超高速度运动时，变形区域的倾斜更加明显。而且由于磨粒运动速度接近压应力在材料中的传播速度，会使变形区域明显变小，使它更接近在磨粒的前方。这样，会使消耗的能量更集中于磨屑的形成，切除单位体积的能量变小，材料变形能转化的热量也更集中在磨屑中，传入工件的热量比例大大减小。另外，由于磨粒运动速度很快，变形区域的应力和热量来不及向工件传导，变形区域热量集中，应变率提高，有高速绝热冲击变形表现，使材料更易于磨除，使脆性材料有更多的延性表现，使难磨材料的可磨性改善。这一切会使超高速磨削有不同凡响的表现。

2. 超高速磨削的特点

由于上述磨削机理，使超高速磨削具有如下突出的特点和优越性：①由于磨削速度高，单位时间作用磨粒数多，特别是采用大进给量和大切深时，其材料磨除率非常高。例如，在 RB625 超高速外圆磨床上由毛坯直接磨成曲轴，每分钟可磨除 2kg 金属。②单位磨除断面积的磨削力和比磨削能小，工件受力变形和机床磨削功率消耗小。切深相同时，250m/s 磨削的磨削力比 180m/s 磨削降低近一半。③单颗磨粒受力小，磨损少，使砂轮磨损很小，大幅度延长砂轮寿命。例如，磨削力一定时，200m/s 磨削砂轮的寿命是 80m/s 磨削的两倍；磨削效率一定时，200m/s 磨削砂轮的寿命则是 80m/s 磨削的 7.8 倍。用金刚石砂轮磨削氮化硅(Si_3N_4)陶瓷时，30m/s 磨削的砂轮磨削比为 900，而 160m/s 时为 5100。④磨削表面粗糙度值会随砂轮速度提高而降低，加之工件表面温度低，受力受热变质层很薄，所以其表面加工质量有很大提高。⑤可以高效率地对硬脆材料实现延性域磨削，对高塑性和难磨材料也有良好磨削表现。例如，在普通磨削速度下，磨削镍基合金的磨削力随磨除率提高而迅速增加。由于砂轮磨损和热损伤的限制，镍基合金只能在低磨除率条件下进行磨削，进给速度不超过 1m/min。但在 140m/s 的砂轮周速下，磨削镍基合金的磨削力随磨除率提高的幅度很小。所以进给速度可达到 60m/min，磨除率可提高至 40mm^3/(mm・s)，而不发生热损伤。

3. 超高速磨削的应用

目前，超高速磨削技术的工业应用主要有如下方面：①既采用超高速度，又采用大切深和快进给的高效深磨(HEDG)技术，主要用于零件沟槽的高效率磨削；②快速点磨削(quick point grinding)工艺，主要用于轴类零件的高效率、高柔性磨削；③使用梳状砂轮的超高速外圆切入磨削；④超高速外圆磨削；⑤难磨和脆性材料的高效率磨削。本节将介绍其中的一些应用工艺。

1) 高效深磨技术

缓进给深磨应用较早，后来使用金刚石滚轮的砂轮连续修整技术使缓进给深磨更加完善。但使用很低的进给速度(最大不超过 10 mm/min)，限制了它的磨削效率提高。后来通过磨削理论研究知道，磨削速度进一步提高并超过某一临界值后，磨削温度反而降低。这使超高速磨削可以使用高的进给速度和大的切深，使磨削效率有上百倍的提高(图3-43)。

在立方氮化硼砂轮应用基础上，集砂轮超高速、高进给速度(0.5～10m/min)和大切深(0.1～30mm)为一

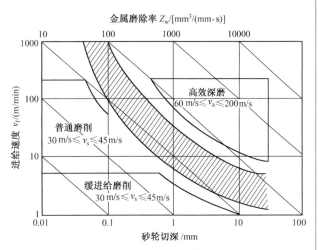

图 3-43 高效深磨的工艺参数范围

体的高效深磨技术成为又一个飞跃，成为超高速磨削在高效磨削方面应用的典型。它可以获得远高于切削加工的金属去除率。普通磨削的材料磨除率为 $10mm^3/(mm·s)$ 以下，缓进给磨削为 $1～20mm^3/(mm·s)$，而高效深磨可达 $50～2000mm^3/(mm·s)$。高效深磨主要用于刀具、转子、齿条等零件的沟槽加工。在 FD613 超高速平面磨床上磨削宽为 1～10mm、深为 30mm 的转子槽时，进给速度可达 3000mm/min。在 NU534 型沟槽磨床上一次快进给磨出 $\phi20mm$ 钻头沟槽，切除率可达到 $500mm^3/(mm·s)$。目前欧洲企业在高效深磨技术应用方面居世界领先地位。

2) 快速点磨削工艺

该工艺采用很高的砂轮磨削速度(一般 150m/s 或更高)和几个毫米宽的薄超硬磨料砂轮。

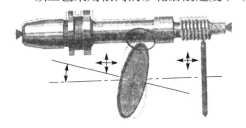

砂轮轴线在水平和垂直方向还与工件轴线形成一定的倾角，使薄砂轮与工件间的短的线接触变成点接触(这是点磨削名称的由来)，以很小的磨削接触区面积和至少两轴的数控运动，完成对旋转工件的磨削加工(图3-44)。

快速点磨削工艺使用薄砂轮，不但是为降低砂轮造价和使主轴系统受力降低，更可以使裹覆在高

图 3-44 快速点磨削加工示意图

速旋转的砂轮周边的空气层的压力大为降低，减少高速砂轮的旋转阻力和空气层对冷却液进入磨削区的阻力，使冷却和润滑作用更有效。另外，在加工时不存在磨削封闭区，有利于冷却液的注入。而砂轮宽度降低所损失的磨削效率能被提高磨削速度抵偿有余，而超硬磨料砂轮的优点却得以充分发挥。所以快速点磨削工艺相当于一个高材料去除率的数控车削，但工具不是一把固定的车刀，而是一个半永久型的高速旋转的砂轮。

该工艺能达到的技术指标如下：最高磨削比（磨除工件材料和消耗砂轮的体积比）G 可达60000，砂轮最长使用寿命可达 1 年，砂轮两次修整间磨削的工件数可达 20000 件。该工艺能对钢、铸铁、铝、玻璃、塑料等各种材料进行加工，有很高的金属切除率和加工柔性，像数控车削一样在一次装卡中可以完成工件上所有外形的磨削，同时冷却效果极佳，表面质量好。

点磨削工艺适于回转体零件的高效率磨削。典型的应用有回转工具类（铣刀、钻头等）、法兰盘类、轴类（细长轴、齿轮轴、凸轮轴等）等零件的加工。它能同时磨削出零件的外圆、锥面、台肩、凸轮表面和螺纹等，在一次装夹中几乎可以完成全部工作，使零件加工工序大大减少。

4. 超高速磨削的相关技术体系

超高速磨削的相关关键技术包括：超高速砂轮设计制造技术、砂轮的安装和平衡、超高速磨削主轴系统技术、超高速条件下甩出的雾化冷却油的油-气分离技术、大磨除率磨削的高效率磨屑过滤技术、安全防护技术等。

超高速砂轮均采用超硬磨料，即金刚石和立方氮化硼。超高速砂轮可以通过电镀或钎焊将磨料以单层或薄层形式固敷于砂轮盘的外圆周表面。钎焊结合剂砂轮由于磨粒和结合之间的化学键结合，更可以胜任 300～500m/s 的磨削速度。砂轮盘必须有尽量高的强度密度比，使在非常高的离心力场作用下不发生爆裂。轮盘的截面形状要符合等强度要求，并要有很高的加工精度，以保证质量平衡。砂轮安装在主轴上的方法有两种：以砂轮孔在主轴法兰盘上和无孔带短凸缘砂轮用螺钉固定在主轴上。

高效率磨削要解决机床的刚度、控制系统、磨头主轴和驱动以及超硬砂轮的修整技术问题。使用新的材料和改进床身设计是提高床身刚度的主要途径。超高速磨削主轴转速可以达到 25000r/min。静压轴承、陶瓷高速轴承和磁悬浮轴承得到较多应用。

3.7.5 超精密磨削技术

1. 超精密磨削和镜面磨削概念

超精密磨削是近年发展起来的最高加工精度、最低表面粗糙度（一般指加工精度达到或高于 0.1μm，表面粗糙度低于 $Ra0.025μm$）的砂轮磨削方法。它是一种亚微米级的加工方法，并正向纳米级发展。对于钢、铁材料和陶瓷、玻璃等硬脆材料，超精密磨削是一种重要的理想的加工方法，这也促进了超精密磨削的发展。

镜面磨削一般是指加工表面粗糙度达到 $Ra0.01～0.02μm$，表面光泽如镜的磨削方法，它在加工精度的含义上不够明确，比较强调表面粗糙度的要求。从精度和表面粗糙度相应和统一的观点来理解，应认为镜面磨削属于精密、超精密磨削范畴。

2. 超精密磨削的特点

（1）超精密磨床是超精密磨削的关键。超精密磨削在超精密磨床上进行，其加工精度主要取决于机床，不可能加工出比机床精度更高的工件，是一种"模仿式加工"，遵循"母性原则"的加工规律。由于超精密磨削的精度要求越来越高，已经进入 0.01μm 甚至纳米级。这就给超精密磨床的研制带来很大困难，需要多学科多技术的密集和结合。

（2）超精密磨削是一种超微量切除加工。超精密磨削是一种极薄切削，其去除的余量可能与工件所要求的精度数量级相当，甚至小于公差要求，因此在加工机理上与一般磨削加工是不同的。

（3）超精密磨削是一个系统工程。影响超精密磨削的因素很多，各因素之间又相互关联，所以超精密磨削是一个系统工程。超精密磨削需要一个高稳定性的工艺系统，对力、热、振动、材料组织、工作环境的温度和净化等都有稳定性的要求，并有较强的抗来自系统内外的各种干扰的能力。所以超精密磨削是一个高精度、高稳定性的系统。

3. 超精密磨削机理

（1）超微量切除。超精密磨削是一种极薄切削，切屑厚度很小，磨削深度可能小于晶粒的大小，磨削就在晶粒内进行。因此磨削力一定要超过晶体内部非常大的原子、分子结合力，磨粒上承受的切应力非常大，接近被磨削材料的剪切强度极限。同时，磨粒切刃受到高温和高压作用，要求磨粒材料有很高的高温强度和高温硬度。因此，在超精密磨削时一般多采用人造金刚石、立方氮化硼等超硬磨料砂轮。

（2）磨削加工过程。超精密磨削在微切削的同时，存在更多的塑性流动、弹性变形和滑擦作用。因此，在超精密磨削中，掌握弹性让刀量十分重要。应尽量减小弹性让刀量，即磨削系统要求高刚度，砂轮修锐质量好，形成切屑的磨削深度小。

4. 超精密磨床及砂轮

极细的切刃、大量的作用磨粒、微小的磨削切深和精密稳定的磨削运动是进行精密磨削的必要条件。为获得亚微米级的磨削精度，需要采用超精密磨床、精密修整、微细磨料磨具和亚微米级以下的磨削切深。超精密磨床的特点与超精密车床相似，其特点如下。

（1）高精度。各种超精密磨床的磨削精度和表面粗糙度可达到的水平为：尺寸精度 $\pm 0.25 \sim \pm 0.5 \mu m$；圆度 $0.25 \sim 0.15 \mu m$；圆柱度 $25000 ：（0.25 \sim 50000）：1$；表面粗糙度 $Ra0.006 \sim 0.01 \mu m$。

（2）高刚度。超精密磨床精度要求极高，应尽量减小弹性让刀量，提高磨削系统刚度，其刚度值一般应在 $200N/\mu m$ 以上。

（3）高稳定性。超精密磨床的传动系统、主轴和导轨等结构、温度控制和工作环境均应有高稳定性。

（4）微进给装置。为实现超精密磨床的超微量切除，一般在横向进给（切深）方向都配有微进给装置，使砂轮能获得行程为 $2 \sim 50 \mu m$，位移精度为 $0.02 \sim 0.2 \mu m$，分辨率达 $0.01 \sim 0.1 \mu m$ 的位移。实现微进给的原理装置有精密丝杠、杠杆、弹性支承、电热伸缩、磁致伸缩、电致伸缩、压电陶瓷等，多为闭环控制系统。

超精密磨削主要使用微细磨料磨具。用于超精密镜面磨削的树脂结合剂砂轮的金刚石磨粒平均粒径可小至 $4 \mu m$。用 8000# 粒度铸铁结合剂金刚石砂轮精磨 SiC 非球镜面，Ra 可达 $2 \sim 5nm$，形状精度很高。

对极细粒度超硬磨料磨具来讲，容屑空间和砂轮锋锐性很难保持。金属基微细超硬磨料砂轮在线电解修整技术可很好地解决这一问题。

超精密磨削砂轮常用的结合剂有树脂结合剂、陶瓷结合剂和金属结合剂。对于人造金刚石磨料，树脂结合剂磨具的常用浓度（磨料层中每 $1cm^3$ 体积中所含超硬磨料的质量）为 $50\% \sim 75\%$，陶瓷结合剂磨具的浓度为 $75\% \sim 100\%$，青铜结合剂磨具的浓度为 $100\% \sim 150\%$，电镀的浓度为 $150\% \sim 200\%$。对于立方氮化硼磨料，树脂结合剂磨具的常用浓度为 100%，陶瓷结合剂磨具的浓度为 $100\% \sim 150\%$，一般都比人造金刚石磨具的浓度高一些。

第4章

机械加工工艺规程的制定

4.1 机械加工工艺过程基本概念

微课视频

4.1.1 机械加工工艺过程的组成

在第 1 章中已介绍了机械加工工艺过程的概念。为便于工艺过程的设计、执行和生产组织管理，需要把工艺过程划分为不同层次的单元。它们分别是工序、安装、工步和工作行程。零件的机械加工工艺过程由若干工序组成。在一个工序中可能包含一个或几个安装，每一安装中又可能包含一个或几个工步，以及每一工步中包含一个或几个工作行程。

1. 工序

一个(或一组)工人在一个工作地点(指安置机床、钳工台等的地点)，对一个(或同时加工的几个)工件所连续完成的那部分机械加工工艺过程称为工序。它包括在这个工件上连续进行的直到转向加工下一个工件为止的全部动作，是工艺过程划分、生产组织、调度和工作计划安排的基本单元。例如，在车床上加工一批轴，可以先对整批轴进行粗加工，然后再依次对它们进行精加工。这时，由于加工连续性中断，虽然加工是在同一工作地点进行的，但包括两个工序。

在零件加工工艺过程中通常还包括检验、打标记等一些虽然不改变零件形状、尺寸和表面性质，但却对工艺过程的完成有直接影响的工序。一般称这些工序为辅助工序。

2. 安装

在完成机械加工的工序中，使工件在机床或夹具中占据某一正确位置并被夹紧的过程，称为装夹。有时，工件在机床上需经过多次装夹才能完成一个工序的工作内容。工件在一次装夹后所完成的那一部分工序称为安装。例如，在车床上加工轴，先从一端加工出部分表面，然后掉头再加工另一端，这时的工序内容就包括两个安装。

3. 工步

在加工表面、加工工具、进给量和切削速度(转速)都保持不变的情况下，所连续完成的那一部分工序内容称为工步。在一个安装中可以完成一个或几个工步。

为提高生产效率而使用一组同时工作的刀具对零件的几个表面同时进行加工时，也把它看成一个工步，并称为复合工步。图 4-1 是一个复合工步的例子。

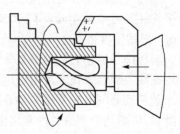
图 4-1 使用组合刀具的复合工步

4．工作行程

刀具以加工进给速度相对工件所完成一次进给运动的工步部分称为工作行程。当工件上有较厚的材料层需要切除时，就需要多个工作行程来完成一个工步。

有时，为了减少因多次装夹而带来的装夹误差和时间损失，可以采用可转位(或移动)的工作台或夹具，使工件能在一次装夹后相对机床获得多个加工位置。这种为了一定的工序部分，一次装夹工件后，工件与夹具或设备的可动部分一起相对刀具或设备的固定部分所占据的每一个位置称为工位。

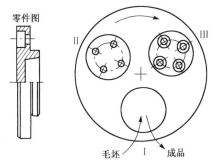

图 4-2　轴承盖螺孔的三工位加工

图 4-2 是在一台三工位回转工作台机床上加工轴承盖螺孔的示意图。操作者在上下料工位Ⅰ处装上工件，当该工件依次通过钻孔工位Ⅱ、扩孔工位Ⅲ后，即可在一次装夹后把四个阶梯孔加工完毕。这样，既减少了装夹次数，各工位的加工与装卸工件又是同时进行的，生产率可以大为提高。

图 4-3 左方是单件生产带键槽阶梯轴的机械加工工艺过程，其车端面打中心孔、车另一端面打中心孔、顶车大圆柱面、顶车小圆柱面工作是在一台车床上连续完成的，属一个工序。

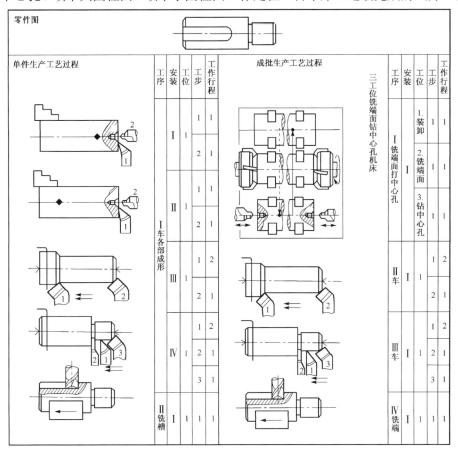

图 4-3　阶梯轴加工工艺过程分析

它包括四个安装，每个安装有一个工位。在第一、二个安装中各包括车端面和钻中心孔两个工步。第三个安装包括车外圆和倒棱角两个工步。车外圆工步中的加工余量是分两次工作行程切除的。第四个安装包括车外圆、切槽和倒棱角三个工步。车削将工件转移到铣床上铣键槽。因机床和操作者已经更换，铣槽工作是一个单独的工序。

批量生产该零件时（图 4-3 右方），先在铣端面钻中心孔机床上同时铣两端面并钻出中心孔。毛坯在机床的装料位置上被夹紧后，由工作台带动向前运动。经过铣端面工位时由端面铣刀铣出两端面。当运动至钻中心孔工位，中心钻头伸出在工件两端面上钻出中心孔。最后，工件随工作台返回装料位置被卸下。该工序包括一个安装并有三个工位。第二道工序为车外圆，整批工件依次车削大端圆柱面。转入第三道工序再依次车削小端圆柱面。最后是铣键槽工序。在每一工序中，工步及工作行程的划分与前述单件生产的情形相似。

4.1.2　机械加工工艺规程及其编制步骤

一个工件从毛坯加工成成品的机械加工工艺过程，可以因产量及生产条件的不同而不相同。用一定的文件形式规定下来的工艺过程称为工艺规程。

1. 机械加工工艺规程的作用、编制要求和依据

机械加工工艺规程在生产中的作用如下：

（1）工艺规程是指导生产的技术文件。它是依据工艺学原理和工艺试验，经过生产验证而确定的，在生产中应具有法规性效力，必须予以严格遵守。否则会造成废品、过量消耗原材料和工时、增加产品成本等损失。

（2）工艺规程是生产管理和组织的主要依据。原材料及毛坯、设备和工具的准备，生产进度计划安排和劳动力组织，以及车间生产调度和机床任务下达等都依据工艺规程进行。

（3）工艺规程是新建或扩建机械制造工厂或车间的基本文件。需要的机床种类和数量、工人工种和人数、车间面积及布置、辅助生产部门的设置等都是依据产品年产量及产品工艺规程计算确定的。

（4）工艺规程是现有生产方法和技术的总结，是进行生产技术交流的重要文件。

编制的机械加工工艺规程必须保证产品能可靠地达到所有规定的技术要求，并能在充分发挥生产设备能力的条件下，以尽可能低的成本和最少的时间被制造出来。

机械加工工艺规程的编制必须以下列原始资料为依据：产品装配图及零件工作图，有关产品质量验收标准，产品产量计划，产品零件毛坯生产技术水平，本厂现有生产设备能力和精度，外协条件资料，工艺设计及夹具设计手册及技术资料，国内外同类产品的参考工艺资料等。另外，要求工艺工程师能深入现场，了解情况。

2. 机械加工工艺规程编制的基本步骤

机械加工工艺规程编制的基本步骤如图 4-4 所示，整个编制过程分四个阶段：

（1）准备性工作阶段。包括收集原始资料和基本数据，对零件进行工艺分析，生产纲领计算和生产类型以及毛坯种类的确定。

（2）工艺路线拟定阶段。这是工艺规程编制的主要工作阶段。这一阶段要确定整个工艺

路线。这需要考虑到多方面因素的影响，并要求有相当程度工艺设计经验。通常，该阶段的工作可大致分为三个步骤进行。①根据规定的技术要求和对定位基准的选择，确定零件上每一加工表面的加工方法和获得步骤；②将所有需要的加工步骤按一定原则确定其进行的先后顺序，排列形成一个有序的工步排列；③对工步序列中的若干工步进行组合，形成以工序为单位的序列。这一序列即初步设计形成的零件机械加工工艺路线。

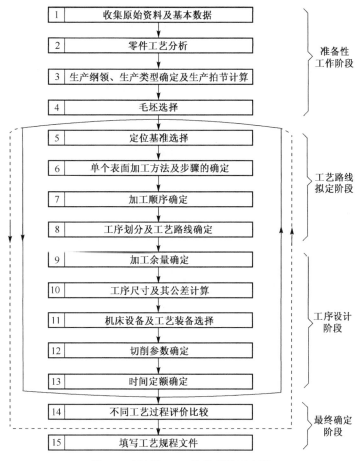

图 4-4　机械加工工艺规程编制步骤

（3）工序设计阶段。进一步设计确定每一工序的具体工艺内容，如工序尺寸及其公差，使用的机床、夹具、刀具和量具，切削用量和时间定额等。

（4）最终确定阶段。对设计的工艺过程进行分析、评价和比较，经反复修改完善确定一个最优的工艺过程。

3. 工艺文件

零件机械加工工艺规程确定后，应将有关内容填入各种不同的卡片，以便贯彻执行。这些卡片总称为工艺文件。经常使用的工艺文件有下列几种：

（1）工艺过程综合卡片。是简要说明零件整个工艺过程的一种卡片，又称过程卡。其中包括工艺过程的工序名称和序号、实施车间和工段及各工序时间定额等内容。它概述了加工过程的全貌，是制定其他工艺文件的基础，可以作为生产管理使用。在单件小批量生产中，通常不再编制更详细的工艺文件，则以过程卡直接指导生产。

（2）机械加工工艺卡片。又称工艺卡，以工序为单位说明工艺过程，详细规定了每一工序及其工位和工步的工作内容。复杂工序绘有工序简图，注明工序尺寸及公差等。工艺卡用来指导生产和管理加工过程，广泛用于成批生产或重要零件的小批生产。

（3）机械加工工序卡片。又称工序卡，用来具体指导工人的操作。它为零件工艺过程中的每一工序而制定，详细说明各工序的详细工艺资料并附有工序简图。工序卡多用于大批大量生产和重要零件的成批生产。

4.2 机械加工工艺规程设计

微课视频

4.2.1 机械加工工艺规程制定的准备工作

机械加工工艺规程制定的准备性工作主要包括零件的生产纲领计算、毛坯种类确定、零件主要加工表面和技术要求分析、零件设计工艺性审查等。

1. 生产纲领计算

零件的生产纲领是包括备品和废品在内的零件的年产量。它是工艺规程编制的重要依据。零件的生产纲领由下式计算：

$$N = Qn(1 + a\%)(1 + b\%) \tag{4-1}$$

其中，N 为零件的年生产纲领；Q 为机器产品的年产量，台/年；n 为每台机器产品中该零件的数量，件/台；$a\%$ 为备品的百分率；$b\%$ 为废品的百分率。

通常，工厂并不是把全年产量一次投入车间生产，而是根据产品生产周期、销售和库存量及车间生产均衡情况，分批投入车间生产。每批投入制造生产的零件数称为批量。

2. 生产类型及其工艺特点

根据产品的尺寸大小和特征、年生产纲领、批量及投入生产的连续性，生产类型可分为单件生产、成批生产和大量生产。

单件生产是指产品品种多而很少重复，同一零件的生产量很少的情况，如重型机器、大型船舶的制造，机修车间的零件制造等。大量生产是指连续地大量生产同一种产品，一般每台机床都固定地完成某种零件的某一工序的加工，如汽车、拖拉机、轴承、自行车等的制造。成批生产是指一年中分批地制造若干相同产品，生产呈周期性重复的情况。按批量大小及产品特征，成批生产又分为小批生产、中批生产及大批生产三种。小批生产零件虽按批量投产，但生产连续性不明显，工艺过程及生产组织类似于单件生产。中批生产产品品种规格有限而且生产有一定周期性，如通用机床、纺织机械等产品的生产。大批生产产品品种较为稳定，零件投产批量大，其中主要零件是连续性生产的情况。大批生产的工艺过程特点和生产组织与大量生产相类似。所以，经常把小批生产同单件生产、大批生产同大量生产相提并论，把生产类型分为单件小批生产、中批生产及大批量生产。

不同的生产类型具有不同的工艺特点，在毛坯种类、机床及工艺装备选用、机床布置及生产组织各方面均有明显区别。不同生产类型的工艺特点如表 4-1 所示。

表 4-1　各种生产类型的工艺特点

工艺特点	单件小批生产	中批生产	大批大量生产
采用机床及工艺装备	通用的	采用具有专用夹具的通用机床及部分专用机床	广泛采用专用设备、组合机床及自动线
机床布置及生产组织形式	机床按工艺原则(机床种类及大中小型)成机群布置，工作地很少专业化	机床按工艺路线布置成流水线，按周期调换流水生产组织形式	机床严格按生产拍节和工艺路线配置
装配组织形式	装配对象固定不动，熟练程度很高的装配工人对一个产品自始至终装配完成	装配对象固定不动，装配工人在同类工种中实行专业化	采用移动式流水装配，每一装配工人只完成某一二项装配工作
毛坯制造	木模造型铸造和自由锻造	金属模造型铸造和模锻	采用金属模机器造型、模锻、压力铸造高效率毛坯制造方法
零件互换性	钳工试配	普遍应用互换性，同时保留某些试配	全部互换，某些精度高的配合用配磨、配研、选择装配保证
工件安装和尺寸精度保证方法	划线找正安装，根据测量进行试切加工	部分划线找正，用调整法加工保证尺寸精度	不需要划线，全部依靠夹具对工件定位安装，使用调整法自动化加工
对工人的技术等级要求	高	中	对操作工技术要求低，对调整工技术等级要求高
工艺文件的详细程度	只编制简单的工艺过程卡片	除有较详细的工艺过程卡外，对重要零件的关键工序需有详细说明的工序操作卡	详细编制工艺规程和各种工艺文件
生产率	低	中	高
生产成本	高	中	低

3. 零件技术要求等的工艺性审查

零件上那些与其他零件有配合关系或决定其使用性能的表面是主要加工表面，其余是次要加工表面。在工艺审查时要明确零件的主要加工表面及重要技术要求，在编制工艺规程时采取相应的工艺措施予以保证。设计规定的技术要求应与实际需要相符合，不合理的技术要求、材料选用或热处理要求要会同设计人员进行修改。

4. 毛坯的确定

工艺人员要依据零件设计要求确定毛坯种类、形状、尺寸及制造精度等。常用的机械零件毛坯种类如下：

(1) 铸件。铸件适宜做形状复杂的毛坯，如箱体、床身、机架等。常用材料有铸铁、钢、铜、铝等。其中铸铁因其成本低廉、吸振性好和容易加工而获得广泛应用。铸造方法有砂型铸造、金属型铸造、精密铸造、压力铸造等。

(2) 锻件。锻件适于做强度和机械性能要求高而形状较为简单的零件毛坯。目前应用最广泛的锻造方法为自由锻造和锤模锻。

(3) 型材。型材(各种圆、方棒料、板材、管材、型钢等)包括热轧型材和冷拔型材。一般零件毛坯多用热轧型材。

(4) 焊接件毛坯。焊接件毛坯可由型材-型材、型材-锻件、型材-铸钢件等焊接组合而成。

它制造过程简单、制造周期短，但一般焊后需经时效处理。

（5）冷冲压件毛坯。冷冲压件毛坯可以非常接近成品要求，但因冲压模具昂贵而仅用于大量生产或成批生产。

（6）其他。粉末冶金制品、工程塑料制品、新型陶瓷等毛坯也有一定应用。

毛坯种类的选择主要依据下列各方面的因素：①设计图纸规定的材料及机械性能。铸铁零件要用铸造毛坯，钢质零件在形状不复杂及机械性能要求不太高时用型材毛坯，否则可用锻造毛坯。②零件的结构形状及外形尺寸。阶梯轴各台阶直径差不大时可用型材，相差较大时则可采用锻造或焊接毛坯。③零件制造经济性。增大毛坯尺寸公差能降低毛坯成本，但机械加工成本增加，选择毛坯应使材料、毛坯制造和零件加工各项费用之和为最小。④生产纲领。使用模具和设备生产高精度毛坯，在生产纲领很大时会由于机械加工费用降低而使零件总成本降低，这时采用高精度毛坯是合理的。

毛坯形状一般力求接近成品形状，以减少机械加工劳动量。但也有以下几种特殊情况：①尺寸小或薄的零件，为便于加工时的装夹并减少夹头金属损失，可多个工件连在一起由一个毛坯制出；②装配后需要形成同一工作表面的两个相关零件，为保证加工质量并使加工方便，经常把两件合为一个毛坯，加工至一定阶段后再切开，如车床开合螺母外壳、发动机连杆和曲轴轴瓦盖等的毛坯都是两件合制的；③为了加工时安装工件方便，有的铸件毛坯需要铸出工艺搭子。该工艺搭子在零件加工后一般应切去，如对使用没影响也可保留在零件上。图 4-5 所示为车床小刀架毛坯上的工艺搭子，在加工 A 面时为了增加稳定性，在毛坯上铸出工艺搭子 B，在加工定位面 C 时将工艺搭子 B 加工成与平面 C 等高。它将一直保留在零件上。

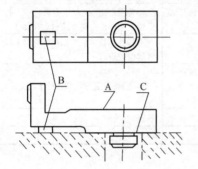

微课视频

图 4-5 车床小刀架毛坯上的工艺搭子

4.2.2 零件机械加工工艺路线的拟定

1. 零件表面加工方法的选择

零件表面加工方法的选择是拟定工艺路线的首要步骤，主要考虑以下几个方面：

（1）被加工表面的几何特点。不同加工表面由不同的机床运动关系和加工方法获得。外圆表面主要由车削和磨削方法获得，内孔表面主要由钻削、铰削、镗削、磨削方法获得，平面主要由刨削、铣削和磨削方法获得。所以，被加工表面的几何特点决定了加工方法的选择范围。

（2）被加工表面的技术要求。不同加工方法可得到不同的加工精度和表面粗糙度范围，在该范围内有一个可以最经济地获得的加工精度，一般称为经济加工精度。在选择表面加工方法时，应选择经济加工精度与零件表面要求精度相一致的加工方法。一般加工精度越高的加工方法的材料切除率(单位时间内切除的材料体积)越小。全部余量都用精加工方法去除将极不经济。所以，在精加工之前要安排半精加工，在半精加工之前要安排粗加工作为预备加工。这样，对不同精度及粗糙度要求的加工表面就形成了若干典型的加工方法组合，即表面加工路线。表 4-2～表 4-4 是外圆、内孔和平面加工的典型加工路线及所能达到的经济加工精度和表面粗糙度。

表 4-2　外圆表面加工路线及所能达到的经济加工精度

序号	加工方案	经济精度	表面粗糙度 $Ra/\mu m$	适用范围
1	粗车	IT11 以下	50~12.5	
2	粗车—半精车	IT8~IT10	6.3~3.2	适用于淬火钢以外的各种金属
3	粗车—半精车—精车	IT7，IT8	1.6~0.8	
4	粗车—半精车—精车—滚压(或抛光)	IT7，IT8	0.2~0.025	
5	粗车—半精车—磨削	IT7，IT8	0.8~0.4	
6	粗车—半精车—粗磨—精磨	IT6，IT7	0.8~0.1	主要用于淬火钢，也可用于未淬火钢，但不宜加工有色金属
7	粗车—半精车—粗磨—精磨—超精加工(或轮式超精磨)	IT5	0.1~Rz0.1	
8	粗车—半精车—精车—金钢车	IT6，IT7	0.4~0.025	主要用于要求较高的有色金属加工
9	粗车—半精车—粗磨—精磨—超精磨或镜面磨	IT5 以上	0.025~Rz0.05	极高精度的外圆加工
10	粗车—半精车—粗磨—精磨—研磨	1T5 以上	0.1~Rz0.05	

表 4-3　内孔表面加工路线及所能达到的经济加工精度

序号	加工方案	经济精度	表面粗糙度 $Ra/\mu m$	适用范围
1	钻	IT11，IT12	12.5	加工未淬火钢及铸铁的实心毛坯，也可用于加工有色金属(但表面粗糙稍粗糙，孔径小于 15mm
2	钻—铰	IT9	3.2~1.6	
3	钻—铰—精铰	IT7，IT8	1.6~0.8	
4	钻—扩	IT10，IT11	12.5~6.3	同上，但孔径为 15~20mm
5	钻—扩—铰	IT8，IT9	3.2~1.6	
6	钻—扩—粗铰—精铰	IT7	1.6~0.8	
7	钻—扩—机铰—手铰	IT6，IT7	0.4~0.1	
8	钻—扩—拉	IT7~IT9	1.6~0.1	大批量生产(精度由拉刀的精度而定)
9	粗镗(或扩孔)	IT11，IT12	12.5~6.3	除淬火钢外的各种材料，毛坯有铸出孔或锻出孔
10	粗镗(粗扩)—半精镗(精扩)	IT8，IT9	3.2~1.6	
11	粗镗(扩)—半精镗(精扩)—精镗(铰)	IT7，IT8	1.6~0.8	
12	精镗(扩)—半精镗(精扩)—精镗—浮动镗刀(精镗)	IT6，IT7	0.8~0.4	
13	粗镗(扩)—半精镗—磨孔	IT7，IT8	0.8~0.2	主要用于淬火钢，也可用于未淬为钢，但不宜用于有色金属
14	粗镗(扩)—半精镗—粗磨—精磨	IT6，IT7	0.2~0.1	
15	粗镗—半精镗—精镗—金钢镗	IT6，IT7	0.4~0.05	主要用于业度要求高的有色金属加工
16	钻—(扩)粗铰—精铰—珩磨，粗镗—半精镗—精镗—珩磨	IT6，IT7	0.2~0.025	精度要求很高的孔
17	以研磨代替上述方案中的珩磨	IT6 级以上		

　　(3) 零件结构形状和尺寸大小。例如，中、小尺寸零件上的孔可采用磨削或拉削方法加工，而对大尺寸零件则宜采用镗削或铰削方法精加工。

　　(4) 生产纲领和投产批量。大批大量生产中应采用高生产率的加工方法，如拉削平面、冷轧花键等，而在单件小批生产中则应采用较常见的方法。

　　综上所述，选择零件表面加工方法时，要首先根据表面种类和技术要求，找出可供选用

表 4-4　平面加工路线及所能达到的经济加工精度

序号	加工方案	经济精度	表面粗糙度 Ra /μm	适用范围
1	粗车—半精车	IT9	6.3～3.2	
2	粗车—半精车—精车	IT7，IT8	1.6～0.8	端面
3	粗车—半精车—磨削	IT8，IT9	0.8～0.2	
4	粗刨（或粗铣）—精刨（或精铣）	IT8，IT9	6.3～1.6	一般不淬硬平面（端铣表面粗糙度较细）
5	粗刨（或粗铣）—精刨（或精铣）—刮研	IT6，IT7	0.8～0.1	精度要求较高的不淬硬平面；批量较大时宜采用宽刃精刨方案
6	以宽刃刨削代替上述方案刮研	IT7	0.8～0.2	
7	粗刨（或粗铣）—精刨（或精铣）—磨削	IT7	0.8～0.2	精度要求高的淬硬平面或不淬硬平面
8	粗刨（或粗铣）—精刨（或精铣）—粗磨—精磨	IT6，IT7	0.4～0.02	
9	粗铣—拉	IT7～IT9	0.8～0.2	大批量生产，较小的平面（精度视拉刀精度而定）
10	粗铣—精铣—磨削—研磨	IT6 级以上	0.8～Rz0.05	高精度平面

的最后精加工方法及加工路线。对于选出的几种加工路线再综合考虑各方面因素最终确定一种最优的加工方法和路线。

例如，某铸铁箱体零件有一个 $\phi100H7$、Ra 为 0.8～1.6μm 的孔要加工，按其要求的加工精度可能采用下列四种加工方案：①钻—扩—粗铰—精铰；②粗镗—半精镗—精镗；③粗镗—半精镗—粗磨—精磨；④钻（扩）孔—拉孔。但考虑工件尺寸较大且为铸铁材料，不宜用磨削及拉削；又因要加工的孔径较大，扩钻及铰刀不便制造使用，其自重对加工精度也有影响，最后选择方案②为该零件孔的加工路线。

2. 定位基准的选择

用来确定生产对象上几何要素的几何关系所依据的那些点、线、面称为基准。根据其作用的不同，基准分为设计基准和工艺基准两大类。而工艺基准又可进一步分为装配基准、工序基准、定位基准和测量基准。

设计基准是设计图样上所采用的基准，也就是在设计图样中作为确定某一几何要素位置的设计尺寸起点的那些点、线、面。图 4-6 为一个带肩固定钻套的零件图。图中，端面 M 是端面 N 及 P 的设计基准。外圆和内孔各表面的设计基准是轴心线 O-O，其尺寸两端均指向同一表面。内孔表面的轴心线还是 $\phi40n6$ 外圆表面径向圆跳动和端面 N 跳动的设计基准。

装配基准是装配时用以确定零件或部件在机器中位置的基准。前述钻套通过 $\phi40n6$ 外圆表面与钻床夹具的钻模板上的孔相配合确定其轴心线的位置；通过其台肩端面与钻模板上平面的接触来决定它的轴向位置。所以 $\phi40n6$ 外圆表面及台肩端面 N 是该钻套在夹具上的装配基准。一般用作装配基准的表面都是主要加工表面。

工序基准是在工序图中用来确定本工序所加工表面加工后的尺寸、形状、位置的基准。图 4-7 为钻套车工序的工序简图。其上所注尺寸为工序尺寸。各外圆及内孔表面的工序基准是 O-O 轴心线，而加工台肩端面及左端面的工序基准为右端面 P。这是因为该工序中端面 P 最先加工出来，然后车外圆 $\phi46$，外圆 $\phi40.2$ 及台肩端面保证尺寸 31.8，钻、镗内孔，最后切断时保证尺寸 37.3。

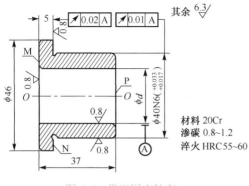

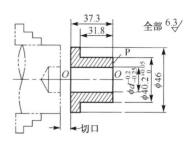

图 4-6　带肩固定钻套　　　　　　　　　图 4-7　钻套车工序简图

定位基准是加工时使工件在机床或夹具中占据一个正确位置所用的基准。图 4-6 示淬火后的钻套在内圆磨床上磨内孔及端面时，工件以 $\phi40.2$ 外圆夹持于三爪卡盘中，并将台肩面靠在卡爪端面上，使工件在机床上取得正确的位置。此时钻套外圆面及台肩端面是定位基准。定位基准还分为粗基准和精基准。作为定位基准的表面，如是未经加工的毛坯表面，则称为粗基准；如是经过加工的表面则称为精基准。在零件上没有合适的表面可作为定位基准时，为便于装夹，要在工件上特意加工出专供定位用的表面作基准。这种定位基准称为辅助基准。例如，轴类零件的顶尖孔就是一种辅助基准。

测量基准是零件检验时用以测量已加工表面尺寸和位置时所用的基准。

在加工过程中定位基准的选择对工艺过程有重要的影响。所以必须遵循一定原则正确选择每工序使用的定位基准。

1）粗基准的选择原则

（1）当必须保证不加工表面与加工表面间相互位置关系时，应选择该不加工表面为粗基准。如果零件上有多个不加工表面，则选择其中与加工表面相互位置要求高的表面为粗基准。图 4-8 所示缸体毛坯为铸件。因铸造型芯的装配偏移和铁水冲移，铸件壁厚经常不均匀。在车内孔时如以外圆表面 1 作粗基准，加工出的内孔将与不加工表面 1 同轴而得到壁厚均匀的工件。而如用内孔毛面 2 为粗基准找正定位，虽能使内孔加工余量均匀，但加工后工件壁厚不均，这对缸筒零件来讲是不允许的。

（2）对于有较多加工表面而不加工表面与加工表面间位置要求不严格的零件，粗基准选择应能保证合理地分配各加工表面的余量。使各加工表面都有足够的加工余量；尽可能地使某些重要表面（如机床床身的导轨表面）上的余量均匀；对有较高耐磨性要求的铸造工作表面，要使其加工余量尽量小，从而保留结晶细密耐磨性好的金属层；以及应使零件各加工表面上总的金属切除量为最少。

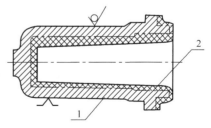

1–外圆表面；2–内孔毛面

图 4-8　粗基准的选择

图 4-9 为车床床身在刨削导轨面及床腿平面时粗基准的选择方案。方案（a）先以导轨面定位加工床腿，再以床腿为精基准加工导轨面。方案（b）先以床腿面为粗基准加工导轨，再以导轨面为精基准加工床腿。其中方案（a）合理。这是因为要使加工后的导轨表面有较高耐磨性，就要求导轨面的加工余量尽量小而且均匀。方案（a）以导轨面为粗基准，加工床腿时走刀方向

与导轨毛坯表面平行，大量余量由床腿处去除，就可以保证上述要求。而方案(b)则会由毛坯高度的不一致而造成导轨面加工余量不均匀。方案(a)还可满足加工表面上总的金属切除量为最少的要求，可以减少刀具磨损、动力消耗和金属损失。

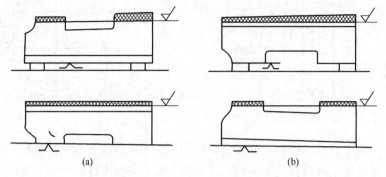

图 4-9　车床床身的粗基准选择

(3) 选作粗基准的毛坯表面应尽量光滑平整，不应有浇口、冒口的残迹及飞边等缺陷，以免增大定位误差，并使零件夹紧可靠。

(4) 粗基准应尽量避免重复使用，原则上只能在第一道工序中使用。因为多次使用同一制造精度低的粗基准会造成很大定位误差。

2) 精基准的选择原则

(1) 尽可能选用工序基准作为精基准，以减少因基准不重合而引起的定位误差。这一原则通常称为基准重合原则。图 4-10 表示具有相交孔的轴承座准备镗 O-O 孔。镗孔之前 M、H、K 平面已加工好，并且 M-H、H-K 间的尺寸为 $C+\delta_C$ 及 $B+\delta_B$。本工序要求镗出的孔中心线 O-O 距 K 表面为 $A+\delta_A$。为此可有几种定位方案供选择。方案(b)以 M 面为定位基准。加工时采用"调整法"加工，即镗杆中心线距夹具定位元件工作表面间的位置已经调好不变。这时获得的尺寸 A 的大小将和 M-K 间的可能相对位置变化有关，其最大可能位置变化为尺寸 B 和 C 的公差之和，即因基准不重合而引起的定位误差为 δ_B 与 δ_C 之和。方案(c)以 H 面为定位

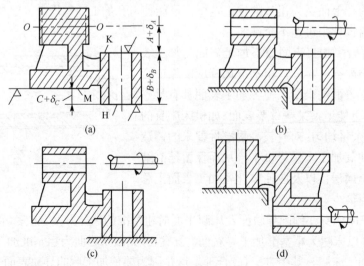

图 4-10　因基准不重合而引起的定位误差

基准。因工序基准与定位基准不重合而引起的 A 尺寸的误差仅是 H-K 间的位置变化，即因基准不重合而引起的定位误差等于 δ_B。方案(d)则以设计基准 K 面为定位基准，此时因基准不重合而引起的定位误差为零。

(2) 如果工件以某一组精基准定位可以比较方便地加工出其他各表面时，则应尽可能在多数工序中都采用这组精基准进行定位。这称为"基准统一"原则。这时应尽早在开始工序中把基准面加工出来。采用基准统一原则可以避免因基准转换带来的误差，可以简化夹具的设计制造和工艺规程的制定。通常，轴类零件用中心孔、圆盘类零件用内孔和一个端面、箱体类零件则常用一个大平面和在该平面上的两个相距较远的孔作为统一的精基准。

(3) 当精加工或光整加工工序要求余量尽量小而均匀时，或是在某些特殊情况下，应选择加工表面本身作为精基准。但该表面与其他表面之间的相互位置精度，则要求由先行工序保证。这一方法又被称为"自为基准"。车床床身在最后磨削导轨面时，为使加工余量小而均匀，以待加工的导轨面本身为精基准，找正定位后进行磨削。其他如浮动铰刀铰孔、圆拉刀拉孔、珩磨头珩孔以及无心磨床磨削外圆等，都是以加工表面本身作为精基准的例子。

(4) 当需要获得均匀的加工余量或较高的相互位置精度时，有时还要遵循互为基准、反复加工的原则。例如，加工淬硬精密齿轮时，因其齿面淬硬层较浅，磨削余量应小而均匀。这就要先以齿面为基准磨内孔，再以孔为基准磨齿面。车床主轴加工也是互为基准的例子。由于主轴支承轴颈和主轴锥孔间有很高的同轴度要求及加工精度要求，因此需要以锥孔为基准磨削轴颈，再以轴颈为基准磨削锥孔，经多次反复逐步提高基准精度和表面加工精度，最终达到高的技术要求。

(5) 精基准的选择应使定位准确、夹具结构简单、夹紧可靠。当工件上几个加工面之间有相互位置要求时，应该首先加工其中面积较大的表面，然后再以其为精基准加工其他表面。图 4-11 为蒸汽锤支柱铣削工序中两种定位方案的比较。该零件法兰面与导轨面尺寸之比为 $a:b=1:3$。对先加工法兰面再以其为精基准加工导轨面的情况，假设安装时产生 0.1mm 的误差，则在导轨面加工时实际得到 0.3mm 的误差(图 4-11(a))。反之先加工导轨面再以其为精基准加工法兰面，则在同样安装误差下，在法兰面上所产生的加工误差只有 0.033mm(图 4-11(b))。

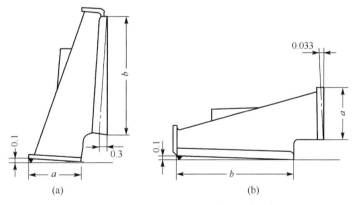

图 4-11　精基准尺寸大小对定位误差的影响(单位：mm)

同粗基准选择一样，精基准的选择也要根据具体情况综合考虑。另外，基准选择问题不能单单考虑本工序定位夹紧是否合适，而应结合整个工艺路线进行统一考虑，使先行工序为后续工序创造条件，使每个工序都有合适的基准和定位夹紧方式，以便正确解决所有工序的基准选择问题。

3. 加工顺序的确定

选定零件表面加工方法及定位基准后，即可确定各加工工作的先后顺序。这时主要应考虑如下几点：

(1) 划分加工阶段，要按先粗后精的原则大致安排机械加工的进行顺序。在零件的所有表面加工工作中，一般包括若干粗加工、半精加工和精加工。安排加工顺序时应将各表面的粗加工集中在一起首先进行，再依次集中进行各表面的半精加工和精加工，使整个加工过程形成先粗后精的若干加工阶段。

①粗加工阶段。该阶段要切除毛坯的大部分多余金属，使形状和尺寸基本接近零件成品。该阶段主要是解决如何提高生产率的问题。

②半精加工阶段。该阶段切除的金属量介于粗、精加工之间，使主要表面达到一定精度并为精加工留有适当余量，同时完成一些次要表面的加工，如钻孔、攻丝、铣键槽等。

③精加工阶段。该阶段切除的金属余量很少，保证各主要表面达到规定的尺寸精度、粗糙度以及相互位置精度(IT7～IT10 级，Ra 在 1.5μm 以下)。

④光整加工阶段。珩磨、超精加工等光整加工方法的加工余量极小，是在精加工基础之上进一步提高表面尺寸精度和降低粗糙度数值(IT5～IT9 级，Ra 在 0.2mm 以下)。光整加工不能用于纠正表面形状及位置误差。

对于要求不高、加工余量很小或重型零件则可以不划分加工阶段而一次加工成形。

零件加工过程要划分加工阶段的原因如下。

①可以保证加工质量。粗加工中产生的加工误差大，这些误差可以通过以后的加工阶段纠正。加工阶段间的工件周转有利于工件冷却和内应力重新分布。这都有利于加工精度的逐步提高。

②合理使用机床设备。粗加工可采用功率大、刚性好但精度较低的机床，精加工使用高精度机床确保加工精度。这有利于机床长期保持高的精度。

③便于安排热处理工序。热处理安排在精加工之前进行，可以通过精加工去除热处理变形。在粗加工后安排时效处理，可以减少工件因加工产生的内应力变形等。

④粗、精加工分开，便于及时发现毛坯缺陷。精加工集中在后面进行，还能减少加工表面在运输中受到的损伤。

(2) 先加工基准表面后加工其他表面，即基准先行原则。精基准表面应在工艺过程一开始就进行加工。在零件的工艺过程中，以基准表面的使用和转换为线索，可大致确定各基准表面的加工顺序。在重要表面精加工之前，还需要安排基准面的精修工序。

(3) 先主后次的加工顺序。零件主要工作表面和装配基准一般面积较大，加工要求较高，常被选为定位基准，需要先加工出来。而键槽、螺孔等次要表面加工面积小，位置又和主要表面相关，应在主要表面加工之后加工。对于容易出现废品的工序也要适当提前加工。

(4) 先面后孔的加工顺序。对于箱体、支架类零件，应先加工平面，后加工平面上的孔。先加工平面去掉孔端黑皮，可方便孔加工时刀具的切入、测量和尺寸调整。平面的轮廓尺寸大，也易于先加工出来用作定位基准。

4. 序的组合

在确定加工顺序后，还要把工步序列进行适当组合，形成以工序为单位的工艺过程。在工序的组合中，主要要考虑以下两个方面。

（1）几个工步能否在同一机床上加工，以及是否需要在一次安装中加工，以保证高的相互位置精度。几个工步能在同一机床上完成才可能被组合成一个工序。零件的一组表面在一次安装中加工，可以保证表面间的相互位置精度。例如，在一次安装中同时车削工件的外圆、内孔及端面，就可以获得较高的表面间的同轴度和垂直度。所以，对于有较高相互位置精度要求的一组表面，应安排在一个工序内加工。与主要表面有位置关系的次要表面(如外圆表面上的沟槽、倒棱等)，也应安排在同一工序之中。

（2）要考虑是采用工序集中原则，还是工序分散原则来组合工序。所谓工序集中，是力求将加工零件的所有工步集中在少数几个工序内完成。最大限度的工序集中，是在一个工序中完成零件的全部加工。工序分散则相反，它是力求每一工序的加工内容简单，因而整个零件的加工工艺过程工序较多。

工序集中有利于采用高效专用机床和工艺装备；工件安装次数少，便于保证高的表面间相互位置精度；机床及操作工人少，生产面积小，在制品数量少，而利于提高劳动生产率、保证产品质量及降低制造成本。但使用的机床及工艺装备复杂，要求工人技术水平高。通常，大批量生产倾向于工序集中。随着目前数控机床、加工中心机床及柔性制造系统等的发展，小批量生产也有采用工序集中的趋势。

工序分散时使用的机床及工艺装备简单，生产、技术准备工作量小，投产期短，可以使用通用机床组织大批量生产。但设备、工人数量多，生产面积大，车间在制品数量多，资金占用量大。

5. 热处理及辅助工序在工艺过程中的安排

初步得到零件机械加工工艺路线后，再在其中合理地安排热处理、检查等工序，就得到完整的零件加工工艺过程。

1）热处理工序的安排

机械零件常采用的热处理方法有退火、正火、调质、淬火、时效、渗碳和氮化等。它们大致可分为预备热处理和最终热处理两大类，具体如下。

（1）预备热处理。包括退火、正火、时效和调质等，其目的是改善毛坯加工性能、消除内应力为最终热处理作准备。

①退火和正火。经过热加工的毛坯进行退火和正火，能改善材料加工性能和消除内应力，还能细化晶粒、均匀组织。退火和正火常安排在毛坯制造之后、粗加工之前进行。但也有将正火安排在粗加工之后进行的。

②调质。即淬火后高温回火，能获得均匀细致的索氏体组织，为以后的表面淬火和氮化做好组织准备，因此它可作预备热处理工序。由于调质后零件综合机械性能较好，对于某些要求不高的零件也可作最终热处理工序。调质处理一般安排在粗加工之后、半精加工之前进行。这是因为受钢的淬透性影响，对大截面零件而言，调质只在表层下一定深度内获得理想的细致索氏体组织，而其心部组织变化很少。如果先调质再粗加工，加工中将把调质组织切除很多，对加工余量大的部位只剩下很少的调质组织。对淬透性好、截面积小或切削余量小的毛坯，也可把调质安排在粗加工之前进行。

③时效处理。用于消除毛坯制造和机械加工产生的内应力。对铸件和焊接件，一般在粗加工之后安排时效处理，将毛坯内应力和加工内应力一并消除。但对高精度的复杂铸件

应安排两次时效处理：铸造—粗加工—第一次时效—半精加工—第二次时效—精加工。简单铸(焊)件则不必进行时效处理。有的工厂则将时效处理安排在毛坯制造之后、粗加工之前进行。

(2) 最终热处理。包括淬火、渗碳和氮化处理等，其目的是提高零件材料的硬度和耐磨性。

①淬火。淬火零件常需预先进行调质或正火处理。淬火后因硬度提高、切削困难，只能用磨削方法获得最终表面粗糙度和加工精度，因而淬火经常安排在半精加工之后、精加工之前进行。一般为：毛坯制造—正火(退火)—粗加工—调质—半精加工—表面淬火—精加工。

②渗碳。能使低碳钢和低合金钢零件表层获得高的硬度和耐磨性，而心部仍保持一定的强度和较高韧性。局部渗碳时对不需渗碳的部位要采取防渗措施。由于渗碳淬火变形较大，渗碳深度一般仅为 0.5～2mm，其后进行加工修正的加工余量必须很小，所以渗碳淬火工序经常安排在半精加工和精加工之间进行。一般的工艺路线为：下料—锻造—正火—粗及半精加工—渗碳、淬火—精加工。

③氮化处理。能提高零件表层硬度、耐磨性、疲劳强度和耐蚀性。由于氮化温度低，零件变形小，且氮化层较薄，所以氮化工序应尽量靠后安排。为减少氮化变形，氮化前要去除应力。因氮化层较薄且脆，零件心部应具有较高的综合机械性能，故粗加工后应安排调质处理。氮化零件的加工工艺路线一般为：下料—锻造—退火—粗加工—调质—半精加工—除应力—粗磨—氮化—精磨、超精磨或研磨。对于热处理变形更小的真空离子氮化，则可以安排在精磨之后作为最后一道工序进行。

由于各种热处理一般都是安排在各加工阶段之间进行，所以热处理工序往往又是工艺路线中加工阶段的划分界线。调质和时效处理一般是粗加工与半精加工阶段的分界；淬火一般是半精加工与精加工阶段的分界；氮化一般是精加工与光整加工阶段的分界。

2) 辅助工序的安排

在机械加工工艺过程中使用的辅助工序包括检验、洗涤、防锈、表面处理、平衡去重、去毛刺等。检验工序是保证零件质量、及时发现并剔除废品的主要措施。通常在下列场合安排检验工序：粗加工全部结束后精加工之前、转入外车间加工之前、花费工时多的工序和重要工序的前后及最终加工之后。

4.2.3　工序设计

微课视频

零件机械加工工艺路线拟定后就要对每一工序进行具体设计，包括确定每一工步的加工余量、计算工序尺寸及公差、选择机床及工艺装备、确定切削用量以及计算时间定额等项工作内容。

1. 确定加工余量、工序尺寸及其公差

每个工序都应确定本工序加工后各表面应达到的尺寸及公差，以指导工人操作及方便工序间检验。工序尺寸的公差与表面加工方法的经济加工精度有关，而工序尺寸的大小则与工序间加工余量的选择有关。

1) 加工余量及其确定

加工余量是指为使加工表面达到所需的精度和表面质量而应切除的金属层厚度。加工余量可分为工序余量和加工总余量。工序余量是指某表面在一道工序中所切除的金属层厚度，其数值为上工序尺寸与本工序尺寸之差。外圆和内孔的加工余量为对称的双面加工余量，可

按下式计算：

轴（外表面）　　　　　　　　　　　　$2Z_b = d_a - d_b$　　　　　　　　　　　　（4-2a）

孔（内表面）　　　　　　　　　　　　$2Z_b = d_b - d_a$　　　　　　　　　　　　（4-2b）

其中，$2Z_b$ 为直径方向上的加工余量；d_a 为上道工序的加工表面直径；d_b 为本工序的加工表面直径。

平面上的加工余量为非对称的单边加工余量，可按下式计算：

外表面　　　　　　　　　　　　　　　$Z_b = a - b$　　　　　　　　　　　　　（4-3a）

内表面　　　　　　　　　　　　　　　$Z_b = b - a$　　　　　　　　　　　　　（4-3b）

其中，Z_b 为单边加工余量；a 为上道工序尺寸；b 为本工序尺寸。

加工总余量是指零件从毛坯变为成品的整个加工过程中，某一表面所切除金属层的总厚度，即零件上同一表面处的毛坯尺寸与零件尺寸之差。显然，总加工余量等于各工序余量之和，即

$$Z_\Sigma = Z_1 + Z_2 + \cdots + Z_n = \sum_{i=1}^{n} Z_i \qquad (4\text{-}4)$$

其中，Z_Σ 为加工总余量；Z_i 为第 i 道工序的工序余量；n 为该表面总的加工工序数。

由于毛坯制造和各工序尺寸不可避免地存在误差，故加工总余量和工序余量都是个变动值。所以，加工余量又可分为基本加工余量（Z）、最大加工余量（Z_{max}）和最小加工余量（Z_{min}）。它们的关系如图 4-12 所示。

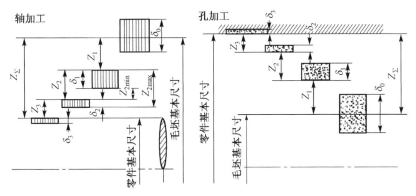

图 4-12　机械加工余量

由图 4-12 可知，轴的最小工序余量 Z_{min} 为上道工序的最小工序尺寸 a_{min} 和本工序最大工序尺寸 b_{max} 之差，而最大工序余量 Z_{max} 为上道工序的最大工序尺寸 a_{max} 与本工序最小工序尺寸 b_{min} 之差，显然，工序余量变动值为

$$\delta_Z = Z_{max} - Z_{min} = \delta_a + \delta_b \qquad (4\text{-}5)$$

即工序余量变动值为上道工序尺寸公差 δ_a 与本工序尺寸公差 δ_b 之和。内表面（孔）的情况与此相类似。

第一道工序的 δ_a（即毛坯尺寸公差），一般采用双向标注，即 $\square \pm \square$；最后工序的 δ_b，按零件图上标注的该表面的设计尺寸公差；而中间工序的工序尺寸公差，规定按"入体"原则标注，即对包容表面（孔），其基本尺寸是最小工序尺寸，标注为 $\square^{+\square}$；对被包容表面（轴），

其基本尺寸是最大工序尺寸，标注为□-□。

加工余量大小对零件加工质量和生产率有较大影响。加工余量不足，不能切除和修正上道工序残留的表面层缺陷和位置误差。加工余量过大，又将使工时、材料和电力消耗增大。因此工序设计中应选取合理的加工余量值。

最小工序余量的选取，应保证在本工序加工中切去足够的金属层以获得一个完整的新的加工表面，这取决于：上工序加工后获得的表面粗糙度高度和表面缺陷层深度、上道工序的工序尺寸公差(第一道加工工序则是毛坯尺寸公差)、上道工序加工的表面位置误差和本工序加工时工件的装夹误差，包括定位误差、夹紧误差和夹具误差。从理论上说，最小余量可以根据上述具体数据经过分析计算确定。但该方法目前尚很少应用。常用的加工余量确定方法如下。

(1) 经验估计法。 经验估计法是根据积累的生产经验来确定加工余量的方法。为避免产生废品，估计的加工余量值一般偏大，常用于单件、小批生产。

(2) 查表修正法。查表修正法是以生产实践和试验研究积累的有关加工余量的资料数据为基础，并按具体生产条件加以修正来确定加工余量的方法。该方法应用比较广泛。应用的数据表格可在《金属机械加工工艺人员手册》等中找到，考虑到表中所列数据未计入零件热处理变形、机床及夹具在使用中的磨损等，使用时应适当加大余量数值。

2) 工序尺寸及其公差的确定

工序尺寸是工件在某工序加工之后所应保证的尺寸。某表面最后一道工序的工序尺寸及公差应是零件设计尺寸及公差。除此之外，其余各中间工序的工序尺寸及公差均需要由计算确定。当表面加工在各工序中均采用设计基准作为工序基准时，其工序尺寸及公差的确定只需考虑各工序的加工余量和能达到的加工精度。计算步骤如下。

(1) 使用查表修正法或经验估计法确定该表面的全部加工工序余量数值。

(2) 由毛坯精度确定毛坯尺寸公差。取零件设计公差为最后工序的公差，中间工序尺寸公差由采用的加工方法的经济加工精度确定。工件表面在各工序中应达到的粗糙度以相同方法确定。

(3) 取零件图的基本尺寸为最后工序的工序尺寸基本值，再按各工序余量大小由最后工序向前依次推算出各工序尺寸基本值。

例如，某主轴箱体上孔的设计尺寸为$\phi100J_s6$，表面粗糙度 Ra 为 0.63～1.25μm，加工路线为：毛坯铸孔—粗镗—半精镗—精镗—铰孔。由手册查得数值后通过计算得到各工序尺寸及公差如表 4-5 所示。

表 4-5　工序尺寸及公差计算　　　　　　　　　(单位 mm)

工序名称	工序余量	工序基本尺寸	工序公差	工序尺寸公差	表面粗糙度 Ra/μm
铰孔	0.1	100	$J_s6\binom{+0.011}{-0.011}$	$\phi100\pm0.011$	0.63～1.25
精镗	0.5	100−0.1=99.9	$H7\binom{+0.035}{0}$	$\phi99.9^{+0.035}_{0}$	1.25～2.5
半精镗	2.4	99.9−0.5=99.4	$H10\binom{+0.14}{0}$	$\phi99.4^{+0.14}_{0}$	2.5～5.0
粗镗	5.0	99.4−2.4=97	$H12\binom{+0.44}{0}$	$\phi97^{+0.14}_{0}$	5.0～10
毛坯铸孔	—	97−5=92	$\binom{+2}{-1}$	$\phi92^{+2}_{-1}$	—

2. 机床及工艺装备的选择

在工艺文件中需要规定每一工序使用的机床及工艺装备。机床的选择要考虑如下方面：机床的加工尺寸范围应与零件外廓尺寸相适应，机床精度应与工序要求的加工精度相适应，以及机床功率应与工序加工需要的功率相适应。

机床夹具的选择要和生产类型相适应，单件小批生产应尽量选用通用夹具，大批大量生产要多使用高生产率夹具。刀具的选择主要取决于所采用的加工方法、工件材料、加工尺寸、精度和表面粗糙度、生产率要求以及加工经济性等。量具主要根据零件生产类型和要求检验的尺寸大小及精度来选择。单件小批生产中尽量采用标准刀具和通用量具。

当需要设计制造专用机床、专用夹具和专用的刀具、量具时，应由工艺人员根据工序中的具体要求提出设计任务书。

3. 切削用量的确定

除在单件小批生产中不需具体规定切削用量，而由工人在加工时自行确定外，在工艺文件中还要规定每一工步的切削用量（切削深度、进给量及切削速度）。选择切削用量可以采用查表法或计算法，其步骤如下。

(1) 由工序余量确定切削深度。全部工序（或工步）余量最好在一次走刀中去除。

(2) 按本工序加工表面粗糙度确定进给量。对粗加工工序，进给量按加工粗糙度初选后还要校验刀片强度及机床进给机构强度。

(3) 选择刀具磨钝标准及耐用度。

(4) 确定切削速度，并按机床实有的主轴转速表选取接近的主轴转速。

(5) 最后校验机床功率。

4. 时间定额的确定

时间定额是指在一定的生产规模下，当生产条件正常时，为完成某一工序所需要的时间。它是安排生产计划、进行成本核算、考核工人任务完成情况的主要依据。工时定额的确定是工序设计的又一内容。完成一个零件的一道工序的时间称为单件时间 $T_单$，它包括如下组成部分：

(1) 基本时间 $T_基$。它是直接改变生产对象的尺寸、形状、相对位置、表面状态或材料性质等工艺过程所消耗的时间。对于机械加工来说，是指从工件上切除金属层所耗费的时间，其中包括刀具的切入和切出时间。

(2) 辅助时间 $T_辅$。它是为实现工艺过程所必须进行的各种辅助动作所消耗的时间。这些辅助动作包括：装夹和卸下工件，开动和停止机床，改变切削用量，进、退刀具，测量工件尺寸等。

基本时间和辅助时间的总和，称为作业时间，即直接用于制造产品零、部件所消耗的时间。

(3) 布置工作地时间 $T_布$。这是指工人在工作班时间内，照管工作地点及保持正常工作状态所耗费的时间分摊到一个零件一道工序内的部分。布置工作地的工作包括加工过程中调整更换刀具、修整砂轮、润滑和擦拭机床、清理切屑、刃磨刀具等所耗费的时间。一般可按工序作业时间的 2%～7% 来估计。

(4) 休息和生理需要时间 $T_休$。是指在工作班时间内，工人休息、喝水、上厕所等生理自然需要的时间分摊到一个零件一道工序内的部分。一般按工序作业时间的 2% 来估计。因此，

单件时间为

$$T_单 = T_基 + T_辅 + T_布 + T_休 \tag{4-6}$$

对于成批生产还要考虑准备与终结时间。

(5) 准备与终结时间 $T_{准终}$。准备与终结时间是在成批生产中，每当加工一批零件的开始和终了时进行准备和终结工作所耗费的时间。这些工作包括：熟悉工艺文件、安装工艺装备、调整机床、归还工艺装备和送交成品等。准备与终结时间对一批零件只消耗一次，零件批量 n 越大则分摊到每个零件上的这部分时间越少。所以成批生产时的单件时间为

$$T_单 = T_基 + T_辅 + T_布 + T_休 + T_{准终}/n \tag{4-7}$$

计算得到的单件时间以"分"为单位填入工艺文件相应的栏目中。

4.3　尺寸链和工艺尺寸链问题

4.3.1　尺寸链概念及工艺尺寸链

1. 尺寸链概念

在工序设计中确定工序尺寸及公差时，如工序基准或测量基准与设计基准不相重合，则不能如前面所述进行简单计算，而需要借助于尺寸链求解。尺寸链是在机器装配关系或零件加工过程中，由相互连接的尺寸形成的封闭的尺寸组。

如图 4-13(a)所示轴承内环端面与轴用弹性挡圈侧面间的间隙 A_0 由不同零件上的尺寸 A_1、A_2 和 A_3 决定。各尺寸与间隙之间的相互关系可用图 4-13(b)所示尺寸链表示。图 4-14(a)表示台阶形零件的 B_1、B_0 尺寸在零件图中已注出。当上下表面加工完毕，欲使用表面 M 作定位基准加工表面 N 时，需要给出尺寸 B_2，以便调整对刀。尺寸 B_2 及公差虽未在零件图中注出，但却与尺寸 B_0 和 B_1 相互关联。这一联系可用图 4-14(b)所示的尺寸链表示出来。

图 4-14 所示的全部组成环为同一零件上的尺寸，其中包括加工过程中使用的工艺尺寸所组成的尺寸链，称为工艺尺寸链。

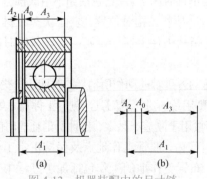

图 4-13　机器装配中的尺寸链

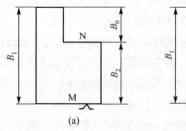

图 4-14　零件加工中的尺寸链

尺寸链的组成如下：

(1) 环。指列入尺寸链中的每一尺寸，如图 4-13(b)中的 A_0、A_1、A_2 和 A_3。

(2) 封闭环。指在装配过程中最后形成的或在加工过程中间接获得的一环，如图 4-13(b)

中的 A_0 及图 4-14(b)中的 B_0。

(3) 组成环。指除封闭环外的全部其他环。

(4) 增环。指该环尺寸增大封闭环随之增大，该环减小封闭环随之减小的组成环。通常在增环符号上标以向右的箭头，如 $\vec{A}_1$、$\vec{B}_1$。

(5) 减环。指该环尺寸增大使封闭环减小，该环减小使封闭环增大的组成环。通常在减环符号上标以向左的箭头，如 $\overleftarrow{A}_2$、$\overleftarrow{A}_3$ 和 $\overleftarrow{B}_2$。

(6) 传递系数。指表示组成环对封闭环影响大小的系数。第 i 个组成环的传递系数记为 ξ_i。对所有组成环都平行于封闭环的直线尺寸链，增环变动某一数值，封闭环同向变动同一数值，故增环的传递系数为+1。显然，其减环的传递系数为−1。

2. 尺寸链极值法计算基本公式

尺寸链的计算方法有极值法和概率法两种。极值法适用于组成环数较少的尺寸链计算，而概率法适用于组成环数较多的尺寸链计算。工艺尺寸链计算主要应用极值法，本节仅介绍尺寸链的极值法公式。对直线工艺尺寸链(全部环平行的尺寸链)来说，其极值法计算基本公式如下。

(1) 封闭环的基本尺寸。它等于所有增环基本尺寸之和减去所有减环基本尺寸之和，即

$$L_0 = \sum_{i=1}^{m} \vec{L}_i - \sum_{j=m+1}^{n-1} \overleftarrow{L}_j \tag{4-8}$$

其中，L_0 为封闭环的基本尺寸；$\vec{L}_i$ 为组成环中增环的基本尺寸；$\overleftarrow{L}_j$ 为组成环中减环的基本尺寸；m 为增环数；n 为包括封闭环在内的总环数。

(2) 封闭环的极限尺寸。封闭环的最大极限尺寸等于所有增环的最大极限尺寸之和减去所有减环的最小极限尺寸之和，最小极限尺寸等于所有增环的最小极限尺寸之和减去所有减环的最大极限尺寸之和，即

$$L_{0,\,\max} = \sum_{i=1}^{m} \vec{L}_{i,\,\max} - \sum_{j=m+1}^{n-1} \overleftarrow{L}_{j,\,\min} \tag{4-9}$$

$$L_{0,\,\min} = \sum_{i=1}^{m} \vec{L}_{i,\,\min} - \sum_{j=m+1}^{n-1} \overleftarrow{L}_{j,\,\max} \tag{4-10}$$

其中，$L_{0,\,\max}$、$L_{0,\,\min}$ 为封闭环的最大及最小极限尺寸；$\vec{L}_{i,\,\max}$、$\vec{L}_{i,\,\min}$ 为增环的最大及最小极限尺寸；$\overleftarrow{L}_{j,\,\max}$、$\overleftarrow{L}_{j,\,\min}$ 为减环的最大及最小极限尺寸。

(3) 封闭环的极限偏差。封闭环的上偏差等于所有增环上偏差之和减去所有减环下偏差之和，封闭环的下偏差等于所有增环下偏差之和减去所有减环上偏差之和，即

$$ES_0 = \sum_{i=1}^{m} ES_i - \sum_{j=m+1}^{n-1} EI_j \tag{4-11}$$

$$EI_0 = \sum_{i=1}^{m} EI_i - \sum_{j=m+1}^{n-1} ES_j \tag{4-12}$$

其中，ES_0、EI_0 为封闭环的上、下偏差；ES_i、EI_i 为增环的上、下偏差；ES_j、EI_j 为减环的上、下偏差。

(4) 封闭环的极值公差。也就是按极值法计算所得的可能出现的误差范围，等于各组成环公差之和，即

$$T_{01} = \sum_{i=1}^{n-1} T_i \qquad (4\text{-}13)$$

其中，T_{01} 为封闭环极值公差；T_i 为组成环公差。

(5) 封闭环中间偏差。它等于所有增环中间偏差之和减去所有减环中间偏差之和，即

$$\Delta_0 = \sum_{i=1}^{m} \Delta_i - \sum_{j=m+1}^{n-1} \Delta_j \qquad (4\text{-}14)$$

其中，Δ_0、Δ_i、Δ_j 分别是封闭环、增环、减环的中间偏差。而中间偏差为上偏差与下偏差的平均值，即

$$\Delta = \frac{1}{2}(\text{ES} + \text{EI}) \qquad (4\text{-}15)$$

式 (4-15) 又可表示为

$$\text{ES} = \Delta + \frac{T}{2} \qquad (4\text{-}16)$$

$$\text{EI} = \Delta - \frac{T}{2} \qquad (4\text{-}17)$$

3. 工艺尺寸链问题的解题步骤

(1) 确定封闭环。解工艺尺寸链问题时能否正确找出封闭环是求解关键。工艺尺寸链的封闭环必须是在加工过程中最后间接形成的尺寸，即是在获得若干直接得到的尺寸后而自然形成的尺寸。

(2) 查明全部组成环、画出尺寸链图。确定封闭环后，由该封闭环循一个方向按照尺寸的相互联系依次找出全部组成环，并把它们与封闭环一起，按尺寸联系的相互顺序首尾相接，得到尺寸链图。

(3) 判定组成环中的增、减环，并用箭头标出。

(4) 利用基本计算公式求解。计算中可用不同公式求解，而不影响解的正确性。解尺寸链得到的工艺尺寸一般按"入体"原则标注。

需要指出的是，当出现已知的若干组成环公差之和等于或大于封闭环公差的情况时，则欲求的组成环必须是零公差或负公差才能有解，而负公差是不存在的。这时需要适当缩小某些组成环的公差。一般工艺人员无权放大封闭环公差，因为这样会降低产品技术要求。

4.3.2 工艺尺寸链问题的分析计算

1. 定位基准与设计基准不重合时工序尺寸及其公差的计算

在零件加工过程中有时为方便定位或加工，选用不是设计基准的几何要素作定位基准。在这种定位基准与设计基准不重合的情况下，需要通过尺寸换算，改注有关工序尺寸及公差，并按换算后的工序尺寸及公差加工，以保证零件的设计要求。

微课视频

例 4-1 图 4-15(a)所示零件以底面 N 为定位基准镗 O 孔,确定 O 孔位置的设计基准是 M 面(设计尺寸100 ± 0.15)。用镗夹具镗孔时,镗杆相对于定位基准 N 的位置(即 L_1 尺寸)预先由夹具确定。这时设计尺寸 L_0 是在 L_1、L_2 尺寸确定后间接得到的。问如何确定 L_1 尺寸及公差,才能使间接获得的 L_0 尺寸在规定的公差范围之内?

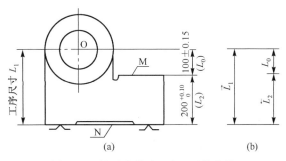

图 4-15 轴承座镗孔工序尺寸的换算

解 (1)画尺寸链图并判断封闭环。根据加工情况,设计尺寸 L_0 是加工过程中间接获得的尺寸,因此 L_0(100 ± 0.15)是封闭环。从封闭环任一端出发,按顺序将 L_0 与 L_1、L_2 连接为一封闭尺寸组,即求解的工艺尺寸链(图 4-15(b))。

(2)判定增、减环。由定义或用画箭头的方法可判定 L_1 为增环,L_2 为减环。将其标于尺寸链图上。

(3)按公式计算工序尺寸 L_1 的基本尺寸,由式(4-8)有

$$100 = L_1 - 200$$

故

$$L_1 = 100 + 200 = 300 \, (\text{mm})$$

(4)按公式计算工序尺寸 L_1 的极限偏差,由式(4-11)

$$+0.15 = \text{ES}_1 - 0$$

故 L_1 的上偏差

$$\text{ES}_1 = +0.15 \, (\text{mm})$$

由式(4-12)

$$-0.15 = \text{EI}_1 - 01$$

故 L_1 的下偏差

$$\text{EI}_1 = (-0.15) + 0.10 = -0.05 \, (\text{mm})$$

因此工序尺寸 L_1 及其上、下偏差为(L_1 作为中心高按双向标注)

$$L_1 = (300.05 \pm 0.10) \, \text{mm}$$

2. 测量基准与设计基准不重合时测量尺寸及其公差的换算

加工中有时会遇到某些加工表面的设计尺寸不便测量,甚至无法测量的情况。为此需要在工件上另选一个容易测量的测量基准,要求通过对该测量尺寸的控制,能够间接保证原设计尺寸的精度。这就是测量基准与设计基准不重合时测量尺寸及其公差的计算问题。

例 4-2 图 4-16 零件外圆及两端面已车好,现欲加工台阶状内孔。因设计尺寸$10_{-0.4}^{0}$难以测量,现欲通过控制 L_1 尺寸间接保证$10_{-0.4}^{0}$尺寸。求 L_1 的基本尺寸及上、下偏差。

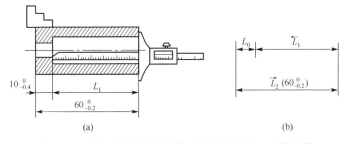

图 4-16 测量基准与设计基准不重合时测量尺寸的计算

解　据题意，$10_{-0.4}^{0}$尺寸为封闭环L_0，作尺寸链如图4-16(b)所示，并确定增、减环。

由式(4-9)　　　　　　　　　　　　$10=60-L_{1,\,min}$

故L_1的最小极限尺寸　　　　　　$L_{1,\,min}=60-10=50$

由式(4-10)　　　　　　　　　　　$9.6=59.8-L_{1,\,max}$

故L_1的最大极限尺寸　　　　　$L_{1,\,max}=59.8-9.6=50.2$

L_1按"入体"原则标注为　　　　　$L_1=50_{0}^{+0.2}$

此即换算所得测量尺寸及公差。

需要指出的是，利用这种换算控制设计加工尺寸会出现"假废品"的情况，即从测量尺寸看已经超差，似乎是废品，但其被控制的设计尺寸却未超差，并不是真正的废品。例如，上例中当$L_2=60$，测量$L_1=50.3$时，可认为是废品，但实际上$L_0=9.7$，并未超差。由此可见，当测量尺寸超差数值不超过其他组成环公差之和时，就有可能出现"假废品"。但按换算结果控制尺寸，得到的一定是合格品。

3. 中间工序的工序尺寸及其公差的求解计算

在工件加工过程中，有时一个表面的加工会同时影响两个设计尺寸的数值。这时，需要直接保证其中公差要求较严的一个设计尺寸，而另一设计尺寸需由该工序前面的某一中间工序的合理工序尺寸间接保证。为此，需要对中间工序尺寸进行计算。

例4-3　图4-17所示齿轮内孔孔径设计尺寸为$\phi40_{0}^{+0.05}$ mm，键槽设计深度为$43.6_{0}^{+0.34}$ mm，内孔需淬硬。内孔及键槽加工顺序为：①镗内孔至$\phi39.6_{0}^{+0.1}$；②插键槽至尺寸L_1；③淬火热处理；④磨内孔至设计尺寸，同时要求保证键槽深度为$43.6_{0}^{+0.34}$。试问：如何规定镗后的插键槽深度L_1，才能最终保证得到合格产品？

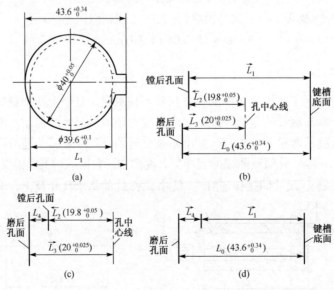

图4-17　内孔和键槽加工中的尺寸换算

解　由加工过程知，尺寸$43.6_{0}^{+0.34}$的一个尺寸界限——键槽底面，是在插槽工序时按尺

寸 L_1 确定的;另一尺寸界限——孔表面,是在磨孔工序由尺寸 $\phi 40_0^{+0.05}$ 确定的,故尺寸 $43.6_0^{+0.34}$ 是一间接获得的尺寸,为封闭环。在不将磨孔余量作为一环列入尺寸链时可得到图 4-17(b) 所示尺寸链,并确定增、减环如图示。由式(4-8)有

$$43.6 = (L_1 + 20) - 19.8$$

故 L_1 的基本尺寸 　　　　　　　　$L_1 = 43.6 + 19.8 - 20 = 43.4\,(\text{mm})$

由式(4-11)有　　　　　　　　$0.34 = (\text{ES}_1 + 0.025) - 0$

故 L_1 的上偏差　　　　　　　　$\text{ES}_1 = 0.34 - 0.025 = 0.315\,(\text{mm})$

同样,由式(4-12)可得到 L_1 的下偏差

$$\text{EI}_1 = 0.05\text{mm}$$

因此　　　　　　　　　　　$L_1 = 43.4_{+0.05}^{+0.315}\,\text{mm}$

按"入体"原则标注

$$L_1 = 43.45_0^{+0.265}\,\text{mm}$$

4. 保证应有渗碳或渗氮层深度时工艺尺寸及其公差的计算

零件渗碳或渗氮后,表面一般要经磨削保证尺寸精度,同时要求磨后保留有规定的渗层深度。这就要求进行渗碳或渗氮热处理时按一定渗层深度及公差进行(用控制热处理时间保证),并对这一合理渗层深度及公差进行计算。

例 4-4　图 4-18 所示 38CrMoAl 衬套内孔要求渗氮,加工工艺过程为:①先磨内孔至 $\phi 144.76_0^{+0.04}$;②渗氮处理深度为 L_1;③再终磨内孔至 $\phi 145_0^{+0.04}$,并保证留有渗层深度为 $0.4 \pm 0.1\,\text{mm}$。求氮化处理深度 L_1 及公差应为多大?

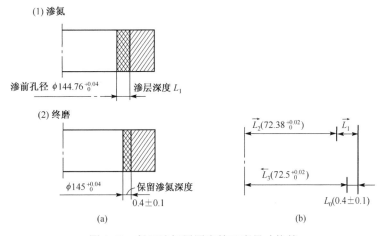

图 4-18　保证渗氮层厚度的工序尺寸换算

解　由题意知,磨后保留的渗层深度 0.4 ± 0.1 是间接获得的尺寸,为封闭环。由之可画出尺寸链如图 4-18(b)所示,并确定增、减环如图示(其中 L_2、L_3 为半径尺寸)。由式(4-8)

$$0.4 = (72.38 + L_1) - 72.5$$

L_1 的基本尺寸　　　　　　　　$L_1 = 0.52\,(\text{mm})$

由式(4-16)计算各环中间偏差

封闭环中间偏差	$\Delta_0 = 0$
L_2 中间偏差	$\Delta_2 = 0.01\text{mm}$
L_3 中间偏差	$\Delta_3 = 0.01\text{mm}$
由式(4-14)得 L_1 的中间偏差	$\Delta_1 = 0.01 - 0.01 = 0$
由式(4-13)得 L_1 的公差	$T_1 = 0.2 - 0.02 - 0.02 = 0.16\,(\text{mm})$
由式(4-16)、式(4-17)	$ES_1 = 0.08\text{mm}, EI_1 = -0.08\text{mm}$
因此工艺尺寸 L_1 为	$L_1 = (0.52 \pm 0.08)\,\text{mm}$

即渗氮处理深度为 $0.44 \sim 0.60\,\text{mm}$。

4.4   机械加工的生产率和经济性

在工艺规程编制的最终阶段，需要对拟出的几种可能方案进行评价比较并选出最佳方案，它既要能保证产品质量，又要适当提高劳动生产率和降低产品成本。本节介绍与工艺技术有关的劳动生产率和经济性的问题。

4.4.1   提高机械加工生产率的工艺措施

劳动生产率是指工人在单位时间内制造的合格产品的数量，或指用于制造单件产品所消耗的劳动时间。显然，采取合理工艺措施以缩短各工序的单件时间，是提高劳动生产率的有效途径。考察式(4-7)所示的单件时间组成不难得知，提高劳动生产率的工艺措施可有以下四个方面。

1) 缩短基本时间

提高切削用量、减少工件加工长度及加工余量均可缩短基本时间。

(1) 提高切削用量。近年随着新型刀具材料和磨料的出现，高速切削和磨削技术正在迅速推广应用，使生产率大大提高。

(2) 减少工件加工长度。采用多刀加工，使每把刀具的加工长度缩短；采用宽砂轮廓削，变纵磨为切入法磨削等均是减少工件加工长度而提高生产率的例子。

(3) 合并工步。用几把刀具或是用一把复合刀具对一个零件的几个表面同时加工，可将原来需要的几个工步集中合并为一个工步，从而使需要的基本时间全部或部分地重合，缩短了工序基本时间。

(4) 多件加工。将多个工件置于一个夹具上同时进行加工，可以减少刀具的切入切出时间。将多个工件置于机床上，使用多把刀具或多个主轴头进行同时加工，可以使各零件加工的基本时间重合而大大减少分摊到每一零件上的基本时间。

(5) 采用精密铸造、压力铸造、精密锻造等先进工艺提高毛坯制造精度，减少机械加工余量，以缩短基本时间，有时甚至无须再进行机械加工，可以大幅度提高生产效率。

2) 缩短辅助时间

(1) 直接缩减辅助时间。采用先进的高效夹具，如气动、液压及电动夹具或成组夹具等，不仅可减轻工人劳动强度，而且能缩减许多装卸时间。采用主动测量法或在机床上配备数显装置等，可以减少加工中需要的停机测量时间。采用具有转位刀架(如六角车床)、多位多刀架(如多刀半自动车床)的机床进行加工，可以缩短刀具更换和调整时间。采用快换刀夹及快换夹头是缩短更换刀具时间的重要方法。

(2) 间接缩短辅助时间。使辅助时间和基本时间全部或部分地重合，可间接缩短辅助时间。采用多工位回转工作台机床或转位夹具加工，在大量生产中采用自动线等均可使装卸工件时间与基本时间重合，使生产率得到提高。

3) 缩短布置工作地时间

缩短布置工作地时间的方法主要是，缩减每批零件加工前或刀具磨损后的刀具调整或更换时间，提高刀具或砂轮的耐用度以便在一次刃磨或修整后加工更多的零件。采用刀具微调装置、专用对刀样板或对刀块等，可减少刀具的调整、装卸、连接和夹紧等工作所需的时间。采用专职人员在刀具预调仪上事先精确调整好刀具和刀杆，是一种先进的减少刀具调整和试切时间的方法。使用不重磨刀片也可使换刀时间大大缩短。

4) 缩短准备与终结时间

缩短准备与终结时间的途径有两个：通过零件标准化、通用化或采用成组技术扩大产品生产批量，以相对减少分摊到每个零件上的准备与终结时间；直接减少准备与终结时间。单件小批生产复杂零件时，其准备终结时间以及样板、夹具等的制备时间都很长。而数控机床、加工中心机床或柔性制造系统则很适合这种单件小批复杂零件的生产。这时程序编制可以在机外由专职人员进行，加工中自动控制刀具与工件间的相对位置和加工尺寸，自动换刀，使工序可高度集中，从而获得高的生产效率和稳定的加工质量。

4.4.2　工艺过程的技术经济分析

制定零件机械加工工艺规程时，在保证质量的前提下往往有几种工艺方案可供选取。为从中选出技术上比较先进且经济上又比较合理的方案，需要进行技术经济分析，即从技术和经济两方面对各方案进行评价，进而选出技术经济效果较好的方案。工艺方案的经济性分析，是通过计算与工艺直接有关的费用(即工艺成本)，然后进行分析比较。

零件加工的工艺成本中各项费用可分为两大类，即可变费用(V)和不变费用(C)。

可变费用是与年产量有关并与之成比例的费用，包括材料费、机床工人工资、机床电费、通用机床的折旧费和修理费，以及通用工夹具的折旧费和修理费等。这些费用在工艺方案一定的情况下，分摊到每一产品上的部分一般是不变的。

不变费用是指与年产量无直接关系，且不随年产量的增减而变化的费用，包括专用设备的折旧费和修理费、专用工夹具的折旧费和维修费、管理人员、车间辅助工人及机床调整工的工资，厂房的采暖、照明费用等。产品产量越大，分摊到每一产品的不变费用越少。

单件工艺成本 $S_单$ 为
$$S_单 = V + \frac{C}{N} (元/件) \tag{4-18}$$

全年工艺成本 $S_年$ 为
$$S_年 = VN + C(元/年) \tag{4-19}$$

其中，C 为不变费用(元/年)；V 为可变费用(元/件)；N 为年产量(件/年)。

由式(4-18)及图 4-19(a)可见，单件工艺成本随年产量 N 的增加而降低。单件小批生产条件下的单件工艺成本很高，而大批大量生产时单件工艺成本大幅度下降。这就是为什么机械制造行业推广通用化、标准化和专业化生产，以及推广成组技术扩大生产批量的主要原因。而全年工艺成本(式(4-19)及图 4-19(b))则随年产量的增加而成比例地上升。

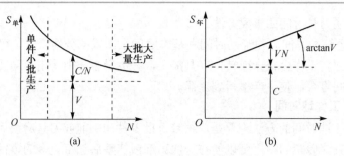

图 4-19　随年产量变化的工艺成本曲线

在比较两种不同方案的经济性时，一般分两种情况。

（1）要比较的两种工艺方案的基本投资相近，或在采用现有设备的条件下，工艺成本可作为衡量两种工艺方案经济性的依据的情况。

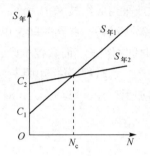

图 4-20　两种工艺方案的比较

假设有两种工艺方案，其全年的工艺成本分别为（图 4-20）：

$$S_{年1} = V_1 N + C_1$$

$$S_{年2} = V_2 N + C_2$$

由上两式可求出两方案年工艺成本相等（$S_{年1} = S_{年2}$）时的年产量 N_c

$$N_c = \frac{C_1 + C_2}{V_2 - V_1} \tag{4-20}$$

显然，年产量为 N_c 时，两方案的经济性相当；年产量小于 N_c 且 $C_2 > C_1$ 时，采用第一方案比较经济；年产量大于 N_c 且 $C_2 > C_1$ 时，采用第二方案比较经济。

（2）当要比较的两种工艺方案的基本投资额相差较大时，假设第一工艺方案采用了生产效率高但价格较贵的机床装备，其基本投资 K_1 大，而工艺成本 $S_{年1}$ 较低；第二工艺方案采用了生产效率较低但价格便宜的机床装备，虽然工艺成本 $S_{年2}$ 较高，但基本投资 K_2 小。这时单纯比较工艺成本难以全面评价其经济性。为此，需再考虑两种工艺方案的基本投资差额的回收期限，即要考虑第一方案比第二方案多花费的投资，需要多长时间才能因工艺成本降低而收回来。回收期限 τ 可用下式计算：

$$\tau = (K_1 - K_2)/(S_{年2} - S_{年1}) \tag{4-21}$$

回收期限越短则经济性越好。回收期限必须满足以下要求：回收期限应小于所采用的机床设备或工艺装备的使用年限，回收期限应小于产品生产年限，以及回收期限应小于国家规定的标准回收期限。例如，采用新夹具的标准回收期限规定为 2～3 年；采用新机床的标准回收期限规定为 4～6 年。

4.5　计算机辅助工艺规程设计

4.5.1　计算机辅助工艺规程设计及其功能

在人工进行工艺规程设计过程中，由于大量的设计决策是由工艺设计人员根据工件的结构工艺信息、加工条件、工艺技术现状等多方面因素依个人经验主观决定的，不可避免会或多或少地偏离最优方案，设计质量和效率低，设计统一性和规范性差，而且工艺人员重复性劳动量大。为解决这一问题，利用计算机辅助编制工艺规程(computer aided process planning, CAPP)就成为一种先进的工艺规程设计手段。

特别是在计算机集成制造系统(CIMS)中，CAPP 占有非常重要的地位。CIMS 的核心思想是利用计算机及网络技术，通过信息集成、信息共享、信息协调来获得高效率、高效益和高自动化。把设计信息转化为制造信息的 CAPP 是计算机辅助设计(CAD)与计算机辅助制造(CAM)集成的桥梁，是 CAD 与 CAM 信息的交汇点。所以，CAD/CAPP/CAM 的集成是 CIMS 的技术核心。CAPP 也是 CIMS 各子系统的信息源之一。

CIMS 包括管理信息分集成系统(MIS)、工程信息分集成系统(CAD/CAM)、质量信息分集成系统(QIS)、生产自动化信息分集成系统(PA)。在 CIMS 环境下，CAPP 与 CIMS 各信息分集成系统间的信息流关系如图 4-21 所示。

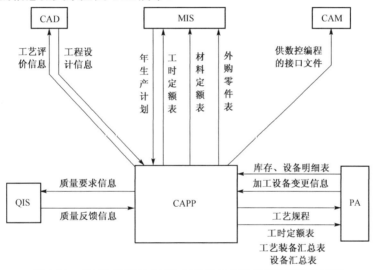

图 4-21　CIMS 环境下 CAPP 与各信息分集成系统的信息流图

一般地，CAPP 应具有如下功能：CAPP 由人工输入或接受来自 CAD 的产品几何信息、材料精度等工艺信息，建立关键信息模型。CAPP 系统根据零件信息模型，按照预定的规则进行工序和工步的组合和排序，确定工艺尺寸，选择机床和刀、夹、量具，确定切削用量，计算工时定额，最后生成需要的技术文件和数据。CAPP 生成的信息以表格和文件输出，分别有工艺路线表、工艺装备汇总、外协零件表、工艺规程、材料定额表、工时定额表等表格，及工艺实施方案、设备需求计划、工装申请计划等文件。在 CIMS 环境下的 CAPP 的生成数据还要传送给各信息分集成系统。由此可见，CAPP 对于保证 CIMS 系统信息流的通畅，从而实现真正的集成是非常关键的。

4.5.2　计算机辅助工艺规程设计的主要方法

CAPP 的实现主要基于两种方法：样件法和创成法。另外，也有采用样件法和创成法配合使用的 CAPP 系统，称之为半创成法或综合法 CAPP。

样件法是在成组技术的基础上，将同一零件族中的零件形面要素合成假想的主样件，按照主样件制定出反映本厂最优加工方案的工艺规程，并以文件形式存储于计算机中。当为某一零件编制工艺规程时，首先分析该零件的成组编码，识别它属于哪一零件族；然后调用该零件族的典型工艺文件，按照输入的该零件的成组编码、形面特征和尺寸参数，选出典型工艺文件中的有关工序并进行加工参数的计算。

样件法 CAPP 的识别零件族、调用典型工艺文件、确定加工顺序和计算加工参数均是在计算机中自动进行的。如有需要，还可对所编制的工艺规程通过人机交互进行修改，最终形成要求的工艺规程。样件法 CAPP 的系统比较简单，但要求工艺人员干预并进行决策，所以并不适用于 CIMS 环境和 CAD/CAPP/CAM 系统。

创成法是利用各种工艺决策制定的逻辑算法语言、专家系统或机器智能，来自动地生成工艺规程的方法。在创成法 CAPP 中需要对工艺设计中的各类问题进行决策。常见决策方式有如下四种。

(1) 数学模型求解。对可以建立数学模型的工艺问题，通过建模求解进行决策，如单件工时、加工精度和定位误差的计算等。

(2) 优化决策。工艺设计中有些参数的确定需要考虑较多的影响因素和条件，就需要建立优化模型，通过寻优进行决策，如切削参数的确定等。

(3) 逻辑决策。根据工艺设计中各种技术、精度、经济等的"条件"与"结果"之间的逻辑关系，建立决策规则进行决策，如加工方法的选择、工艺路线的排序、机床及刀具的选择等。

(4) 创造性决策。工艺设计中有些问题的决策需要依赖于工艺人员的经验和创造性能力，这就需要依靠人工智能和专家系统进行决策，如加工方法的确定、定位方案的设计、专用刀夹量具和设备的设计等。

由于工艺规程设计涉及的因素和逻辑判断规则很多，所以创成法 CAPP 系统还需要若干数据库的支持。

样件法和创成法的工艺规程简单，形成过程如图 4-22 所示。

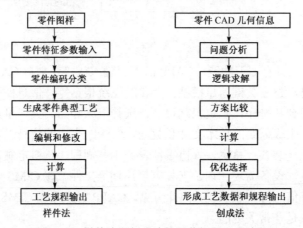

图 4-22　样件法和创成法的工艺规程形成过程

4.5.3　零件成组编码

1. 成组技术概念

成组技术(GT)是样件法 CAPP 的基础，也是机械制造业保证质量、提高生产率、降低成本的技术途径之一。

大量大批生产类型的制造中，广泛采用各种自动机床、专用机床和自动线来进行生产。而在中小批生产中，因受到所谓"批量法则"的制约，只有设法人为地增大批量才有可能采用高效自动化先进设备和工艺。解决上述问题有两条出路：第一是工厂实行专业化，高度产品系列化、部件通用化、零件标准化；第二是实行"人为地"增大批量，采用成组技术。

成组技术的原理是将结构和工艺相似的零件归纳成组，同组内零件增多，就相当于生产时扩大了零件的批量。一般是根据零件的材料、形状要素、尺寸大小、工艺特点分组，同一组的零件可以按共同的工艺过程组织生产和在相同的生产设备、生产单元或生产线上完成加工工作。

2. 零件的编码分类

成组技术的重要工作是先将零件的形状及工艺特征用数字进行零件编码，以便按零件编码划分零件族。目前世界各国已制定出数十种编码方法。

例如，原联邦德国的奥匹兹(Opitz)编码分类法，它按零件结构形状和加工工艺的相似原则将每个零件用九位数字表示。第一至五位为基本代码，第六至九位为辅助代码。第一位数字表示零件属于回转体还是非回转体，并以尺寸为特征；第二位表示结构上的区别，说明外表面的形状及其要素；第三位表示内表面形状及其要素；第四位表示需加工的平面；第五位代表辅助孔及齿形；第六位代码表示零件基本尺寸；第七位为零件材料；第八位为毛坯形状状态；第九位为加工精度。

中国于 1984 年制定的"机械零件分类编码系统(JLBM-1 系统)"是为国内机械工厂实施成组技术、进行零件分类编码的一个指导性文件。该系统由名称类别矩阵、形状及加工码、辅助码三部分共十五个码位组成(图 4-23)。其编码示例如图 4-24 所示。

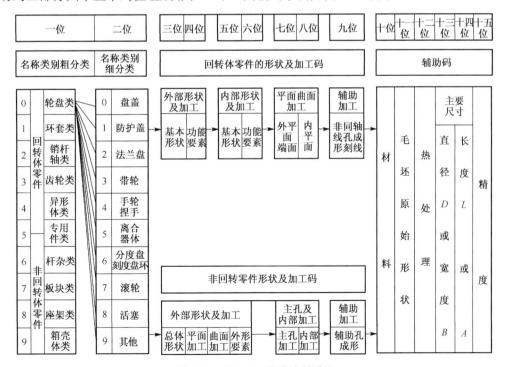

图 4-23 JLBM-1 分类编码系统

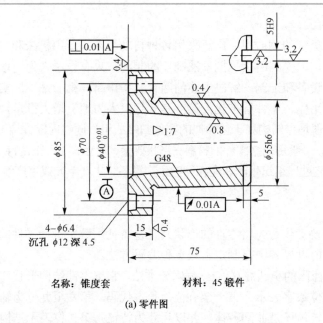

名称：锥度套　　　　材料：45 锻件

(a) 零件图

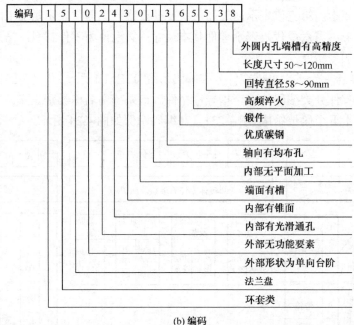

(b) 编码

图 4-24　JLBM-1 分类编码示例

4.5.4　创成法 CAPP 中工艺决策的实现

基于成组技术的样件法 CAPP 利用的是事先编好的现成工艺，本质上是一个数据检索系统。对基于知识工程的创成法 CAPP，则需要它能在给定要求和条件下，通过正确决策来制定出高质量的工艺设计。早期的创成法 CAPP 利用的是判断树、判断表等简陋的决策工具。目前，这主要通过智能化的专家系统、人工神经网络和复合智能系统来实现。

1）基于专家系统的 CAPP

专家系统是一个用基于知识的程序设计方法建立起来的计算机软件系统。它拥有某个领域内的专家知识和经验，能像专家那样运用知识进行推理并进行智能决策。专家系统的一般结构如图 4-25 所示。在 CAPP 系统中，问题主要是对工艺知识和工艺信息的处理和利用。而专家系统具有擅长符号处理和逻辑推理的功能特点，符合 CAPP 的要求。

基于专家系统的 CAPP 具有如下特点：

（1）专家系统不仅能利用逻辑性知识，而且能利用经验性和启发性知识，使工艺决策更加合理。

（2）专家系统的知识库和推理机互相独立，修改知识库时不涉及程序体，知识库易于更新和完善。

（3）专家系统有强大解释功能，能对结论和推理过程做出解释，使用户使用、理解、检验和维护系统非常方便。

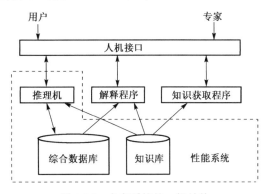

图 4-25　专家系统的一般结构

2）基于人工神经网络的 CAPP

人工神经网络是由大量简单的基本元件——神经元互相连接而成的自适应非线性动态系统。它能够自适应环境，总结规律，完成某种运算、识别或过程控制。基于人工神经网络的 CAPP 具有如下优越性：

（1）自学习能力是人工神经网络的基本特性，这使基于人工神经网络的 CAPP 系统的工艺知识的获取过程大为简化。只要提供足够多的典型工艺作为样本，经过多次训练，工艺知识就能存储在人工神经网络的互连结构中。用新的样本重新训练，就能掌握新的工艺知识。

（2）人工神经网络中工艺知识的表达是隐式的，能反映实际大量存在的难于形式化的工艺知识。

（3）人工神经网络中的知识处理系统的推理过程是并行计算过程。决策速度快，能满足大规模和实时性要求。

3）基于复合智能系统的 CAPP

专家系统的知识处理所模拟的是逻辑思维机制，人工神经网络所模拟的是经验思维机制。高智能水平的 CAPP 系统则需要将二者结合起来，形成功能互补的复合智能系统。二者结合的集成策略有分立模型、交互模型、松耦合、紧耦合及完全集成五种形式。图 4-26 是一个紧耦合类型的复合智能 CAPP 系统结构简图。

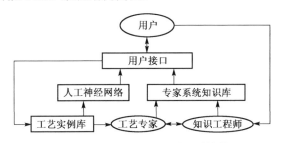

图 4-26　复合智能 CAPP 系统结构简图

4.5.5 CAPP 系统实例

图 4-27 是一个实用的回转体零件 CAPP 系统的总体结构。该系统的开发环境为 FoxPro for Windows，在微机 386、486、586 及兼容机上运行。整个系统由 7 个子系统和支持 CAPP 系统运行的工艺数据库和工艺知识库组成。图 4-28 是该 CAPP 系统的工艺生成原理图。该 CAPP 系统各部分简介如下。

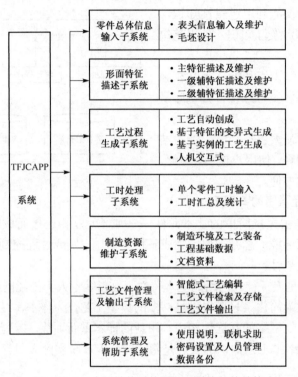

图 4-27　一个回转体零件 CAPP 系统总体结构

1）零件总体信息输入子系统

本子系统主要完成以下两大功能：

（1）零件表头信息输入及管理。用户输入的表头信息有产品型号、零件图号、名称、件数、批量等。用户利用鼠标从各窗口选择相应内容，即能快速完成表头信息的输入及相应成组编码的自动生成。系统还提供对输入信息进行修改、复制、删除等功能。

（2）毛坯设计。用户从窗口选择毛坯种类、材料种类、型号，输入零件最大直径及长度，利用工厂的加工余量经验规则，系统能自动计算圆钢、管子等毛坯尺寸，自动确定材料规格及毛坯长度。也允许用户自行选择材料规格及修改毛坯长度。

2）形面特征描述子系统

针对回转类零件，形状特征由各段上的主特征和多级辅特征组成。主特征确定零件主体形状，辅特征是零件主体形状的局部修改。本子系统采用分层特征描述法，利用系统提供的形面描述界面，用户按段输入每个特征及有关属性，统一、详尽地完成零件形面描述及特征信息输入。此子系统设计具有以下特点：

（1）采用面向对象技术，实现零件形面描述以零件形状特征为对象，确保零件形面描述

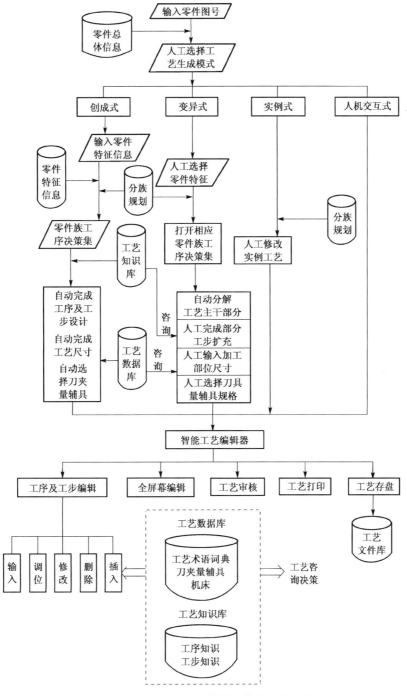

图 4-28 示例 CAPP 系统的工艺生成原理图

层次结构清楚，信息完整、详尽。

（2）各类特征输入界面，除了显示各特征属性外，同时显示各种按钮，提供数据录入、浏览、修改、插入、删除、复制等全面的编辑功能，可以方便地编辑特征参数，从而确保零件特征信息的准确性。

（3）形面描述可操作性好，从窗口屏幕界面能直观显示所描述的特征及相应参数和特征之间拓扑关系，便于用户随时校核。

3）工艺过程生成子系统

该系统结合工艺设计特点及工艺人员的思维模式，采用人机最佳组合、多元化的 CAPP 系统设计思想。在同一体系中实现了 4 种模式并存的工艺设计系统，使计算机完成工艺设计的覆盖率达 100%。

（1）创成式。使用专家系统将工艺知识、工艺决策与控制程序相分离。通过工艺知识获取与管理界面，创建了特征加工链知识库、工步知识库、工序知识库及工序决策集共 4 级知识库，作为自动工艺决策分层推理的基础。采用渐进式工艺创成模式，以零件族为对象，生成工艺过程的主干部分，即生成零件主要工作表面的加工工序。然后遵循先主后辅，先工序后工步，先整体后局部，先通用后特殊原则，逐步扩充，从而实现工艺过程的自动设计。这种基于知识的创成模式可以适用于 85% 以上的零件。

（2）变异式。利用总体信息及选择零件形面特征，通过分族规则库，自动调用相应族工序决策集，自动生成工艺过程的主干部分。再利用工艺决策咨询窗口，人工选择补充工步、输入加工尺寸、选择刀夹量辅具规格。适用于通过输入少量信息就能快速生成工艺过程文件的零件。

（3）实例式。对一些具有重复性、相似性、又难于建模的零件，用户只需选择相似零件，系统自动从实例库调出可重用的实例工艺，经用户修改、编辑，方便地完成一份新工艺的设计。系统还提供实例添加、删除等功能。

（4）人机交互式。在全屏幕编辑状态下，借助于智能工艺编辑器，以人机交互方式，按顺序选择或输入工序、工步及有关参数，从而完成零件的工艺设计。主要适用于工艺过程较特殊的零件。

上述 4 种工艺生成模式各有特点，工艺生成时所调用的工艺数据及工艺决策知识的内部格式以及智能工艺编辑器是一致的，最终生成工艺文件的格式也是一致的。正是这些内在联系使基于特征的变异式与渐进的创成式有机地结合，以创成工艺主干部分。在人机交互式、实例式及智能工艺编辑器中也能调用工艺知识库及工艺数据库，通过工艺决策咨询窗口，帮助用户快速完成工艺设计。体现了人机相互协作、取长补短的特点。

4）工时处理子系统

工时定额是工艺过程卡中一项重要内容，其数据合理性直接影响工人切身利益及管理。本子系统提供以下两大功能：

（1）工时输入及管理。工艺人员按工序输入单件时间及准终时间，同时提供工时的浏览、修改、审核、存盘等功能，便于工时全面管理。

（2）工时汇总及统计。其统计结果可用于成本计算、协调生产计划等。

5）制造资源维护子系统

制造资源包括制造环境及工艺装备、工程基础数据、项目文档资料等，其数据库文件多，信息量大。本子系统提供一个集成化管理界面，能实现对所有资源信息的统一管理，操作方便，搜索速度快，界面统一。在系统运行过程中，能不断扩充和更新内容，以适应不断变更的制造环境。

6）工艺文件管理及输出子系统

本子系统主要提供对所生成的工艺信息及工艺过程文件进行统一管理及输出的功能，包括检索、存储、编辑、打印等。系统输出工艺深度达到工步一级，能反映加工过程中每一加工表面尺寸、精度等级，以及刀夹量辅具的名称、规格及编号。工艺编辑器具有以下功能及特点。

(1) 提供对工序、工步进行上下调位、修改、删除、插入等操作，以及工序号的自动调整。

(2) 基于知识的智能化编辑。当需要增补、修改工序工步时，用户可以激活相应的工艺决策咨询窗口。系统自动调用并显示相应的工步知识、工序知识及相关的工艺术语及工艺装备等，帮助用户在规范化的工艺术语及工艺规则基础上进行选择，提高了编辑速度。

(3) 集工艺编辑与工艺管理为一体的多功能编辑界面。除了提供工艺编辑操作外，还有工艺审核、工艺存盘、工艺打印、屏幕编辑、工艺恢复、实例添加等功能。

该 CAPP 系统投入运行以来，经过不断修改和扩充，已经逐步完善，现已直接应用于生产实际。

4.6　典型零件机械加工工艺

4.6.1　轴类零件加工工艺

1. 概述

1) 轴类零件及其技术要求

轴类零件是机器中一种主要零件，它是旋转体零件，其长度大于直径。加工表面通常有内外圆柱面、内外圆锥面、螺纹、花键、横向孔、沟槽等。根据其形状结构特点可分为光轴、空心轴、半轴、阶梯轴、花键轴、十字轴、偏心轴、曲轴及凸轮轴等。轴类零件的技术要求主要如下。

(1) 尺寸精度和几何形状精度。轴的轴颈是轴类零件的主要表面，它影响轴的旋转精度与工作状态。轴颈的直径尺寸精度根据使用要求通常为 IT6～IT9，甚至 IT5。轴颈的几何形状精度(圆度、圆柱度)应限制在直径尺寸公差之内，对精度要求高的轴，几何形状精度也可在零件图上规定允许偏差。

(2) 相互位置精度。保证配合轴颈(轴上装配传动件的轴颈)相对支承轴颈(轴上装配轴承的轴颈)的同轴度，是轴类零件相互位置精度的普遍要求。普通精度轴的配合轴颈对支承轴颈的径向圆跳动一般为 0.01～0.03mm，高精度轴为 0.001～0.005mm。

(3) 表面粗糙度。支承轴颈的表面粗糙度比其他轴颈要求严格，其表面粗糙度 Ra 为 0.16～0.63μm。配合轴颈的表面粗糙度 Ra 一般为 0.63～1.6μm。

例如，某一车床主轴零件各项技术要求如图 4-29 所示。

2) 轴类零件的材料、毛坯及热处理

(1) 轴类零件的材料。一般轴类零件材料常用 45 钢，并根据不同的工作条件采用不同的热处理工艺，以获得一定的强度、韧性和耐磨性。对于中等精度而转速较高的轴可选用 40Cr 等合金结构钢，经调质和表面淬火处理后，具有较高的综合机械性能。精度较高的轴可选用轴承钢 GCr15 和弹簧钢 65Mn 以及低变形的 CrMn 或 CrWMn 等材料，通过调质和表面淬火及其他冷热处理后，具有更高的耐磨性、耐疲劳或结构稳定性能。对于高转速、重载荷等条件下工作的轴可选用 20CrMnTi、20Mn2B、20Cr 等低碳合金钢或 38CrMoAl 氮化钢。低碳合

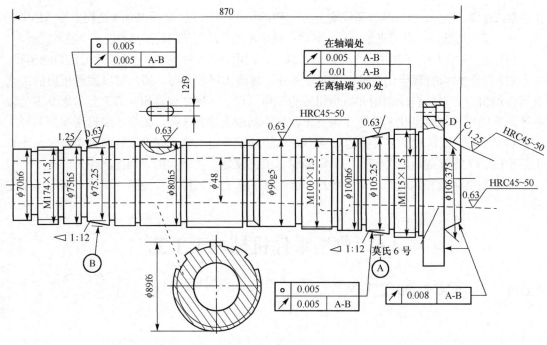

图 4-29　车床主轴

金钢经渗碳淬火处理后，具有很高的表面硬度、耐冲击韧性及心部强度，但热处理变形较大。而氮化钢经调质和表面氮化后，具有很高的心部强度，优良的耐磨性能及耐疲劳强度，热处理变形却很小。

(2) 轴类零件的毛坯。轴类零件最常用的毛坯是轧制圆棒料和锻件。只有某些大型的、结构复杂的轴，才采用铸件。因毛坯经过加热锻造后，能使金属内部纤维组织沿表面均匀分布，从而获得较高的抗拉、抗弯及扭转强度，所以除光轴、直径相差不大的阶梯轴可使用热轧圆棒料和冷拉圆棒料外，一般比较重要轴大都采用锻件毛坯。其中，自由锻造毛坯多用于轴的中小批量生产，模锻毛坯则只适用于轴的大批量生产。

(3) 轴类零件的热处理。轴的锻造毛坯在机械加工前需进行正火或退火处理，以使晶粒细化、消除锻造内应力、降低硬度和改善切削加工性能。要求局部表面淬火的轴要在淬火前安排调质处理或正火。毛坯余量较大时，调质放在粗车之后半精车之前进行；毛坯余量较小时，调质可安排在粗车之前进行。表面淬火一般放在精加工之前，可使淬火变形得到纠正。对于精度高的轴，在局部淬火或粗磨后需进行低温时效处理，以消除磨削内应力、淬火内应力和继续产生内应力的残余奥氏体，保持加工后尺寸的稳定。对于氮化钢需在氮化前进行调质和低温时效处理，不仅要求调质后获得均匀细致的索氏体组织，而且要求离表面 8~10mm 层内铁素体含量不超过 5%，否则会造成氮化脆性，导致轴的质量低劣。从此可见，轴的精度越高，对其材料及热处理要求越高，热处理次数也越多。

2. 轴类零件加工工艺过程及分析

1) 轴类零件加工工艺过程
轴类零件加工工艺因其用途、结构形状、技术要求、材料种类、产量大小等因素而有所差异。现以车床空心主轴为例研究轴类零件加工工艺。

（1）主轴的技术条件分析。从图 4-29 所示车床主轴零件的支承轴颈 A、B 是装配基准。当支承轴颈不圆或轴颈之间不同轴时，将引起主轴的旋转误差，直接影响零件加工的几何精度，故对 A、B 两段轴颈的加工提出很高要求。主轴前端锥孔中心线必须与支承颈的中心线严格同轴，否则会使工件产生相对位置误差。主轴前端圆锥面和端面是安装卡盘的定位表面，该圆锥表面必须与支承轴颈同轴，端面应与主轴的旋转中心线垂直。主轴上的螺纹用于固定与调节主轴滚动轴承。如螺纹中径与支承轴颈不同轴，螺母锁紧后会造成主轴弯曲、滚动轴承内圈中心线倾斜，引起主轴径向跳动，因此必须控制螺纹中径与支承轴颈的同轴度。主轴轴向定位面与主轴旋转中心线不垂直时，会使主轴产生周期性的轴向窜动。会造成加工工件端面对中心线的垂直度误差；加工螺纹时，将引起工件螺距误差。

由上面的分析可知，主轴的支承轴颈、配合轴颈、前锥孔、前端圆锥面及端面、锁紧螺纹等表面是轴的主要加工表面。其中支承轴颈本身的尺寸精度、几何形状精度、相互位置精度和表面粗糙度尤为重要。

（2）卧式车床主轴加工工艺过程。表 4-6 为车床主轴大批量生产的加工工艺过程。

表 4-6　卧式车床主轴大批量生产的加工工艺过程

序号	名称	加工内容	加工设备
1	备料		
2	精锻		立式精锻机
3	热处理	正火	
4	锯头		
5	铣端面打中心孔		专用机床
6	荒车	车各外圆面	卧式车床
7	热处理	调质 220～240HB	
8	车	车大端各部	卧式车床
9	车	仿形车小端各部	仿形车床
10	钻	各中心通孔深孔	深孔钻床
11	车	车小端内锥孔(配 1∶20 锥堵)	卧式车床
12	车	车大端内锥孔(配莫氏 6 号锥堵)，车外短锥及端面	卧式车床
13	钻	钻大端端面各孔	摇臂钻床
14	热处理	高频淬火ϕ90g6，短锥及莫氏 6 号锥孔	
15	精车	精车各外圆面并切槽	数控车床
16	粗磨	粗磨外圆两段	外圆磨床
17	粗磨	粗磨莫氏锥孔	内圆磨床
18	铣	粗精铣花键	花键铣床
19	铣	铣键槽	铣床
20	车	车大端内侧面及三段螺纹(配螺帽)	卧式车床
21	磨	粗精磨各外圆及 E、F 两端面	外圆磨床
22	磨	组合磨粗精磨三圆锥面及短锥端面	组合磨床
23	精磨	精磨莫氏 6 号锥孔	主轴锥孔磨床
24	检查	按图样技术要求项目检查	

2）卧式车床主轴加工工艺过程分析

（1）加工阶段划分。主轴是多阶梯形并带通孔的零件，切除大量的金属后会引起内应力重新分布而变形，安排工序应将粗、精加工分开，主要表面的精加工应放在最后进行。该主轴调质之前的工序属于各主要表面的粗加工阶段,调质以后工序则属半精和精加工阶段。要求较高的支承轴颈和锥孔的精加工,放在最后进行。主轴加工工艺过程以主要表面粗加工、半精加工和精加工为主线,适当穿插其他表面的加工工序及热处理和检验工序。

(2) 定位基准选择与转换。轴类零件加工最常用的定位基准是两顶尖孔。因为轴类零件的设计基准是轴的中心线,采用顶尖孔定位能在一次安装中加工出较多的表面,符合基准重合原则和基准统一原则。在上述主轴工艺中,半精车、精车、粗磨及精磨各部外圆及端面、铣花键、车螺纹等工序,都以顶尖孔作为定位基准。但锥孔的车削及磨削只能选择外圆表面为定位基准。磨削锥孔时选择主轴的装配基准(前后支承轴颈)作为定位基准,可消除基准不重合造成的定位误差,使锥孔的径向跳动便于控制。

对于空心主轴,顶尖孔因钻出通孔而消失。为在通孔加工后仍能以顶尖定位,需在主轴两端锥孔中插入带有顶尖孔的锥堵或锥套心轴,如图 4-30 所示。锥堵应有较高的精度,必须保证锥堵锥面与顶尖孔有较高的同轴度。在使用中应尽量减少锥堵安装次数,因重新安装会引起安装误差。所以,对中小批生产来说,锥堵安装后一般不中途更换。

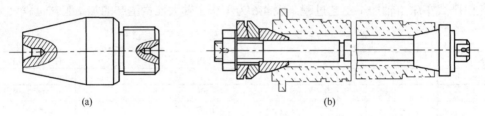

(a)   (b)

图 4-30　锥堵与锥套心轴

表 4-6 所列工艺过程中定位基准的使用与转换大体如下:工艺过程开始以支承轴颈作粗基准铣两端面、打中心孔,为粗车外圆准备定位基准;而粗车外圆又为深孔加工准备了定位基准;之后,先加工好前后锥孔以便安装锥堵,为半精和精加工外圆准备定位基准;终磨锥孔之前,必须磨好轴颈表面,然后用支承轴颈定位磨削锥孔,以便获得较高的锥孔位置精度。

(3) 工序安排顺序。主轴加工工序的加工准备阶段包括毛坯制造和正火;粗加工阶段为铣端面打中心孔、粗车外圆与调质;半精加工阶段为半精车外圆、加工各辅助表面与表面淬火;精加工阶段为主要表面(外圆表面与锥面)精加工。具体安排加工顺序应注意以下几点。

① "基准先行"原则。毛坯加工过程中首先应加工定位基准面。例如,必须在工序 5 完成顶尖孔加工后才能荒车或粗车各外圆,必须在工序 11 和 12 完成安装锥堵工作之后才能进行各辅助面、各外圆表面半精车,必须在完成工序 17 前锥孔磨削加工较准确地安装锥堵才能精磨各外圆表面,又必须在完成外圆的精加工后,以外圆为定位基准精确磨前锥孔。

② 深孔加工安排。主轴深孔加工工序安排应注意两点。第一,钻孔安排在调质之后进行。因为工件经调质处理变形较大,如先加工深孔,孔会产生较大弯曲变形。第二,钻深孔应安排在外圆粗车或半精车之后,以便有一个较精确的轴颈作定位基准保证孔与外圆的同轴度,并使主轴孔壁厚度均匀。

③ 次要表面加工安排。主轴上的花键、键槽等次要表面通常均安排在外圆精车、粗磨之后,或精磨之前进行加工。如在精车前就铣出键槽,精车时会因断续切削而影响加工质量和容易损坏刀具,也难控制键槽的深度。但这些加工放在主要表面精磨以后进行

则会破坏主要表面精度。由于主轴上的螺纹中径对支承轴颈同轴度要求较高，因此车螺纹工序必须安排在主轴局部淬火之后，而且车螺纹时使用的定位基准与精磨外圆使用的基准要相同。

3. 轴类零件加工中的几个主要问题

(1) 轴类零件外圆表面的车削。车削轴类零件外圆表面粗加工、半精加工的主要方法，一般都在普通车床上进行。大批生产可采用多刀半自动车床以及数控车床加工。多刀半自动车床加工可缩短加工时间和测量轴向尺寸等辅助时间，从而提高生产率。但是调整刀具花费的时间多，而且切削力大，要求机床的功率和刚度较大。以数控车床为基础，配备简单的机械手及零件输送装置组成的轴类零件自动线，已成为大批量生产轴的重要方法。

采用车削中心加工轴类零件是一项新技术。机械制造业的发展要求机床具有较大的柔性，即能快速频繁地更换加工对象。车削中心加工的柔性大，机床调整时间短，无论生产批量大或小均可实现自动化生产。这些机床采用工序集中方式加工，车表面、加工沟槽、铣键槽、钻孔、加工螺纹等各种表面有可能在一次安装中完成，加工精度也比卧式车床高得多。

(2) 轴类零件外圆表面的磨削。磨削外圆是轴类零件精加工的最主要方法，一般安排在最后进行。磨削分粗磨、精磨、细磨及镜面磨削。轴外圆表面的磨削通常以顶尖孔作定位基准，要提高外圆表面加工精度就必须提高顶尖孔的加工精度。在轴加工过程中顶尖孔还会磨损、拉毛，热处理后产生氧化皮及变形，这需要在精磨外圆之前对顶尖孔进行一次修研。修研顶尖孔可在车床、钻床或专用顶尖孔磨床上进行。

(3) 轴类零件的深孔加工。通常将孔的长度与直径之比大于 5 的孔称为深孔。加工深孔比加工普通孔的难度大，生产率低，加工方法也有不同。深孔钻削有以下特点：由于深孔刀具细长，刚性差，加工中易产生引偏和振动，因此孔的轴线易歪斜；刀具冷却散热条件差，切削温度容易升高，刀具耐用度低；切屑排出困难，不仅会划伤已加工表面，严重时会造成刀刃崩刃，甚至折断。所以深孔加工要有相应对策，如采取工件旋转方式，改进刀具导向结构，防止引偏；采用压力输送切削液既冷却刀具又方便排屑；改进刀具结构以便强制断屑，使切削在磨削液的压力下顺利排出。单件小批生产时，常采用接长柄麻花钻在车床上加工深孔，但排屑与冷却刀具困难，需要多次退刀操作，生产率低，劳动强度大。大批量生产时，则采用在专用深孔钻床上进行。

(4) 主轴锥孔的精加工。主轴锥孔对主轴支承轴颈的径向跳动是机床的主要精度指标之一，因此锥孔的磨削是主轴加工关键工序之一。锥孔加工通常在专用夹具上进行。为了获得高的同轴度，采用互为基准原则。夹具由底座、支承架及浮动夹头三部分组成，支承架固定在底座上，支承架前后各有一个 V 形体，工件放在 V 形体上。工件中心与磨头中心必须等高，否则磨出的锥孔母线会呈双曲线形状。后部浮动夹头锥柄装在磨床头架轴锥孔内，它能限制工件的轴向窜动和向工件传递扭矩。采用这种连接可以保证工件加工精度不受内圆磨床主轴旋转误差及机床振动的影响。

(5) 主轴的检验。主轴质量检验的内容包括表面粗糙度、表面硬度、几何形状精度、相互位置精度和尺寸精度。对于表面粗糙度，可以通过外表观察，还可采用轮廓仪测出表面粗糙度值。对于表面硬度，在热处理后抽检。

一般用长度测量仪先检验表面尺寸精度和几何形状精度。精密主轴的圆度用圆度仪检查。然后使用专用检具再检验其相互位置精度。应先检验测量基准的几何形状和尺寸精度。以两支承轴颈作测量基准能使测量基准与设计基准、装配基准重合，避免基准不重合带来测量误差。如图 4-31 所示，将主轴支承在同一个平台上的两块 V 形体中，并用粘在左端锥堵顶尖孔上的钢球，靠在左挡块上，限制主轴轴向移动。V 形体高度可调，使主轴的中心线与测量平面平行。平台要有一定倾斜，使工件靠自重与钢球紧密贴合。检验时，首先用百分表 1 和 2 校正好主轴在 V 形块中的位置，使主轴中心线与测量平面平行，在主轴前端锥孔伸入检验棒，缓慢均匀转动主轴一圈，百分表 1 和 2 读数之差，就是两段轴颈同轴度误差。表 3、4、5、8、9 分别测量各轴颈及锥孔中心相对支承轴颈的同轴度。表 6、7 检验 M、N 端面相对支承轴颈的垂直度。表 10 测量主轴轴向跳动。前端锥孔应用专用锥度量规，涂色检查接触精度，这项检查应在上述项目之前进行，因接触不好将影响锥孔相互位置精度检验。

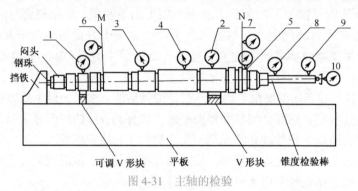

图 4-31　主轴的检验

4.6.2　箱体类零件加工工艺

1. 概述

1) 箱体零件的功用及结构特点

箱体是机器的基础零件。它将轴、套、轴承、齿轮等元件组装在一起，保证其正确相互位置关系和运动。它的加工质量对机器精度、性能和寿命都有直接关系。箱体零件结构一般都比较复杂，整体呈封闭或半封闭状，壁薄且不均匀，其上有许多精度高的孔和平面需要加工。箱体零件一般加工部位较多，工序长，而且加工难度高。

2) 箱体零件的主要技术要求

箱体零件的技术要求主要如下。

(1) 孔本身的精度要求。箱体上的孔大都是轴承孔，对孔径尺寸、几何形状及表面粗糙度，均有较严格要求，以确保轴承外圈与箱体孔的配合正确和防止外圈变形。

(2) 孔与孔、孔与平面的相互位置要求。两个以上的同轴线孔，应具有同轴度要求，通常规定不大于其中最小孔径的尺寸公差之半。有齿轮啮合关系的相邻孔之间，应有一定的孔距尺寸精度和孔轴线的平行度要求。对主要孔来说，它对装配基准平面应有一定的尺寸精度和平行度，或与端面有一定垂直度要求。例如，车床床头箱上的主轴孔与装配基面间的尺寸精度影响主轴与尾架的等高性，其平行度误差影响主轴轴心线与导轨的平行度。

(3) 平面本身精度要求。无论是箱体的装配基准平面还是加工中的定位基准平面，均有

较高的平面度和较小的表面粗糙度要求。CA6140 车床床头箱的各项主要技术要求如图 4-32
所示。

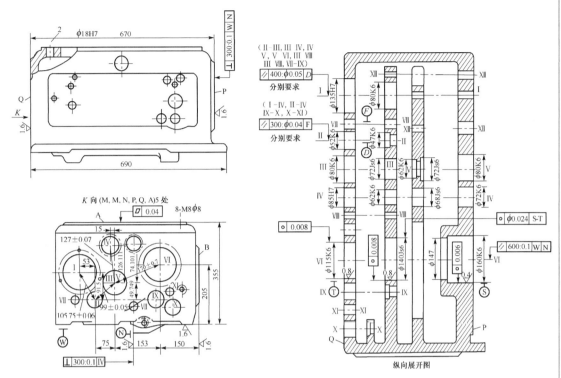

图 4-32　CA6140 车床床头箱的各项主要技术要求

3) 箱体类零件的材料、毛坯及热处理

铸铁的铸造工艺性好,易切削,价格低,且抗振性和耐磨性好,多数箱体均采用铸铁制
造。一般为 HT200 或 HT250 灰铸铁;当载荷较大时可采用 HT300、HT350 高强度灰铸铁。
对于承受冲击载荷的箱体,一般选用 ZG25、ZG35 铸钢件。对于批量小、尺寸大、形状复杂
的箱体,采用木模砂型地坑铸造毛坯;尺寸中等以下,采用砂箱造型;批量较大,选用金属
模造型;对于受力大,或受冲击载荷的箱体,应尽量采用整体铸件作毛坯。单件小批情况下,
为了缩短生产周期,箱体也可采用铸-焊、铸-锻-焊、锻-焊、型材焊接等结构。

箱体零件的热处理,根据生产批量,精度要求及材料性能,有不同的方法。通常在毛坯
未进行机械加工之前,为消除毛坯内应力,对铸铁件、铸钢件、焊接结构件须进行自然时效
或人工时效处理。

批量不大的生产,人工时效处理可安排在粗加工之后进行。对大型毛坯和易变形、精度
要求高的箱体,在机械加工后也可安排第二次时效处理。

2. 普通车床主轴箱加工工艺过程分析

表 4-7 是 CA6140 车床床头箱(图 4-32)大批量生产的工艺过程。

1) 箱体加工定位基准的选择

(1) 精基准的选择。一般箱体的外形上有多个平面需要加工,且其上孔系的加工要求高,

需经过多次安装。所以，在选择基准时要采用基准统一原则，以保证达到各加工表面的相互位置精度。

表 4-7 车床床头箱大批量生产的工艺过程

序号	工序内容	定位基准
1	铸造	
2	时效	
3	漆底漆	
4	铣顶面 A	轴VI及轴 I 铸孔
5	钻、扩、铰顶面 A 上的 ϕ18H7，保证其对 A 面的垂直误差小于 0.1mm/600mm，并加工 A 面上的 8 个 M8 孔	顶面 A、轴VI孔及内壁一端
6	铣 W、N、B、P、Q 5 个平面	顶面 A 及两工艺孔
7	磨顶面 A，保证其平面度误差小于 0.04mm	W 及 Q 平面
8	粗镗各纵向孔	顶面 A 及两工艺孔
9	精镗各纵向孔	顶面 A 及两工艺孔
10	精镗主轴孔	顶面 A 及轴III、轴V孔
11	加工横向孔和各次要孔	顶面 A 及两工艺孔
12	磨 W、N、B、P、Q 平面	顶面 A 及两工艺孔
13	钳工去毛刺、清洗	
14	检查	

以装配基面为定位基准。图 4-32 所示的床头箱，选择装配基面(底面 W、导向面 N)为精基准加工各平面及孔系。这样就能使定位基准、装配基准与设计基准大部分重合，消除了基准不重合带来的定位误差。而且在加工时，箱体顶面开口向上，便于安装调整刀具、更换导向套、测量加工孔径尺寸等各项值。这种定位方式在单件和中小批生产中得到较广的应用。但由于箱体底部是封闭的，中间支承与导向支架只能从箱体开口处伸入箱体内，每加工一件需装卸一次。由于安装误差大，吊架刚性差，孔系加工精度低，且加工中辅助时间长，影响生产效率。因此该方式不适应大批量生产。

采用顶面及两个销孔作定位基准。由于吊架式镗模存在上述问题，所以批量大的生产都应采用以顶面及两定位销孔为精基准。定位时，箱口向下，又称为扣箱镗孔。中间导向支架固定在夹板上。使夹具结构简化、刚性高、加工时工件装卸方便，提高了孔系加工质量和劳动生产率。但这种定位方式还存在一些需要解决的问题，如由于定位基准与 W、N 等设计基准不重合，产生基准不重合误差。为了保证箱体加工精度，必须提高作为定位基准的箱体顶面和两定位销孔的加工精度。箱口向下加工也不便于直接观察加工情况和加工中调整刀具与测量尺寸，需要采用定尺寸刀具以直接获得工件尺寸。由于这种定位方式简便，限制了工件的六个自由度，定位稳定可靠，并且可以加工除定位面之外的所有五个平面及平面上的孔系，作为从粗加工到精加工大部分工序的定位基准，实现"基准统一"，因此，在组合机床、自动线及加工中心上加工箱体时，多采用这种定位方式。

(2) 粗基准的选择。箱体加工粗基准应满足以下要求：在保证各加工表面均有加工余量的前提下，应使重要孔(如主轴孔)的加工余量均匀，保证加工后的箱体在装入零件(如齿轮、拨叉等)后与箱体内壁有足够的间隙，注意保持箱体必要的外形美观(如凸台面高度均匀)。粗基准应保证定位方便，夹紧可靠。大批量加工箱体时，常常选择以主轴的毛坯孔和距其较远的另一孔为粗基准面，这样可保证各表面均有加工余量，重要孔余量均匀，并可保证装入箱体的传动件与箱体内壁不相碰。

2) 箱体加工阶段的划分

生产批量大的普通精度箱体的工艺过程一般分为粗加工阶段和精加工两个阶段。表 4-7 中工序 4～8 为粗加工阶段。在该阶段内完成基准面加工，然后对各主要平面和孔系进行一次粗加工，切除大量金属，减少铸件内应力。工序 9～14 为箱体精加工阶段。铸件经粗加工后大部分内应力已消除，零件得到充分冷却和变形，再对箱体各主要孔精镗、平面精磨，使其达到图样要求。

3) 箱体加工顺序安排

箱体加工顺序的安排通常要遵循如下几个原则：

(1) "先面后孔"的原则。先加工平面，后加工孔，是箱体加工的一般规律。先加工平面，再以平面为精基准来加工孔，不仅为孔的加工提供了稳定可靠的精基准，同时可使夹具结构简单。先加工平面，还可以消除铸件表面的凹凸不平、黑皮及夹砂等缺陷，有利于孔的加工，调整尺寸也较为方便。对于一些特殊的平面，如对于大量生产时的定位基准(图 4-32) W、N 平面，外观平面 B、P、Q 等，为防止运输中碰坏，应将磨削加工放在最后来完成。

(2) 热处理工序的安排原则。为了消除毛坯内应力防止加工变形，能长期保持箱体精度，需进行消除应力的热处理。自然时效方法效果好，但周期长，只适用于部分精密箱体。通常采用人工时效。普通精度的箱体铸造后安排一次人工时效。高精度的箱体或特别复杂的箱体。粗加工后需再安排一次人工时效处理，以提高加工精度的稳定性。

(3) 紧固螺孔等小孔加工安排在主要孔加工后。因为有些紧固孔要以轴孔定位，使用钻模板加工，所以应在主要孔完成后进行加工。主要孔与次要孔相交的孔系，必须先完成主要孔的精加工后再加工出次要孔。否则主要孔精加工时会产生断续切削与振动。

3. 箱体类零件的孔系加工

一组有相互位置精度要求的孔称为孔系。孔距精度和相互位置精度是孔系加工的关键。

1) 平行孔系的加工

平行孔系加工的主要技术要求是各孔轴心线的平行度、孔距尺寸精度、孔轴心线与基面之间的距离精度和平行度。由于生产批量、尺寸结构不同，平行孔系加工采用不同方法。

单件或小批加工箱体时多采用普通机床，利用简单夹紧装置，依靠操作者的技术，采用试切法、找正法逐个加工箱体上的孔。其加工时间长，质量不稳定；但设备简单，成本低。如采用带数显装置的坐标镗床或数控机床单件或小批加工箱体，可采用坐标法加工孔系。坐标法是将孔的位置用 x、y 坐标值表示，然后按坐标值精确调整机床运动，以加工出合格孔系的方法。这样辅助时间可大为缩短，质量稳定。

在大批量生产时采用镗模法加工平行孔系。如图 4-33 所示，工件固定在镗模底板上，左右两侧是镗模，镗模被支承在镗模的导向套中，由导向套引导镗模在工件准确位置上镗孔。镗孔与机床主轴采用浮动连接，使机床主轴回转精度与导轨的直线度误差不影响加工精度。其加工精度仅取决于镗杆、镗套和镗模的精度。由于镗杆采用了双支承，提

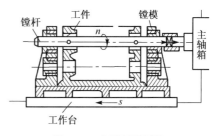

图 4-33　应用镗模镗孔

高了刚度，有利于使用多轴、多刀加工，且在加工中不需要找正，所以生产率高，质量稳定，适合于中批和大批生产。至于大量生产，可采用多轴、多刀以及双向加工。

2）同轴线孔系的加工

同轴线孔系的主要技术要求是各孔的同轴度，其加工方法有下列几种：

（1）悬臂镗孔法。采用悬臂镗杆，不加支承，从一端进行镗孔，如图 4-34 所示，由于悬臂刀杆刚性差，所以只适用于中小型箱体或箱壁距离小、孔径大的情况，其特点是操作方便，生产率高。

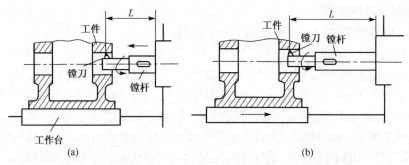

图 4-34　悬臂镗孔法加工同轴线孔系

（2）导向支承镗孔法。如图 4-35 所示，在箱体壁上第一个孔加工好后，便在孔内装上一个导向套，以支承镗杆继续加工前面的孔，从而减少镗杆变形，提高两个孔的同轴度。此方法适用于加工箱壁相距较近的同轴线孔。

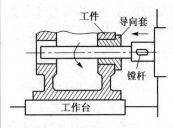

图 4-35　导向支承镗孔法

（3）双导向支承镗孔法。采用这种方法的镗杆两端均有导向套支承(图 4-33)，刚性好加工精度高。前面叙述的镗模法加工，即属于这种方法由前后导向套的同轴度保证各加工孔的同轴度。

（4）从孔壁两端进行镗孔。对于批量大的生产，为了提高生产率、缩短加工时间，可利用专用机床双向镗孔法。该法将左右两个多轴、多刀动力头安装到要求位置，从两个方向同时进刀加工。这样不仅可保证孔的同轴度，生产效率也大为提高。

3）垂直孔系与交叉孔系的加工

小型箱体使用专用夹具在普通机床上加工；中等尺寸以上箱体通常在卧式镗床上加工。加工时先镗削同一轴线上的孔，再将工件转 90°，调整好主轴中心坐标位置后，加工另一轴线上的孔。

4．箱体的检验

1）箱体的主要检验内容

包括孔与平面的尺寸精度及外观检查、各加工表面几何形状精度与表面粗糙度检查，以及各加工表面的相互位置精度检验，如孔距尺寸精度、同轴线孔的同轴度、不同轴线孔的平行度和垂直度、孔的轴心线与平面的平行度、垂直度及孔至平面的距离精度等。

对于表面粗糙度，可采用对比法或轮廓仪测量法。对于孔的尺寸，通常采用塞规检验。当需确定误差值时，可选用长度量仪测定(如内径千分尺和内径千分表)，只有精密箱体才用圆度仪或三坐标测量机测量。平面的直线度一般采用平尺和厚薄规检验，也可用水平仪与桥板检验。完成上述检验后，便可进行孔的相互位置精度的检验。

2）孔系相互位置精度检验

（1）孔的距离精度检验。孔距精度不高时，可直接用游标卡尺检验；当孔距精度较高时，用心轴与千分尺检验或使用心轴、块规检验。

（2）同轴度的检验。使用综合量规检查，是一种简便的方法，如图 4-36 所示。量规的直径尺寸为孔的实效尺寸。若量规能通过被测零件的同轴线孔时，即说明其同轴度在允差之内。

（3）孔轴线相互平行度的检验。孔的轴心线对基面平行度的检验方法如图 4-37（a）所示。将被测零件放在平板上，在被测孔内插入一根心轴，用百分表测量心轴两端，其差值即为测量长度内孔的轴心线对基面的平行度。孔系轴心线之间的平行度的检验方法如图 4-37（b）所示。将被测零件放在等高支承上，或放在可调支承上将其调至等高。在基准孔与被测孔内插入心轴，用百分表分别在水平与垂直方向轴（工件需转 90°）上测量其平行度。

图 4-36　同轴度的检验

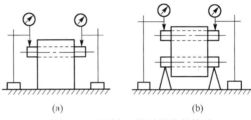

(a)　　　　　　　　(b)

图 4-37　孔轴心线平行度的检验

（4）两孔轴心线垂直度的检验。两孔轴心线垂直度检验如图 4-38 所示，将工件放在可调支承上，让基准孔轴心线与平板面垂直。然后用在分度表测量放于被测孔内的心轴的两处，其差值即为测量长度内两孔中心线的垂直度误差。

（5）孔轴心线与端面垂直度的检验。如图 4-39（a）所示，在心轴上装上百分表，心轴左端使用钢球支承在直角铁上，将心轴旋转一周，即可测出直径 D 范围内孔与端面的垂直度。图 4-39（b）则表示将带有检验圆盘的心轴插入孔中，用着色法检查圆盘与端面的接触情况，或者用厚薄规检查圆盘端面的间隙 Δ，即可测出圆盘范围内孔轴心线与端面的垂直度。

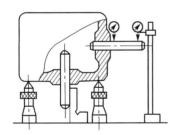

图 4-38　两孔轴心线垂直度检验

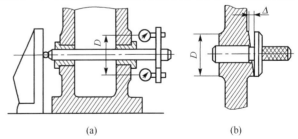

(a)　　　　　　　　(b)

图 4-39　孔轴心线与端面垂直度检验

4.6.3　圆柱齿轮加工工艺

1. 概述

1）渐开线圆柱齿轮传动应用广泛

圆柱齿轮是各类机械中的重要零件之一。功用不同的齿轮具有不同的尺寸和结构形状，但总可以看成由齿圈和轮体两部分构成。按照齿圈上齿轮的分布形式，齿轮可分直齿、斜齿和人字齿齿轮等。而轮体的结构形状对齿轮的制造工艺过程具有决定性的影响，因此齿轮的工艺分类，常以齿轮轮体的结构形状为依据。常见的圆柱齿轮中分为如下几类：盘类齿轮、套类齿轮、内齿轮、轴类齿轮、扇形齿轮（齿圈不完整的圆柱齿轮）和齿条（齿圈半径无限大的圆柱齿轮）等。其中盘类、套类、轴类齿轮应用最广。

2）圆柱齿轮的技术要求

圆柱齿轮的加工精度对机器的工作性能、承载能力及使用寿命都有极大的影响。渐开线圆柱齿轮精度国家标准 GB10095—1988（等效（ISO1328—1975））规定齿轮及齿轮副有 12 个精度等级，其中第 1 级精度最高，第 12 级精度最低，1、2 级为待开发的精度等级，通常称 3、4 级为超精密级，5、6 级为精密级，7、8 级为普通级，8 级以下为低精度级。

圆柱齿轮的传动精度包括以下四个方面：

（1）传递运动的准确性（运动精度）。齿轮作为传动零件应能准确地传递运动，即主动轮转过一定的角度时，从动轮应按传动比准确地转过相应的角度，要求齿轮在旋转一转的过程中，传动比的变化尽量小。

（2）传动的平稳性。在齿轮传动过程中要求传递运动平稳、冲击和振动小、噪声低。这就要限制齿轮传动瞬时传动比的变化，也就是要限制齿轮瞬时转角误差的变化。

（3）载荷分布的均匀性（接触精度）。为保证齿轮在传动过程中齿面所受载荷分布的均匀性，要求齿面间的接触痕迹均匀，并保证有足够的接触面积，以避免载荷集中而引起齿轮过早局部磨损或折断。

（4）适当的齿侧间隙。在齿轮传动中，互相啮合的一对齿轮的非工作面间应留有一定的间隙，以便储存润滑油，减少磨损。齿侧间隙还可补偿齿轮误差和变形，以防止齿轮传动发生卡死或齿面烧蚀现象。

影响齿轮及齿轮副精度的误差有许多种，根据齿轮各项误差对齿轮传动性能的主要影响，将齿轮各项公差分为三组，可根据齿轮精度等级不同，从三个组中各选定 1、2 项控制和检验齿轮前三项传动精度的项目。

由于齿坯的外圆、端面或内孔是齿形加工、测量和装配的基准，所以根据齿轮的精度等级确定齿坯的加工精度。

3）齿轮的材料和毛坯

（1）齿轮的材料和热处理。速度较高的齿轮传动，齿面易产生点蚀，应选用硬层较厚的高硬度材料；有冲击载荷的齿轮传动，轮齿易折断，应选用韧性较好的材料；低速重载的齿轮传动，齿极易折断还易磨损，应选择机械强度大、经热处理后齿面硬度高的材料。当前生产中常用的材料及热处理如下。

中碳结构钢（如 45 钢）进行调质或表面淬火，常用于低速、轻载或中载的普通精度齿轮。中碳合金结构钢（如 40Cr）进行调质或表面淬火，适用于制造速度较高、载荷较大、精度较高的齿轮。渗碳钢（如 20Cr、20CrMnTi 等）经渗碳后淬火，齿面硬度可达 HRC58～63，而芯部又有较好的韧性，既耐磨又能承受冲击载荷。这种材料适于制作高速、中载或具有冲击载荷的齿轮。氮化钢（如 38CrMoAlA）经氮化处理后，比渗碳淬火齿轮具有更高的耐磨性与耐蚀性。由于变形小，可以不磨齿，常用于制作高速传动的齿轮。铸铁及其他非金属材料（如夹布胶木与尼龙等），这些材料强度低，容易加工，适于制造轻载荷的传动齿轮。

(2) 齿轮的毛坯。齿轮毛坯的制造形式取决于齿轮的材料、结构形状、尺寸大小、使用条件及生产类型等因素。齿轮毛坯形式有轧钢件、锻件和铸件。一般尺寸较小、结构简单而且对强度要求不高的钢制齿轮可采用轧制棒料做毛坯。强度、耐磨性和耐冲击性要求较高的齿轮多采用锻钢件，生产批量小或尺寸大的齿轮采用自由锻造，批量较大的中小齿轮采用模锻。尺寸较大且结构复杂的齿轮，常采用铸造毛坯。小尺寸且结构复杂的齿轮常采用精密铸造或压铸方法制造毛坯。

2. 圆柱齿轮加工工艺过程及分析

圆柱齿轮的加工工艺过程常因齿轮结构形状、精度等级、生产类型等的不同而不同。图 4-40 所示为典型的成批生产的中、小尺寸淬硬齿面双联齿轮(材料为 40Cr，精度为 7 级)，它的工艺过程如表 4-8 所示。可见加工一个精度较高的齿轮大致要经过如下工艺过程：毛坯制造及热处理—齿坯加工—检验—齿形加工—齿端加工—齿面热处理—精基准修正齿形精加工—检验。

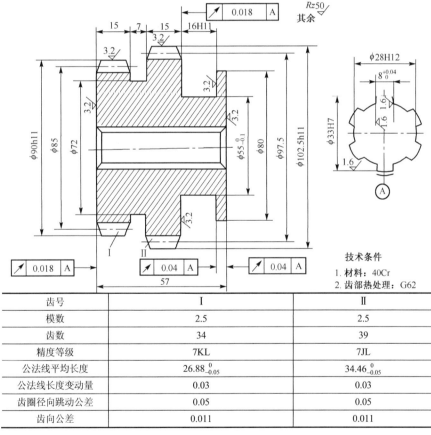

齿号	I	II
模数	2.5	2.5
齿数	34	39
精度等级	7KL	7JL
公法线平均长度	$26.88_{-0.05}^{0}$	$34.46_{-0.05}^{0}$
公法线长度变动量	0.03	0.03
齿圈径向跳动公差	0.05	0.05
齿向公差	0.011	0.011

图 4-40　淬硬齿面双联齿轮

1) 齿坯加工

齿坯的外圆、端面或内孔常作为齿形加工、测量和装配的基准，齿坯精度对整个齿轮的精度有重要的影响。齿坯加工的主要内容包括：齿坯的孔加工(对于盘类、套类和圈形齿轮)、

表 4-8 淬硬齿面双联齿轮的加工工艺过程

序号	工序内容	定位基准
1	毛坯锻造	
2	正火	
3	粗车外圆和端面(精车余量 1～1.5mm)钻、镗花键底孔至尺寸 $\phi 28H12$	外圆和端面
4	拉花键孔	$\phi 28H12$ 孔和端面
5	精车外圆、端面及槽至图样要求	花键孔和端面
6	检验	
7	滚齿($Z=39$)留剃量 0.06～0.08 mm	花键孔和端面
8	插齿($Z=34$)留剃量 0.03～0.05 mm	花键孔和端面
9	齿圈倒角	花键孔和端面
10	钳工去毛刺	
11	剃齿($Z=39$)	花键孔和端面
12	剃齿($Z=34$)	花键孔和端面
13	齿部高频淬火	
14	推孔	花键孔和端面
15	珩齿	花键孔和端面
16	检验	

端面和顶尖孔加工(对于轴类齿轮)以及齿轮圈外圆和端面加工。

齿坯的孔加工主要采用下述几种方案:钻—扩—铰,钻—扩—拉—磨,镗—拉—磨。

大批量生产时,常采用高生产率的机床(如多轴或多工位、多刀半自动机床)加工齿坯。单件小批量生产时,一般采用通用车床加工齿坯,但必须注意内孔和基准端面的精加工应在一次安装内完成,并在基准端面上打有记号。

2) 齿形加工

齿圈上的齿形加工是整个齿轮加工的核心与关键。齿轮加工过程尽管有许多工序,但都是为齿形加工作准备的,以便最终获得符合精度要求的齿轮。齿形加工按其加工原理可分为成形法和展成法,常见的齿形加工方法和适用范围如表 4-9 所示。

齿形加工方案主要取决于齿轮精度等级、生产类型、齿轮热处理方法及生产工厂的现有条件,对于不同精度的齿轮,常用的齿形加工方案也不相同。

(1) 8 级精度以下齿轮。调质齿轮用滚齿或插齿就能满足要求。对于淬硬齿轮可采用:滚(插)齿—齿端加工—齿面淬火—校正内孔的加工方案,但在淬火前齿形加工精度应提高一级。

(2) 6、7 级精度齿轮。对于齿面不需淬硬的 6、7 级精度齿轮采用以下工序:滚(插)齿—齿端加工—剃齿的加工方案。对于淬硬齿面的 6、7 级精度齿轮可采用以下工序:滚(插)齿—齿端加工—剃齿—齿面淬火—校正基准—珩齿的加工方案。这种方案生产率高、设备简单、成本较低,适于成批或大批量生产齿轮。对于淬硬齿面的 4～7 级精度齿轮还可以采用以下工序:滚(插)齿—齿端加工—齿面淬火—校正基准—磨齿的加工方案。这种方案生产率低、设备复杂、成本较高,一般只用于单件小批生产。

(3) 5 级以上精度的齿轮。对于 5 级以上高精度的齿轮一般采用:粗滚齿—精滚齿—齿

表 4-9　常见齿形加工方法和适用范围

齿形加工方法		刀具	机床	加工精度和适用范围
成形法	铣齿	模数铣刀	铣床	加工精度和生产率较低，一般精度在 9 级以下
	拉齿	齿轮拉刀	拉床	精度和生产率较高，拉刀为专用，制造困难，价格高，只在大量生产使用，宜于拉内齿轮
展成法	滚齿	齿轮滚刀	滚齿机	通常加工 6~10 级齿轮，最高达 4 级，生产率较高，通用性好，常加工直齿轮、斜齿外圆齿轮和蜗轮
	插齿	插齿刀	插齿机	通常加工 7~9 级齿轮，最高达 6 级，生产率较高，通用性好，常加工内外齿轮、扇形齿轮、齿条
	剃齿	剃齿刀	剃齿机	通常加工 5~7 级齿轮，生产率高，用于齿轮滚、插加工后、淬火前的精加工
	冷挤齿	挤齿	挤齿机	能加工 6~8 级齿轮，生产率高，成本低，多用于齿轮淬火前的精加工，以代替剃齿
	珩齿	珩磨轮	珩磨机剃齿机	能加工 6、7 级齿轮，多用于剃齿和高频淬火后，齿形的精加工
	磨齿	砂轮	磨齿机	能加工 3~7 级齿轮，生产率较低，成本较高，多用于齿形淬硬后的精密加工

端加工—齿面淬火—校正基准—粗磨齿—精磨齿的加工方案。

3）齿端加工

齿轮的齿端加工方式有倒圆、倒尖、倒棱和去毛刺。经倒圆、倒尖和倒棱处理后的齿轮，在沿轴向移动时容易啮合。倒棱后齿端去掉了锐边，防止了在热处理时因应力集中而产生微裂纹。齿端加工必须安排在齿形淬火之前、滚（插）齿之后进行。

4）齿轮的热处理

齿轮的热处理可分为齿坯热处理和齿面热处理。齿坯热处理通常为正火和调质，正火一般安排在粗加工之前，调质则多安排在齿坯粗加工之后。为延长齿轮寿命、提高齿面硬度和耐磨性常进行齿轮表面淬火硬热处理。根据齿轮材料与技术要求不同，安排渗碳淬火或表面淬火等热处理工序。

第5章

机床夹具

5.1 机床夹具概述

在机床上加工工件时，为了保证工件被加工表面的尺寸、几何形状和相互位置精度等达到要求，必须使工件在机床上占有正确的位置，这一过程称为工件的定位；为使该正确位置在加工过程中不发生变化，就需要使用特殊的工艺方法将工件夹紧压牢，这一过程称为工件的夹紧。从定位到夹紧的全过程称为工件的装夹。而用于装夹工件的工艺装备称为机床夹具。

5.1.1 工件在机床上的装夹方法

微课视频

工件在各种不同的机床上进行加工时，由于工件的尺寸、形状、加工要求和生产批量的不同，其装夹方式也不相同。归纳起来主要有以下三种。

1）直接找正装夹

在这种装夹方式中，工件的定位是由操作者利用划针、百分表等量具直接校准工件的待加工表面，也可校准工件上某一个相关表面，从而使工件获得正确的位置。如图 5-1 所示，在内圆磨床上磨削一个与外圆表面有很高同轴度要求的筒形工件的内孔时，为保证加工时工件占据其外圆表面轴心线与磨床头架回转轴线相一致的正确位置，加工前可先把工件装在四爪夹盘上，用百分表在位置 I 和 II 处直接对外圆表面找正，直至认为该外圆表面已取得正确位置后用夹盘将其夹牢固定。找正用的外圆表面即为定位基准。

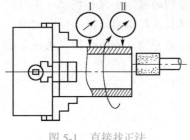

图 5-1 直接找正法

在单件、小批量生产中，使用直接找正安装是比较普遍的，如轴类、套类、圆盘类工件在卧式或立式车床上的安装、齿坯在滚齿机上的安装等。但若对工件的定位精度要求很高，用夹具不能保证这样高的精度时，只能用直接找正装夹。

2）按划线找正装夹

按加工要求预先在待加工的工件表面上画出加工表面的位置线，然后在机床上按画出的线找正工件的方法，称为划线找正法。图 5-2 所示为在一个长方形毛坯上车削一圆柱表面，为保证圆柱面在工件上有正确的位置，先在毛坯上将加工面的位置表示出来，然后在四爪夹盘上夹持工件，并使用划针盘对工件进行找正夹紧。在这种情况下，划线所表示的待加工表面即为定位基准。

通过划线可将工件需要加工的表面轮廓画出来，并保证工件的加工表面具有足够的、均匀的余量和相互位置精

动画

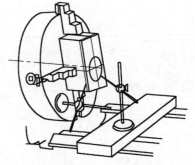

图 5-2 按划线找正法

度。但是，按划线找正，定位精度比较低，一般为 0.2～0.5mm，因为划线本身有一定的宽度，划线又有划线误差，找正时还有观察误差。这方法广泛用于单件、小批生产，更适用于形状复杂的大型、重型铸锻件以及加工尺寸偏差较大的毛坯。

上述两种安装方式，虽然有生产率低的缺点，但不需专用的工、夹、量具。现场中，通常是第一道工序采用划线安装，当加工出已加工表面后，其他工序就可以采用直接找正安装。

3）在夹具中安装

当生产批量大时，若工件的加工仍按上述方法进行安装，则生产率和加工精度都远远不能满足要求。为此，必须根据工件某一加工工序的要求，设计专用的、保证定位精度和提高生产率的夹具。

5.1.2　机床夹具的作用

现以在光轴上铣键槽夹具为例来说明机床夹具的作用。

用调整法在光轴上铣键槽的工序简图如图 5-3 所示。其加工要求分别如下：

（1）键槽宽度尺寸为 12H9。

（2）键槽底面距下母线 B 的距离为 64mm。

（3）键槽长度尺寸为 285mm。

（4）键槽底面对下母线的平行度为 0.10mm。

（5）键槽两侧面对工件中心线的对称度为 0.02mm。

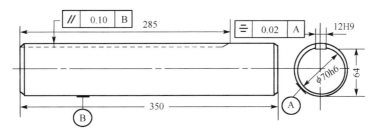

图 5-3　铣键槽工序简图

用键槽铣刀在专用铣床或通用铣床上铣削键槽时，应使工件的轴心线与铣床工作台的进给方向保持一致；且使铣刀底面距工件下母线的距离为 64mm；使铣刀轴线与工件垂直剖分面重合；键槽宽度尺寸一般是由铣刀本身的尺寸来保证的；为了保证键槽的长度尺寸，应调整铣床的行程挡块使键槽长度达到要求尺寸时停止进给，这样就可以加工出合乎要求的键槽。

为了保证工件能快速地通过简单装夹而获得上述要求的正确位置，需要使用图 5-4 所示的夹具。夹具安装在铣床工作台上，夹具体 1 的底面与工作台台面紧密接触，两个定向键 2 嵌在工作台的 T 形槽内与 T 形槽的侧面相配合。用对刀装置 10 及塞尺调整键槽铣刀相对夹具的横向位置和上下位置。

装夹工件时，将工件放置在 V 形块上并使其一端与轴向定位螺钉 8 相接触。然后转动手柄 11 将带动偏心轮 6 转动，推动杠杆 5 将两根拉杆 7 向下拉动，带动压板 4 将工件夹紧。

使用夹具装夹工件之所以能使工件获得正确位置，是因为在装置和使用夹具过程中保证了下列条件。

动画

微课视频

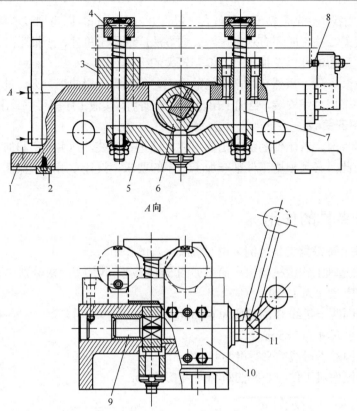

1–夹具体；2–定向键；3–V 形块；4–压板；5–杠杆；6–偏心轮；7–拉杆；8–定位螺钉；9–轴；10–对刀装置；11–手柄

图 5-4　铣键槽夹具结构图

（1）保证对刀装置 10 的侧面与 V 形块 3 的中心对称面的距离为键槽宽度值（12H9）的一半加上塞尺的厚度。对刀时使铣刀侧刃口与对刀块的距离刚好能放下塞尺，这样就能保证 V 形块中心对称面与铣刀中心对称面重合。

（2）保证对刀装置 10 的底面与放置在 V 形块 3 上的 ϕ70 样件的下母线的距离等于加工要求尺寸 64mm 减去塞尺厚度尺寸。这样同样直径尺寸的工件放在 V 形块上后下母线与铣刀下刃口之间的距离恰好满足加工要求。

（3）保证 V 形块的中心对称面与夹具底面及两个定向键的侧面平行，以保证工件上母线与铣床工作台进给方向一致。

（4）铣床工作台的纵向进给终了位置可以通过试切工件调整夹具相对铣刀的位置来确定。当试切工件的键槽长度达到要求的尺寸 285mm 后，将控制工作台纵向位置的行程挡块固定。

由此可见，要保证工件加工尺寸精度和相对位置精度，工件在夹具中应有正确的定位；夹具相对于机床应有正确的相对位置关系；刀具相对于夹具也应有正确的相对位置关系。

机床夹具的主要作用如下：

（1）保证加工精度。采用夹具装夹工件可以准确地确定工件与机床切削成形运动和刀具之间的相对位置，并且不受主观因素的影响。在批量生产中，比较稳定地保证一批工件的加工精度。

（2）提高劳动生产率。使用夹具能够快速装夹工件，缩短装夹工件的辅助时间。在生产批量较大时，可以采用多件、多工位夹具，可以使装夹工件的辅助时间与基本时间部分或全部重合；并采用液压或气动夹紧装置，大幅度缩短辅助时间。

（3）降低对工人的技术要求和减轻工人的劳动强度。采用夹具装夹工件，工件的定位精度由夹具本身保证，不需要操作者有较高的技术水平；快速装夹和机动夹紧可以减轻工人的劳动强度。

（4）扩大机床的加工范围。在普通机床上配置适当的专用夹具可以扩大机床的工艺范围，实现一机多能。例如，在普通车床或摇臂钻床上配以镗削夹具就可以代替镗床对工件进行镗削加工。

5.1.3　机床夹具的组成

专用机床夹具一般由以下几部分组成：

（1）定位元件。确定工件在夹具中位置的元件，通过它使工件相对于刀具及机床切削成形运动处于正确的位置。如图 5-4 中的 V 形块 3 和定位螺钉 8 就是定位元件。

（2）夹紧装置。保持工件在夹具中获得的既定位置，使其在外力作用下不产生位移。夹紧装置通常是一组机构，由夹紧元件、增力及传动装置以及动力装置等组成。如图 5-4 中的压板 4、拉杆 7、杠杆 5、偏心轮 6、轴 9 和手柄 11 构成的机构即是该夹具的夹紧装置。

（3）对刀和引导元件。确定夹具相对于刀具的位置或引导刀具方向的元件，如图 5-4 中的对刀装置 10、钻床夹具中的钻套、镗床夹具中的镗套等。

（4）夹具体。连接夹具上各元件、装置及机构使之成为一个整体的基础件，如图 5-4 中的夹具体 1。

（5）其他元件。根据夹具的特殊功能需要而设置的元件或装置，如分度、转位装置等。

应该指出，并不是每台夹具都必须具备上述的各组成部分。但一般说来，定位元件、夹紧装置和夹具体是每一夹具都应具备的基本组成部分。

5.1.4　机床夹具的分类

按照机床夹具的通用化程度和使用范围，可将其分为如下几类：

（1）通用夹具。通用夹具一般作为通用机床的附件提供，使用时无须调整或稍加调整就能适应多种工件的装夹。例如，车床上的三爪卡盘、四爪卡盘、顶针等；铣床上的平口虎钳、分度头、回转工作台等；平面磨床上的电磁吸盘等。这类夹具通用性强，因而广泛应用于单件小批生产中。

（2）专用夹具。专用夹具是为某一特定工件的特定工序而专门设计制造的，因而不必考虑通用性。通用夹具可以按照工件的加工要求设计得结构紧凑、操作迅速、方便、省力，以提高生产效率，但专用夹具设计制造周期较长、成本较高，当产品变更时无法使用。因而这类夹具适用于产品固定的成批及大量生产中。

（3）通用可调夹具与成组夹具。通用可调夹具与成组夹具的结构比较相似，都是按照经过适当调整可多次使用的原理设计的。在多品种、小批量的生产组织条件下，使用专用夹具不经济，而使用通用夹具不能满足加工质量或生产率的要求，这时应采用这两类夹具。

通用可调夹具与成组夹具都是把加工工艺相似、形状相似、尺寸相近的工件进行分类或分组，然后按同类或同组的工件统筹考虑设计夹具，其结构上应有可供更换或调整的元件，以适应同类或同组内的不同工件。

这两种夹具的区别是，通用可调夹具的加工对象不很确定，其可更换或可调整部分的设计应有较大的适应性；而成组夹具是按成组工艺的分组，为一组工件而设计的，加工对象较确定，只要范围能适应本组工件即可。

采用这两种夹具可以显著减少专用夹具数量、缩短生产准备周期、降低生产成本，因而在多品种、小批量生产中得到广泛应用。

(4) 组合夹具。组合夹具是由一套预先制造好的标准元件组装而成的专用夹具。这套标准元件及由其组成的组合件包括基础件、支承件、定位件、导向件、夹紧件、紧固件等。它们是由专业厂生产供应的，具有各种不同形状、尺寸、规格，使用时可以按工件的工艺要求组装成所需的夹具。组合夹具用过之后可方便地拆开、清洗后存放，待组装新的夹具。因此，组合夹具具有缩短生产准备周期、减少专用夹具品种、减少存放夹具的库房面积等优点，很适合新产品试制或单件小批生产。

(5) 随行夹具。随行夹具为自动线夹具的一种。自动线夹具基本上可分为两类：一类为固定式夹具，它与一般专用夹具相似；另一类为随行夹具，它除了具有一般夹具所担负的装夹工件的任务外，还担负沿自动线输送工件的任务。所以，它是跟随被加工工件沿着自动线从一个工位移动到下一个工位的，故称为随行夹具。

除了上述分类外，夹具还可按动力来源不同分为手动夹具、气动夹具、液压夹具、电动夹具、磁力夹具、真空夹具以及自夹紧夹具等；按工种还可分为车床夹具、铣床夹具、磨床夹具、钻床夹具、镗床夹具等。

5.2 工件在夹具中的定位

前面已指出，加工前必须使工件相对于刀具和机床切削成形运动占有正确的位置，即工件必须定位。工件在夹具中定位还要保证使同一批工件占有同一正确加工位置。工件定位原理将讨论工件定位的基本条件及实现定位应遵循的原则。

在讨论工件的表面位置精度及误差时，总是相对某一基准而言。在工件定位过程中，直接涉及的基准包括工序基准和定位基准。

5.2.1 工件定位原理

微课视频

工件的位置怎样才算正确？定位的基本条件是什么？为了解决这个问题，首先来讨论在空间直角坐标系中如何限制工件自由度的问题。

工件在空间可能具有的运动称为工件的自由度。在空间直角坐标系中，不受任何限制的工件具有六个独立的自由度(图 5-5)，即沿 X 轴方向的移动自由度，以 $\vec{X}$ 表示；沿 Y 轴方向的移动自由度，以 $\vec{Y}$ 表示；沿 Z 轴方向的移动自由度，以 $\vec{Z}$ 表示；绕 X 轴方向的转动自由度，以 $\hat{X}$ 表示；绕 Y 轴方向的转动自由度，以 $\hat{Y}$ 表示；绕 Z 轴方向的转动自由度，以 $\hat{Z}$ 表示。

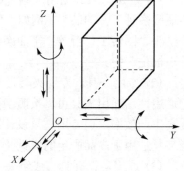
图 5-5 刚体在空间的六个自由度

没有采取定位措施时，每个工件在夹具中的位置将是任意的。因此，对一个工件来说，其位置将是不确定的；而对于一批工件来说，其位置将是不一致的。当工件六个方向的自由度都不确定时，是工件空间位置不确定的最高程度。而工件定位的任务，就在于限制工件的自由度。

如何限制工件的自由度？最典型的方法就是在设置如图 5-6 所示的六个支承。其中工件的底面放置在三个不共线的支承 1、2、3 上，这样就限制了工件沿 Z 轴移动的自由度和绕 Y 轴、X 轴转动的自由度；侧面 B 靠在两个连线与底面平行的支承 4、5 上，限制了工件沿 Y 轴移动的自由度和绕 Z 轴转动的自由度；端面 C 与支承 6 接触，限制了工件沿 X 轴移动的自由度。工件每次都放置在与六个支承相接触的位置，从而使每个工件得到确定的位置，一批工件也就获得了同一位置。由于上述每个支承与工件接触的面积很小，

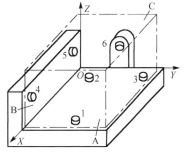

图 5-6　工件的六点定位

可以抽象为一个点。用六个支承点来限制工件的六个自由度的定位方法称为工件的六点定位。

上述长方体形工件的六点定位是最易明了的一种典型情况。但六点定位也适用于其他形状的工件，只是定位点的分布方式有所不同。图 5-7 所示为盘状工件的六点定位情况。端面放置在三个支承点上，限制 $\vec{Z}$、$\hat{X}$、$\hat{Y}$ 三个自由度；圆柱面与两个支承点相靠，限制 $\vec{X}$、$\vec{Y}$ 两个自由度；再用一个支承点靠在槽的侧面，限制了 $\hat{Z}$ 一个自由度。图 5-8 所示为轴类工件的六点定位示意图。四个支承点与圆柱面的两条母线相靠，限制工件的 $\vec{Z}$、$\vec{Y}$、$\hat{Z}$、$\hat{Y}$ 四个自由度；轴端顶在一个支承点上，限制工件的 $\vec{X}$ 一个自由度；槽侧面靠在一个支承点上，限制 $\hat{X}$ 一个自由度。根据工件形状的不同，定位点的分布存在其他的分布形式。

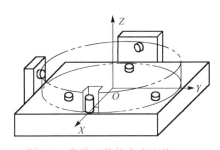

图 5-7　盘类工件的六点定位

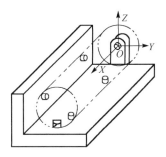

图 5-8　轴类工件的六点定位

综上所述，可以总结出这样一个原理：夹具上按一定规律分布的六个支承点可以限制工件的六个自由度，其中每个支承点相应地限制一个自由度。这一原理称为工件定位原理，也称为六点定位原理。

但应注意的是，有些定位装置的定位点不如上述几个例子那样直观，这时往往需要根据工件被限制的自由度数目来判断是几点定位。这种情况在各种自动定心装置中尤其如此。图 5-9(a) 所示为一套类零件自动定心定位原理图。工件 1 装在定位机构上后，转动心轴 2，在斜面的作用下，三个滚子 3 同步外胀，直至与工件 1 的孔壁接触，使工件定位。表面上看，夹具有三个点与工件接触，似乎是三点定位。实际上这种定位方法只限制了工件的 $\vec{X}$ 和 $\vec{Z}$ 两个自由度，属于两点定位，相当于图 5-9(b) 所示的工件 4 用支承 5 和 6 两点定位。采用三个

同步移动的支承点定位，当工件孔径有误差时，可保证孔的中心位置不变。因此这种定位又称为自动定心定位。

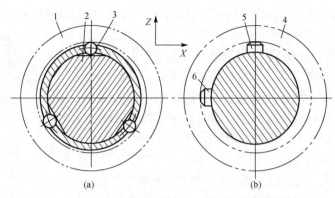

1—工件；2—心轴；3—滚子；4—工件；5—支承；6—支承

图 5-9　套类工件的定位

微课视频

5.2.2　六点定位原理的应用原则

通过适当设置定位元件限制工件六个自由度，实现完全定位，这是常见的定位情况。然而生产中并不要求在任何情况下都需要限制工件的六个自由度，一般要根据工件的加工要求来确定工件必须被限制的自由度数。工件定位只要相应地限制那些对加工精度有影响的自由度即可，对加工精度无影响的自由度可以不限制，例如图 5-10(a)所示在长方体工件上铣一个通槽，其工序尺寸是 L 和 H，除尺寸精度外，还要保证槽侧面与工件侧面平行、槽底面与工件底面平行。因此需限制除 $\vec{X}$ 之外的五个自由度。而工件沿 X 轴方向的位置变动对铣槽无任何影响，可以不必限制该自由度。又如图 5-10(b)所示在长方体工件上磨平面，仅要求被加工平面与工件底部基面平行及厚度尺寸，因而只需限制工件 $\vec{Z}$、$\hat{X}$、$\hat{Y}$ 三个自由度即可以满足加工要求。

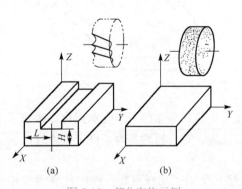

图 5-10　部分定位示例

由以上两例可见，在保证加工要求前提下有时并不需要完全限制工件的六个自由度，不影响加工要求的自由度可以不限制，这称为部分定位，部分定位是合理的定位方式。当然，此时采用完全定位也是合理的。

有时，由于工件的形状特点，没有必要也无法限制工件某些方向的自由度。如图 5-11 所示，在圆球上铣一个平面和钻一个孔、在光轴上车一个阶梯和一段螺纹、在套筒上铣一个键槽等，由于工件有一对称回转轴线，所以工件绕此轴线转动的自由度是无法限制的。实际上因为该回转轴线是工件的对称中心，工件绕该回转轴线任意放置的结果都一样。既不影响工件的加工精度，又不影响一批工件在夹具中位置的一致性。在这种情况下，只能采用部分定位。

如果工件定位方案中定位点少于应当限制的自由度数，而实际上某些应该限制的自由度没有限制，工件定位不足，这种情况称为欠定位。很显然欠定位不能保证加工要求，因此是不允许的。

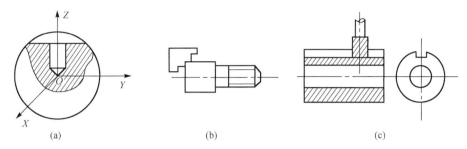

图 5-11　不必限制绕自身轴线回转自由度的示例

如果定位方案中有些定位点重复限制了同一个自由度。这样的定位称为重复定位或过定位。重复定位一般是不允许的，因为为了满足不同定位基准与定位元件间的定位约束要求，有可能造成工件与夹具之间的干涉。但如果工件的加工精度比较高而不会产生干涉时，重复定位也是允许的。有关重复定位的情况将在后面的例子中加以解释。

以上分析说明，在考虑工件定位方案时，应首先分析根据加工要求必须限制哪些自由度，然后设置必要的定位支承点去限制这些自由度。再选择和设计适当的定位元件对工件进行定位，以保证能限制这些自由度。对于因自身形状特点不能也没必要限制的自由度则不用考虑。

一般情况下，需要限制的自由度数目越多，夹具的结构越复杂，因此工件自由度的限制应以既能保证加工要求又能简化夹具结构为宜。如图 5-12(a)所示的轴套，需加工一个 ϕD 的通孔。按此加工要求，本工序中必须限制的自由度为 $\vec{X}$、$\hat{X}$、$\vec{Y}$、$\hat{Z}$，而自由度 $\vec{Z}$ 和 $\hat{Y}$ 的存在并不影响加工要求。但是在选择定位元件时，无论用心轴定位(图 5-12(b))，还是用 V 形块定位(图 5-12(c))，除限制了必须限制的四个自由度外，也同时自然限制了自由度 $\vec{Z}$。此种情况若想人为地不限制自由度 $\vec{Z}$，不但不能简化夹具结构，反而会增加设计困难，使夹具结构复杂。

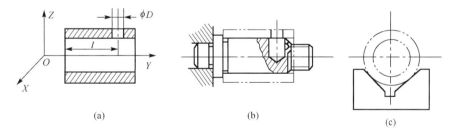

图 5-12　因定位件结构必须多限制的自由度

虽说在保证加工要求的前提下，限制自由度的数目应尽量少，但在实际加工中为保证装夹工件获得稳定的位置，对任何工件的定位所限制的自由度数都不得少于三个。

5.2.3　常用定位元件

前面所述采用定位支承点限制工件自由度的分析方法，是为了简化问题，便于分析。工件在夹具中实际定位时，是根据工件上已被选作定位基准的表面的形状，而采用相应结构形

微课视频

状的定位元件来实现的。本节将要介绍在夹具设计中常用的定位元件结构。在工件实际定位时，要正确运用定位基本原理，学会如何将各种具体的定位元件转化为相应的定位支承点，对各种具体定位方式进行定位分析。

1. 平面定位元件

工件以平面为定位基准是最常见的定位方式之一。例如，各种箱体、支架、机座、连杆、圆盘等类工件，常以平面或平面与其他表面的组合为定位基准进行定位。平面定位的主要形式是支承定位，工件的定位基准平面与定位元件表面相接触而实现定位。

由于定位基准有粗、精之分，夹具中所用定位元件结构也不尽相同。平面定位的典型定位元件及定位装置已经标准化，常见的结构形式有下列几种：

(1) 支承钉。图 5-13 所示为用于平面定位的各种固定支承，其中 (a)、(b)、(c) 所示分别为平头支承钉、圆头支承钉和花头支承钉。支承钉利用顶面对工件进行定位。平头支承钉与工件定位基准之间有一定的接触面积，因而可以减小接触面间的单位接触压力，避免压坏基准面，减小支承钉的磨损，常用于精基准定位。圆头支承钉与工件定位基准之间为点接触，容易保证接触点位置的相对稳定，但也容易磨损，多用于粗基准定位。而花头支承钉的特点是有利于增大与工件定位基准间的摩擦力、防止工件移动，但水平放置时花头槽中容易积屑不易清除，所以常用在要求较大摩擦力的侧面定位。

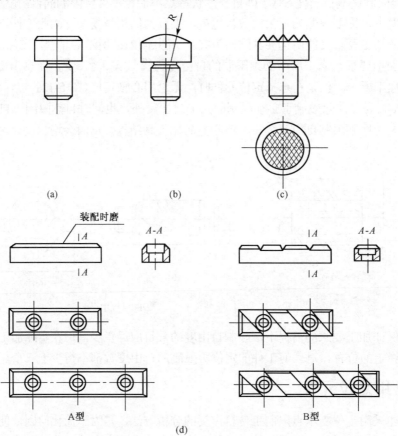

图 5-13　固定支承

（2）支承板。较大的精基准平面定位多用支承板作为定位元件。支承板有较大的接触面积，工件定位稳固。图 5-13(d)中的 A 型支承板，结构简单，制造方便，但切屑易堆聚在固定支承板用的沉头螺钉孔中，不易清除，一般用于侧面定位。B 型支承板结构上作了改进，可克服 A 型支承板的缺点。

（3）可调支承。可调支承的顶端位置可以在一定的范围内调整。图 5-14 所示为可调支承典型结构，按要求高度调整好调整支承钉 1 后，用螺母 2 锁紧。可调支承主要用于各批毛坯的尺寸、形状变化较大，以粗基准定位的工件，一般一批工件调整一次。

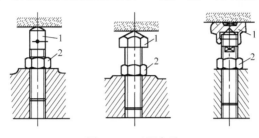

图 5-14　可调支承

（4）自位支承。自位支承是指支承本身在定位过程中所处的位置是随工件定位基准的位置变化而自动与之相适应的一类支承。图 5-15 所示是常用的几种自位支承结构。其中(a)用于毛坯平面或断续表面；(b)用于阶梯表面；(c)用于有基准角度误差的平面定位，以避免出现干涉。由于自位支承是活动的，所以尽管每一个自位支承与工件定位基准面可能有二点或三点接触，但是一个自位支承只能限制工件一个自由度，只起一个定位支承点的作用。因此，当需要减少某个定位元件所限制的自由度数目，或使两个或多个支承点组合只限制一个自由度，以避免重复定位时，常使用自位支承。这样工件增加了支承点数，提高了定位稳定性和支承刚性，减小了受力变形。

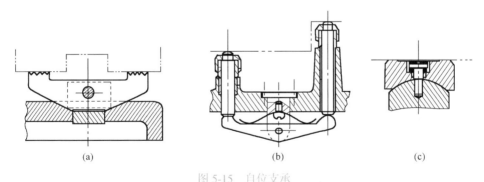

(a)　　　　　　　　(b)　　　　　　　　(c)

图 5-15　自位支承

上述固定支承、可调支承和自位支承都是工件以平面定位时起定位作用的支承，一般称为基本支承。运用定位基本原理分析平面定位问题时，只有基本支承可以转化为定位支承点，从而起到限制工件的自由度的作用。

（5）辅助支承。工件因尺寸、形状特征或因局部刚度较差，在切削力、夹紧力或工件自身重力作用下，只由基本支承定位仍可能定位不稳或引起工件加工部位变形时，可增设辅助支承。

辅助支承只在基本支承对工件定位后才参与支承，只起提高工件刚性和稳定性的作用，不限制工件自由度。因此，辅助支承的使用不应破坏由基本支承所确定的工件正确位置。

图 5-16 是两种辅助支承结构。其中 (a) 是用于小批量生产的螺旋式辅助支承；(b) 是用于大批量生产的推引式辅助支承。各种辅助支承在每次卸下工件后必须松开，装上工件后再调整到支承表面并锁紧。

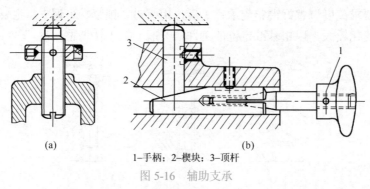

(a)   (b)

1—手柄；2—楔块；3—顶杆

图 5-16 辅助支承

当平面定位元件与工件定位基准接触面积较小时，只相当于一个支承点的作用，因此只限制一个自由度；当两者之间的接触面为一窄长平面时，其作用相当于两个支承点，限制工件的两个自由度；当接触面积较大时，限制工件三个自由度。这里所指的接触面积的大小是相对工件最大尺寸而言的。当以粗基准大平面作定位基准定位时，必须采用三点支承方式。以精基准大平面作为定位基位时，可采用数个平头支承钉或支承板作为定位元件，其作用相当于一个大平面，但几个支承板装配到夹具体上后须进行最终磨削，以使其位于同一平面内的支承平面保持等高，且与夹具体底面保持必要的位置精度。

支承钉或支承板的工作面应耐磨，以利于保持夹具定位精度。直径小于 12mm 的支承钉及小型支承板，一般用 T7A 钢制造，淬火后硬度 60～64HRC；直径大于 12mm 的支承钉及较大型的支承钉一般采用 20 钢制造，渗碳淬火后硬度 60～64HRC。

2. 内孔定位元件

工件以内孔定位时定位孔与定位元件之间处于配合状态，能够保证孔轴线处于正确位置（即与夹具规定的轴线重合），属于定心定位。

工件以圆柱孔定位所用定位元件多为心轴和定位销。根据孔与心轴工作表面配合的长度不同，心轴又可分为长心轴和短心轴两种。当心轴与孔的配合长度较长时，属于长心轴；当心轴与孔的配合长度较短时，属于短心轴。这里所指的长短仍是相对于工件最大尺寸而言的。常用的圆柱孔定位元件包括以下几种：

(1) 小锥度心轴。小锥度心轴的定位表面带有锥度(图 5-17)，为防止工件在心轴上倾斜，

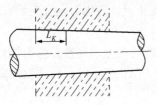

图 5-17 小锥度心轴定位

锥度应很小，常用锥度 K 为 1：5000～1：1000。定位时，工件楔紧在心轴上，靠孔的弹性变形产生的少许过盈消除间隙，并产生摩擦力带动工件回转，而不需另外夹紧。小锥度心轴的定心精度很高，一般可达 0.005～0.01mm。孔的弹性变形使孔与心轴有一段配合长度 L_K，锥度 K 越小，配合长度 L_K 越大，定位精度越高。但是当工件孔径有变化时，锥度 K 越小引起工

件轴向位置的变动越大，不利于机床调整和加工。所以锥度 K 不宜过小。工件孔应有较高的精度(不宜低于 IT7 级)，工件应有适当的宽度。小锥度心轴多用于车削或磨削同轴度要求较高的工件。

(2) 刚性心轴。在成批或大量生产时，往往要求在一道工序中，同时加工外圆和端面。为了克服小锥度心轴定位时工件轴向位置不准的缺点，常采用圆柱心轴定位。其结构形式很多，除刚性心轴外，还有弹簧心轴、液性塑料心轴等。后两种心轴相当于心轴直径在一定范围内可调，以实现无间隙定位。

刚性心轴按与工件圆柱孔配合性质分为过盈配合心轴与间隙配合心轴。图 5-18(a)、(b) 所示心轴与工件孔是采用过盈配合。心轴包括导向部分 1、工作部分 2 及传动部分 3。导向部分使工件能迅速而正确地套在心轴的工作部分上，其直径可按间隙配合 e8 制造。对于长径比 $L/d<1$ 的工件，心轴工作部分可做成圆柱形，直径按 r6、s6 制造。对于长径比 $L/d>1$ 的工件，心轴可稍有锥度，此时大端 d_1 按 r6、s6 制造，小端 d_2 按 h6 制造。用图 5-18(b) 所示过盈配合心轴定位时可以同时加工工件两端面，工件轴向位置 L_1 在工件压入心轴时应予以保证。如图 5-18(c) 所示，其定位精度较高，相应要求工件孔径精度也应较高，一般为 IT6、IT7 级精度。该种定位方式的缺点是装卸工件比较麻烦，辅助时间长。若有两个或多个心轴，则可以使基本时间与辅助时间基本重合，以提高生产率。

若定位精度要求不高，为了装卸工件方便，可以用间隙配合心轴(图 5-18(d))。心轴直径 d 按 h6、g6、f7 制造。使用时用螺母将工件夹紧。

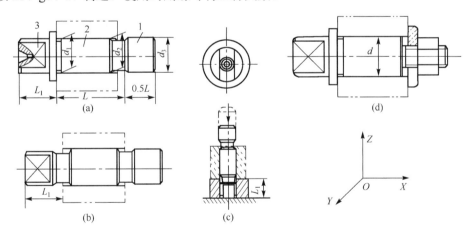

1–导向部分；2–工作部分；3–传动部分

图 5-18 刚性心轴的结构

在设计定位心轴时，夹具图上应标注心轴各外圆柱面之间，外圆柱面与中心孔或与锥柄之间的相对位置精度。其同轴度公差可取工件同轴度公差的一半或更小。

心轴与工件圆柱内孔配合定位，属于短心轴定位，可以限制工件的两个自由度；而采用长心轴定位时，可限制四个自由度。至于具体限制了哪几个自由度，具体情况具体分析。

(3) 定位销。定位销一般分为固定式和可换式两种。图 5-19 所示为定位销的几种典型结构。其中图 5-19(a)～(c) 为固定式。固定式定位销直接装配在夹具体上使用，结构简单，但不便于更换。

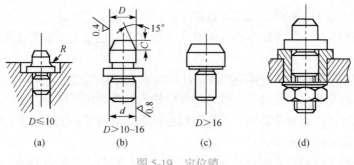

图 5-19　定位销

当定位销定位部分直径 $D<10$ mm 时，为增加强度，避免销子受力撞击而折断，通常在定位部分的根部加工成大圆角 R。在夹具体上装配定位销的部分应加工有沉孔，使定位销圆角部分沉入孔内而不妨碍定位。

大批大量生产时，定位销易于磨损而丧失定位精度。为了便于更换，应采用图 5-19(d) 所示的可换式定位销。可换式定位销因定位销与衬套之间有间隙，其定位精度低于固定式定位销。

定位销结构已标准化。为便于工件顺利装入，定位销头部应有 15° 的大倒角。定位销工作部分的直径可按工件的加工要求和安装方便，按 g5、g6、f6、f7 制造。固定式定位销与夹具体的配合为过渡配合(H7/n6)；可换式定位销衬套外径与夹具体为过渡配合(H7/n6)，其内径与定位销则为间隙配合(H6/h5 或 H7/h6)。

定位销的材料 $D<16$ mm 时一般用 T7A，淬火后硬度 53～58 HRC；$D>16$ mm 时用 20 钢，渗碳深度 0.8～1.2 mm，淬火后硬度 53～58 HRC。

(4) 圆锥销。在实际生产中，也有用圆柱孔孔缘在圆锥销上的定位方式，如图 5-20 所示。这种定位方式比圆柱形定位元件(心轴、定位销)多限制一个沿轴向的移动自由度。图 5-20(a) 用于粗基准定位，图 5-20(b) 用于精基准定位。这种定位方式也属于定心定位。

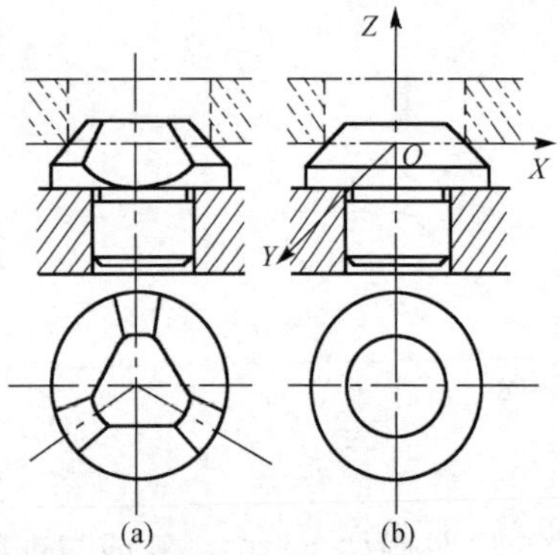

由于圆柱销与孔配合长度较小，因此只限制工件的两个自由度。而圆锥销则可限制三个自由度。

(5) 圆锥心轴。对于有锥形内孔的工件，常以其圆锥孔作为定位基准。例如，图 5-21(a) 中就是以套筒的圆锥孔在锥形心轴上定位加工外圆。因心轴有锥度，当工件圆锥孔与之紧贴配合后，工件的轴向位置是确定的。因此，在接触面较长时，锥形心轴可以限制五个自由度；当接触面较短时，锥形心轴可以限制三个自由度。

图 5-20　圆锥销定位

轴类工件加工外圆时，常采用顶尖与中心孔配合定位，如图 5-21(b) 所示。左中心孔以锥面在轴向固定的前顶尖上定位，由于顶尖与中心孔接触长度较小，只能限制三个自由度；右中心孔以锥面在轴向可移动的后顶尖上定位，限制两个自由度。

工件用中心孔定位的优点是可以用同一基准加工出所有外圆表面。但当加工阶梯轴时，因需严格控制工件的轴向位置，就需要严格控制中心孔尺寸 D(放入标准钢球，检查尺寸 a)。

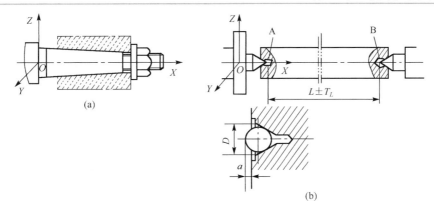

图 5-21　圆锥孔定位

3. 外圆定位元件

外圆柱面定位有定心定位和支承定位两种基本形式。定心定位以外圆柱面的轴心线为定位基准，而与定位元件实际接触的是其上的点、线或面。常见的定心定位装置有各种形式的自动定心三爪卡盘、弹簧夹头以及其他自动定心机构。工件以外圆柱面与套筒配合定位也属定心定位(图 5-22)，其定位分析与工件以圆柱孔在心轴上定位完全一样。

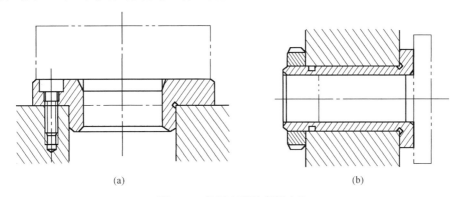

图 5-22　外圆表面的套筒定位

工件用外圆柱面支承定位，包括支承板定位和 V 形块定位。图 5-23 所示为外圆柱面支承板定位。在这种定位方式中，工件与定位元件接触的是母线 A(或 B)，实际确定的是母线的位置，所以工件的定位基准可以认为是外圆柱面上的母线。

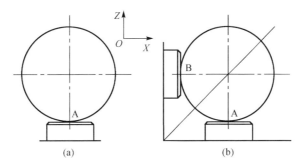

图 5-23　外圆的支承板定位

图 5-23（a）中与工件一条母线 A 接触的长支承板只能转化为两个定位支承点，限制两个自由度。这种定位方式不符合限制工件的自由度数不得少于三个的原则，工件装夹不稳定，所以很少使用。图 5-23（b）中用两个支承板组合定位，与工件的 A 和 B 两条母线接触。除母线 A 外，与母线 B 接触的支承板也限制两个自由度。如果将两支承表面逆时针旋转，使两支承面夹角的平分面与水平面垂直，则支承板定位就转化为 V 形块定位。

外圆柱面采用 V 形块定位应用最广。因为 V 形块不仅适用于完整的外圆柱面定位，而且也适用于非完整的外圆柱面及局部曲线柱面的定位。V 形块还能与其他定位元件组合使用，并可通过做成活动形式减少其限制自由度的功能。V 形块的结构形式很多，可以根据工件的结构、尺寸和基准面的精度选用。

工件以外圆柱面在 V 形块中定位时，是外圆柱面与两平面相接触（图 5-24）。当接触线较长时，相当于四个定位支承点，限制四个自由度，称为长 V 形块定位（两个短 V 形块组合与此作用相同）；当接触线较短时，相当于两个定位支承点，限制两个自由度，称为短 V 形块定位。

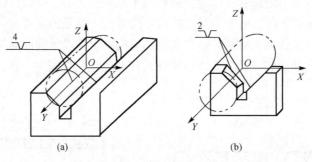

图 5-24　V 形块定位

当定位元件沿某一方向可以移动时，即失去在该方向限制自由度的能力。V 形块上两斜面间的夹角。一般选用 60°、90° 和 120°。90° V 形块应用最广，其典型结构和尺寸均已标准化，可参照有关标准选用。V 形块的材料一般选用 20 钢，渗碳深度 0.8～1.2mm，淬火后硬度 60～64HRC。

V 形块对工件的定位具有对中作用，即它能使工件的定位基准（轴线）对中在 V 形块两工作面的对称面上，工件在水平方向不会发生偏移。虽然工件定位时与 V 形块实际接触的是外圆柱面上的两条母线，当工件直径变化时，两条母线与 V 形块相接触的位置同时变动。因此，工件以外圆柱面在 V 形块上定位的定位基准可以认为是其轴线（也可认为是其母线）。

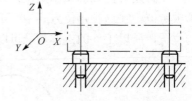

5.2.4　典型定位方式

微课视频

在实际夹具中，很少有只用一个定位元件对工件定位的，多数情况是采用组合定位。如图 5-25 所示长方体形工件需要以多个平面组合定位时，通常把限制三个自由度的平面称为第一定位基准（装置面）；将限制两个自由度的平

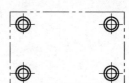

图 5-25　平面的重复定位

面称为第二定位基准(导向面);而将限制一个自由度的平面称为第三定位基准(定程面)。对这三个定位基准的安排及定位元件的布置,应遵循以下原则:

(1) 第一定位基准应是工件上支承面积最大并相对较精确的平面。夹具上与之相接触的三个定位支承点间的距离应尽量大,使三个支承点间的面积尽可能大,以利于提高定位精度,增加定位稳定性。使用支承板定位时也应如此。因此在结构允许的情况下,定位元件应尽可能支撑在装置基面的边缘。

(2) 第二定位基准应选择工件上窄长的平面。夹具的两个定位支承点应水平布置在一条直线上且与第一定位基准平面平行。为提高导向精度,两支承点间距离应尽量远。

(3) 第三定位基准可选择工件上与前两个基准面相垂直的平面,布置一个定位支承点。

图 5-25 所示为用四个支承钉支撑一个平面的定位。四个支承钉相当于四个定位支承点,但只能限制工件的 $\hat{Z}$、$\hat{X}$ 和 $\hat{Y}$ 三个自由度,所以是重复定位。这种定位情况是否允许要看四个支承钉的支承面能否处于同一个平面内,以及工件的定位基准的精度状况。若工件的底面是经过精加工的精基准,而四个支承钉又准确地位于同一平面内(装配后一次磨出),则工件定位基准会与定位支承钉很好地接触,而且支承稳固,工件的夹紧受力变形小。这种情况下四个支承钉(或者两条窄平面或一个整平面)只起三个定位支承点的作用,因而重复定位是允许的。但如果工件的底面为粗基准,则工件放在四个支承钉上后,实际上可能只有三点接触。对一批工件来说,与各个工件相接触的三点是不同的,造成工件位置的不一致;对一个工件来说,则会在夹紧力的作用下,或使与工件定位基准相接触的三点发生变动,造成定位基准位置的变动和定位不稳定。或使定位基准与四个定位支承钉全部接触,造成工件变形,产生较大的误差。这是由于工件的三个自由度由四个定位支承点限制所造成的重复定位的结果。因而在这种情况下不允许采用四个支承钉重复定位,应改用三个支承钉重新布置其位置,或者把四个支承钉之一改为辅助支承使其只起支承作用而不起定位作用。

当工件以内孔作为主要定位基准时,常采用内孔和端面组合定位。图 5-26(a)是轴套以孔与端面联合定位的情况。因大端面能限制 $\hat{X}$、$\hat{Y}$、$\hat{Z}$ 三个自由度,长心轴能限制 $\hat{Y}$、$\hat{Z}$、$\hat{Y}$、$\hat{Z}$ 四个自由度,当它们组合在一起时,$\hat{Y}$、$\hat{Z}$ 两个自由度将被两个定位元件所重复限制,即出现重复定位。如果心轴与凸台端面之间有较高的垂直度,工件内孔与大端面之间也有较高的垂直度,而它们之间的配合间隙又能补偿两者之间存在的极小的垂直度误差,则定位不会引起干涉,因而是允许的。采用这种定位方式可以提高加工中的刚性和稳定性,有利于保证加工精度。

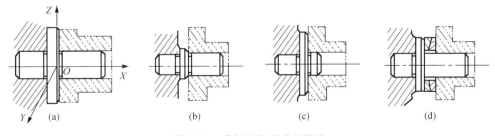

图 5-26　重复定位及改善措施

若工件内孔与大端面不垂直,则在轴向夹紧力作用下会使工件或心轴产生变形,引起较大误差。为了改善这种重复定位引起的干涉,可以采用长心轴与小端面组合定位(图5-26(b));

或采用大端面与短心轴组合定位(图 5-26(c));或采用长心轴与球面垫支承组合定位(图 5-26(d)),球面垫属于自位支承,只限制一个自由度,但支承面积大,减小了工件悬伸量,提高了工件在加工时的抗振能力。

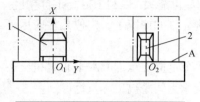

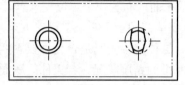

图 5-27　一面两孔的定位

在某些零件(如箱体或发动机连杆)的加工中,经常采用零件上一主要平面及该平面上的两个孔组合定位,称为一面两孔定位,如图 5-27 所示。工件的定位基准是底面 A 和两孔中心线。定位元件为一面两销。如果两个定位销均为短圆柱销时,则当工件两孔中心距与夹具上两销中心距相差较大时,孔 1 与短销 1 相配后,孔 2 有可能套不进短销 2。其原因是沿两孔中心线方向的自由度被两个圆柱销重复限制了。其改进办法是将短销 2 改为削边销,并将削边销的长轴方向与两销连心线垂直,这样就不会产生重复定位。如果只采用增大销孔配合间隙来消除干涉,则会增大定位误差,因而没有采用价值。

除了上述以平面和内外圆柱表面定位外,还可以用锥面以及其他一些成形表面定位。图 5-21(b)为工件用顶尖孔锥面定位。工件上的顶尖孔是专为定位用而加工的。左顶尖孔用轴向固定的前顶尖定位,定位基准是顶尖孔锥顶 A,是第一定位基准,限制工件 $\vec{X}$、$\vec{Y}$、$\vec{Z}$ 三个移动自由度。右顶尖孔用轴向可移动的后顶尖定心定位,基准是右顶尖孔的锥顶 B,限制工件 $\vec{Y}$、$\vec{Z}$ 两个自由度。定位时轴向定位基准为 A,没有基准位置误差;径向定位基准为 A、B 两点的连心线,其基准位置误差为零。

图 5-28 为用齿形表面定位的例子。定位元件是三个或三个以上的滚柱。自动定心卡盘 1 通过滚柱 2 对齿轮 3 进行定心定位。滚柱与齿面接触母线 A 所在的圆柱面轴心线,即定位基准。此时基准位置误差等于零。齿轮加工中常用这种定位方式磨削内孔,其优点是可以保证内孔与齿面的同轴度。

有时还可以用被加工表面本身作为定位基准。图 5-29 所示镗连杆小头孔夹具即这种例子。工件除以大孔中心和端面为定位基准外,还以被加工的小头孔中心为定位基准,用削边定位插销定位,限制其绕大孔中心的转动自由度。定位以后,在小头两侧用浮动平衡夹紧装置夹紧。然后拔出定位插销,伸入镗杆对小头孔进行加工。很显然,采用这种定位的目的是使小头孔获得较均匀的加工余量,以提高孔本身的加工精度。

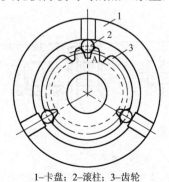

1-卡盘;2-滚柱;3-齿轮

图 5-28　齿形表面定位

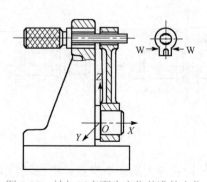

图 5-29　被加工表面为定位基准的定位

5.3 定位误差的分析与计算

六点定位原理解决了工件位置"定与不定"的矛盾，现在需要进一步解决定位精度问题，即解决工件位置定得"准与不准"的矛盾。在六点定位原理中，工件是作为一个整体来考察的，而分析定位精度时，则需要针对工件的具体表面进行分析。这是因为在一批工件中，每个工件彼此在尺寸、形状、表面状况及相互位置上均存在差异(在公差范围内的差异)。因此，对于一批工件来说，工件定位后每个具体表面都有自己不同的位置变动量，即工件每个表面都有不同的位置精度。

定位误差是指由于工件定位所造成加工表面相对其工序基准的位置误差，以 Δ_{DW} 表示。在调整法加工中，加工表面的位置可认为是固定不动的。因此，定位误差也可以认为是工件定位所造成的工序基准沿工序尺寸方向的变动量。由于工件在夹具中的位置是由定位基准确定的，所以工序基准的位置变动可以分解为定位基准本身的变动量及工序基准相对于定位基准的变动量。前者称为基准位置误差，以 Δ_{JW} 表示；后者称为基准不重合误差，以 Δ_{JB} 表示。工件的定位误差等于基准位置误差与基准不重合误差之和，即

$$\Delta_{DW} = \Delta_{JW} + \Delta_{JB} \tag{5-1}$$

基准位置误差和基准不重合误差均应沿工序尺寸方向度量，如果与工序尺寸方向不一致，则应投影到工序尺寸方向后计算。

有时造成基准位置误差及基准不重合误差是由同一尺寸变化所致，则式(5-1)中存在叠加与相互抵消的两种可能，因此式(5-1)应写成如下形式：

$$\Delta_{DW} = \Delta_{JW} \pm \Delta_{JB} \tag{5-2}$$

由于使用夹具以调整法加工工件时，还会因夹具对定、工件夹紧及加工过程而产生加工误差，定位误差仅是加工误差的一部分，因此在设计和制造夹具时一般限定定位误差不超过工件相应尺寸公差的 1/5～1/3，即

$$\Delta_{DW} = \left(\frac{1}{5} \sim \frac{1}{3}\right)T$$

5.3.1 基准位置误差的分析计算

1) 平面定位时基准位置误差

在生产中广泛使用平面作为定位基准。平面定位的主要形式是支承定位。图 5-30 为平面定位的基本形式。底面是第一定位基准，与定位支承点有可靠的接触。在一般情况下，用已加工表面作定位基准时，由表面不平整引起的基准位置误差较小，在分析计算定位误差时，可以不考虑。因此，对高度工序尺寸来说，其基准位置误差等于零；对于水平方向的工序尺寸，其定位基准为左侧面 B。由于 B 与底面存在角度误差($\pm\Delta\alpha$)，所以

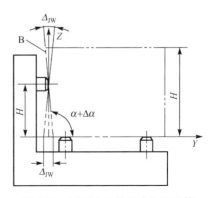

图 5-30 平面定位的基准位置误差

对于一批工件来说，其定位基准 B 的位置就如图 5-30 中那样发生变动。其最大变动量即为水平方向的基准位置误差

$$\Delta_{\mathrm{JW}} = 2H \tan \Delta\alpha$$

其中，H 为侧面支承点到底面的距离，当 H 等于工件高度的一半时，基准位置误差达最小值，所以从减小误差出发，侧面支承点应布置在工件高度一半处。

对于以毛坯平面作为定位基准的情况，其基准位置误差还与表面粗糙程度有关，与支承点之间的距离有关。但粗基准一般只在第一道工序中使用，而且只使用一次。此时的工序尺寸远非零件的最终尺寸，所以一般不必考虑基准位置误差。

2）内孔定位时的基准位置误差

套类工件常以内孔中心线作为定位基准，这是因为这类工件常用内孔中心线作为工序基准。此时定位元件常用刚性心轴，与工件以间隙配合定位。对于轴向工序尺寸，其定位基准为端面，属平面作定位基准的情况，在此不再赘述。对于径向工序尺寸，其定位基准的变动情况如图 5-31(a)所示。孔相对于心轴可以在间隙范围内做任意方向、任意大小的位置变动。这种情况下，孔的表面及表面上的线和点，与孔中心线的位置变动无论在方向上还是在数量上都是完全一致的，所以孔中心线位置的最大变动量即基准位置误差。孔中心线的变动范围为以最大间隙 $\Delta_{\max}$ 为直径的圆柱体，而最大间隙发生在最大直径的孔与最小直径的心轴相配

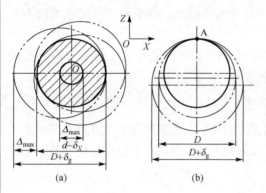

图 5-31　心轴定位的基准位置误差

时，故此时基准位置误差的大小为

$$\Delta_{\mathrm{JW}} = \Delta_{\max} = T_D + T_d + \Delta_{\min} \tag{5-3}$$

其中，T_D 为工件内孔直径公差；T_d 为定位心轴直径公差；$\Delta_{\min}$ 为间隙配合的最小间隙（即最小直径孔与最大直径心轴相配合时的间隙）。并且，基准位置误差的方向是任意的。

若采取一定措施，如对工件施加一个作用力，使工件内孔与心轴始终在一个固定处接触（图 5-31(b)）。此时既可认为定位基准是孔中心线，也可认为定位基准是内孔上母线 A。如果以内孔上母线为定位基准，则可以看成支承定位，此时基准位置误差无论在水平方向还是在垂直方向均等于零(忽略心轴直径的变化)。如果以工件孔中心线作为定位基准，因为定位基准只在垂直方向变动，所以在水平方向上基准位置误差等于零；而在垂直方向，其基准位置误差为

$$\Delta_{\mathrm{JW}} = \frac{1}{2}(T_D + T_d) \tag{5-4}$$

当工件以内孔与心轴过盈配合定位或是采用其他自动定心装置定位时，即使定位孔的直径尺寸有误差时，定位时孔的表面位置也将有变动，但孔中心的位置却是固定不变的。因此在这种情况下，无论在哪个方向上基准位置误差都等于零。

3）外圆定位时的基准位置误差

外圆柱表面的定位有定心定位和支承定位两种基本形式。定心定位以圆柱面的轴心线为定位基准。常见的定心定位装置有各种形式的自动定心三爪夹盘、弹簧夹头以及其他一些自

动定心机构(可参考机床夹具设计等教材)。用这类定位
装置定位时,工件轴心线在径向方向是固定不动的,因
此基准位置误差为零。

圆柱形工件最常见的支承定位是采用 V 形块定位
(图 5-32)。此时工件的定位基准可以认为是工件轴心
线。当工件直径有变化时,与 V 形块相接触的母线 A、
B 的位置都会发生变化,但工件轴心线只在垂直方向有
位置变化,而在水平方向轴心线的变动量为零,此即 V
形块的对中性。在垂直方向上,基准位置误差为

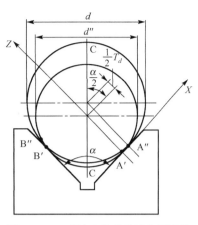

$$\Delta_{JW} = \frac{T_d}{2\sin\dfrac{\alpha}{2}} \qquad (5\text{-}5)$$

图 5-32　V 形块定位的基准位置误差

其中, T_d 为工件外圆直径公差; α 为 V 形块夹角。

至于其他形式的支承定位,工件的定位基准是与定位元件相接触的母线,此时在接触面
的法线方向工件的基准位置误差等于零。

5.3.2　定位误差的分析与计算

在分析了各种定位方式的基准位置误差后,就应该讨论与定位误差有关的另一项误差因
素——基准不重合误差了。所谓基准不重合误差是指工序基准相对于定位基准的最大变动量。
以下针对几种典型定位情况分别讨论定位误差的计算。

1) 工序基准与定位基准重合

图 5-33 所示为一个工件的加工工序简图和定位简图。平面 B 为工序尺寸 H_1 的定位基准
和工序基准;平面 D 为工序尺寸 H_2 的定位基准和工序基准。这属于工序基准与定位基准重
合,此时,基准不重合误差为零。对于工序尺寸 H_1,由于定位基准 B 又是工件的第一定位基
准,当 B 为精基准时,其基准位置误差为零。因此对于工序尺寸 H_1,其定位误差为零。

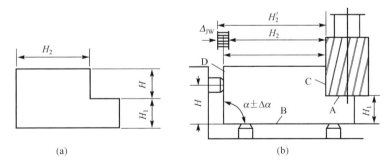

(a)　　　　　　　　　　　　　　　　　(b)

图 5-33　基准重合时的定位误差

对于工序尺寸 H_2,基准不重合误差为零,但由于定位基准 D 是第二定位基准,且平面 D
与平面 B 之间存在垂直度误差,所以存在基准位置误差。这一误差即为工序尺寸 H_2 的定位
误差,按前述分析

$$\Delta_{\text{DW}H_2} = \Delta_{\text{JW}H_2} = 2H\tan\Delta\alpha$$

图 5-34(a)为在轴套上铣键槽的工序简图，工件以图 5-34(b)所示的方式定位。加工时，键槽两侧由铣刀一次铣出，宽度 b 由刀具本身宽度保证。键槽对孔中心有对称度要求，对称度基本尺寸为零，尺寸方向为水平方向，故孔中心线为其工序基准。在本例中孔中心线亦为定位基准，基准不重合误差为零。因此，对于对称度加工要求来说，其定位误差即为基准位置误差。由前所述，若采用过盈配合心轴定位，此误差为零。若如图 5-34(c)所示用间隙配合心轴定位，如果心轴水平放置，工件在重力作用下始终以内孔上母线与心轴接触，则由式(5-4)，其定位误差为

$$\Delta_{\text{DW}b} = \Delta_{\text{JW}b} = \frac{1}{2}(T_D + T_d)$$

若心轴垂直放置，或虽然水平放置但在夹紧时工件位置可能发生变动，此时按式(5-3)，其定位误差为

$$\Delta_{\text{DW}b} = \Delta_{\text{JW}b} = T_D + T_d + \Delta_{\min}$$

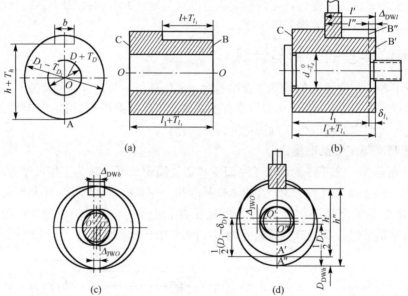

图 5-34　基准不重合的定位误差分析

2) 工序基准与定位基准不重合

在图 5-34 所示的例子中，为了获得键槽的长度尺寸 $l_0 + T_l$，用端面 C 作定位基准，但工序基准为端面 B，基准不重合。由于工序基准与定位基准之间的尺寸 l_1 的误差，在定位时，工序基准 B 的位置将在 B′ 和 B″ 的范围内变动。其大小等于尺寸 l_1 的公差 T_{l_1}，即工序基准 B 相对定位基准 C 的位置误差，即基准不重合误差。本例中，如果认为端面与孔中心线之间没有垂直度误差，则基准位置误差为零，则键槽长度尺寸的定位误差为

$$\Delta_{\text{DW}l} = \Delta_{\text{JB}l} = T_{l_1}$$

对键槽底面的加工来说，定位基准为孔中心线 O，而工序基准为下母线 A，属基准不重合。定位情况如图 5-34(d)所示。此时，基准不重合误差即为孔中心 O 与下母线 A 之间

的尺寸公差。如果不考虑内孔与外圆的同轴度误差，则该尺寸公差即为外圆直径公差的一半，即

$$\Delta_{\text{JB}h}=\frac{1}{2}T_{D_1}$$

此时，如仍按心轴垂直放置考虑，则键槽深度尺寸的定位误差为基准位置误差与基准不重合误差两者之和，即

$$\Delta_{\text{DW}h}=\Delta_{\text{JW}h}+\Delta_{\text{JB}h}=T_D+T_d+\Delta_{\min}+\frac{1}{2}T_{D_1}$$

3) 工序基准的位置与多个定位基准有关时定位误差的计算

以上分析的一个工序基准的位置只与一个定位基准相关的简单情况，当一个工序基准的位置与多个定位基准有关时，分析的难度就增加了。在图 5-35 所示的例子中，工件以两个 V 形块定位，定位表面分别是两个外圆柱面直径分别为 D_1 和 D_2。加工表面为半月键槽及 ϕd 孔。工序基准为工件轴心线 O_1O_2，定位基准也是工件轴心线 O_1O_2。其中 O_1 和 O_2 分别是两个 V 形块定位处的外圆柱面的轴心。因此基准重合。基准不重合误差为零。设一批工件定位时，O_1 的位置变动量为 $O_1'O_1''$，O_2 的位置变动量为 $O_2'O_2''$，则由式(5-5)可知

$$O_1'O_1''=\frac{T_{D_1}}{2\sin\frac{\alpha}{2}}\ ,\quad O_2'O_2''=\frac{T_{D_2}}{2\sin\frac{\alpha}{2}}$$

一批工件中，有可能某一工件同时具有最大直径 D_1 和 D_2；也有可能同时具有最小直径 $D_1-T_{D_1}$ 和 $D_2-T_{D_2}$；还有可能一个工件具有最大直径 D_1 和最小直径 $D_2-T_{D_2}$ 或者具有最小直径 $D_1-T_{D_1}$ 和最大直径 D_2。因此造成中心线 O_1O_2 可能有两种极端变动：一是从一极端位置 $O_1'O_2'$ 变到另一极端位置 $O_1''O_2''$；另一种极端情况是从 $O_1'O_2''$ 变到 $O_1''O_2'$。计算定位误差时，要根据具体情况来考虑。从图 5-35 中可以看出，当工序尺寸在两个 V 形块之间时(如尺寸 h)，基准位置误差应按 O_1O_2 的第一种变动情况计算；当工序尺寸在两个 V 形块的外侧时(如 r)，基准位置误差则应按 O_1O_2 的第二种变动情况计算。从图中几何关系可求得

$$\Delta_{\text{DW}h}=h'-h''=O_1'O_1''+\frac{L_1(O_2'O_2''-O_1'O_1'')}{L}$$

$$=\frac{T_{D_1}}{2\sin\frac{\alpha}{2}}+\frac{L_1}{L}\frac{T_{D_2}-T_{D_1}}{2\sin\frac{\alpha}{2}}=\frac{T_{D_1}}{2\sin\frac{\alpha}{2}}\left[\frac{L_1}{L}\left(\frac{T_{D_2}}{T_{D_1}}-1\right)+1\right]$$

$$\Delta_{\text{DW}r}=r'-r''=\frac{L_2}{L_1}(O_1'O_1''+O_2'O_2'')-O_1'O_1''$$

$$=\frac{L_2}{L_1}\frac{T_{D_1}+T_{D_2}}{2\sin\frac{\alpha}{2}}-\frac{T_{D_1}}{2\sin\frac{\alpha}{2}}=\frac{T_{D_1}}{2\sin\frac{\alpha}{2}}\left[\frac{L_2}{L_1}\left(\frac{T_{D_2}}{T_{D_1}}+1\right)-1\right]$$

其中，$\Delta_{\text{DW}h}$ 为尺寸 h 的定位误差；$\Delta_{\text{DW}r}$ 为尺寸 r 的定位误差。

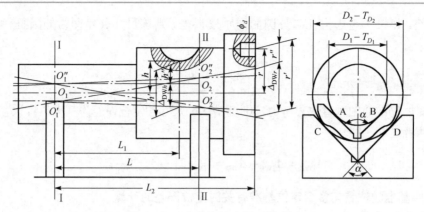

图 5-35　双定位块的定位误差分析

其他符号意义如图 5-35 所示。

图 5-36 所示为另一个工序基准与多个定位基准有关的例子。工件以平面 A、B 为定位基准，镗孔 O_1，要求保证工序尺寸 h，工序基准为 O。由于基准不重合，一批工件的工序基准位置将在 $T_1 \times T_2$ 的矩形范围内变动。基准不重合误差为工序基准相对定位基准的最大位置变动量在工序尺寸方向的投影

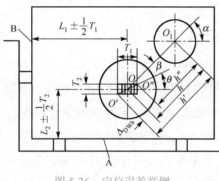

$$\Delta_{JB} = O'O'' \cos\beta = \sqrt{T_1^2 + T_2^2}\,\cos\beta$$

本例中，当不考虑 B 面对 A 面的垂直度误差时，其基准位置误差为零，因此定位误差就等于基准不重合误差，即

$$\Delta_{DW} = \Delta_{JB} = \sqrt{T_1^2 + T_2^2}\,\cos\beta$$

其中，β 为 $O'O''$ 与工序尺寸 h 之间的夹角，从图 5-36 中可得

图 5-36　定位误差举例

$$\beta = \alpha - \theta, \qquad \theta = \arctan\frac{T_2}{T_1}$$

5.3.3　典型定位时定位误差计算举例

下面讨论几种典型定位方式定位误差分析计算方法。

例 5-1　图 5-37 所示为套筒类工件以间隙配合心轴定位铣键槽时的定位简图。图中给出了键槽深度尺寸的五种标注方法。H_1 的工序基准为工件内孔轴心线；H_2 的工序基准为工件外圆下母线；H_3 的工序基准为工件外圆上母线；H_4 的工序基准为工件内孔下母线；H_5 的工序基准为工件内孔上母线。此时，工件定位基准为内孔轴心线，当心轴水平放置时

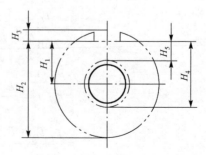

图 5-37　工件以圆柱孔定位的
定位误差分析与计算

$\Delta_{\mathrm{JW}} = \frac{1}{2}(T_D + T_d)$；当心轴垂直放置时 $\Delta_{\mathrm{JW}} = T_D + T_d + \Delta_{\min}$。以下对这两种情况分别予以讨论。

1）心轴与内孔固定边接触

(1) 对工序尺寸 H_1，由于基准重合，基准不重合误差为零，所以

$$\Delta_{\mathrm{DW}H_1} = \Delta_{\mathrm{JW}} = \frac{1}{2}(T_D + T_d)$$

(2) 对工序尺寸 H_2，$\Delta_{\mathrm{JB}} = \frac{1}{2}T_{d_1}$，由于在影响基准位置误差和基准不重合误差的因素中，没有任何一个误差因素对两者同时产生影响，考虑到各误差因素的独立变化，在计算定位误差时，应将二者相加，即

$$\Delta_{\mathrm{DW}H_2} = \Delta_{\mathrm{JW}} + \Delta_{\mathrm{JB}} = \frac{1}{2}(T_D + T_d) + \frac{1}{2}T_{d_1} = \frac{1}{2}(T_D + T_d + T_{d_1})$$

(3) 对工序尺寸 H_3，$\Delta_{\mathrm{JB}} = \frac{1}{2}T_{d_1}$，由于在影响基准位置误差和基准不重合误差的因素中也没有公共误差因素，因此在计算定位误差时，还应将二者相加，即

$$\Delta_{\mathrm{DW}H_3} = \Delta_{\mathrm{JW}} + \Delta_{\mathrm{JB}} = \frac{1}{2}(T_D + T_d) + \frac{1}{2}T_{d_1} = \frac{1}{2}(T_D + T_d + T_{d_1})$$

(4) 对工序尺寸 H_4，$\Delta_{\mathrm{JB}} = \frac{1}{2}T_D$，由于误差因素 T_D 既影响基准位置误差又影响基准不重合误差，在这种情况下，定位误差为两项误差的合成，但应根据实际误差的作用方向，在式 (5-2) 中取 "+" 或 "–"。其符号可按如下原则判断：当误差因素引起的基准位置误差与基准不重合误差分别引起工序尺寸作相同方向变化时(即同时使工序尺寸增大或减小)，取 "+"；而当引起工序尺寸向相反方向变化时，取 "–"。例如，对于工序尺寸 H_4，影响其基准位置误差和基准不重合误差的公共因素是工件内孔公差 T_D。当工件内孔直径由最小尺寸变为最大尺寸时，定位基准(即工件内孔圆心)向下移动，基准位置误差引起工序尺寸 H_4 增大；与此同时，假定定位基准位置没有向下移动，则当工件内孔直径由最小尺寸变为最大尺寸时，工序基准(即内孔下母线)相对于内孔中心也向下移动，也使工序尺寸 H_4 增大，两者变动引起工序尺寸作相同方向变化，故定位误差为两项误差之和

$$\Delta_{\mathrm{DW}H_4} = \Delta_{\mathrm{JW}} + \Delta_{\mathrm{JB}} = \frac{1}{2}(T_D + T_d) + \frac{1}{2}T_D = T_D + \frac{1}{2}T_d$$

(5) 对工序尺寸 H_5，$\Delta_{\mathrm{JB}} = \frac{1}{2}T_D$，内孔直径公差仍是影响基准位置误差和基准不重合误差的公共因素，其分析如下：当工件内孔直径由最小尺寸变为最大尺寸时，定位基准(即工件内孔圆心)向下移动，基准位置误差引起工序尺寸 H_5 增大；与此同时，工序基准相对于定位基准向上移动，使工序尺寸 H_5 减小，两者变动引起工序尺寸作相反方向变化，故定位误差为两项误差之差

$$\Delta_{\mathrm{DW}H_5} = \Delta_{\mathrm{JW}} - \Delta_{\mathrm{JB}} = \frac{1}{2}(T_D + T_d) - \frac{1}{2}T_D = \frac{1}{2}T_d$$

2) 内孔与心轴任意边接触

基准是工件内孔中心线，所以存在基准不重合误差，且内孔与心轴任意边接触时，其基准位置误差为 $\Delta_{JW} = T_D + T_d + \Delta_{\min}$，并且其方向是任意的，则由上述分析可知，对于工序尺寸 H_1、H_2 和 H_3 来说，其基准不重合误差及定位误差的分析方法与上述分析方法相同，不再赘述。

对于工序尺寸 H_4 和 H_5，其工序基准分别是工件内孔的下母线和上母线，由于定位基准是工件内孔中心线，所以存在基准不重合误差，$\Delta_{JB} = \dfrac{1}{2}T_D$。但定位基准与定位元件之间接触的任意性导致其定位误差不能按式(5-2)计算。下面以工序尺寸 H_5 为例，分析其定位误差。

图 5-38 为 H_5 尺寸定位误差关系，由定位误差的定义可知，定位误差的大小是指由于定位方法而引起的工序基准的最大变动量。在调整法加工中，刀具位置是预先调整好的，因此

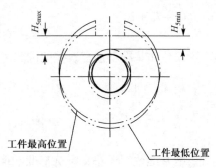

图 5-38　中心 H_5 尺寸定位误差关系

定位误差也就是一批工件中该工序尺寸的最大尺寸与最小尺寸之差。由图 5-38 可知，当工件内孔上母线与定位心轴上母线相接触时，H_5 的尺寸最大；而当工件内孔下母线与定位心轴下母线相接触时，H_5 的尺寸最小。设铣刀底面至心轴中心线的距离为 H，则由图可知

$$H_{5\max} = H - \frac{1}{2}d_{\min}$$

$$H_{5\min} = H + \frac{1}{2}d_{\min} - D_{\max}$$

其中，$d_{\min}$ 为定位心轴的最小直径；$D_{\max}$ 为工件内孔的最大直径。因此工序尺寸 H_5 的定位误差为

$$\Delta_{DWH_5} = H_{5\max} - H_{5\min} = D_{\max} - d_{\min} = T_D + T_d + \Delta_{\min}$$

即 H_5 的定位误差恰好等于其基准位置误差，因此在这种情况下，可以认为其基准不重合误差为零。

造成这种状况的原因是定位基准与定位元件之间没有准确的定位关系，因而导致工序基准本身的变动量不能分解为定位基准的变动量以及工序基准相对于定位基准的变动量之和。在众多的定位误差计算中，唯有这一种特例，H_4 尺寸的定位误差分析与此类似，请读者自己分析。

例 5-2　图 5-39 为圆柱形工件在 V 形块上定位铣削键槽的例子。对于键槽的深度尺寸可以有 h_1、h_2、h_3 三种标注方法。其工序基准分别是工件的中心线、上母线和下母线。此种定位的定位基准可以认为是工件中心线，其基准位置误差为

$$\Delta_{JW} = \frac{T_d}{2\sin\dfrac{\alpha}{2}}$$

动画

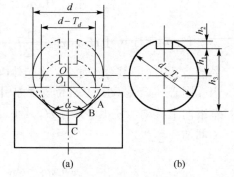

图 5-39　V 形块定位误差分析

（1）工序基准为工件中心线。对于工序尺寸 h_1，工序基准与定位基准重合，基准不重合误差为零。因此其定位误差为

$$\Delta_{\mathrm{DW}h_1} = \Delta_{\mathrm{JW}} = \frac{T_d}{2\sin\dfrac{\alpha}{2}}$$

（2）工序基准为工件上母线。对于工序尺寸 h_2，工序基准为工件上母线，其基准不重合误差为 $\Delta_{\mathrm{JB}} = \dfrac{1}{2}T_d$。由于工件直径公差 T_d 是影响基准位置误差和基准不重合误差的公共因素，因此必须考虑其相加减的关系。

当工件直径由小变大时，工件中心线由下向上移动。由于铣刀成形面的位置是固定不动的，所以该变动将导致工序尺寸增大；同样的，当工件直径由小变大时，上母线相对于工件中心线由下向上移动，该变动也会导致工序尺寸增大。由于这两项误差因素导致工序尺寸作相同方向的变化，所以应该将二者相加，即

$$\Delta_{\mathrm{DW}h_2} = \Delta_{\mathrm{JW}} + \Delta_{\mathrm{JB}} = \frac{T_d}{2\sin\dfrac{\alpha}{2}} + \frac{1}{2}T_d = \frac{1}{2}T_d\left(\frac{1}{\sin\dfrac{\alpha}{2}} + 1\right)$$

（3）工序基准为工件下母线。对于工序尺寸 h_3，工序基准为工件下母线，其基准不重合误差仍为 $\Delta_{\mathrm{JB}} = \dfrac{1}{2}T_d$。仍需考虑其加减关系。当工件直径由小变大时，工件中心线由下向上移动，该变动将导致工序尺寸减小；而当工件直径由小变大时，下母线相对于工件中心线由上向下移动，该变动将导致工序尺寸增大。由于这两项误差因素导致工序尺寸作相反方向的变化，所以应该将二者相减，即

$$\Delta_{\mathrm{DW}h_3} = \Delta_{\mathrm{JW}} - \Delta_{\mathrm{JB}} = \frac{T_d}{2\sin\dfrac{\alpha}{2}} - \frac{1}{2}T_d = \frac{1}{2}T_d\left(\frac{1}{\sin\dfrac{\alpha}{2}} - 1\right)$$

由以上分析可知，按图示方式定位铣削键槽时，键槽深度尺寸由上母线标注时，其定位误差最大；由下母线标注时，其定位误差最小。因此从减小误差的角度考虑，在进行零件图设计时，也应采用 h_1 或 h_3 的标注方法。

例 5-3 加工箱体、连杆、盖板等类工件时，采用一面两孔定位易于使工件在多道工序中基准统一，保证工件各表面间的相互位置精度。对于一面两孔定位，当工序尺寸与定位平面垂直时，其定位误差的分析同平面定位；当工序尺寸平行于两定位孔的连心线时，定位基准为与圆柱销相配合的孔的中心线，此时可以认为孔与销任意边接触，其定位误差的计算同内孔定位；当工序尺寸垂直于两定位孔的连心线时，则属于两孔组合定位的情况。下面只对角度位置误差进行分析，而距离尺寸的定位误差分析留给大家自己思考。

图 5-40(a)所示为某拖拉机变速箱体加工侧孔 $\phi 32^{+0.035}_{0}$ 的工序图。工件以端面 A、外圆 $\phi 470^{0}_{-0.12}$ 及孔 $\phi 120^{+0.035}_{0}$ 定位。采用图 5-40(b)所示的定位套 1 及削边销 2 为定位元件。已知定位套孔径为 $\phi 470^{+0.165}_{+0.068}$（F8），削边销直径为 $\phi 120^{-0.020}_{-0.042}$，定位套与削边销的中心距

$L = 148.56 \pm 0.02 \text{ mm}$。待加工孔中心线与 $\phi 470_{-0.12}^{0}$ 及 $\phi 120_{0}^{+0.035}$ 中心连线的夹角要求为 $90° \pm 12'$。试计算其定位误差。

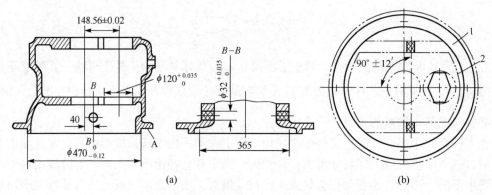

图 5-40 　变速箱体工序及定位元件布置形式

本例中，工序基准与定位基准都是外圆 $\phi 470_{-0.12}^{0}$ 及 $\phi 120_{0}^{+0.035}$ 孔的连心线，属于基准重合的情况，故定位误差就等于基准位置误差。当工件定位后，定位套与 $\phi 470_{-0.12}^{0}$ 外圆配合的最大间隙为 $\Delta_{1\max} = 0.165 + 0.12 = 0.285\text{mm}$，而削边销与 $\phi 120_{0}^{+0.035}$ 孔配合的最大间隙为 $\Delta_{2\max} = 0.042 + 0.035 = 0.077\text{mm}$。则工件的单边最大可能转角误差为

$$\Delta_{\alpha} = \arctan \frac{\Delta_{1\max} + \Delta_{2\max}}{2L} = \arctan \frac{0.285 + 0.077}{2 \times 148.56} = 0.0698° = 4'11''$$

因为工件可以向任意方向偏转，所以该工序尺寸的定位误差为

$$\Delta_{\text{DW}} = \Delta_{\text{JW}} = 2\Delta_{\alpha} = 2 \times 4'11'' = 8'22''$$

第6章

机械加工精度的影响因素及控制

产品的制造质量主要是指产品的制造与设计相符合的程度。机械产品是由许多互相关联零件装配而成的。因此，机械产品的质量将取决于零件的加工和装配质量。零件的加工质量是保证产品制造质量的基础。为了满足和保证这些机械产品的性能要求和使用寿命，就必须对零件的加工质量提出合适的要求，并给予控制。零件的加工质量是指零件的加工精度和表面质量两部分。本章重点讨论影响机械加工精度的误差因素及其控制方法，并对加工误差的统计方法进行说明。

6.1　机械加工精度的概念及其获得方法

6.1.1　机械加工质量的含义

机械加工质量通常包括几何方面的质量和材料性能方面的质量，实际生产中采用加工精度和表面质量来评价机械加工质量。

几何方面的质量是指机械加工后实际表面几何形状与理想几何形状的误差。它分为宏观几何形状误差和微观几何形状误差。

宏观几何形状误差也通称为机械加工误差，它包括尺寸误差、几何形状误差和相互位置误差，表达的是机械加工精度。微观几何形状误差又称表面粗糙度。

介于宏观几何形状误差与微观表面粗糙度之间的周期性几何形状误差，常用波度（波长 λ，波高 H_λ）来表示（图 6-1）。波度主要是由加工系统的振动所引起的。

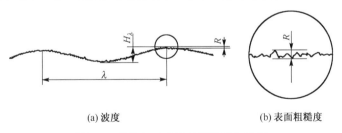

(a) 波度　　　　　　　　　　　(b) 表面粗糙度

图 6-1　零件加工表面的粗糙度与波度

材料性能方面的质量是指机械加工后，零件一定深度表面层的物理力学性能等方面与基体相比发生变化的程度，该深度表面层被称为加工变质层。材料性能方面的质量包括表面层加工硬化、表面层金相组织变化和表面层残余应力。材料性能方面的质量与表面粗糙度表达的是机械加工表面质量。

综合以上分析说明，机械加工质量应包括机械加工误差、表面粗糙度及表面层物理力学性能。

微课视频

6.1.2 机械加工精度的概念

1. 机械加工精度与加工误差

机械加工精度是指零件经机械加工后的实际几何参数(尺寸、形状、表面相互位置)与零件的理想几何参数相符合的程度。符合的程度越高,加工精度也越高。实际加工的零件不可能做得与理想零件完全一致,经加工后零件的实际几何参数与理想零件的几何参数的偏离程度,称为加工误差。加工精度和加工误差是从两个不同方面来评定零件几何参数的,在实际生产中,加工精度的高低是用加工误差的大小来评价和表达的。加工精度包括尺寸精度、形状精度和位置精度。

2. 机械加工精度间的关系

微课视频

在一般情况下,尺寸、几何形状和位置精度间存在着一定的关系。通常确定轴的直径尺寸时,就必须考虑到圆柱表面的圆度和圆柱度;确定两平面间距离时,就必须考虑到平面的平面度和两平面间的平行度。只有在个别情况下,零件的尺寸精度与几何形状精度之间没有什么联系。一般来说,几何形状精度、相互位置精度与尺寸精度应该相适应。尺寸精度要求高,其几何形状精度和相互位置精度要求也高,其次形状精度应高于尺寸精度,而位置精度在多数情况下也应高于尺寸精度。

保证和提高加工精度,实际上也就是限制和降低加工误差。研究加工精度的目的,就是研究如何把各种误差控制在允许范围内,即规定的公差范围之内,掌握各种因素对加工精度的影响规律,从而寻找降低加工误差,提高加工精度的措施。从保证产品的使用性能要求和降低生产成本考虑,没有必要将每个零件都加工得绝对精确,而只要满足规定的公差要求即可。保证零件的加工质量就是控制加工误差小于规定的公差。

6.1.3 机械加工精度的获得方法

微课视频

1. 尺寸精度获得方法

尺寸精度是对零件加工精度的基本要求,设计人员根据零件在机器中的作用与要求对零件制定了尺寸精度的几何参数,它包括直径公差、长度公差和角度公差等。为了使零件达到规定的尺寸精度,工艺人员必须采取各种工艺手段予以实现。

获得零件尺寸精度的方法如下。

(1) 试切法。试切法是将刀具与工件的相对位置作初步调整并试切一次,测量试切所得尺寸,然后根据测得的试切尺寸与所规定要求尺寸之间的差值调整刀具与工件的相对位置,然后再试切,直到试切尺寸符合要求。如图 6-2 所示。

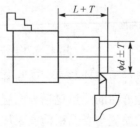

图 6-2 试切法车削轴

试切法确定刀具与工件的相对位置需经多次调整、试切、测量和计算,因此生产效率低,只适用单件小批生产类型。试切法可以达到的精度很高,但与操作工人的技术水平有关。适用于单件、小批生产或高精度零件的加工。

（2）定尺寸刀具法。这种方法以相应尺寸的刀具或组合刀具来保证加工表面的尺寸。如图 6-3（a）所示用镗刀块加工孔径 D，图 6-3（b）所示用拉刀加工方孔。

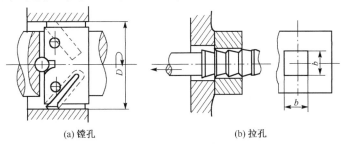

（a）镗孔　　　　　　　　　　　　　　　（b）拉孔

图 6-3　定尺寸刀具加工

用定尺寸刀具法加工，生产率高，加工尺寸的精度也较稳定，几乎与操作者技术水平无关，常用来加工孔、槽面、成形表面，适用于成批生产。

（3）调整法。调整法是按零件规定的尺寸预先调整好刀具与工件相对机床的位置，然后进行加工，并在一批零件加工过程中保持这个位置不变。工件尺寸由机床加工时自动获得，工件的加工精度取决于机床的调整精度。这种加工方法广泛使用于成批生产和大量生产。

（4）自动控制法。它是用尺寸测量装置、进给装置和控制系统组成一个自动加工控制系统，使加工过程中的测量、补偿调整和切削加工自动完成以保证加工尺寸精度的方法，如具有主动测量的自动机床、数控机床和加工中心等。究其实质，自动控制法是自动化了的试切方法。

2. 形状精度获得方法

机械零件在加工过程中会产生大小不同的形状误差，它们会影响机器的工作精度、连接强度、运动平稳性、密封性、耐磨性和使用寿命等，甚至对机器产生的噪声大小也有影响。因此，为了保证零件的质量和互换性，设计时应对形状公差提出要求，以限定形状公差。加工时需采取必要的工艺方法给予保证。几何形状精度包括圆度、圆柱度、平面度、直线度等。

获得零件几何形状精度的方法有成形运动法和非成形运动法两种。

（1）成形运动法。这种方法使刀具相对于工件做有规律的切削成形运动，从而获得所要求的零件表面形状，常用于加工圆柱面、圆锥面、平面、球面、曲面、回转曲面、螺旋面和齿形面等。成形运动法主要包括轨迹法、仿形法、成形刀具法和展成法。

① 轨迹法。这种方法是依靠刀尖与工件的相对运动轨迹来获得所要求的加工表面几何形状。刀尖的运动轨迹精度取决于刀具和工件的相对运动轨迹精度。图 6-4 所示为利用工件做回转运动和刀具做直线运动获得圆锥面。

② 仿形法。这种方法是刀具按照仿形装置进给对工件进行加工的一种方法。如图 6-5 所示，在仿形车床上利用靠模和仿形刀架加工回转体曲面和阶梯轴，其形状精度主要取决于靠模精度。

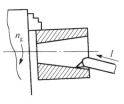

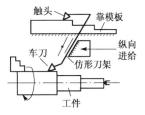

图 6-4　车锥孔　　　　　　　　　　　　　图 6-5　仿形车削

③ 成形刀具法。此法是用成形刀具来替代通用刀具对工件进行加工。刀具切削刃的形状和加工表面所需获得的几何形状相一致，很明显其加工精度取决于刀刃的形状精度，如图 6-6 所示。

④ 展成法。这种方法是利用工件和刀具做展成切削运动进行加工的一种方法。滚齿加工多采用此法。如图 6-7 所示，其加工精度主要取决于展成切削运动的精度和刀具的制造精度。

图 6-6　成形车削

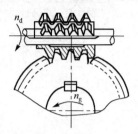

图 6-7　展成法

(2) 非成形运动法。通过对加工表面形状的检测，由工人对其进行相应的修整加工，以获得所要求的形状精度。尽管非成形运动法是获得零件表面形状精度的最原始方法，效率相对比较低，但当零件形状精度要求很高(超过现有机床设备所能提供的成形运动精度)时，常采用此方法。例如，0 级平板的加工，就是通过三块平板配刮方法来保证其平面度要求的。

3. 位置精度获得方法

零件的相互位置精度主要由机床精度、夹具精度和工件安装精度以及机床运动与工件装夹后的位置精度予以保证的。位置精度获得方法如下：

(1) 一次装夹法。零件表面的位置精度在一次安装中由刀具相对于工件的成形运动位置关系保证。例如，车削阶梯轴或外圆与端面，则阶梯轴同轴度是由车床主轴回转精度来保证的，而端面对于外圆表面的垂直度要靠车床横向溜板(刀尖)运动轨迹与车床主轴回转中心线垂直度来保证。

(2) 多次装夹法。通过刀具相对工件的成形运动与工件定位基准面之间的位置关系来保证零件表面的位置精度。例如，在车床上使用双顶尖两次装夹轴类零件，以完成不同表面的加工。不同安装中加工的外圆表面之间的同轴度，通过相同顶尖孔轴心线，使用同一工件定位基准来实现的。

(3) 非成形运动法。利用工人，而不是依靠机床精度，对工件的相关表面进行反复的检测和加工，使之达到零件的位置精度要求。

6.2　机械加工精度的影响因素及控制

6.2.1　机械加工工艺系统原始误差概述

机械加工是将刀具和工件安装在机床和夹具上进行的，它们构成了一个完整系统，称为工艺系统。加工后的零件，在尺寸、形状及相互的位置所产生的误差，主要是引起工艺系统各部分位置变化的各种因素使工件与刀具在切削运动过程中相互位置不能达到理论要求而产生的。这些误差因素被称为工艺系统原始误差。它包括与切削负载无关的误差因素，如原理误差、工艺系统几何误差和测量误差等，还包括在加工过程中伴随着切削力和切削热的产生而产生的误差因素，如工艺系统受力、受热变形和刀具磨损等。

1. 原始误差概念

在机械加工中，零件的尺寸、几何形状和表面间相对位置的形成，取决于工件和刀具在切削运动过程中相互位置的关系。而工件和刀具又安装在夹具和机床上，并受到夹具和机床的约束。因此，加工精度问题涉及整个工艺系统的精度问题。工艺系统中的种种误差，在不同的具体条件下，以不同的程度和方式反映为加工误差。工艺系统的原始误差可分为两大类：一类是在零件未加工前工艺系统本身所具有的某些误差因素，称为工艺系统原有误差，也称为工艺系统静误差；另一类是在加工过程中受力、热、磨损等原因的影响，工艺系统原有精度受到破坏而产生的附加误差因素，称为工艺过程原始误差，或工艺系统动误差。

2. 误差敏感方向

切削加工过程中，各种原始误差的影响会使刀具和工件间正确的几何关系遭到破坏，引起加工误差。不同方向的原始误差，对加工误差的影响程度有所不同，差别很大。当原始误差与工序尺寸方向一致时，原始误差对加工精度的影响最大。

下面以外圆车削为例来进行说明。如图 6-8 所示，车削时工件的回转轴心是 O，刀尖正确位置在 A，设某一瞬时刀尖相对于工件回转轴心 O 的位置发生变化，移到 A'。AA' 即为原始误差 ΔY，由此引起工件加工后的半径由 R_0 变为 $R = OA'$。在三角形 OAA' 中，有如下关系式：

$$\Delta Y^2 = R^2 - R_0^2 = (R_0 + \Delta R)^2 - R_0^2 = 2R_0\Delta R + \Delta R^2 \tag{6-1}$$

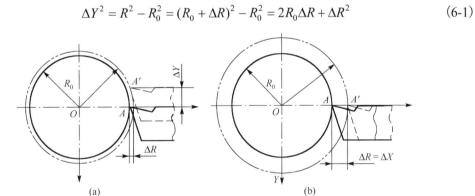

图 6-8　误差的敏感方向

由于 ΔR 很小，ΔR^2 可以忽略不计。因此，刀尖在 Y 方向上的位移引起的半径上(即工序尺寸方向上)的加工误差 ΔR 为

$$\Delta R = \frac{\Delta Y^2}{2R_0} \tag{6-2}$$

设 $2R_0 = 40\text{mm}$，$\Delta Y = 0.1\text{mm}$，得到 $\Delta R = 0.00025\text{mm}$。

可见，ΔY 对 ΔR 的影响很小。但如在 X 方向存在对刀误差 ΔX，这时引起的半径上(即工序尺寸方向上)的加工误差为

$$\Delta R = \Delta X \tag{6-3}$$

因此，在不同方向产生原始误差值大小相同的 ΔX 和 ΔY，但直径 $2\Delta R$ 相差非常大。由此可知，当工艺系统误差引起刀尖和工件在加工表面的法线方向产生相对位移时，该误差对加工精度有直接的影响，并引起的加工误差为最大；而在加工表面切线方向产生的相同位移的影响最小，可以忽略不计。为了便于分析原始误差对加工精度的影响，把影响加工精度最大的那个方向(即通过刀刃的加工表面的法向)称为误差的敏感方向。

6.2.2 机械加工工艺系统原有误差的影响

1. 原理误差

原理误差是由于在加工中采用了近似加工运动或近似的刀具切刃形状轮廓而产生的误差。实际加工生产中用阿基米德蜗杆滚刀切削渐开线齿轮，在数控机床上用直线插补或圆弧插补方法加工复杂曲面，在普通公制丝杠的车床上加工英制螺纹等，都会有加工原理误差造成的零件的加工表面形状误差。

采用近似加工方法，可使刀具形状和机床结构简化，刀具数量减少，生产率提高，成本

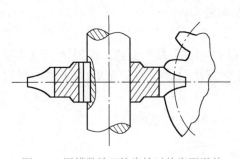

图 6-9 用模数铣刀铣齿轮时的齿形误差

降低。如图 6-9 所示，当用齿轮模数铣刀以成形法加工齿轮时，理论上要求刀具轮廓与工件的齿槽形状完全相同，即一种模数的每种齿数的齿轮都应有相应的铣刀，但这样就必须备用大量不同规格的铣刀，这是很不经济的，同时管理也很不方便。实际生产中是将每种模数的齿轮，按齿数分组，在组内使用同一把铣刀加工所有齿数的齿轮，这样对组内其他齿数的齿轮来说加工后便会出现其齿形误差。但只要误差能合理地限制在规定的精度范围之内，

近似加工就是一种合理、完善的行之有效的加工方法。另外，原理误差不能通过提高机床和刀具的制造精度来消除。

在实际生产中，采用理论上完全准确的方法进行加工往往会使机床的结构复杂，刀具的制造困难，加工的效率降低。而采用近似加工方法，则常常可使工艺装备简单化，生产成本降低，故在满足产品精度要求的前提下，原理误差的存在是允许的。

2. 机床误差

机床误差对加工精度有着显著的影响，它是决定工艺系统误差的主要因素。机床误差主要来自于机床本身的制造、安装和磨损这三个方面，其中尤以机床本身制造误差影响最大。衡量一台机床的制造精度的主要项目是主轴误差、导轨误差以及传动链误差，为此，着重对这三项误差进行分析讨论。

1) 机床回转精度

机床主轴是决定工件或刀具的位置基准和运动基准，它的误差直接影响着工件的加工精

度。对于主轴的精度要求，最主要的就是在回转时能保持轴心线的位置稳定不变，即主轴回转精度。

实际加工中，主轴制造误差、受力受热及磨损的存在，使主轴回转轴心线的空间位置在每一瞬间都是变动着的，即存在着回转误差。为便于研究，可以将主轴回转轴线的运动误差分离抽象为径向圆跳动、端面圆跳动和倾角摆动三种基本形式，如图 6-10 所示。图 6-10(a) 为纯径向跳动误差，又称径向飘移，是主轴实际回转中心线相对理想中心线位置在横切面上的平移变动范围。图 6-10(b) 为纯轴向跳动误差，又称轴向飘移，是主轴实际回转中心线沿理想中心线方向位置的变动量。图 6-10(c) 为纯角度摆动误差，又称角度飘移。是主轴实际回转中心线与理想中心线位置的角度偏移量。

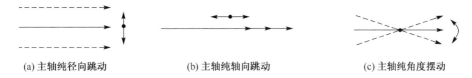

(a) 主轴纯径向跳动　　　　(b) 主轴纯轴向跳动　　　　(c) 主轴纯角度摆动

图 6-10　主轴回转误差的基本形式

不同形式的主轴运动误差对加工精度影响不同，同一形式的主轴运动误差在不同的加工方式中对加工精度影响程度也不一样。

(1) 主轴径向跳动误差对加工精度的影响。不同的加工方法，主轴径向跳动误差对加工精度的影响也不同。在镗床上加工内孔时，主轴径向跳动误差可以引起工件的圆度误差和圆柱度误差，但对工件端面的加工无直接影响。

(2) 主轴轴向窜动误差对加工精度的影响。当主轴存在着轴心线轴向窜动时，在车床上对孔和外圆加工并无大影响，但在加工端面和螺纹时有明显影响。所车出的端面对轴心线的垂直度误差随着切削直径的减小而增大，出现加工端面凸凹不平。主轴的轴向运动误差将使车削螺纹螺距产生周期误差。

(3) 主轴纯角度摆动误差对加工精度的影响。如图 6-11 所示，在车外圆时，由于纯角度摆动误差，得到的是一个锥体而不是一个圆柱体，在镗床上镗孔时镗出的孔将是椭圆形的锥孔。

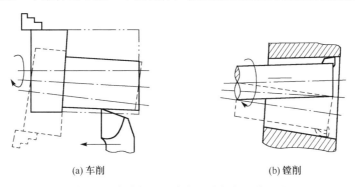

(a) 车削　　　　　　　　　　(b) 镗削

图 6-11　角度摆动对车削和镗削加工的影响

实际上，主轴工作时其回转轴线的运动是上述三种运动的合成，在轴线某一横截面上表现出径向跳动及轴线摆动或轴向窜动。既影响所加工工件圆柱面的几何形状精度，又影响端面的形状精度。

(4) 主轴运动误差产生的原因。主轴回转轴线运动误差主要与主轴部件的制造精度有关，它是保证主轴回转精度的基础，它包含轴承误差、轴承间隙、与轴承相配合零件的误差等。同时还和切削过程中主轴受力、受热后的变形有关。

当机床主轴采用滑动轴承支承结构时，如图 6-12(a) 所示，对于工件回转类机床，主轴的受力方向基本上是稳定的，这时主轴轴颈被压向轴承表面的某一位置，因此，主轴轴颈的圆度误差将直接传给工件，从而造成工件的圆度误差。而轴承孔本身的误差，则对加工精度影响较小。对于刀具回转类机床，主轴所受切削力的方向是随着镗刀的旋转而变化，因此，箱体的轴承孔的圆度误差将传给工件，而轴颈的误差对加工精度影响较小，如图 6-12(b) 所示。

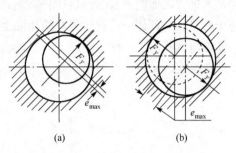

图 6-12　轴与套圆度误差引起径向跳动

当主轴用滚动轴承支承时，其影响因素就更加复杂。主轴的回转精度不仅取决于滚动轴承的精度，在很大程度上还和轴承的配合件有关。如图 6-13(a)、(b) 所示，轴承孔与滚道有同轴度误差、滚道圆度误差如图 6-13(c)、(d) 所示，轴承有滚道波度和滚动体误差等。

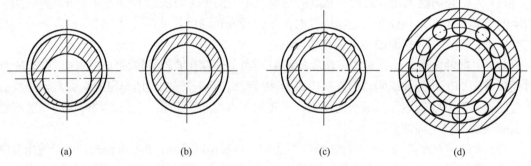

图 6-13　滚动轴承几何形状误差

主轴轴承间隙对回转精度也有影响，如轴承间隙过大，会使主轴工作时油膜厚度增大，刚度降低。

由于轴承的内外座圈或轴套很薄，因此与之相配合的轴颈或箱体轴承孔的圆度误差，会使轴承的内座圈或外座圈发生变形而引起主轴回转误差。

为了提高主轴的回转精度，在滑动轴承结构中可以采用静压轴承和动压轴承，也可以选用高精度的滚动轴承以及提高主轴轴颈和与主轴相配合零件的有关表面加工精度，或者采取措施使主轴的回转精度不反映到工件上去。例如，在卧式镗床上镗孔时，工件安装在镗模夹具中，镗杆支承在镗模夹具的支承孔上，镗杆的回转精度完全取决于镗模支承孔的形状误差及同轴度误差，因镗杆与机床主轴是浮动连接，故机床主轴精度对加工无影响。

2) 机床直线运动精度

床身导轨是确定机床主要部件的相对位置和运动的基准，所以机床成形运动中的直线运动精度主要取决于导轨精度，它的各项误差将直接影响被加工工件的精度。机床导轨误差对刀具或工件的直线运动精度有直接的影响，它将导致刀尖相对于工件加工表面的位置变化，主要是对工件的加工精度的形状精度产生影响。

导轨误差主要包括导轨在水平面内直线度误差、导轨在垂直平面内直线度误差、两导轨间的平行度误差，如图 6-14 所示。

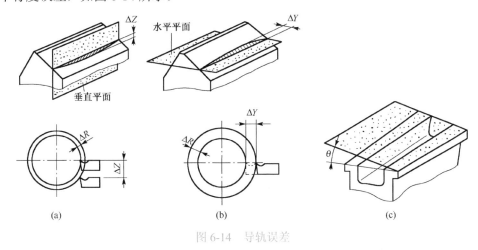

图 6-14　导轨误差

(1) 导轨在垂直平面内直线度误差。如图 6-14(a)所示，刀尖产生ΔZ 的位移，造成工件在半径方向上产生误差为 $\Delta R \approx \dfrac{\Delta Z^2}{2R}$，即工件直径误差为 $\Delta D \approx \dfrac{\Delta Z^2}{R}$。

(2) 导轨在水平面内直线度误差。如图 6-14(b)所示，使刀尖在水平面内产生位移ΔY，造成工件在半径方向上的误差ΔR。因$\Delta R = \Delta Y$，所以工件在直径上的加工误差为$\Delta D = 2\Delta Y$。

(3) 两导轨间有平行度误差。机床导轨发生了扭曲，产生两导轨间有平行度误差，如图 6-14(c)所示。这一误差使刀尖相对于工件在水平和垂直两方向上发生偏移。如图 6-15 所示，车床中心高为 H，导轨宽度为 B，则导轨扭曲量引起的刀尖在工件径向变化量为$\Delta D = 2\dfrac{\Delta \cdot H}{B}$

该误差使工件产生圆柱度误差。

机床导轨的几何误差除取决于机床的制造精度以外，还与机床的安装、调整状况和使用时的磨损有很大关系。尤其是对大、重型机床因导轨刚性较差，床身在

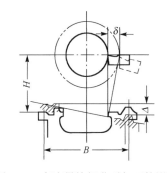

图 6-15　车床导轨扭曲对加工的影响

自重作用下很易变形，因此，为减少导轨误差对加工精度的影响，除提高导轨制造精度外，还应注意减少机床安装和调整的误差，并应提高导轨的耐磨性。

3) 机床成形运动精度

对车削螺纹、滚齿、插齿、磨齿等加工来说，工件表面的成形运动是通过传动元件来合成的。为保证获得要求的成形表面，除要求机床各成形运动间有正确的几何位置关系外，还必须要求刀具与工件间有严格精确的速度关系。例如，车螺纹时，要求刀具的直线进给速度和工件螺纹中径处的圆周速度间保持一个所需的速比关系，同时要求工件转一转刀具正好移动一个导程。又如，用单头滚刀滚切齿轮时，要求滚刀转一转，工件必须转过一个齿，这种

正确的成形运动关系是由传动副组成的传动链保证的。刀具和工件间传动链传递运动正确，就能保证工件的加工精度。如果传动链中的传动副由于加工、装配和使用过程中磨损而产生误差，这些误差将传给工件，造成加工误差，这样的误差称为机床成形运动误差或传动误差。

（1）成形运动的位置关系。

机床的切削成形运动往往是由几个独立运动复合而成的，各成形运动之间的位置关系精度对工件的形状精度有很大的影响，所引起的加工误差量值可根据工艺系统中的几何关系求得。

在车床上加工工件外圆时，若刀具的直线运动在 ZX 平面内与工件回转运动轴线不平行，加工所得工件为圆锥面，如图 6-16(a)所示。若刀具的直线运动与工件回转运动轴线不在同一平面内(空间交错)，则加工出来的工件表面为双曲面，如图 6-16(b)所示。后一种情况由于刀尖位移发生在非误差敏感方向，故对加工误差影响较小。

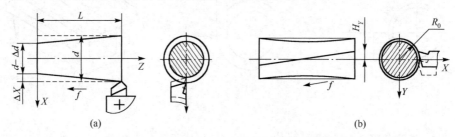

图 6-16　成形运动间位置误差对外圆车削的影响

当在车床上车削工件端面时，刀具直线运动应与工件回转运动中心线保持垂直，否则车削后工件端面会产生外凸和内凹。如图 6-17 所示，其平面度误差为

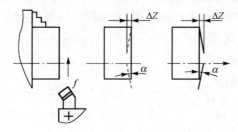

$$\Delta Z = \frac{d}{2}\tan\alpha \qquad (6\text{-}4)$$

在卧式镗床上对工件进行镗削加工时，镗杆回转中心线应与工件直线进给运动方向平行，否则将造成镗削内孔呈椭圆形。如图 6-18 所示，圆度误差 Δ 为

图 6-17　成形运动间位置误差对端面车削的影响

$$\Delta = \frac{d_\mathrm{c}}{2}(1 - \cos\alpha) \qquad (6\text{-}5)$$

式中，d_c 为刀尖回转直径；α 为镗杆回转中心线应与工件直线进给运动方向夹角。因为 α 很小，所以有

$$\cos\alpha \approx 1 - \frac{\alpha^2}{2} \qquad (6\text{-}6)$$

故可得

$$\Delta = \frac{\alpha^2}{4}d_\mathrm{c} \qquad (6\text{-}7)$$

在立式铣床上采用端铣刀对称铣削平面时，如图 6-19 所示，若铣刀回转轴线对工作台直线进给运动不垂直，即 $\alpha \neq 0$，加工后将造成加工表面下凹的形状误差 Δ。由图中关系可得出

$$\Delta = b\sin\alpha = \left[\frac{d_c}{2} - \sqrt{\left(\frac{d_c}{2}\right)^2 - \left(\frac{B}{2}\right)^2}\right]\sin\alpha = \frac{d_c}{2}\left[1 - \sqrt{1 - \left(\frac{B}{d_c}\right)^2}\right]\sin\alpha \qquad (6\text{-}8)$$

其中，B 为被铣削工件宽度；d_c 为刀尖回转直径。

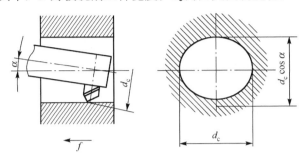
图 6-18　成形运动间位置误差对卧镗内孔的影响

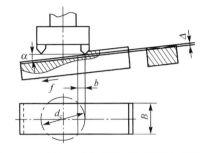
图 6-19　端铣刀对称铣削时的平面度误差

(2) 成形运动的速度关系。

对于一般的加工不需要严格要求各成形运动之间的速度关系，但采用展成原理加工时，如车、磨螺纹以及滚齿、插齿、磨齿等，则在成形过程中必须要求各成形运动之间具有准确的速度关系。

各传动元件在传动链中的位置不同，对其整个传动链误差的影响也不同。如图 6-20 所示的精密滚齿机的传动系统图，设滚刀轴匀速旋转，若齿轮 Z_1 具有转角误差 $\Delta\varphi_1$，则它使工作台或工件(传动链末端元件)的转角误差为

$$\Delta\varphi_{g1} = \Delta\varphi_1 \times \frac{80}{20} \times \frac{23}{23} \times \frac{28}{28} \times \frac{28}{28} \times \frac{42}{56} \times i_c \times \frac{e}{f} \times i_x \times \frac{1}{84} = K_1\Delta\varphi_1 \qquad (6\text{-}9)$$

从式(6-9)中可以看出，K_1 反映齿轮 Z_1 的转角误差对末端工作台传动精度的影响程度，被称为误差传递系数。同理，若第 j 个传动元件有转角误差 $\Delta\varphi_j$，则转角误差通过相应的传动链传递到末端工作台上转角误差为

$$\Delta\varphi_{gj} = K_j\Delta\varphi_j \qquad (6\text{-}10)$$

式中，K_j 为第 j 个传动件的误差传递系数。

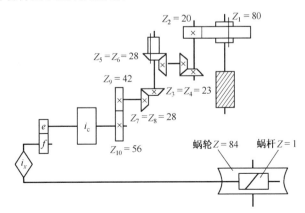
图 6-20　Y3180E 滚齿机的滚切传动链

因此，各传动件传动误差对工件精度影响的误差总和为

$$\Delta\varphi_\Sigma = \sum_{j=1}^{n}\Delta\varphi_{jn} = \sum_{j=1}^{n}K_j\Delta\varphi_j \tag{6-11}$$

在某一确定的传动链中，不同的成形运动的速度对其传动副产生的误差影响不同。式 (6-11) 说明，当传动副为升速时，即 $K_j>1$，转角误差被扩大，当降速时，$K_j<1$，转角误差被缩小，不难理解，当有几对降速传动时，这一转角误差对工件精度的影响将被缩小。末端传动副的降速比越大，其他传动元件的误差对被加工工件的影响越小。因此，实际加工中使用的机床在满足成形运动的速度要求的条件下，从减小加工误差的角度考虑，尽量采用降速传动链传动，特别是尽可能使末端传动副采用大的降速比，以实现提高加工精度的目的。

为了减少机床传动误差对加工精度的影响，可采取以下措施：

(1) 采用降速传动链传动，特别是尽可能使末端传动副采用大的降速比。

(2) 减少传动链中的元件数目，缩短传动链。

(3) 提高传动元件，特别是末端传动元件的制造精度和装配精度。

(4) 采用误差校正机构或自动补偿系统。如图 6-21 所示，在传动链中增加一个机构，使其产生一个与原传动链产生的传动误差大小相等、方向相反的误差，以此来抵消传动链本身的误差。传动链误差的准确测量，是应用这种措施的关键。

3. 夹具误差与装夹误差

夹具的作用是使工件相对机床和刀具具有正确的位置，由此看出夹具的制造误差对工件的加工精度有很大影响。如图 6-22 所示的钻床夹具中，钻套轴心线 F 至夹具定位平面 C 间的距离误差，影响工件孔 A 至底面 B 的尺寸 L 的精度；钻套轴心线 F 与夹具定位平面 C 间的平行度误差，影响工件孔轴心线 A 与底面 B 的平行度；夹具定位平面 C 与夹具体底面 D 的垂直度误差，影响工件孔轴心线 A 与底面 B 间的尺寸精度和平行度；钻套孔的直径误差亦将影响工件孔 A 至底面 B 的尺寸精度和平行度。

微课视频

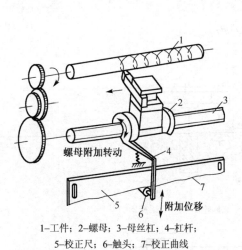

1—工件；2—螺母；3—母丝杠；4—杠杆；
5—校正尺；6—触头；7—校正曲线

图 6-21 丝杠加工误差补偿装置

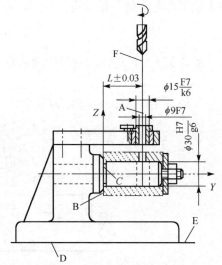

图 6-22 工件在夹具中装夹

夹具磨损将使夹具的误差增大，从而使工件的加工误差也相应增大。为了保证工件的加工精度，除了严格保证夹具的制造精度外，必须注意提高夹具易磨损件(如钻套、定位销等)的耐磨性。当磨损到一定限度后须及时予以更换。

利用夹具装夹工件进行加工时，造成工件加工表面之间尺寸和位置误差的因素主要有以下两个：

(1) 工件装夹误差 Δ_{ZJ}。包括定位误差 Δ_{DW} 和夹紧误差 Δ_{JJ}。前面章节已叙述过定位误差是工件在夹具中定位不准确而引起的加工误差，它包括基准位置误差和基准不重合误差。夹紧误差是夹紧工件时引起工件和夹具变形所造成的加工误差。

(2) 夹具对定误差 Δ_{DD}。包括对刀误差 Δ_{DA} 和夹具位置误差 Δ_{JW}。对刀误差是刀具相对于夹具位置不正确所引起的加工误差，而夹具位置误差是夹具相对于刀具成形运动位置不正确所引起的加工误差。这些加工误差的大小与夹具的制造、安装和使用密切相关。

4. 量具与测量误差

精确的测量是保证工艺系统各部分间正确位置的基础，也是判定工件合格与否的依据。测量的精度取决于量具、量仪、测量方法和测量时的环境条件以及操作者的技术经验。而测量条件中，以测量温度和测量力的影响最为显著。测量误差一般应控制在工件公差的 1/10～1/6 以内。计量器具误差主要是由示值误差、示值稳定性、回程误差和灵敏度四个方面综合起来的极限误差。计量器具误差会对被测零件测量精度产生直接的影响。

除量具本身误差之外，测量者的视力、判断能力、测量经验、相对测量或间接测量中所用的对比标准、数学运算精确度、单次测量判断的不准确等因素都会引起测量误差。

5. 刀具误差与调整误差

刀具的尺寸、几何形状和相互位置误差会使零件产生加工误差。刀具误差对加工精度的影响随刀具种类的不同而异。当采用定尺寸刀具(如钻头、铰刀、键槽铣刀、拉刀等)加工时，刀具的制造不准确和刀具磨损会带来加工误差。刀具的尺寸精度将直接影响工件的加工精度。采用成形刀具(如成形铣刀、车刀、成形砂轮等)加工，刀刃的几何形状和有关尺寸的制造误差及刀具安装位置不正确，都会造成加工表面的几何形状误差或尺寸误差。在应用展成法加工时，刀刃的几何形状和有关尺寸因制造或重新刃磨有误差，同样会产生加工误差。另外刀具安装调整不正确，也会产生加工表面的几何形状误差。采用调整法进行加工时，刀具的刀尖或刀刃与工件间的相互位置调整不准确，则将产生刀具调整误差，并会直接造成加工的尺寸误差。

在精密切削时，通过精密刃磨获得足够的刀具锋利度是至关重要的。由切削原理可知，刀具的刃口半径质量将直接影响微量切削的获得。采用切削刃口半径小的刀具材料，对刀具刃口进行精细研磨，提高刀具淬火硬度，均有利于实现微薄下切削层加工，从而获得高的尺寸精度。对于精密磨削加工来说，除选择适当的磨料、粒度和硬度的砂轮外，砂轮的精细修整也是很重要的。在分度转位刀架上安装刀具加工时，还应注意尽量减少分度误差对加工精度的影响。

6.2.3 工艺系统受力变形的影响

1. 工艺系统刚度概念

在机床、夹具、刀具、工件所组成的工艺系统中，由于加工过程中切削力、夹紧力、传动力、重力、惯性力等外力作用下会产生变形而破坏了已调整好的刀具和工件间的相对位置，此变形和位置变化造成它们相互间位移。同时工艺系统各环节相互连接处，由于存在间隙等原因还会产生相对位移。这两部分位移总称为工艺系统变形位移。显然，工艺系统产生变形位移必然会破坏刀具切削刃与工件表面间已调整好的位置，使工件产生加工误差。如图 6-23 所示，在车床上采用前后顶尖为支承车削一个细长轴，从而出现中间直径大，两头直径小，呈鼓形误差，因此有必要采取有效的工艺措施加以限制。

图 6-24 所示为内圆磨床磨孔时，砂轮轴的受力变形使磨出的孔出现锥度误差。另外在外圆精磨的最后几个行程中，尽管砂轮没有进给，即"无进给磨削"，但依然能见到火花，先多后少，直到无火花时，说明已消除了工艺系统的受力变形的影响。

工艺系统中各组成环节在切削加工过程中，受到各种外力作用会产生不同程度的变形，使刀具和工件的相对位置发生变化，从而产生相应的加工误差。为了衡量工艺系统抵抗受力变形的能力和分析计算工艺系统受力变形对加工精度的影响，需要建立工艺系统刚度的概念。

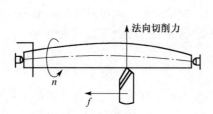

图 6-23　细长轴加工时工件受力变形

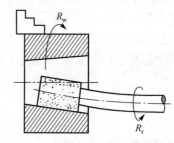

图 6-24　磨削内孔时砂轮轴的变形

弹性系统在外力作用下所产生的变形位移大小取决于外力大小和系统抵抗外力的能力。弹性系统抵抗外力使其变形的能力称为刚度。工艺系统的刚度是以切削力和在该力方向上(误差敏感方向)所引起的刀具和工件间相对变形位移的比值表示的，即

$$k = \frac{F}{Y} \text{ (N/mm)} \tag{6-12}$$

由式(6-12)可知，刚度即工艺系统产生单位变形位移量所需的外力。刚度越大，说明工艺系统抵抗外力使其变形的能力越强。工艺系统刚度是指工艺系统在外力作用下抵抗变形的能力。为充分反映工艺系统刚度对零件加工精度的影响，将工艺系统刚度的定义确定为加工误差敏感方向上工艺系统所受外力与变形量(或位移量)之比。

由于切削力 F 有三个分力 F_X、F_Y、F_Z，所以刚度也有相应三个方向的刚度，但是，在切削加工中对加工精度影响最大的是刀刃沿加工表面的法线方向(Y 方向上)，因此计算工艺系统刚度就仅考虑此方向上的切削分力 F_Y 和变形位移量 Y，即

$$k_{xt} = \frac{F_Y}{Y} \text{ (N/mm)} \tag{6-13}$$

式中的 Y 不只是由径向切削分力 F_Y 所引起,垂直切削分力 F_Z 与纵向切削分力 F_X 也会不同程度地使工艺系统在 Y 方向产生位移,因此 Y 方向上的位移是三个方向上分力共同作用的结果。

一般把夹具作为机床的附加装置,其变形就认为是机床变形的组成部分,因此,工艺系统受力变形的总变形位移 Y_{xt} 是机床、刀具和工件各组成部分变形位移的叠加 $Y_{xt} = Y_j + Y_d + Y_g$,根据工艺系统刚度定义:

$$Y_j = \frac{F_Y}{k_j}, \quad Y_d = \frac{F_Y}{k_d}, \quad Y_g = \frac{F_Y}{k_g}$$

所以

$$k_{xt} = \frac{1}{\dfrac{1}{k_j} + \dfrac{1}{k_d} + \dfrac{1}{k_g}} \tag{6-14}$$

式中,Y_{xt}、k_{xt} 分别为工艺系统的变形位移、刚度;Y_j、k_j 分别为机床的变形位移、刚度;Y_d、k_d 分别为刀具的变形位移、刚度;Y_g、k_g 分别为工件的变形位移、刚度。

2. 工艺系统刚度对加工精度的影响

工艺系统的刚度是动态变化的,除受到其各组成部分的刚度影响外,还会随着切削过程中受力点位置的变化而变化。现以车床两顶尖间加工光轴为例进行分析,如图 6-25 所示,工艺系统受力变形对加工精度的影响,存在下列几种情况:

1) 机床刚度对加工精度的影响

假定机床床身刚度及工件和刀具的刚度很大,受力后其变形位移量可忽略不计,故机床总变形位移量将是机床的床头箱、床尾及刀架等部件变形位移量的综合反映,当刀尖切至工件如图 6-25 所示的位置时,在切削力作用下,床头由 A 移至 A′,尾座由 B 移至 B′,刀架由 C 移至 C′,它们的位移分别为 Y_{jt}、Y_{wz}、Y_{dj}。此时,工件的轴线由原来 AB 位置移至 A′B′,则在切削点处的位移 Y_X 为 $Y_X = Y_{jt} + \delta_X$。

由于 $\delta_X = (Y_{wz} - Y_{jt})\dfrac{X}{L}$,所以

$$Y_X = Y_{jt} + (Y_{wz} - Y_{jt})\frac{X}{L}$$

设 F_A、F_B 为 F_Y 所引起的在床头和尾座处的作用力,则

$$F_A = \frac{F_Y(L-X)}{L}, \quad F_B = \frac{F_Y X}{L}$$

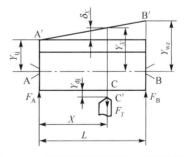

图 6-25　工艺系统变形随受力点变化规律

将 $Y_{jt} = \dfrac{F_A}{k_{jt}}$,$Y_{wz} = \dfrac{F_B}{k_{wz}}$,$Y_{dj} = \dfrac{F_Y}{k_{dj}}$ 代入上式,得到

工艺系统的总位移

$$Y_{xt} = Y_X + Y_{dj} = F_Y \left[\frac{1}{k_{dj}} + \frac{1}{k_{jt}}\left(\frac{L-X}{L}\right)^2 + \frac{1}{k_{wz}}\left(\frac{X}{L}\right)^2 \right] \tag{6-15}$$

于是工艺系统的刚度:

$$k_{xt} = \frac{F_Y}{Y_{xt}} = \frac{1}{\dfrac{1}{k_{dj}} + \dfrac{1}{k_{jt}}\left(\dfrac{L-X}{L}\right)^2 + \dfrac{1}{k_{wz}}\left(\dfrac{X}{L}\right)^2} \qquad (6\text{-}16)$$

由此式可得，工艺系统刚度随着受力点在工件轴线方向上的位置不同而变化，这使车出工件呈抛物线状，各横截面上直径尺寸不同，产生了形状和尺寸误差。

2）工件刚度对加工精度的影响

若加工刚度较低工件，如细而长轴类工件，此时机床、刀具的受力变形相对可忽略不计，则工艺系统的变形位移完全取决于工件的变形（图 6-26）。在切削力作用下，工件的变形一般可根据材料力学有关公式计算

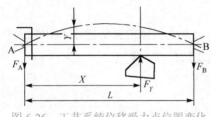

图 6-26　工艺系统位移受力点位置变化

$$Y_g = \frac{F_Y}{3EI}\frac{X^2(L-X)^2}{L}, \qquad \frac{1}{k_g} = \frac{1}{3EI}\frac{X^2(L-X)^2}{L}$$

其中，E 为工件材料的弹性模量，N/mm^2；I 为工件截面惯性矩，mm^4。

由上式可知：当 $X=0$，$X=L$ 时，则 $Y_g=0$；$X=\dfrac{L}{2}$ 时，工件刚度最小，即

$$Y_{max} = \frac{F_Y L^3}{48EI}$$

当同时考虑机床及工件的变形时，由于刀具压缩变形很小，可忽略不计，此时工艺系统的总刚度为

$$Y_{xt} = F_Y\left[\frac{1}{k_{dj}} + \frac{1}{k_{jt}}\left(\frac{L-X}{L}\right)^2 + \frac{1}{k_{wz}}\left(\frac{X}{L}\right)^2 + \frac{(L-X)^2 X^2}{3EIL}\right] \qquad (6\text{-}17)$$

$$k_{xt} = \frac{1}{\dfrac{1}{k_{dj}} + \dfrac{1}{k_{jt}}\left(\dfrac{L-X}{L}\right)^2 + \dfrac{1}{k_{wz}}\left(\dfrac{X}{L}\right)^2 + \dfrac{(L-X)^2 X^2}{3EIL}} \qquad (6\text{-}18)$$

由于工艺系统刚度沿工件轴线方向各个位置是不同的，所以加工出来的工件，在横截面上的直径尺寸是变化的，使工件产生形状误差。

3）刀具刚度对加工精度的影响

一般刀具在切削力作用下所产生的变形，对加工精度影响并不显著，由于车刀沿工件法线方向变形很小，故对加工精度影响可略去不计，但在镗孔时，由于镗杆悬伸很长，其变形对加工精度影响严重，如图 6-27 所示加工后的孔是喇叭形，对镗杆可认为是一个悬臂梁，于是镗杆的刚度 $k_{tg} = \dfrac{3EI}{L^3}$。由这个式

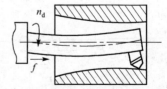

图 6-27　刀杆变形对加工精度的影响

子可以看出，随着镗杆长度的伸长，其刚度急剧下降，因此当镗削精度较高的孔时，除尽量加粗镗杆直径外，还可采用镗模或用镗床后立柱上的导套来支承镗杆缩短悬臂长度，从而增加其刚度。

3. 切削力变化引起的误差

切削过程中，毛坯加工余量和材料硬度的变化引起切削力的变化，工艺系统受力变形也相应地发生变化，即刀具相对工件位置发生变化，因而产生工件的尺寸误差和形状误差。图 6-28 所示为工件毛坯有椭圆形的圆度误差，车削前将车刀调整至图中虚线位置。车削时刀尖受切削力影响移至实线位置，工件每转过程中，切深不断发生变化。切深大的切削力大，由此产生受力变形也大，切深小的切削力小，受力变形也就小，所以工件仍有椭圆形误差，这种经加工后零件存在的加工误差和加工前的毛坯误差相对应，其几何形状误差与上工序相似，这种现象称为误差复映规律。毛坯误差 $\Delta_{\mathrm{m}} = a_{\mathrm{p1}} - a_{\mathrm{p2}}$。

车削 1 点时，切削力为 $\lambda C_{F_z} f^{Y_{F_z}} a_{\mathrm{p1}}$；车削 2 点时，切削力为 $\lambda C_{F_z} f^{Y_{F_z}} a_{\mathrm{p2}}$。其中，$f$ 为进给量；Y_{F_z} 为进给量指数；λ 为法向力与切向力比值；$\lambda = \dfrac{F_Y}{F_Z}$，一般取 0.4；$C_{F_z}$ 为与工件材料和刀具几何角度有关的系数。

当材料硬度均匀，刀具几何形状、切削条件和进给量一定的情况下，$\lambda C_{F_z} f^{Y_{F_z}} = C$（常数），故 $F_{Y1} = C a_{\mathrm{p1}}$，$F_{Y2} = C a_{\mathrm{p2}}$。

由此引起的工艺系统受力变形为

$$\Delta_1 = \frac{C a_{\mathrm{p1}}}{k_{\mathrm{xt}}}, \qquad \Delta_2 = \frac{C a_{\mathrm{p2}}}{k_{\mathrm{xt}}}$$

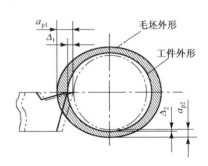

图 6-28　误差复映现象

所以
$$\Delta_{\mathrm{g}} = \Delta_1 - \Delta_2 = \frac{C}{k_{\mathrm{xt}}}(a_{\mathrm{p1}} - a_{\mathrm{p2}}) = \frac{C}{k_{\mathrm{xt}}}\Delta_{\mathrm{m}} \qquad (6\text{-}19)$$

令
$$\frac{\Delta_{\mathrm{g}}}{\Delta_{\mathrm{m}}} = \varepsilon$$

则
$$\varepsilon = \frac{C}{k_{\mathrm{xt}}}$$

$\dfrac{\Delta_{\mathrm{g}}}{\Delta_{\mathrm{m}}} = \varepsilon$ 说明了加工后工件误差 Δ_{g} 和毛坯误差 Δ_{m} 间的关系，被称为误差复映规律。ε 定量地反映了毛坯误差经加工后减小的程度，称为误差复映系数，由此可知，误差复映系数与工艺系统刚度成反比，即工艺系统刚度越大，复映在工件上的误差越小。

若某一工件需要分成几次走刀加工，每次走刀的复映系数为 ε_1，ε_2，ε_3，…，ε_n，则总的复映系数 ε 总是小于 1，因此，经过几次加工后，加工误差也就降到允许范围以内了。在成批或大量生产中，用调整法加工一批工件时，误差的复映规律表明了因毛坯尺寸不一致造成加工后该批工件尺寸的分散。

例 6-1　在普通车床上半精镗一工件上的短孔，已知镗孔前工件的圆度误差为 0.5mm，$K_{\mathrm{h}} = 40000\mathrm{N/mm}$，$K_{\mathrm{c}} = 3000\mathrm{N/mm}$，若选用进给量为 $f = 0.05\mathrm{mm/r}$，且 $\lambda C_F = 1000\mathrm{N/mm}$，$Y_{F_z} = 0.75$ 时，试计算需几次走刀可以使加工后孔的圆度误差控制在 0.01mm 以下。若想一次走刀达到上述圆度要求时，应选用多大的进给量？

解　在普通车床上镗孔时，工艺系统的总变形量等于床头与刀架的变形量之和，即

$$y_s = y_h + y_c = \frac{F_n}{K_h} + \frac{F_n}{K_c}$$

所以

$$\frac{1}{K_s} = \frac{1}{K_h} + \frac{1}{K_c}$$

根据误差复映系数的定义知，该加工的误差复映系数为

$$\varepsilon = \frac{\lambda C_F f^{y_{Fz}}}{K_s} = \frac{1000 \times 0.05^{0.75}}{\left(\dfrac{1}{40000} + \dfrac{1}{3000}\right)} = 0.0379$$

设需经过 n 次车削后可将圆度误差控制在 0.01mm 以下，即

$$\varepsilon^n \times 0.5 < 0.01$$

两边取对数后得 $\qquad\qquad\qquad n \times \ln\varepsilon + \ln 0.5 < \ln 0.01$

即 $n > 1.195$ 次。

即至少需要两次切削才能使圆度误差控制在 0.01mm 以下。

若要一次走刀即将圆度误差控制在 0.01mm 以下时，则要求此时的误差复映系数必须小于 0.01/0.5，即

$$\varepsilon = \frac{\lambda C_F f^{0.75}}{K_s} \leqslant \frac{0.01}{0.5}$$

$$f \leqslant \left(\frac{0.01 \times K_s}{0.5 \times \lambda C_F}\right)^{\frac{1}{0.75}} \leqslant 0.011\text{mm/r}$$

亦即进给量应小于或等于 0.011mm/r。

另外，有些夹具或工件由于结构需要，可能在加工过程中由于旋转不平衡而产生离心力，对加工精度的影响是很大的，由于离心力在一转中不断地改变方向，因此，它在 Y 方向上的分力有时和切削力方向相同，有时则相反，从而引起工艺系统某些环节受力变形发生变化，造成加工误差。当离心力和切削力同向时，工件被推离刀具，减少了实际切深；当离心力和切削力反向时，工件被推向刀具，增加了实际切深。总的结果是使工件产生圆度误差，如图 6-29 所示。

$$R_{Y\max} = F_Y + Q, \quad R_{Y\min} = F_Y - Q$$

其中，R_Y 为合力；Q 为离心力。

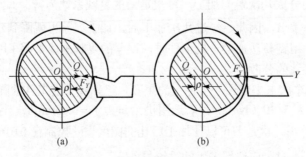

图 6-29　惯性力变化引起加工误差

由于交变力 R_Y 的作用，产生的变形为

$$Y = \frac{R_Y}{k_{xt}} = \frac{F_Y \pm Q}{k_{xt}} = \frac{F_Y \pm \dfrac{W}{g}\rho\omega^2}{k_{xt}}$$

故在工件径向产生的加工误差为

$$Y_{max} - Y_{min} = \frac{F_Y + \dfrac{W}{g}\rho\omega^2}{k_{xt}} - \frac{F_Y - \dfrac{W}{g}\rho\omega^2}{k_{xt}} = \frac{2\dfrac{W}{g}\rho\omega^2}{k_{xt}} \qquad (6\text{-}20)$$

其中，Q 为合力；W 为不平衡的重量；ρ 为不平衡质量至旋转中心的距离；ω 为角速度；g 为重力加速度。

从式(6-20)可看出，转速越高，离心力越大，加工误差也越大。例如，工件重为 160N，主轴转速 $n = 1000$r/min，不平衡质量 m 到旋转中心距离 $\rho = 80$mm，则

$$Q = m\rho\omega^2 = \frac{W}{g}\rho\left(\frac{2\pi n}{60}\right)^2 = \frac{160}{9810} \times 8 \times \left(\frac{\pi \times 1000}{30}\right)^2 = 1428 \,(\text{N})$$

设 $k_{xt} = 4 \times 10^4$ N/mm，则产生的加工误差(径向)为

$$\Delta r = Y_{max} - Y_{min} = \frac{F_Y + Q}{k_{xt}} - \frac{F_Y - Q}{k_{xt}} = \frac{2Q}{k_{xt}} = \frac{2 \times 1428}{4 \times 10^4} = 0.0714 \,(\text{mm})$$

为消除惯性力对加工精度的影响，可以采用"配重平衡"的方法。必要时，还应降低转速。

图 6-30 所示为大型立式车床横梁及刀架自重引起的横梁导轨变形，从而影响刀架垂直进给的准确性，造成工件的几何形状误差。可采用如图 6-31 所示的方法，使横梁导轨不会发生受力变形而具有高的导轨精度，而小车所在的上横梁变形对加工精度没有影响。

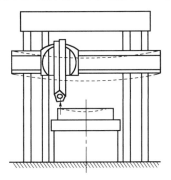

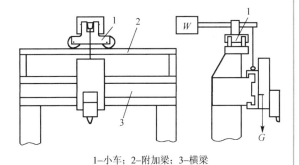

1–小车；2–附加梁；3–横梁

图 6-30　龙门机床横梁变形造成工件加工误差　　　　图 6-31　龙门机床横梁重力转移

4. 提高工艺系统刚度的措施

(1) 提高工件在加工时的刚度。对于刚性较差工件，夹紧力引起的加工误差就不容忽视，要采取工艺措施提高工件在加工时的刚度。在选择工件的加工和装夹方式时，应根据其结构特点，尽量采用有利于减少加工中工件受力变形的装夹方案，控制工件变形，减少加工误差。

例如，薄壁套筒装在三爪卡盘上镗孔，夹紧后套筒孔产生弹性变形，虽然镗出的孔为正圆形，但在松开三爪卡盘后，薄壁套筒弹性变形恢复使孔呈三角棱圆形(图6-32)。夹紧变形引起的工件形状误差不仅取决于夹紧力的大小，而且与夹紧力的作用点及分布有关。为了减少套筒因夹紧变形造成的加工误差，可采用开口过渡环(图6-32(b))或采用圆弧面卡爪(图6-32(c))均匀夹紧等方法，使夹紧力均匀分布。在加工细长轴类零件时，可采用中心架、跟刀架或前后支承架等方法，或采用大进给反向切削(向尾座方向进给)的方法，改善工件的受力状态，达到减少工件弯曲变形的目的。

动画

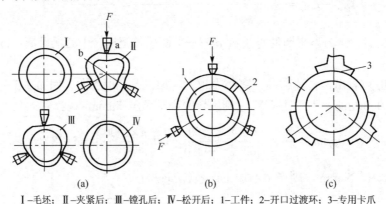

Ⅰ–毛坯；Ⅱ–夹紧后；Ⅲ–镗孔后；Ⅳ–松开后；1–工件；2–开口过渡环；3–专用卡爪

图6-32　夹紧变形引起的加工误差

(2) 提高刀具刚度。合理地选择刀具材料，增大前角和主偏角，对工件进行合理的热处理以及改善工件材料的加工性能等，都可使切削力减小。相对间接地增大工艺系统刚度，减小工艺系统受力变形。对于刀具刚度比较差的钻孔和镗孔加工，可采用钻套和镗套等辅助支承和具有对称切削刃的刀具来提高刀具在加工时的刚度。

(3) 提高机床刚度。在设计机床和工装时，要合理设计各零件结构和断面形状，避免由于个别零件刚度不足使整体刚度下降而影响加工，同时，还要注意刚度平衡，防止有局部低刚度环节出现。对于一些支承零件，如机床床身、立柱、横梁和夹具体等构件，它们的静刚度对整个工艺系统刚度影响较大，为提高其刚度，除适当增加其截面积外，必须改进构件结构和断面形状，尽可能减轻质量，采用空心截面，加大空心截面轮廓尺寸，减小壁厚。如图6-33所示，在设计大型零件时，应尽量使截面封闭，这样可得到较大刚度，此外，在部件的适当部位处增添加强筋和隔板，也能取得良好的效果。图6-34在车床上增加辅助支撑也是提高刚度的有效方法。

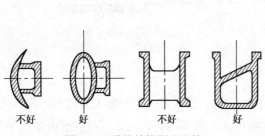

不好　　好　　不好　　好

图6-33　零件结构刚度比较

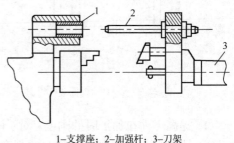

1–支撑座；2–加强杆；3–刀架

图6-34　六角车床增加辅助支撑提高刚度

在机床设计中应尽量减少连接面的数目，并尽可能提高有关组成零件配合面的形状精度，降低表面粗糙度，增大接触面积，减少接触变形。因部件的刚度远低于同外形的实体零件刚度，所以，提高接触刚度是提高工艺系统刚度的关键，特别是对使用中的机床设备。为此，提高机床导轨的刮研质量，提高顶尖锥体和主轴及尾座套筒锥孔的接触质量，多次修研中心孔等都是生产中提高接触刚度的好措施。

此外，还可采用预加载荷，使机床或夹具上的有关零件在装配时产生预紧力，以此消除配合面间的间隙，增加实际接触面积，提高接触刚度。通常在机床主轴组件中的滚动轴承都有预紧装置。

6.2.4　工艺系统受热变形的影响

1. 工艺系统的热源

机械加工过程中，常有大量的热传入工艺系统中，其热源分为内部热源和外部热源两大类。工艺系统在热的作用下，常产生复杂的变形，从而破坏工件与刀具相对运动的准确性，引起加工误差。工艺系统的热变形对加工精度的影响是很大的。据统计，在精密加工中，热变形引起的加工误差占总加工误差的 40%~70%，热变形不仅严重降低了加工精度，而且影响生产效率，因此，控制工艺系统热变形已成为机械加工技术进一步发展的重要研究课题。

（1）内部热源。这是由驱动机床的能量在使其完成切削运动和切削功能的过程中相当一部分转变为热能而形成的热源。机床所消耗的功率中，有 30%~70%转变为热。如图 6-35 所示，机床消耗功率主要是在切削过程中变为切削热和在传动过程中变为摩擦热。工艺系统内部热源包括切削过程中产生的热源和来自于机械、液压以及电器产生的热源。切削过程中，工件切削层金属的弹塑性变形，刀具与工件、刀具与切屑间的摩擦所消耗的能量，绝大部分转化为切削热，切削热传给工件，刀具和切屑的分配情况将随着切削速度的变化及不同的加工方式而变化。例如，车削时，大量的切削热为切屑所带走，且随车削速度提高，切

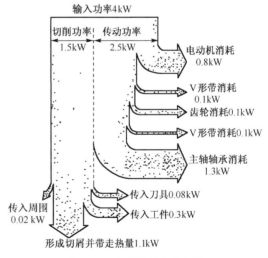

图 6-35　车床消耗功率分配

屑带走的热量增大，传给刀具和工件的热量一般不大。对钻孔、卧式镗削，因有大量切屑留在孔内，故传给工件的热量较高(约占 50%)。在磨削时，传给工件的热量更高，一般占 84%左右。由此可见，切削热是引起工艺系统热变形的主要热源。传动过程中来自于轴承副、齿轮副、离合器、导轨副等的摩擦热以及动力源能量(如电机、液压系统)损耗的发热等。摩擦热是机床热变形的主要热源。

（2）外部热源。主要是以热辐射和热传导方式由外界环境传入工艺系统的热量。这种热

源来自于周围环境，通过空气对流的热量以及日光、灯光、加热器等产生的辐射热，它们对机床热变形也有很大的影响，例如，某厂加工精密大齿轮，需几昼夜连续加工才能完成，由于昼夜温差大，结果使齿面产生波纹度。当机床导轨顶面或侧面受到阳光照射时，也会使导轨顶部凸起或扭曲。

2. 工艺系统热变形对加工精度的影响

(1) 机床热变形对加工精度的影响。切削过程中，机床在热源影响下，各部分温度将发生变化，由于热源分布不均匀以及机床结构和工作条件的复杂性，因此产生机床热变形的形式是多种多样的。机床热变形对加工精度的影响，主要是主轴部件、床身、导轨以及两者相对位置等的热变形。例如，车床热变形的热源主要是主轴箱轴承的摩擦热和主轴箱中油池的发热，它们使主轴箱及床身局部温度升高，其变形情况如图6-36所示，温升使主轴抬高和倾斜，油池的温升通过箱底传到床身，使床身上下表面产生温差，造成床身弯曲而中凸，并进一步使主轴抬高和倾斜。

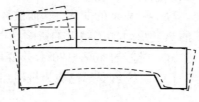

图 6-36　车床受热变形

铣、镗床热变形的热源也是主轴箱发热，它除了使主轴箱变形外，还将使立柱倾斜，从而使主轴对机床工作台产生位移和倾斜，如图6-37所示。磨床热变形的热源是主轴箱发热和砂轮磨削工件产生的磨削热，外圆磨床受热变形如图6-38所示。

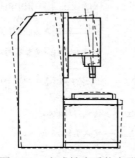

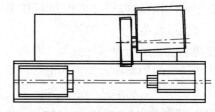

图 6-37　立式铣床受热变形　　　　　图 6-38　外圆磨床受热变形

(2) 工件的热变形对加工精度的影响。在切削过程中，工件的热变形主要来自于切削热，对精密零件及某些大型工件同时还会因周围环境温度的变化和局部受到日光等热源的热辐射产生热变形。

工件的热变形因采用加工方法不同而异，如车削时，传给工件的热量小(约10%)，因此变形小；钻孔时，因传给工件热量多(约50%)，故变形大。此外，工件热变形还会因受热体积(尺寸)不同而不同，如薄壁件和实心件，即使是同样的热量，其温升和热变形也是不同的。

从工件的受热情况看，均匀受热与不均匀受热两者引起的变形情况也是不相同的。现对这两种情况进行分析。

(1) 工件均匀受热引起变形。在车削外圆时，设测得的工件温升为 Δt，则热伸长量（直径上和长度上）可按简单物理公式计算

$$\Delta L = \alpha L \Delta t \tag{6-21}$$

其中，α 为工件材料的热膨胀系数，钢材为 12×10^{-6}，铸铁为 11×10^{-6}；L 为工件在热变形方向上的尺寸。

一般情况下，工件热变形在精加工中较为突出，尤其是长度长而精度要求较高的零件，如磨削丝杆，若丝杆长为 3m，每磨一次温度就升高约 3℃，则丝杆的伸长量为 $\Delta L = 3000 \times 12 \times 10^{-6} \times 3 = 0.1 \text{(mm)}$，而 6 级丝杆的螺距累积误差在全长上不允许超过 0.02mm，由此可见热变形的严重性。

(2) 工件不均匀受热引起的变形。在刨削或磨削平面时，工件因单面受热，上下表面间形成温差而变形，造成几何形状误差。

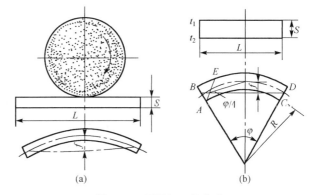

如图 6-39 所示，当工件长度为 L，厚度为 S，工件受热上下表面温差为 $\Delta t = t_1 - t_2$ 时，工件变形呈向上凸起。今以 f 表示工件中点变形量，由于中心角 φ 甚小，故可认为中性层弦长近似为原长 L，于是

$$f = \frac{L}{2} \tan \frac{\varphi}{4}$$

因为 φ 很小，故 $\tan \frac{\varphi}{4} \approx \frac{\varphi}{4}$，所以

图 6-39　平面加工热变形

$$f = \frac{L\varphi}{8} \tag{6-22}$$

由图 6-39 中关系得

$$(R + S)\varphi - R\varphi = \alpha \Delta t L$$

其中，R 为圆弧半径。所以

$$f = \alpha \Delta t \frac{L^2}{8S} \tag{6-23}$$

由此可见，热变形量 f 随 L 增大而急剧增大。因为 L、S、α 均为不变量，故减小 f，必须减小 Δt，即减小切削热的传入。

(3) 刀具的热变形对加工精度的影响。使刀具产生热变形的热源主要也是切削热，尽管传给刀具的热量占总热量的百分比很小（3%～5%），但是因刀具体积小，热容量小，因此刀具的工作表面被加热到很高温度。

加工大型零件时，刀具热变形往往造成几何形状误差，如车削长轴时刀具热伸长可能产生锥体。

图 6-40 所示为车刀热伸长量与切削时间的关系。其中 A 是车刀连续切削时的热伸长曲线。

切削开始时，刀具的温升和热伸长较快，随后趋于缓和，逐步达到热平衡(热平衡时间为 t_b)。当切削停止时，刀具温度开始下降较快，以后逐渐减缓，如图 6-40 中曲线 B 所示。

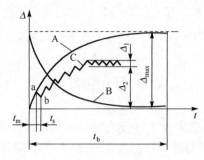

图 6-40　刀具热伸长量与切削时间的关系

3. 工艺系统受热变形控制措施

1) 减少机床热变形

(1) 减少机床的热源影响。用低黏度的润滑油改善轴承的润滑条件，提高齿轮副的传动精度并配以油雾润滑，从而减少传动副的发热，用强制式的风冷增加机床内部的电机和变速系统的散热。此外，设法将热源分离到机床外部或移到通风散热较好的位置，如将立式机床的主电机安装在主轴箱顶部，将液压系统置于床身外部等。

(2) 均匀机床零部件的温升。利用机床发出的热量来均衡机床重要部分温升较低的部位，使机床处于热平衡稳定状态，其热变形就会减小，如图 6-41 所示。另外注意结构对称性设计，在主轴箱的内部结构中，注意传动元件(轴、轴承及传动齿轮)安放的对称性可有效均衡箱壁的温升而减少其变形。

(3) 采取隔热措施。在发热部件和机床重要大件之间加装隔热材料，以阻隔热辐射和热对流的热交换对支撑大件的加热，也可以较好的减少机床热变形，如图 6-42 所示。

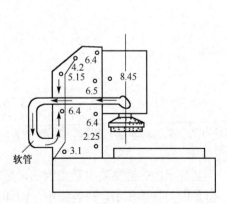

图 6-41　均衡机床立柱温度场

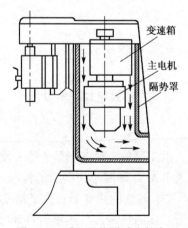

图 6-42　采取隔热罩减少热变形

(4) 工艺措施的改进。加工时采取工艺措施以减少热变形对加工的影响。例如，在开始精加工前，可先让机床空转一段时间，待机床达到热平衡状态后再进行加工。在顺序加工一批零件的间断时间内不要停车或尽量减少停车时间，以免破坏热平衡，这样可保持已调整好的位置。在加工中还应严格控制切削用量，以减少工件的发热。此外，尽可能将精密机床安置在恒温室内，以减少环境温度变化对加工精度的影响。

（5）采用恒温措施。控制环境温度变化，从而使机床热变形稳定，主要是采用恒温的方法来解决。例如，精密磨床、坐标镗床、螺纹磨床、齿轮磨床等精密机床都要安装在恒温车间内使用。恒温的精度根据加工精度的要求而定。

（6）使用热变形自动补偿系统。该方法是在加工过程中测量出热变形量的数值，然后采取各种加工中修正或程序数字控制的方式来补偿这一变形量，以保持加工精度不变。精密加工中心机床已采用这种热变形补偿系统。

2）减少工件热变形控制

为减少工件热变形对加工精度的影响，可以采取以下措施：

（1）在切削区域内充分施加冷却液。

（2）提高切削速度或进给量，使传入工件的热量减少。

（3）工件在精加工前给予充分冷却时间。

（4）及时刃磨刀具和修整砂轮，以免刀具和砂轮变钝，引起切削热的增大。

（5）采用弹簧后顶尖，使工件在夹紧时受热伸缩自由。

3）刀具热变形控制

减小刀具热变形对加工精度的影响的措施有：减小刀具伸出长度，改善散热条件，改进刀具角度以减少切削热的产生，合理选用切削用量以及加工时加冷却液使刀具得到充分冷却等。

6.3　加工误差的统计分析与质量控制

6.3.1　加工误差的性质

在零件加工过程中，各种原始误差会造成性质不同的加工误差，按照在加工一批工件时的性质和误差表现形式，加工误差可分为系统性误差和随机性误差两大类。

1. 系统性误差

相同工艺条件，当连续加工一批零件时，加工误差的大小和方向保持不变或按一定的规律而变化，称为系统性误差。前者称为常值系统性误差，后者称为变值系统性误差。

加工原理误差，机床、刀具、夹具的制造误差，调整误差，量具误差等均与加工时间无关，其大小和方向在一次调整中也均基本不变，因此，都是常值系统性误差。例如，钻头直径尺寸大于规定的直径尺寸 0.01mm，则所有钻出的孔的直径都比规定的尺寸大 0.01mm。机床、刀具未达到热平衡时的热变形所引起的加工误差是随加工时间有规律地变化的，故属于变值系统性误差。

2. 随机性误差

在加工一批工件时，误差出现的大小或方向作不规律变化着的误差称为随机性误差，如毛坯误差的复映、夹紧误差、工件残余应力引起变形误差等。这类误差产生的原因是随机的，但有一定的统计规律。

随机性误差是工艺系统中随机因素所引起的加工误差，它是由许多相互独立的工艺因素微量的随机变化和综合作用的结果。例如，毛坯的余量大小不一致或硬度不均匀，将引起切削力的变化，在变化切削力作用下，工艺系统的受力变形导致的加工误差就带有随机性，属于随机性误差。此外，定位误差、夹紧误差、多次调整的误差、残余应力引起的工件变形误差等都属于随机性误差。

必须指出，对于某一具体误差来说，应根据其实际情况来决定是属于系统性误差还是随机性误差。例如，冷却液的温度对精磨工件的尺寸精度的影响，当冷却液的温度不定时，磨削的尺寸也随着发生变化，此时引起的误差属于随机性误差，如果采取措施，使冷却液的温度处于某一恒定值，则温度差所造成的尺寸误差也就表现为系统性误差了。

6.3.2　加工误差的分布规律

采用调整法加工一批零件时，由于在加工过程中存在着随机性误差，因此这一批零件的尺寸在数值上是不相同的，其加工误差按照不同规律分布。研究加工误差时，常常应用数理统计学中一些理论分布曲线来近似代替实验分布曲线，这样做常常可使误差分析问题得到简化。

1. 正态分布

采用调整法加工一批零件时，首先测量出每个零件的尺寸，并按照尺寸大小把整批零件分成若干组，每一组中，零件的尺寸处于一定的范围内。同尺寸间隔的零件数量称为频数，频数与该批零件总数之比称为频率。以尺寸间隔为横坐标，以频率为纵坐标，则可求得若干点，用直线把这些点连接起来，就可得到一根折线。例如，磨削 100 根某轴的轴颈，图纸规定的轴颈尺为 $\phi80^{0}_{-0.03}$ mm，磨好后逐个进行测量，并按尺寸大小分组，现规定每组的尺寸间隔为 0.002mm，则可作出如图 6-43 所示的折线。从图 6-43 中可以看出，一部分工件已超出了公差范围(阴影部分)，成为废品，但这批工件的尺寸分散范围为 0.022，比公差带 0.03 小，如果将分散范围中心(0.014)移到公差中点，工件就合格了。

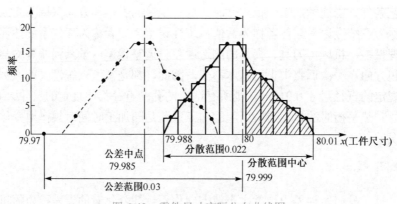

图 6-43　零件尺寸实际分布曲线图

若所取工件的数量增多，尺寸间隔较小时，则所作出的连线就非常接近于曲线。不同的加工条件，统计作图为不同形状的曲线，但都呈现出正态分布。无数生产实践的经验表明，在正常条件下加工一批工件，其尺寸分布情况常和上述曲线相似，符合数理统计学中的正态分布。

概率论已经证明，相互独立的大量微小随机变量，其总和的分布符合正态分布。大量实验表明，在机械加工中，用调整法加工一批零件，当不存在明显的变值系统误差因素时，则加工后零件的尺寸近似于正态分布。正态分布曲线的形状如图 6-44 所示。

2. 偏态分布

当工艺系统存在显著的热变形时，热变形在开始阶段变化较快，以后逐渐减弱，直至达到热平衡状态，在这种情况下分布曲线呈现不对称状态。又如试切法加工时，由于主观上不愿意产生废品，加工孔时宁小勿大，加工外圆时宁大勿小，使分布图也常常出现不对称现象。由于人为心理因素造成加工孔类零件尺寸偏小多，轴类零件尺寸偏大多，从而出现偏态分布，如图 6-45(a) 所示。

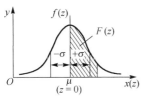
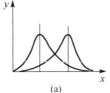
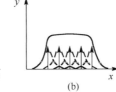
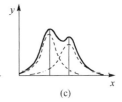

图 6-44　正态分布曲线　　　　图 6-45　加工误差非正态分布

3. 平顶分布

又如当刀具或砂轮磨损显著时，所得一批零件的尺寸分布如图 6-45(b) 所示，由图说明在加工每瞬间零件尺寸按正态分布曲线，但随着刀具或砂轮的磨损，不同瞬间尺寸分布曲线的平均尺寸是移动的。因此，分布曲线呈平顶形。

4. 双峰分布

应该说明的是，在正常条件下加工一批零件，其尺寸分布一般属于正态分布曲线的，但有时并非都是如此。例如，将两次调整下加工的零件混在一起，尽管每次调整下加工的零件是按正态分布曲线分布的，但由于两次调整的工件平均尺寸及工件数可能不同，分布曲线将呈现如图 6-45(c) 所示的双峰曲线。

6.3.3　分布曲线统计分析方法

前面对影响加工精度的各种主要因素进行了讨论，从分析方法上来讲，这些是属于局部的、单因素的。而实际生产中影响加工精度是多因素的，而且是错综复杂的。用单因素估算法去分析因果关系是难以说明的。为此，生产中常采用数理统计方法，通过对一批工件进行检查测量，将所测得的数据进行处理与分析，从中找出产生误差的原因和规律，并采取措施提出解决问题的办法，这就是这里所要讨论的加工误差统计分析法。常用的统计分析法有分布曲线法和点图法两种。

在研究加工误差时，人们常用数理统计学中一些"理论分布曲线"来近似地代替实际分布曲线，从而较方便地研究零件的加工精度问题。正态分布曲线是应用最为广泛的理论分布曲线。

1. 理论分布曲线

理论正态分布曲线如图 6-46 所示，其方程式为

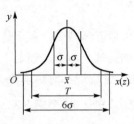

图 6-46　正态分布曲线

$$y = \frac{1}{\sigma\sqrt{2\pi}} e^{\frac{-(x-\bar{x})^2}{2\sigma^2}} \tag{6-24}$$

当采用正态分布曲线来代替加工尺寸的实际分布曲线时，上述方程式中 x 为工件尺寸，$\bar{x}$ 为工件平均尺寸（算术平均尺寸），即

$$\bar{x} = \frac{x_1 + x_2 + x_3 + \cdots + x_n}{n} = \frac{\sum\limits_{i=1}^{n} x_i}{n} \tag{6-25}$$

其中，x_i 为第 i 个零件的尺寸；σ 为均方根误差（标准差），是表示零件尺寸分散状况的指标，其值为

$$\sigma = \sqrt{\sum_{i=1}^{n}(x_i - \bar{x})^2 / n} \tag{6-26}$$

式中，n 为样本的工件总件数。

正态分布曲线具有以下一些特点：

（1）算术平均尺寸 $\bar{x}$ 决定了正态分布曲线的中心位置，$\bar{x}$ 不同，即一批尺寸分散范围相同的工件分散的尺寸段不同。它在 $\bar{x}$ 左右是对称的，为研究方便起见，把纵坐标移至 $\bar{x}$ 的位置，即 $\bar{x} = 0$，如图 6-46 所示，此时正态分布曲线方程式为

$$y = \frac{1}{\sigma\sqrt{2\pi}} e^{-\frac{x^2}{2\sigma^2}} \tag{6-27}$$

式中，e 为自然对数底（e = 2.7183）。

（2）均方根误差 σ 是决定曲线形状的参数，由图 6-47 所示的曲线可看出：当 $x = \bar{x} = 0$ 时，零件出现的概率最大，这时，$y_{max} = \dfrac{1}{\sigma\sqrt{2\pi}}$。这个式子说明，$\sigma$ 越大，y_{max} 越小，即曲线越矮胖，因为曲线与横坐标所包围的面积，即全部零件出现的概率是个常数；相反，σ 越小，y_{max} 越大，曲线越瘦高，如图 6-48 所示，σ 的物理意义，就在于它表明了一批零件精度的高低。

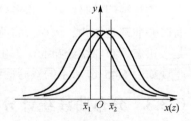

图 6-47　不同 $\bar{x}$ 的分布曲线

（3）正态分布曲线与横坐标轴没有交点，由曲线方程式可知，只有当 $x = \pm\infty$ 时，才使 $y = 0$，实际上零件尺寸分散有一定的范围，故 y 不可能为零。

（4）任一尺寸范围内，零件出现的概率计算：由横坐标上任意两点作垂线，与分布曲线相交后，则分布曲线与横坐标轴间包含的面积，即该区间零件出现的概率。

图 6-49 所示之小条面积：$\Delta F = y\Delta x$，包围在分布曲线与横坐标之间全部面积，等于各个小条面积之和，也就代表一批被加工零件的百分之百，所以这一部分的面积等于 1。

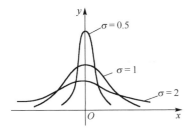

图 6-48　不同 σ 的正态分布曲线

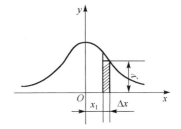

图 6-49　零件在 Δx 尺寸范围出现概率

2. 分布曲线的计算

如果只计算分布曲线与横坐标之间某一部分面积，如图 6-50 所示的带阴影部分的面积，则可用下式表示：

$$F_1 = \int_0^{x_1} y\mathrm{d}x = \frac{1}{\sigma\sqrt{2\pi}} \int_0^{x_1} \mathrm{e}^{-\frac{x^2}{2\sigma^2}}\mathrm{d}x \tag{6-28}$$

对于同一曲线，x 不同，面积也就不同。x 越大，包围在这一范围内面积也就越大，即所包含的零件数越多，对于不同的曲线（σ 不同），虽 x 相同，但在同一尺寸范围内的面积大小都不同，因此，面积 F 可看成 x/σ 的函数。

设 $\dfrac{x}{\sigma} = z$，则

$$F = \psi(z) = \frac{1}{\sqrt{2\pi}} \int_0^z \mathrm{e}^{-\frac{z^2}{2}}\mathrm{d}z \tag{6-29}$$

各不同 z 的函数 $\psi(z)$ 如表 6-1 所示。

查表 6-1 可知：

当 $z = 0.3$，即 $x = \pm 0.3\sigma$ 时，$2\psi(z) = 0.2358$；

当 $z = 1.1$，即 $x = \pm 1.1\sigma$ 时，$2\psi(z) = 0.7286$；

当 $z = 3$，即 $x = \pm 3\sigma$ 时，$2\psi(z) = 0.9973$。

这说明，在 $x = \pm 3\sigma$ 范围内，实际上已差不多包括了该批零件的全部，因此，一般可取 6σ 为尺寸分散范围，即可达到加工零件的合格率为 99.73%，而废品率只有 0.27%。

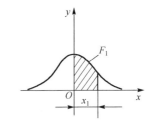

图 6-50　零件在 x_1 尺寸范围出现概率

例 6-2　已知 $\sigma = 0.005\mathrm{mm}$，零件公差带 $T = 0.02\mathrm{mm}$，且公差带对称于分散范围中点，$x = 0.01\mathrm{mm}$，试求此时的废品率。

解

$$z = \frac{x}{\sigma} = \frac{0.01}{0.005} = 2$$

由表 6-1 查得，当 $z=2$ 时，$2\psi(z)=0.9544$。故此时的废品率为

$$1 - 2\psi(z) \times 100\% = (1 - 0.9544) \times 100\% = 4.6\%$$

表 6-1　$\psi(z)$ 的取值

z	$\psi(z)$	z	$\psi(z)$	z	$\psi(z)$	z	$\psi(z)$
0	0.0000	0.80	0.2881	1.80	0.4641	2.80	0.4974
0.05	0.0199	0.90	0.3159	1.90	0.4713	2.90	0.4981
0.10	0.0398	1.00	0.3413	2.00	0.4772	3.00	0.49865
0.15	0.0596	1.10	0.3643	2.10	0.4821	3.20	0.49931
0.20	0.0793	1.20	0.3849	2.20	0.4861	3.40	0.49966
0.30	0.1179	1.30	0.4032	2.30	0.4893	3.60	0.499841
0.40	0.1554	1.40	0.4192	2.40	0.4918	3.80	0.499928
0.50	0.1915	1.50	0.4332	2.50	0.4938	4.00	0.499968
0.60	0.2257	1.60	0.4452	2.60	0.4953	4.50	0.499997
0.70	0.2580	1.70	0.4554	2.70	0.4965		

例 6-3　车一批轴的外圆，其图纸规定的尺寸为 $\phi 20_{-0.1}^{\ 0}$mm，根据测量结果，此工序的分布曲线是按正态分布的，其 $\sigma=0.025$mm，曲线的顶峰位置和公差的中点相差 0.03mm，偏于右端，试求其合格率和废品率。

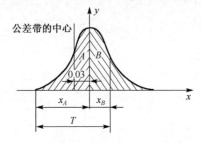

图 6-51　轴径尺寸分布图

如图 6-51 所示，合格率可由 A 和 B 两部分计算

$$z_A = \frac{x_A}{\sigma} = \frac{0.5T + 0.03}{\sigma} = \frac{0.5 \times 0.1 + 0.03}{0.025} = 3.2$$

$$z_B = \frac{x_B}{\sigma} = \frac{0.5T - 0.03}{\sigma} = \frac{0.5 \times 0.1 - 0.03}{0.025} = 0.8$$

由表 6-1 查得：

当 $z_A=3.2$ 时，$\psi(z_A)=0.49931$；

当 $z_B=0.8$ 时，$\psi(z_B)=0.2881$。

故合格率为 $(0.49931 + 0.2881) \times 100\% = 78.741\%$，废品率为 $(0.5 - 0.2881) \times 100\% = 21.2\%$。由图 6-51 可知，虽然有废品，但尺寸均大于零件的上限尺寸，故可修复。

3. 分布曲线分析法的应用

1）合格率和废品率的计算

通过上述两例可以知道，分布曲线可对一批加工后的零件进行合格率和废品率的计算。

2）判别加工误差的性质

如果加工过程中没有变值系统性误差，那么它的尺寸分布应该服从正态分布，此时实际分布曲线与正态分布曲线基本相符，然后再根据 $\bar{x}$ 是否与公差带中心重合来判断是否存在常值系统性误差。如果不重合则说明存在着常值系统性误差。

3) 判断工序的工艺能力能否满足加工精度的要求

所谓工艺能力是指处于控制状态的加工工艺所能加工出产品质量的实际能力。可以用工序的尺寸分散范围来表示其工艺能力，大多数加工工艺能力的分布都接近于正态分布，而正态分布的尺寸分散范围是 6σ，故一般都取工艺能力为 6σ。

判断工序的能力是否满足加工精度的要求，只需将工件规定的加工公差 T 与工艺能力 6σ 作比较，两者的比值称为工序能力系数，即 $C_p = T / 6\sigma$。根据工序能力系数 C_p 的大小，可将工序能力分为五个等级，如表 6-2 所示。

表 6-2　工序能力等级

工序能力系数	工序等级	说明
$C_p > 1.67$	特级	工序能力过高，可以允许有异常波动，不经济
$1.67 \geqslant C_p > 1.33$	一级	工序能力足够，可以允许有一定的异常波动
$1.33 \geqslant C_p > 1.00$	二级	工序能力勉强，需密切注意
$1.00 \geqslant C_p > 0.67$	三级	工序能力不足，会出现少量不合格品
$0.67 \geqslant C_p$	四级	工序能力很差，必须加以改进

如果 $C_p \geqslant 1$，可认为工序具有不产生不合格产品的必要条件。如果 $C_p \leqslant 1$，那么该工序产生不合格的产品是不可避免的。一般情况下，工序能力不应低于二级，即要求 $C_p > 1$。

4) 分析减少废品的措施

根据图 6-52 所示尺寸分布曲线，对于孔的加工而言，尺寸过大的零件是不可修复废品。若将分布中心调整到小于公差带中心 0.01mm 的位置，就不会出现不可修复废品，而只有尺寸过小的可修复不合格品。

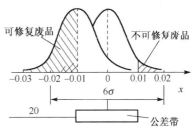

图 6-52　尺寸调整前后的不合格品率

6.3.4　点图分析法

用分布图法分析研究加工误差时，在全部工件加工之后才能绘制出分布曲线，故不能反映出零件加工的先后顺序。因此，这种方法不能将按照一定规律变化的系统性误差和随机性误差区分开，也不能在加工进行过程中提供控制工艺过程的资料。为了克服这些不足，且更利于批量生产的工艺过程质量控制，点图法在生产中得到了广泛应用。

1. 单值点图与平均值点图

如果按加工顺序逐个地测量一批工件的尺寸，并以横坐标代表工件的加工顺序，以纵坐标代表工件的尺寸误差，就可作出如图 6-53(a) 所示的单值点图。

如果将一批工件依次按每 m 个为一组进行分组，并以横坐标代表分组的顺序号码，以纵坐标代表一组工件的平均尺寸误差，作出如图 6-53(b) 所示的平均值点图，则点图的长度可大大缩短，而且可明显观察到尺寸分散情况。

2. $\bar{x} - R$ 点图

为了能更直接反映出变值系统性误差和随机性误差随加工时间的变化趋势，实际生产中

常采用 $\bar{x}-R$ 点图(平均值–极差点图)。$\bar{x}-R$ 图是由小样本均值 $\bar{x}$ 的点图和小样本极差 R 的点图组成，横坐标是按时间先后采集的小样本组序号，纵坐标分别是小样本均值 $\bar{x}$ 和极差 R，如图 6-54 所示。

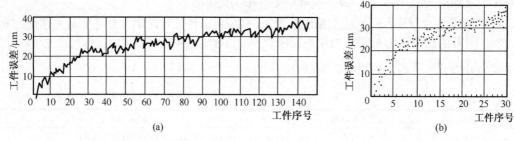

(a)   (b)

图 6-53　单值点图与平均值点图

在 $\bar{x}$ 点图上，$\bar{\bar{x}}$ 是样本平均值的均值线，UCL、LCL 是样本均值 $\bar{x}$ 的上、下控制线。在 R 点图上，$\bar{R}$ 是样本极差 R 的均值线，U_R 是样本极差的上控制线。其中

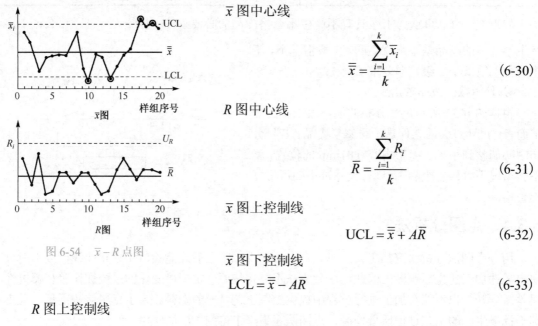

图 6-54　$\bar{x}-R$ 点图

$\bar{x}$ 图中心线

$$\bar{\bar{x}} = \frac{\sum_{i=1}^{k} \bar{x}_i}{k} \tag{6-30}$$

R 图中心线

$$\bar{R} = \frac{\sum_{i=1}^{k} R_i}{k} \tag{6-31}$$

$\bar{x}$ 图上控制线

$$\mathrm{UCL} = \bar{\bar{x}} + A\bar{R} \tag{6-32}$$

$\bar{x}$ 图下控制线

$$\mathrm{LCL} = \bar{\bar{x}} - A\bar{R} \tag{6-33}$$

R 图上控制线

$$U_R = D\bar{R} \tag{6-34}$$

其中，k 为组数；$\bar{x}_i$ 为第 i 组的平均值；R_i 为第 i 组的极差。

一般组数取 4 或 5，式(6-32)～式(6-34)中 A 和 D 的数值是根据数理统计原理而定出的，如表 6-3 所示。

表 6-3　A、D 系数值

每组个数	A	D
4	0.73	2.28
5	0.58	2.21

6.4　提高机械加工精度的方法

1. 消除与减小原始误差

加工误差是由诸多误差因素按一定的规律合成的，如果把原始误差消除或减小，使其原始误差在加工误差中不起作用，则会提高加工精度。它是在查明产生加工误差的主要因素之后，设法对其进行消除与减少。

例如，切削细长轴，由于力和热的作用影响，使工件产生弯曲变形。可采用下列措施消除与减少变形，保证加工精度：

(1) 使用跟刀架平衡法向切削力，使用大主偏角车刀（$\kappa_r = 90°$）切削，以减小法向力，使其减小径向变形。

(2) 采用大走刀反向进给切削法，使轴向切削力不再对工件起压缩而是拉伸作用，再辅之以弹簧后顶尖或经常松开后顶尖并调整其位置以适应工件的热伸长。

2. 补偿或抵消原始误差

加工误差的大小不仅和原始误差的大小有关，而且与原始误差的方向有关。两个大小相等且方向相反的原始误差可以相互抵消而不产生加工误差。补偿或抵消原始误差，就是人为地造出一种新的原始误差，去抵消原来工艺系统中的原始误差。从而达到减少加工误差，提高加工精度的目的。

例如，机床床身导轨磨削加工时，由于工件热变形会产生中凹的形状误差，而规定要求加工后应有一定的中凸量。为此，磨削前可在床身中间用螺钉施力，预先使其产生中凹的变形，如图 6-55 所示。待其磨削加工好放松后，虽然有磨削热变形的影响，则仍能获得要求的中凸形状。

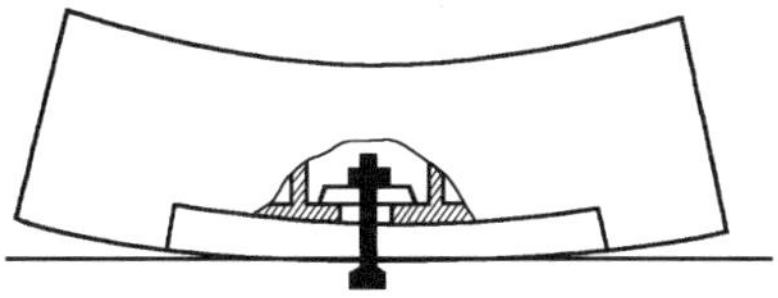

图 6-55　床身预变形

3. 转移原始误差

转移原始误差实质是在一定条件下，把原始误差转移到不影响加工精度的方向或是转移到误差非敏感方向，这是减少加工误差的又一途径。

如图 6-56 所示，为了减少转塔车床的转塔转位误差对零件加工精度的影响，把转塔刀架上的外圆车刀安装在垂直方向，使转位误差造成的车刀刀刃位置的变化出现在加工表面的切向方向，即误差非敏感方向。

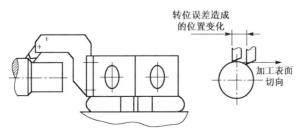

图 6-56　转塔车床原始误差转移

4. 误差均化

误差均化是利用相互作用的误差间相互的抵偿作用进行修正或加工，最终使综合误差减小的方法。

例如，基准平板（高精度平板）的高平面度要求就是利用误差均化获得的。加工时 A、B、C 三块平板按 A–B、B–C、C–A 方式相互合研，利用相互比较、相互修正或互为基准进行研磨或刮研加工，通过表面粗糙峰的减小均化过程、表面波纹度的相互均化过程和几何误差均化过程，最终获得高平面度要求的精确平面。误差均化方法在直尺、角度规等加工中也广泛应用。

5. 加工过程中的主动控制

随着加工控制技术和测量技术的提高，加工过程中的主动控制也被广泛使用。在过去的加工中，重点是在加工前采取措施来保持刀具-工件间的位置，这是被动的。在加工过程中经常测量刀具-工件的相对位置变化或工件加工误差，并以此实时控制调整工艺系统状态，以提高加工精度的工艺措施是主动控制。

例如，在外圆磨床上使用主动量仪在加工过程中对被磨工件尺寸进行连续的测量，并随时控制砂轮和工件间的相对位置，直至工件尺寸达到规定公差。

第7章

机械加工表面质量的影响因素及控制

影响机器零件的机械加工质量除了加工精度之外，还有机械加工表面质量，它包括表面粗糙度、波度和表面层材料物理机械性能。机械加工表面质量与加工精度相对来说是从微观和宏观两个不同角度来表征零件的机械加工质量，同样影响机器零件的机械加工质量，决定零件和机器整机的性能。本章将讨论机械加工表面质量的影响因素及控制方法。

7.1 机械加工表面质量概述

7.1.1 机械加工表面质量的含义

微课视频

机械加工后所得到的零件表面，都不是理想的光滑表面，存在着一定的微观几何偏差和表面层物理机械性能的变化。其变化有最外表面的吸附层产生氧化膜或化合物，且吸收渗进的气体、液体或固体粒子，往下是切削力造成的结晶组织变化层的塑性变形和刀具与切削层间的摩擦挤压造成的纤维化层以及切削热造成的表面强化或弱化等。从应力变化上看，还存在着由塑性变形、切削热及金相组织变化引起的残余应力。这一表面层质量对机械零件的可靠性、寿命等都有显著的影响。表面质量包括以下主要内容：

(1) 表面的几何形状特征。它主要包括表面粗糙度、波度——介于宏观几何形状误差和表面粗糙度(微观几何误差)度之间的周期性几何形状误差。

(2) 表面层的物理及机械性能。它主要包括表面层因塑性变形引起的加工硬化、表面层的金相组织变化、表面层的残余应力等。

①表面层机械加工硬化。机械加工过程中产生的塑性变形，使晶格扭曲、畸变，晶粒间产生滑移，晶粒被拉长等，这些都会使表面层金属硬度增加，通称为加工硬化(或冷作硬化)。

②表面层金相组织变化。机械加工过程中由于切削热的作用，有可能表面层金属的金相组织发生变化。例如，磨削淬火钢时，磨削热的作用会引起淬火钢中马氏体的分解，或出现回火组织等。

③表面层残余应力。由于切削力和切削热的综合作用，表面层金属晶格的变形或金相组织变化，会造成表面层残余应力。

近年来人们对机械加工表面质量问题有了较深入或较全面的了解，提出了表面完整性的概念，这个概念涉及表面形貌，如表面粗糙度及波度；表面缺陷，指宏观缺陷如表面裂纹等；表面层的微观组织及化学特性，指表面层的金相组织、化学性质、微裂纹等；表面层的物理机械性能；表面层的其他工程技术特性，如对光的反射、表面带电性质等。

机器零件的使用性能如耐磨性、疲劳强度、耐腐蚀性等，除了与材料本身的性质和热处理有关外，还决定于加工后的表面质量。

7.1.2　机械加工表面质量对使用性能的影响

1. 表面质量对零件耐磨性能的影响

1）表面粗糙度对耐磨性的影响

零件的磨损，一般分为初期磨损、正常磨损和急剧磨损三个阶段。其中表面的粗糙度对初期磨损量的影响最为显著，这是因为当两个零件表面互相接触时，实际上只是一些凸峰顶部接触，当零件上有了载荷作用时，凸峰处的单位面积压力也就很大，表面越粗糙，实际接触面积就越小，单位面积上的压力就越大。当两个零件发生相对运动时，在接触的凸峰处就产生了弹性变形、塑性变形及剪切等，造成零件表面的磨损。即使在有润滑的条件下，也因接触压力过大，超过了润滑油膜承受的压力临界值，油膜被破坏，形成了半干摩擦，甚至出现干摩擦。图 7-1 所示是零件的磨损曲线，在初期磨损阶段（Ⅰ），由于接触压力大，磨损很快，随着磨损的发展，接触面积逐渐加大，单位面积压力逐渐降低，磨损变慢，进入正常磨损阶段（Ⅱ），通过此阶段后将进入急剧磨损阶段（Ⅲ），零件表面将产生急剧磨损。

由试验得知（图 7-2），在一定条件下，表面粗糙度对耐磨性有一个最佳的数值，即过大或过小的粗糙度都会引起零件的严重磨损。粗糙度过小引起严重磨损的原因是由于润滑油被挤出，产生了分子间的亲和力，使表面容易出现咬焊（冷焊）。

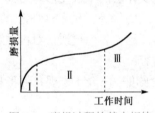
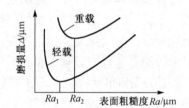

图 7-1　磨损过程的基本规律　　　　　图 7-2　表面粗糙度与初期磨损关系

表面粗糙度的轮廓形状及加工的纹路方向对零件的耐磨性也有显著影响，因为表面轮廓形状及方向能影响实际接触面积及润滑油的分布状况。

2）表面加工硬化对耐磨性的影响

经过加工的零件表面会产生一定的加工硬化，使得零件表层的性质变化，如金相组织及硬度的变化、加工硬化及残余应力的存在等也都影响零件的耐磨性。加工表面的加工硬化，使摩擦副表面层金属的显微硬度提高，故一般可使耐磨性提高。但也不是加工硬化程度越高耐磨性就越高，这是因为过分的加工硬化将引起金属组织过度疏松甚至出现裂纹和表层金属的剥落，使耐磨性下降。

如果表面层的金相组织发生变化，其表层硬度也相应地随之发生变化，影响耐磨性。

2. 表面质量对疲劳强度的影响

1）表面粗糙度对疲劳强度的影响

在交变载荷作用下，零件的破坏常常由于表面产生疲劳裂纹所致。而疲劳裂纹与应力集中有关。零件表面的粗糙度、划痕和裂纹等缺陷容易引起应力集中，产生裂纹，造成疲劳破坏。如图 7-3 所示表面粗糙度从 $Ra=0.2$ 降至 $Ra=0.025$ 时零件疲劳强度可以提高 25%。另外，加工纹路方向对疲劳强度影响更大，刀痕与受力方向垂直，疲劳强度将显著降低；不同材料对应力集中的敏感程度不同，如铸铁对应力集中不敏感，即粗糙度对疲劳强度的影响就不大，一般情况下，钢的强度极限越高，对应力集中就越敏感。

2）表面层的残余应力、加工硬化对疲劳强度的影响

零件表面层为残余压应力，能够部分的抵消工作载荷施加的拉应力，从而提高零件的疲劳强度；而残余拉应力使疲劳裂纹扩展，加速疲劳破坏，从而降低零件的疲劳强度。表面加工硬化一般伴有残余压应力的产生，可以防止裂纹产生和阻止已有裂纹扩展，对提高疲劳强度有利。但残余应力是一种不稳定状态，对于重要零件还是应消除残余应力。

3. 表面质量对零件耐腐蚀性能的影响

金属表面逐渐被氧化或溶解而遭破坏的现象称为腐蚀，它是由化学、电化学过程而引起的。例如，钢铁与空气中的氧化合成 Fe_2O_3；金属与电解质液体接触，会发生微电池作用，金属质点会变成离子状态，金属表面被破坏。如图 7-4 所示，当零件表面凸凹不平时，则在凹谷底部易储存腐蚀介质，底部角度越小，深度越大，则介质对零件表面的腐蚀作用越强烈。因此，降低加工表面的粗糙度，可以改善零件的抗腐蚀能力。

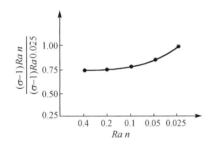

图 7-3　粗糙度对疲劳强度的影响

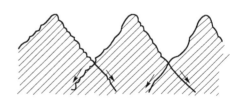

图 7-4　波谷底部腐蚀的发展

4. 表面质量对零件配合性质的影响

表面粗糙度会改变实际有效过盈量和间隙量，因此表面质量好坏直接影响零件配合性质的稳定性。对过盈配合表面，装配时，配合表面凸峰被挤平，使过盈量减小，降低了配合的结合强度；间隙配合零件的表面粗糙度太大，初期磨损就会增大，工作一段时间，配合间隙就会加大，从而改变了原来的配合性质。所以，对配合精度要求较高的连接，零件表面的粗糙度必须有相应的要求。根据有关试验得知，加工精度与表面粗糙度的关系为 $Rz = (0.1 \sim 0.25)T$。

5. 表面质量对零件接触刚度的影响

零件表面的粗糙轮廓使相接触的面积仅占理论面积较小的一部分，受外力作用时，由于凸峰处单位压力大，因而接触表面极易产生弹塑性变形，降低零件的接触刚度。要提高接触刚度，就必须降低零件表面的粗糙度，增大实际接触面积。

此外，表面质量对零件使用性能还有一些其他的影响，如对减少密闭件的泄漏、降低摩擦系数、增加运动的灵活性等都有很大影响。

7.2 机械加工表面质量的影响因素

影响机器零件的机械加工质量除了加工精度之外，还有机械加工表面质量，它包括表面粗糙度、波度和表面层材料物理机械性能。机械加工后所得到的零件表面，都不是理想的光滑表面，存在着一定的微观几何偏差和表面层物理机械性能的变化。这一表面层质量对机械零件的可靠性、寿命等都有显著的影响。

机器零件的使用性能如耐磨性、疲劳强度、耐腐蚀性等除了与材料本身的性质和热处理有关外，主要决定于加工后的表面质量。

7.2.1 切削加工表面的形成过程

微课视频

为了方便分析和研究加工表面质量，有必要回顾前述金属切削过程和简述切削加工表面的形成过程。

切削加工表面形成是由于刀具作用，在待加工表面的切削层上形成规定的切屑过程，也是发生形变的过程。在这个过程中大致经历了三个变形区域，在经过第Ⅰ、Ⅱ变形区时发生了沿滑移线的剪切变形和受到前刀面的挤压和摩擦后流出形成了切屑，随后进入第Ⅲ变形区就形成了已加工表面。可是这些分析是建立在理想化刀具的基础上的，认为刀具刃口绝对尖锐和无磨损。

然而，从刀具制造和使用强度考虑，刀具再尖锐，刃口也会存在钝圆半径 r_n，如图 7-5 所示。r_n 的大小主要由刀具材料的晶粒结构及刃磨质量决定，通常情况下，高速钢刀具 r_n 为 10~18μm，最小可达 5μm；硬质合金刀具 r_n 为 18~32μm，如果刃磨合适，最小可达 3~6μm。刀具前角 γ_0 和后角 α_0 越大，刃磨质量越好，r_n 会越小；刀具磨损后，r_n 会增大。

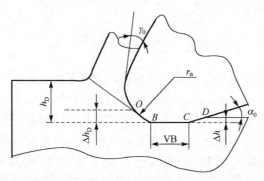

图 7-5 已加工表面形成过程

另外，在相邻刃口的后刀面部分经过切削后要磨损，会形成宽度为 VB 的窄棱面，相应部分的后角变为零度，已加工表面受到切削刃钝圆部分和后刀面挤压和摩擦，造成表层金属纤维化和加工硬化，使得第Ⅲ变形区的变形更加复杂化了。

由于 r_n 的存在，刀具就不能把切削层厚度 h_D 全部切下来，会留下一个薄层（Δh_D），即当切削层 h_D 经过 O 点时，O 点以上部分经前刀面流出形成切屑，以下部分则在刃口的作用下产生严重的挤压和摩擦后的塑性变形，直至完全脱离后刀面，此时，O 点可以认为是切削金属的分流点。又因其新形成的已加工表面深处基体的弹性变形，产生了弹性恢复Δh，并保留在加工表面上。

在此过程中，被加工表面除了 VB 段与后刀面接触外，弹性恢复Δh 又增加了 CD 段的接触，从而增大了后刀面与已加工表面间的挤压摩擦，加剧了已加工表面的塑性变形，引起表层纤维化和加工硬化等。

7.2.2　加工表面粗糙度

1. 表面粗糙度概述

1）表面粗糙度的概念

无论何种机械加工方法获得的零件表面，总还存在着由较小间距的波峰和波谷组成的微量高低不平的痕迹。这种痕迹也就是零件表面的微观几何形状。表面粗糙度就是用来表达这种微观几何形状特性的特征参量，表面粗糙度越小，则零件表面越光滑。

表面粗糙度的大小，对机械零件的耐磨性、配合稳定性、疲劳强度和抗腐蚀性等都有很大影响。因此，在设计零件时需要提出表面粗糙度的要求，这也是机械零件设计中不可缺少的一个内容。加工中有许多因素影响零件的表面粗糙度，只有选取合适的工艺参数，才能保证实现零件给定的表面粗糙度。

实际加工后的零件表面粗糙度要远远大于理想状态条件下理论分析的切削刃相对工件运动形成的表面微观不平度。只有高速切削塑性材料时，加工表面粗糙度才比较接近理论分析的粗糙度，因为切削过程中的积屑瘤、鳞刺、振动等原因的影响结果都会叠加在理论分析的粗糙度上，使得粗糙度值加大。

2）理论粗糙度

理论粗糙度是指将刀具切削刃认为纯几何线时，切削刃相对工件运动形成的表面微观不平度。其值取决于残留面积的高度。影响粗糙度的几何因素是刀具进给运动在工件加工表面上遗留下来的残留切削面积的形状与刀具形状完全一致，如图 7-6 所示。残留切削面积的高度 H 就成为表面粗糙度。

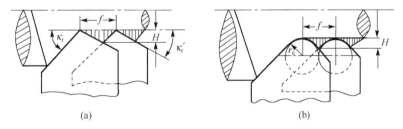

图 7-6　切削外圆时残留切削面积

如图 7-6(a)所示，当刀尖圆弧半径 $r_e = 0$ 时，得其波峰的高度 H 为

$$H = \frac{f}{\cot \kappa_r + \cot \kappa_r'} \tag{7-1}$$

其中，f 为进给量，mm/r；κ_r 为主偏角，(°)；κ_r' 为副偏角，(°)。

如图 7-6(b)所示，当刀尖圆弧半径 $r_e \neq 0$ 时，得其波峰的高度 H 为

$$H = \frac{f^2}{8r_e} \tag{7-2}$$

减少残留面积及波峰高度 H，可以通过减小进给量 f、刀具的主偏角和副偏角及增大刀尖圆弧半径 r_e 来实现。另外，提高刀具切削刃的刃磨质量也是降低粗糙度的措施之一。

2. 表面粗糙度的影响因素及控制

1) 切削加工表面粗糙度的影响因素及控制

(1) 切削加工表面粗糙度的影响因素。

①积屑瘤的影响。

切削塑性金属材料时，在切速不高、又能形成带状切屑的情况下，或前角较小，刃磨质量不好，刃口附近粗糙度值较大，切屑沿前刀面流出，并伴随强烈的摩擦的情况下，切屑的流动速度降低，温度升高。在大的挤压力作用下，会使切屑底层金属与前刀面的外摩擦超过分子间结合力，一些金属材料冷焊黏附在前刀面切刃附近，逐渐形成硬度很高的瘤状楔块，成为积屑瘤。积屑瘤随着切削的进行不断长大，又不断破裂被带走，如此反复。积屑瘤能代替切削刃进行切削，使刀具实际前角增大，能保护刀具和降低切削力。但积屑瘤的存在和脱离使加工尺寸精度降低，嵌入在加工表面的积屑瘤碎块使表面加工质量降低。所以，积屑瘤对粗加工有利，而对精加工有害，必须设法加以控制。

积屑瘤对表面质量主要影响有：积屑瘤不仅在切深方向长大，而且在宽度方向也有长大，因而会有过切量存在，使得实际切削厚度在一定范围变化，从而在切削速度方向刻出深浅不一和宽窄不同的犁沟，增大了表面粗糙度。

由于冷焊和黏结作用，积屑瘤与刀面接触底部相对稳定，而顶部常常周期性地生成与脱落，脱落的部分黏附着切屑底部被排除，另一部分碎片则被挤压镶嵌在已加工表面上，从而影响了加工表面粗糙度。

因为积屑瘤的硬度可以比刀具高，故其脱落将会造成刀具的黏结磨损，使得切削加工表面粗糙度增大。

②鳞刺的影响。

鳞刺是指切削加工表面在切削速度方向产生的鱼鳞片状的毛刺。其特点是晶粒相互交错，二者无分界线，鳞刺表面呈现鳞片状，具有一定高度，其宽度方向垂直于切削速度方向，它使加工表面粗糙度值加大。

在切削低碳钢、中碳钢、铬钢、不锈钢、铝合金、紫铜等塑性金属时，无论是车、刨、钻、插、滚齿、插齿和螺纹加工工序中都可能产生鳞刺。鳞刺均使表面粗糙度值加大。当切削速度超过 100m/min 时，表面粗糙度值下降，并趋于稳定。在实际切削时，选择低速宽刀精切和高速精切，往往可以得到较小的表面粗糙度值。

③切削机理的变化。

从切削机理分析，加工强度高、塑性小的工件材料，虽然切削厚度较薄，当材料稍有变形就发生突然挤裂或变形区稍微扩展，在变形区的某一滑移面上达到剪切破坏的程度，发生突然断裂，进而形成挤裂切屑和单元切屑。单元切屑周期性断裂向切削表面以下深入，就会在加工表面留下挤裂痕迹而成波浪形。

在加工脆性材料时，当材料受力变形时，它们的存在则相当于滑移变形的裂纹。因此当前刀面推挤被切金属时，就会在材料变形不大的条件下，沿着和剪切主应力方向，斜着向下延伸开裂，发生突然断裂，形成形状各不相同的崩碎屑块，造成加工表面的凸凹不平，增大加工表面粗糙度值。

④切削颤振。

机床主轴回转误差和机床导轨面的几何形状误差使成形运动机构产生跳动、材料不均匀以及排屑不连续等的切削力变化，均会使刀具与工件间的位移发生变化，从而使切削厚度和宽度发生变化。这些变化的不稳定因素有可能在加工系统中引起自激振动，使相对位置变化的振幅加大，引起背吃刀量变化，即引起粗糙度增大。

⑤切削刃的损坏。

切削刃磨损或崩刃会使粗糙度增大，这是显而易见的。刀具在副后刀面上产生边界磨损时，必然要在加工表面上形成锯齿形状的凸起，使表面粗糙度增大。

(2) 切削加工表面粗糙度的控制。

从前面切削加工表面粗糙度的成因的分析中清楚可知，表面粗糙度主要受到刀具几何参数、切削用量、工件材料和切削液以及刀具磨损等多种情况影响。因此切削加工表面粗糙度的控制可以从刀具、工件和切削条件三个方面控制。

①刀具参数选择。通过减小刀具的主偏角 κ_r 和副偏角 κ_r' 以及增大刀尖圆弧半径 r_e 来实现减少残留面积的波峰高度，即减小理论粗糙度；增大前角 γ_0，使塑性变形减小，有利于抑制积屑瘤和鳞刺产生，减小粗糙度；采用宽刃刨刀或车刀以及带修光刃的端铣刀，均能减少残留面积的波峰高度；提高刀具切削刃的刃磨质量，减少与加工表面间的摩擦及粗糙度复映，也是降低粗糙度的措施之一；严格控制刀具磨损值和切削刃的破损，特别是后刀面磨损和边界磨损，要及时换刀。

②工件材料与处理。一般来说，材料韧性越大或塑性变形趋势越大，被加工表面粗糙度就越大。切削脆性材料比切削塑性材料更容易达到表面粗糙度的要求。对于同样的材料，金相组织越是粗大，切削加工后的表面粗糙度值也越大。为减小切削加工后的表面粗糙度值，常在精加工前进行调质等处理，目的在于得到均匀细密的晶粒组织和较高的硬度，抑制积屑瘤和鳞刺的生长，减少粗糙度。

③切削条件控制。切削中碳钢时可采用降低切削速度(v_c<5m/min)或提高切削速度(v_c>30m/min)方法，避开积屑瘤生长的切削速度区；减小进给量 f，减少残留面积的波峰高度，同时就减少了刀屑接触区的法向应力，防止刀屑黏结，从而抑制积屑瘤的产生与生长；合理选择切削液，使用性能良好的切削液，减少摩擦，也可抑制积屑瘤和鳞刺的生长；防止机床和工艺系统振动，也可以降低粗糙度。

2) 磨削加工表面粗糙度的影响因素及控制

磨削砂轮是由众多形状不一的磨粒所组成。如单从几何因素来考虑，可以认为：通过每单位面积加工表面的磨粒数越多，每个磨粒切下的切削厚度就越小，也即划痕越小，故可以得到小粗糙度的表面，从这个概念出发，可以得出如下结论：砂轮速度 v 越高，工件速度 v_w 越低、纵向进给量 f 越小，则粗糙度越小；磨粒的粒度越小及修整砂轮的微刃越多，粗糙度也越小；另外，砂轮及工件的直径越大，粗糙度也越小等。

但事实上，在磨削表面的形成过程中，不仅有几何因素的影响，而且还有塑性变形对粗糙度的影响。

影响磨削表面粗糙度的主要因素有以下几种：

(1) 砂轮的粒度。砂轮的粒度号数越大，磨粒越细，在工件表面上留下的刻痕就越多越细，表面粗糙度值就越小。但磨粒过细，砂轮容易堵塞，反而会增大工件表面的粗糙度值。

(2) 砂轮的硬度。砂轮太硬，钝化了的磨粒不能及时脱落，工件表面受到强烈的摩擦和挤压作用，塑性变形加剧，使工件表面粗糙度值增大。砂轮太软，砂粒脱落过快，磨料不能充分发挥切削作用，且刚修整好的砂轮表面会因砂粒脱落而过早被破坏，工件表面粗糙度值也会增大。

(3) 砂轮的修整。修整砂轮的金刚石工具越锋利，修整导程越小，修整深度越小，则修出的磨粒微刃越细越多，刃口等高性越好，因而磨出的工件表面粗糙度值也越小。粗粒度砂轮若经过精细修整，提高砂粒的微刃性与等高性，同样可以磨出高光洁的工件表面。

(4) 磨削速度。提高磨削速度，单位时间内划过磨削区的磨粒数多，工件单位面积上的刻痕数也多；同时提高磨削速度还有使被磨表面金属塑性变形减小的作用，刻痕两侧的金属隆起小，因而工件表面粗糙度值小。

(5) 磨削径向进给量与光磨次数。增大磨削径向进给量，塑性变形随之增大，被磨表面粗糙度值也增大。磨削将结束时不再做径向送给，仅靠工艺系统的弹性恢复进行的磨削，称为光磨。增多光磨次数，可显著降低磨削表面粗糙度值。

(6) 工件圆周进给速度与轴向进给量。工件圆周进给速度和轴向送给量小，单位切削面积上通过的磨粒数就多，单颗磨粒的磨削厚度就小，塑性变形也小，因此工件的表面粗糙度值也小。但工件圆周进给速度若过小，砂轮与工件的接触时间长，传到工件上的热量就多，有可能出现烧伤。

(7) 冷却润滑液。冷却润滑液可及时冲掉碎落的磨粒，减轻砂轮与工件的摩擦，降低磨削区的温度，减小塑性变形，并能防止磨削烧伤，使表面粗糙度值变小。

降低磨削表面粗糙度的主要措施有以下几种：

(1) 采用合理的砂轮粒度，采用粒度号大的砂轮，可以降低粗糙度，但磨粒不宜太细。以免堵塞、磨钝和影响散热。

(2) 采用大的 $\dfrac{v_c}{v_w}$，即提高砂轮速度 v_c，减低工件速度 v_w，可以减小粗糙度值。

(3) 从磨削几何学可知，使用较大直径砂轮，可减小粗糙度。

(4) 增大砂轮宽度 B，使得参加磨削的有效磨刃数增多，每颗磨粒的磨削量将减少，即单颗磨粒的最大磨削厚度减少，或者减小轴向进给量 f_a，使 $\dfrac{B}{f_a}$ 增大，均可以减小粗糙度。

(5) 增大径向进给量 f_r，或增大磨削深度 a_p，会增大粗糙度。因为 f_r 增大，可使塑性变形增大，从而增大粗糙度。

(6) 提高砂轮修整质量和及时修整，可以减小粗糙度值。

磨削加工表面粗糙度影响是多因素复杂的过程，此外，合理选择砂轮硬度、磨削液性能及其浇注方法等都会对磨削表面粗糙度降低起到一定的辅助作用。

7.2.3 加工表面变质层

1. 加工硬化

1）加工硬化概念

机械加工过程中产生的塑性变形，使晶格扭曲、错位、畸变，晶粒间产生滑移，晶粒被拉长等，这些都会使表面层金属硬度增加，这种不经过热处理，而由于冷加工产生塑性变形造成的表面硬化现象，通称为加工硬化（或冷作硬化），其硬度常常比基体的硬度高出 1、2 倍，硬化层深度可达几十微米至几百微米。

从实际加工工件硬化的情况观察可知，在已加工表面形成过程中，塑性变形已达到表层以下相当的深度，越接近加工表面，变形硬化程度越严重。加工表面层的硬化程度与表面层深度关系如图 7-7 所示。

加工表面层的硬化评定参数主要以硬化层深度Δh_d及表面层的显微硬度 H 来表示，硬化程度ΔH 为

$$\Delta H = \frac{H - H_0}{H_0} \% \qquad (7\text{-}3)$$

其中，H_0 为母体材料的硬度。

一般硬化程度ΔH 和硬化层深度Δh_d与工件材料、加工方法有关，如表 7-1 所示。

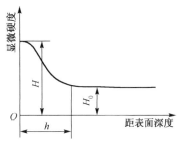

图 7-7 加工硬化与表面层深度关系

表 7-1 不同加工方法表面的硬化程度 ΔH 与硬化层深度 Δh_d

加工方法	硬化程度 ΔH /%		硬化层深度 Δh_d /μm	
	平均值	最大值	平均值	最大值
车削	120～150	200	30～50	200
精车	140～180	220	20～60	
端铣	140～160	200	40～100	200
周铣	120～140	180	40～80	110
钻扩孔	160～170		180～200	250
拉孔	150～200		20～75	
滚插齿	160～200		120～150	
外圆磨低碳钢	160～200	250	30～60	
磨未淬硬中碳钢	140～160	200	30～60	
平面磨	150		16～35	
研磨	112～117		3～7	

这种硬化的表面，虽然由于硬度的提高使耐磨性得到了提高，但脆性增加使冲击韧性降低，同时也为后续加工带来困难，还增加了刀具的磨损，使刀具寿命减少了。

硬化程度主要取决于切削时切削力、切削温度及塑性变形速度的大小。当温度在$(0.25 \sim 0.3) t_R$ (t_R 为熔点温度) 范围内，要产生再结晶，表面层硬化消失。

2) 影响加工硬化因素及控制措施

(1) 刀具影响。①刀具几何参数 γ_o、α_o 和 r_n 的影响。前角 γ_o 越大，切削变形越小，加工硬化程度 ΔH 和硬化层深度 Δh_d 均减小；后角 α_o 越大，与后刀面的摩擦越小，加工硬化越小；刃口钝圆半径 r_n 越小，挤压摩擦越小，弹性恢复层 Δh_d 越小，硬化层越小。②刀具磨损的影响。磨损宽度加大后，刀具后刀面与被加工工件的摩擦加剧，塑性变形增大，导致表面冷硬增大。但磨损宽度继续加大，摩擦热急剧增大，弱化趋势变得明显，表层金属的显微硬度逐渐下降，直至稳定在某一水平上。③刀具刃磨质量的影响。刀具的前后刀面刃磨质量越好，切削变形越小，挤压摩擦也越小，所以加工硬化就越小。

(2) 工件的影响。实际加工表明，工件材料硬度越低、塑性增大，加工硬化程度 ΔH 和硬化层深度 Δh_d 越大。就结构钢而言，含碳(C)量少，塑性变形大，硬化严重。例如，切削韧性钢时 ΔH 为 140%～200%。

(3) 切削条件的影响。通常加大进给量时，表层金属的显微硬度将随之增大。这是因为随着进给量的增大，切削力也增大，表层金属的塑性变形加剧，冷硬程度增大。

(4) 切削速度的影响。切削速度对冷硬程度的影响是力因素和热因素综合作用的结果。当切削速度增大时，刀具与工件的作用时间减少，使塑性变形的扩展深度减小，因而有减小冷硬程度的趋势。但切削速度增大时，切削热在工件表面层上的作用时间也缩短了，又有使冷硬程度增加的趋势。切削深度对表层金属加工硬化的影响不大。

(5) 控制加工硬化的措施。① 选择较大的刀具前角 γ_o 和后角 α_o 及较小的刃口钝圆半径 r_n；② 合理确定刀具磨钝标准 VB；③ 提高刀具刃磨质量；④ 合理选择切削用量，尽量选择较高的 v_c 和较小的 f；⑤ 使用性能好的切削液，改善工件的切削加工性。

2. 残余应力

1) 残余应力的产生原因

机械加工中，零件金属表面层发生形状变化或组织改变时，在表层与基体交界处的晶粒间或原始晶胞内会产生相互平衡的弹性应力，这种应力属于微观应力，称之为残余应力。各种机械加工方法所得到的表面层都会有或大或小的残余应力。残余拉应力容易使已加工表面发生裂纹，降低零件的疲劳强度；但残余压应力有时却能提高零件的疲劳强度。工件各部分如果残余应力分布不均匀，会使工件发生变形，影响工件的宏观几何形状精度。

动画

(1) 热塑性变形引起的残余应力。在切削加工过程中，切削区产生的大量切削热会使工件表层温度比里层高。在加工表面的最表层金属温度很高，已没有弹性，成为完全塑性的物质，不存在着加工应力。切削之后，表层与里层的温度都下降到室温时，因为表层收缩多，里层收缩小，表层的收缩要受到里层金属的限制，因而表层呈现拉应力，里层为压应力。热塑性变形引起的残余应力过程如图 7-8 所示。可以把表面以下的金属层分为三层：第一层的温度在热塑性变形温度 t_{su} 以上(对钢材 t_{su} 为 800～900℃)，这层处于塑性状态，无残余应力；第二层比室温高，但比 t_{su} 低，所以，这层处于弹性状态，有弹性变形发生；第三层处于室温，体积不变。因为第二层的金属膨胀受到第三层金属的限制，前者产生压应力，后者产生拉应力(图 7-8)。

切削过程结束后，工件逐渐冷却，当第一层金属的温度降到 t_{su} 以下时，金属材料开始有弹性，要进行收缩，但受到第二层金属的阻碍，在第一层内产生拉应力，第二层金属内的压应力数值增大，而第三层的拉应力减小一些(图 7-8(c))。当工件继续冷却时，第一层因进一步收缩受到阻碍，拉应力继续增加，相应的第二层的压应力也增加，而第三层的拉应力继续减小。

当工件冷却至室温后，在第一层内形成拉应力，此拉应力被第二层及第三层所形成的压力所平衡(图 7-8(d))。

(2) 冷态塑性变形引起的残余应力。切削加工时，被切金属受到切削力和滚压力的作用产生强烈的塑性变形，与其相连成一体的工件表面层也同样地经受了相当大的冷态塑性变形。如果工件表面层的冷态塑性变形与切削方向一致，则刀具把切屑切离后，基体金属必然要阻止其表面在切削方向冷塑性变形所引起的收缩，维持与基体金属等长，故表层为残余拉应力；如果工件表层的冷塑性变形发生在切削力 F_y 方向(垂直于切削方向)，刀具是负前角时，表层就被压薄了，按一般的变形规律，压薄后的金属，其另外两个方向的尺寸(长度和宽度)，必然要增大，由于基体尺寸的限制，结果表层产生残余压应力。

另外，随着变形程度的增加，钢的冷态塑性变形会导致金属密度下降，于是比容增大，也会引起表面为残余压应力。

机械加工中的残余应力是上述各种原因综合而成的结果。如果热塑性变形占优势的表面层呈现残余拉应力，其他原因占优势的，可能为残余拉应力也可能为残余压应力，视哪种原因起主导作用而决定。

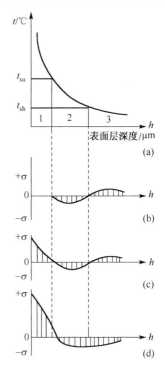

图 7-8　切削热引起残余应力

(3) 局部金相组织变化引起的残余应力。切削时产生的高温能引起表面层的金相组织变化。不同的金相组织具有不同的比重，也就是说具有不同的比容。如果工件的表层与基体的组织不一样，其比容必然发生变化，造成体积的膨胀或收缩，但这种膨胀或收缩要受到基体的限制，从而使表面出现压应力或拉应力。

在各种金相组织中，马氏体比重最小，而奥氏体比重最大，其比重值为：马氏体 $\gamma_m = 7.75$，奥氏体 $\gamma_a = 7.96$，铁素体 $\gamma_a = 7.88$，珠光体 $\gamma_z = 7.78$。若金属表层发生了金相组织变化，不论是膨胀还是收缩，必然受到基体金属的阻碍作用，就会产生残余应力。以磨削淬火钢为例，淬火钢原来的组织为马氏体，当磨削后出现回火时，表层从马氏体转变成屈氏体或索氏体(实际上是扩散度很高的珠光体)，表层比重增大，从 7.75 增至 7.78，比容减小，体积缩小，产生残余拉应力。

综上所述，机械加工后表层的残余应力状态是冷塑性变形、热塑性变形和金相组织变化共同作用的结果。因此产生的残余应力较为复杂。

2) 影响残余应力的因素及控制措施

影响表层金属残余应力的主要因素有刀具几何参数及磨损、工件材料和切削用量等。

(1) 刀具几何参数。刀具几何参数中对残余应力影响最大的是刀具前角。当采用硬质合金刀具切削 45 钢时，γ_0 由正变为负，表层残余拉应力逐渐减小。这是因为 γ_0 减小，r_n 增大，刀具对加工表面的挤压与摩擦作用加大，从而使残余拉应力减小；当 γ_0 为较大负值且切削用量合适时，甚至可得到残余压应力。

(2) 刀具磨损。刀具后刀面磨损 VB 增大，使后刀面与加工表面摩擦增大，也使切削温度升高，从而由热应力引起的残余应力的影响增强，使加工表面呈残余拉应力，同时使残余拉应力层深度加大。

（3）工件材料。工件材料塑性越大，切削加工后产生的残余拉应力越大，如工业纯铁、奥氏体不锈钢等。切削灰铸铁等脆性材料时，加工表面易产生残余压应力，原因在于刀具的后刀面挤压与摩擦使得表面产生拉伸变形，待与刀具后刀面脱离接触后在里层的弹性恢复作用下，使得表层呈残余压应力。

（4）切削用量。切削用量三要素中的切削速度 v_c 和进给量 f 对残余应力的影响较大。v_c 增加，切削温度升高，此时由切削温度引起的热应力逐渐起主导作用，故随着 v_c 增加，残余应力将增大，但残余应力层深度减小。进给量 f 增加，残余拉应力增大，但压应力将向里层移动。背吃刀量 a_p 对残余应力的影响不显著。

3. 磨削烧伤与裂纹及控制措施

1) 磨削烧伤

在切削过程中，切削所消耗的能量绝大部分都转化为热能，传入工件的热使加工表面局部升温，当温度达到金相组织转变临界点时，就会产生金相组织变化。对于一般的切削加工来说，尚达不到这个相变温度。而对于磨削加工，切除单位体积金属所消耗的能量，即磨削的比能耗，远远大于车削的比能耗，平均高达 30 倍。磨削加工消耗的能量大，故产生的热量也多，传入工件的热量比例又比较大，而又集中在被加工表面的很小面积上，从而造成工件表面层局部高温，有时可达熔化温度，引起表面层金相组织变化，即烧伤。

磨削表面层烧伤是在磨削表面层生成氧化膜，这种膜的厚度不同，其反射光线的干涉状态也不相同，所以烧伤的表面层可以看到浅黄、黄、褐、紫、青、淡青的颜色。不同的烧伤颜色标志着磨削温度的高低和磨削受热时间的长短，即表示烧伤的程度。从实验得知，烧伤颜色和砂轮磨削点的最高温度的关系如图 7-9 所示，烧伤层的颜色与表面层烧伤的深度的关系如图 7-10 所示。

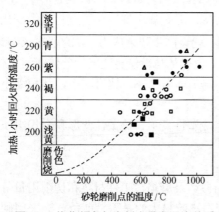

图 7-9　烧伤颜色与磨削点最高温度关系

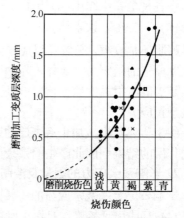

图 7-10　烧伤颜色与变质层深度关系

在磨削淬火钢时，由于磨削区温度和冷却效果的不同可能会产生以下三种不同的磨削烧伤形式：

（1）回火烧伤。如果工件表面层温度未超过相变临界温度 A_{c3}（一般中碳钢为 720℃）。但超过马氏体的转变温度(一般中碳钢为 300℃),工件表面将产生回火组织(回火屈氏体和回火索氏体),硬度比原来的回火马氏体低,称为回火烧伤。

(2) 淬火烧伤。如果工件表面层温度超过相变临界温度,再加上充分的冷却液,则表面层急冷形成二次淬火马氏体,硬度高于回火马氏体,但极薄,只有几个微米厚,在它下层由于冷却较慢出现了比回火马氏体硬度低的组织,称之为淬火烧伤。

(3) 退火烧伤。如果工件表面温度超过了相变临界温度。这时又无冷却液,则表面硬度急剧下降,工件表层被退火,称之为退火烧伤。

2) 磨削裂纹

被磨削工件表面在磨削时,当温度超过工件材料的相变温度时,金相组织就要发生变化,表面层显微硬度也将相应变化,并伴随产生表面残余应力。因为磨削温度很高,所以,磨削表面的残余应力常常是由磨削温度引起的热应力和金相组织相变引起的体积应力占主导地位而产生,而这种残余应力通常为拉应力,如果这种拉应力超过了工件材料的抗拉强度极限,工件磨削表面就会产生裂纹。这种裂纹习惯被称为磨削裂纹。

一般情况下磨削表面多呈残余拉应力,磨削淬火钢、渗碳钢及硬质合金工件时,常常在垂直于磨削的方向上产生微小龟裂,严重时发展成龟壳状微裂纹,有的裂纹不在工件外表面,而是在表面层下,用肉眼根本无法发现。裂纹的方向常与磨削方向垂直或呈网状,并且与烧伤同时出现。其危害是降低零件的疲劳强度,甚至出现早期低应力断裂。

3) 磨削烧伤与裂纹的控制

(1) 被加工材料。被加工材料对磨削区温度的影响主要取决于其强度、硬度、韧性和导热性。工件材料的高温强度越高加工性就越差,磨削加工中所消耗的功率就越多,发热量就越大。耐热钢由于其高温硬度高于一般碳钢,因此比一般碳钢难于加工。磨削时磨削热量很大,表面温升很高,但工件过软,容易堵塞砂轮,反而使加工表面温升加剧。被加工材料的韧性越大,磨削力就越大。弹性模量小的材料,在磨削过程中弹性恢复大,造成磨粒与已加工表面产生强烈摩擦促使温度上升。因此,强度越高、硬度越大、韧性越好的材料磨削时越容易产生烧伤。

(2) 砂轮的选择。磨削导热性差的材料,应注意选择砂轮的硬度、结合剂和组织。硬度太高的砂轮,磨削自锐性差,使磨削力增大,温度升高容易产生烧伤,因此应选较软的砂轮为好,选择弹性好的结合剂(如橡胶、树脂结合剂等),磨削时磨粒受到较大磨削力可以弹让,减小了磨削深度,从而降低了磨削力,有助于避免烧伤;砂轮中的气孔对消减磨削烧伤起着重要作用,因为气孔既可以容纳切屑使砂轮不易堵塞,又可以把冷却液或空气带入磨削区使温度下降。因此磨削热敏感性强的材料,应选组织疏松的砂轮。但应注意,组织过于疏松、气孔过多的砂轮,易于磨损而失去正确的形状。

砂轮磨粒本身的脆性、硬度和强度对形成和保持磨粒的锋利性有很大的影响。氧化物系列中的铬刚玉易碎裂形成新刃,碳化物系列的磨粒硬度高于氧化物系列磨粒,颗粒较为锋利。绿色碳化硅的强度和锋利性又好于黑色碳化硅,宜于磨削硬而导热性差的材料。金刚石磨料最不易产生磨削烧伤,其主要原因是其硬度和强度都比较高。立方氮化硼砂轮热稳定性极好,磨粒切削刃锋利,磨削力小,磨料硬度和强度也很高,且与铁族元素的化学惰性高,磨削温度低,所以能磨出较高的表面质量。

通常来说,为了避免发热量大而引起磨削烧伤,应选用粗粒度砂轮。当磨削软而塑性大的材料时，为防止堵塞砂轮，也应选择较粗粒的砂轮。

（3）磨削用量。理论分析计算与实践均表明增大磨削深度 a_p 时，磨削力和磨削热也急剧增加，表面层温度升高，故 a_p 不能选得过大，否则容易造成烧伤。

增加进给量 f，磨削区温度下降，可减轻磨削烧伤。这是因为增大 f 使砂轮与工件表面接触时间相对减少，故热作用时间减少而使整个磨削区温度下降。但增大 f 会增大表面粗糙度，这可以通过采用宽砂轮等方法来解决。

增大工件速度 v_w 时，磨削区温度上升，但上升的速度没有增大 a_p 时那么大。另外，增大 v_w，还有减薄烧伤层深度的作用。但增大 v_w 也会使表面粗糙度增大，这可考虑用提高砂轮速度来解决。

增加砂轮速度 v_s，无疑会使表面温度趋于升高。但提高了 v_s，却又可使切削厚度下降，单颗磨粒与工件表面的接触时间少，这些因素又降低了表面层温度，因而提高 v_s，加工表面的温升有时并不严重。实践表明，同时提高 v_w 和 v_s，可避免产生烧伤。

（4）冷却润滑。良好的冷却润滑条件可将磨削区的热量及时带走，避免或减轻烧伤。但磨削时，由于砂轮转速高，在其周围表面将产生一层强气流，用普通的冷却方法磨削液很难进入磨削区 AB，如图 7-11 所示。可采用一些有效方法来改善冷却条件。

内冷却法是将经过严格过滤的冷却液通过中空主轴引入砂轮的中空腔 3 内。如图 7-12 所示。由于离心力的作用，将切削液沿砂轮孔隙向四周甩出，直接冷却磨削区。

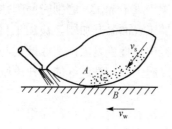

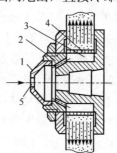

1-锥形盖；2-主轴法兰套；3-砂轮中空腔；
4-有径向孔的薄壁套；5-冷却液入口

图 7-11　普通冷却方法　　　　图 7-12　　内冷却砂轮结构

7.3　机械加工过程中的振动及控制

7.3.1　概述

微课视频

通常说来，机械加工过程中的振动是一种破坏正常切削过程的极其有害的现象。当振动发生时，加工表面质量恶化，产生明显的表面振痕。振动严重时，会引起打刀现象，使加工无法进行下去，从而不得不降低切削用量，致使机床、刀具的工作性能得不到充分发挥，影响了生产率的提高；振动还加速了刀具及砂轮的磨损，并使机床过早地丧失加工精度，影响刀具和机床的使用寿命；另外振动所发出的噪声产生噪声污染。

随着科学技术和生产的不断发展，对加工质量及生产率的要求越来越高。因此，需要对机械加工中的振动机理、提高工艺系统的动态特性和寻求合理的消振、减振措施等进行深入研究。

机械加工过程中的振动与所有的机械振动一样，分为自由振动、强迫振动和自激振动三大类。根据统计强迫振动约占 30%，自激振动约占 65%，而自由振动所占比例则很小。

7.3.2　强迫振动及其控制

强迫振动是系统在外界周期性干扰力的作用下所引起的不衰减振动。它与一般机械中的强迫振动一样，其频率与干扰力的频率相同或成倍数关系。

1. 强迫振动的成因

一般情况下，强迫振动的主要原因有：机床电机的振动，包括电机转子旋转不平衡、电磁力不平衡引起的振动；机床回转零件的不平衡，如砂轮、皮带轮和传动轴的不平衡；运动传递过程中引起的周期性干扰力，齿轮啮合的冲击，皮带张紧力的变化，滚动轴承滚子及尺寸误差引起的力变化，机床往复运动部件的工作冲击；液压系统的压力脉动；切削负荷不均匀所引起切削力的变化，如断续切削，周期性余量不均匀等；从机床外部地基等传来的冲击。以上这些因素可能导致工艺系统做强迫振动。

2. 强迫振动的特点

(1) 强迫振动是在外界周期性干扰力的作用下产生的，但振动本身并不能引起干扰力的变化。如作用在加工系统上的干扰力是简谐激振力 $F = F_0 \sin \omega t$，则强迫振动的稳态过程也是简谐振动，只要这个激振力存在，该振动就不会被阻尼衰减掉。

(2) 不管加工系统本身的固有频率多大，强迫振动的频率总与外界干扰力的频率相同或成倍数关系。

(3) 强迫振动振幅的大小在很大程度上取决于干扰力的频率 ω 与加工系统固有频率 ω_0 的比值 $\dfrac{\omega}{\omega_0}$，当 $\dfrac{\omega}{\omega_0} = 1$ 时，振幅达最大值，此现象称"共振"。

(4) 强迫振动振幅的大小除了与 $\dfrac{\omega}{\omega_0}$ 有关外，还与干扰力、系统刚度及阻尼系数有关。

3. 消除与控制强迫振动的措施

(1) 减少或消除工艺系统中回转零件的不平衡。在工艺系统中高速回转的工件、机床主轴部件、电机及砂轮等不平衡都会产生周期性干扰力。为了减少这种干扰力，对一般的回转件应作静平衡，对高速回转件应作动平衡。像砂轮这种干扰振源，除了作静平衡外，在磨削过程中砂轮磨损不均匀或吸附在砂轮表面上磨削液分布不均匀，仍要引起新的不平衡，因此精磨时，最好能安装自动或半自动平衡器。

在机器结构设计中应尽量减少高速回转零件质量分布不均匀(或不对称)，以防止不均衡引起的干扰力。

(2) 提高系统传动件的精度。机床传动件中的齿轮、滚动轴承、皮带等，在高速传动时会产生冲击，解决的办法是提高零件的制造精度和装配精度以及选择耐冲击的材料。

(3) 提高工艺系统的动态特性。增加工艺系统刚度，加大阻尼可以减少系统的振动。此外，要合理安排机器结构的固有频率，避开共振区。

(4) 隔振。为了减小干扰力的作用，在振动的传递路线中设置障碍，使振源不能传到刀具或工件上去。根据强迫振动的幅频特性可知,振动系统的幅值与干扰力的频率有关,当干扰力频率大于系统的固有频率时,虽然干扰力的大小不变,但振幅减小,而 $\dfrac{\omega}{\omega_0}$ 值越大,振幅越小。也可以采用如图 7-13 所示隔振装置。

当振源来自机床外部时,干扰力是经地基传到机床上。采用的隔振方法是把机床用橡胶、软木、泡沫塑料等与地基隔开。

(5) 消振。在工艺系统中,安装一个附加装置,这个附加装置能提供一个干扰力,它与系统的干扰力的大小相等、方向相反、频率相同,以抵消系统的原干扰力。如图 7-14 所示的车刀消振器。

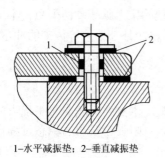

1—水平减振垫;2—垂直减振垫

图 7-13　隔振装置

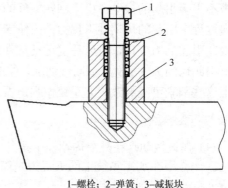

1—螺栓;2—弹簧;3—减振块

图 7-14　车刀消振器

微课视频

7.3.3　自激振动及其控制

1. 概述

自激振动就是自激振动系统通过系统的初始振动将持续作用的能源转换成某种力的周期变化,而这种力的周期变化,反过来又使振动系统周期性地获得能量补充,从而弥补了振动时由于阻尼作用所引起的能量消耗,以维持和发展系统的振动。因切削过程中产生的这种振动频率较高,故通常又称颤振。

切削过程中产生自激振动是十分有害的,既影响表面加工质量,又是提高加工生产率的主要障碍。

大多数情况下,自激振动频率与加工系统的固有频率相近。由于维持振动所需的交变切削力是由加工系统本身产生的,所以加工系统本身运动一停止,交变切削力也就随之消失,自激振动也就停止。图 7-15 给出了机床自激振动的闭环系统。

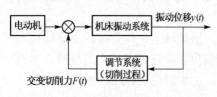

图 7-15　机床自激振动闭环系统

激励机械加工系统产生振动的交变切削力是由切削过程产生的,而切削过程同时又受机械加工系统振动的影响,加工系统的振动一旦停止,交变切削力也就随之消失。如果切削过程很平稳,即使系统存在产生自激振动的条件,也会因切削过程没有交变切削力而不会产生自激振动。但在实际加工过程中,偶然性的外界干扰(工件材料硬度不均、加工余量不均等)总是存在的,这种偶然性的外界干扰所产生的切削力变化就会作用在机械加工系统上,使机械加工系统产生振动,这种振动又将引起工件与刀具间相对位置的周期性变化,从而导致切削过程产生维持振动的交变切削力。如果加工系统不存在产生自激振动的条件,由偶然性外界干扰引发的强迫振动将因系统存在阻尼而逐渐衰减;如果加工系统存在产生自激振动的条件,就可能会使机械加工系统产生持续的振动。

2. 自激振动的特点

(1)自激振动是一种不衰减的振动,振动过程本身能引起某种力的周期变化。

(2)自激振动的频率等于或接近系统的固有频率,也就是说,由振动系统本身的参数所决定。

(3)自激振动的形成和持续是由切削过程产生的,如若停止切削过程,即机床空运转,自激振动也就停止了。

(4)自激振动能否产生以及振幅的大小,决定于每一振动周期内系统所获得能量与所消耗的能量的对比情况。当振幅为任何数值时,获得能量小于消耗的能量,则自激振动根本不会发生。如图 7-16 所示,若每个振动周期中,能量输入曲线(+E)和能量消耗曲线(-E)相交于 Q 点,对应的振幅为 B,当振幅小于 B 而为 A 点时,由于输入的能量大于消耗的能量,则多余的能量使振幅加大,而另一瞬时振幅大于 B 而为 C 时,由于消耗的能量大于输入的能量,迫使振幅减小。这两种状况,最后都会使振幅稳定在 B 的幅值上进行振动。

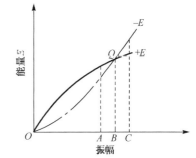

图 7-16　自激振动能量关系

3. 自激振动产生机理

对于切削过程的自激振动产生机理,迄今已进行了大量研究,但到目前为止,尚无法用一种理论解释所有的自激振动的产生,现分述两种比较公认的理论。

1)再生自激振动机理

在稳定的切削加工中,由于偶然的扰动,如刀具碰上硬质点、加工余量不均匀、运动部件偶然一次的冲击等,使刀具与工件发生相对振动,从而在切削表面留下振纹,如果进给量不大,刀具将在有振纹的表面上切削。第二次走刀就与第一次走刀有重叠部分。重叠部分的大小用重叠系数来表示。如图 7-17 所示是磨外圆的示意图,设砂轮宽度为 B,工件每转进给量为 f,其重叠系数 μ 为

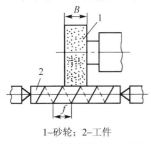

1-砂轮;2-工件

图 7-17　重叠系数 μ 示意图

$$\mu = \frac{B-f}{B} \qquad (7-4)$$

对于切断及横向进给磨削时 $\mu=1$,车螺纹时 $\mu=0$,一般情况下 $0<\mu<1$。如果 $\mu>0$,即说明有重叠部分存在,则工件上一转中如果留有振纹,就会引起下一转切削厚度的周期变化,这样必然引起切削力的周期变化,从而有可能引起工艺系统振动。这个振动又引起工件表面产生振纹,使得切削厚度发生变化,导致切削力作周期性

微课视频

地变化。这种由切削厚度的变化而使切削力变化的效应称为再生效应，由此产生的自激振动称再生自激振动，如图 7-18 所示。

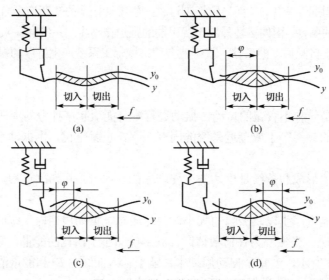

图 7-18　再生自激振动原理图

但是，如果系统是稳定的，也不一定就产生自激振动，也可以把上一圈留下的振纹切掉成为光整的表面。因此，需要进一步探讨系统在怎样的条件下才是不稳定的，能激发起自激振动。

在一个再生自激振动系统中，若能引起自激振动，在每个振动周期中，应向系统输入一定的能量，以弥补振动系统中阻尼所消耗的能量。图 7-18(a) 表示前一次走刀振纹 y_0 与后一次走刀振纹 y 无相位差，即 $\varphi = 0°$，切入和切出的半个周期内平均切削厚度是相等的，故切出时切削力所做的正功(获得能量)等于切入时所做负功(消耗能量)，系统无能量获得。图 7-18(b) 表示 y_0 与 y 相位差 $\varphi = \pi$ 时，切入与切出的半周期内平均切削厚度仍相等，系统仍无能量获得。图 7-18(c) 表示 y 超前于 y_0，即 $0° < \varphi < \pi$，此时切出半周期中的平均切削厚度比切入半周期的小，所做正功小于负功，系统也不会有能量获得。图 7-18(d) 中 y 滞后于 y_0，即 $0° > \varphi > -\pi$，此时切出比切入半周期中的平均切削厚度大，正功大于负功，系统有了能量获得，便产生了自激振动。不难看出，y 滞后于 y_0 是产生再生自激振动的必要条件。

2) 振型耦合机理

当纵车方牙螺纹表面时，刀具与已加工表面不存在重叠切削，这样就排除了产生再生振动的条件，但当切削深度加大到一定的程度时，仍然能产生自激振动。基于这一点，引起了一些学者对切削时两自由度振动系统的研究，提出了振型耦合自激振动理论(或叫坐标联系原理)。

前述的再生自激振动机理主要是对单一自由度振动系统而言，即对切削速度方向的振动系统或对垂直于切削速度方向的振动系统而言。而实际生产中，机械加工系统一般是具有不同刚度和阻尼的弹簧系统，具有不同方向性的各弹簧系统复合在一起，满足一定的组合条件就会产生自激振动，这种复合在一起的自激振动机理称振型耦合自激振动机理。图 7-19 给出了车床刀架的振型耦合模型。在此，把车床刀架振动系统简化为两自由度振动系统，并假设加工系统中只有刀架振动，其等效质量 m 用相互垂直的等效刚度分别为 k_1、k_2 的两组弹簧支持着。弹簧轴线 x_1、x_2 称刚度主轴，分别表示系统的两个自由度方向。x_1 与切削点的法向 X 成 α_1，x_2 与 X 成 α_2，切削力 F 与 X 成 β。如果系统在偶然因素的干扰下，使质量 m 在 x_1、x_2 两方向都产生振动，其刀尖合成运动轨迹如下：

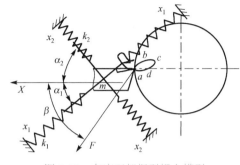

（1）当 $k_1 = k_2$ 时，则 x_1 与 x_2 无相位差，轨迹为一直线。

（2）当 $k_1 > k_2$ 时，则 x_1 超前于 x_2，轨迹为一椭圆，运动是逆时针方向，即 $dcba$。

（3）当 $k_1 < k_2$ 时，则 x_1 滞后于 x_2，轨迹仍为一椭圆，运动是顺时针方向，即 $abcd$。

从能量的获得与消耗的观点看，刀尖沿椭圆轨迹 $abcd$ 做顺时针方向运动时，因 x_1 为低刚度

图 7-19　车床刀架振型耦合模型

主轴，且位于切削力 F 与法向 X 的夹角 β 之内，切入半周期内（abc）的平均切削厚度比切出半周期内（cda）的小，所以此时有能量获得，振动能够维持。而刀尖沿 $dcba$ 做逆时针方向运动或做直线运动时，系统不能获得能量，因此不可能产生自激振动。

3）自激振动的控制

由上面的分析可知，系统发生自激振动，既与切削过程有关，又与工艺系统的动刚度有关。所以，要控制自激振动就应从三个方面着手解决。

（1）消除或控制自激振动产生的条件。

① 减小切削或磨削的重叠系数。

图 7-17 和式（7-4）为磨削时重叠系数计算，图 7-20 为车削时重叠情况，其计算可以表示为

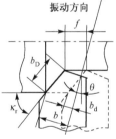

$$\mu = \frac{b_d}{b} \tag{7-5}$$

图 7-20　车削时重叠情况

通过分析可以清楚看出重叠系数 μ 直接影响再生自激振动，它取决于加工方式、刀具几何参数和切削用量等。对于车床车削三角螺纹和使用主偏角 $\kappa_r = 90°$ 车刀车削外圆时的 $\mu = 0$，一般情况下不会产生再生自激振动；对于 κ_r 为 $0° \sim 90°$ 的车刀车削外圆时的 μ 为 $0 \sim 1$，能否产生再生自激振动，取决于具体的切削条件；而切断车刀切断时 $\mu = 1$，易于产生再生自激振动，应设法解决再生自激振动问题。

② 尽量减小切削刚度系数。

前角增大，切削力减小，振动也小；主偏角 κ_r 增加能减小径向切削力 F_Y，故可以减小振动，后角 α_0 对切削稳定性无明显影响，但后角小于 $3°$ 时，能增加刀具的抗振性。适当提高切削速度，改善工件材料切削性能，均可以减少切削刚度系数。

③ 尽量增加切削阻尼。

适当减小刀具后角 α_0，一般取 α_0 为 $2° \sim 3°$ 为宜，必要时还可在后刀面上磨出消振棱。如图 7-21 所示。

④ 调整振动系统低刚度主轴位置。

根据振型耦合理论，合理选择振动系统的刚度以及切削力的方向等，可以抑制自激振动。如图 7-22 所示，用削扁镗杆比用圆镗杆抗振性能提高 1、2 倍。削扁后的镗杆能提高刚度，

主要是镗杆在 B-B 方向刚度较强，不易变形，而在 A-A 方向刚度较弱，容易变形。当镗杆受到 F_Z 力作用时，镗杆在 Y 方向产生负变形(伸长)，抵消了一部分由于 F_Y 所产生的正变形，因此相当于提高了刚度。但这种方法使用是有一定范围的，如果镗杆削扁过多，会产生负刚度特性，使刀具啃入工件，不但不能防振而且容易引起强烈振动。削扁镗杆减振就是利用 k_1/k_2 的不同组合而实现的。

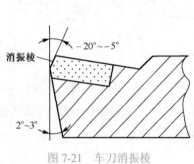

图 7-21　车刀消振棱

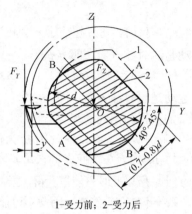

1-受力前；2-受力后

图 7-22　削扁镗杆提高抗振性

(2) 提高工艺系统的动态特性。

① 提高工艺系统刚度。提高工艺系统刚度包括提高机床结构的静刚度；增大机床零件、部件的阻尼；增大零件、部件的质量；提高加工系统薄弱环节的刚度，可有效提高加工系统的稳定性；提高机床的制造及装配质量以及采取特殊的结构等，如减小机床主轴的径向间隙，甚至在机床主轴轴承上施加一定的预紧力，对提高机床的刚度有显著效果；提高刀具及刀具支承件的抗振性，其中包括：增大刀具及刀杆的弯曲及扭转刚度，采用具有高阻尼系数的刀具材料，合理地安排刀杆截面尺寸以及在刀杆中间增加支承套和导向套等以增加刚度；提高工件及工件夹紧系统的抗振性，其中包括：在加工细长轴时，用跟刀架、中心架等来提高工件系统的刚度；改善夹紧结构，如用死顶尖代替活顶尖等。

② 增加加工系统阻尼。加工系统的阻尼来源于工件材料的内阻尼、结合面上的摩擦阻尼及其他附加阻尼。材料内摩擦产生的阻尼称内阻尼。不同材料的内阻尼不同，铸铁的内阻尼比钢大，故机床床身、立柱等大型支承件一般用铸铁制造。除了选用内阻尼较大的材料制造零件外，有时还可将大阻尼材料附加到内阻尼较小的材料上去以增大零件的内阻尼，如图 7-23 所示。

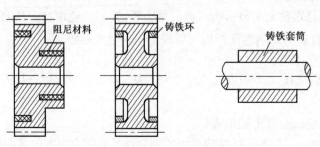

图 7-23　在零件上加入阻尼材料

零件结合面上的摩擦阻尼是机床阻尼的主要来源,应通过各种途径加大结合面间的摩擦阻尼。对机床的活动结合面应注意调整其间隙,必要时可施加预紧力以增大摩擦阻尼。

(3) 采用减振装置。

① 摩擦式减振器。图 7-24 给出了安装在滚齿机上的固体摩擦式减振器。它是靠飞轮 1 与摩擦盘 2 之间的摩擦垫 3 来消耗振动能量的,减振效果取决于靠螺母 4 调节的弹簧 5 压力的大小。

② 冲击式减振器。图 7-25 所示为冲击式减振镗刀及减振镗杆。冲击式减振器是由一个与振动系统刚性连接的壳体和一个在体内自由冲击的质量所组成。当系统振动时,由于自由质量反复冲击壳体而消耗了振动能量,故可显著衰减振动。它的结构简单、体积小、质量小,在一定条件下减振效果良好,适用频率范围也较宽,故应用较广。冲击式减振器特别适于高频振动的减振,但冲击噪声较大是其弱点。

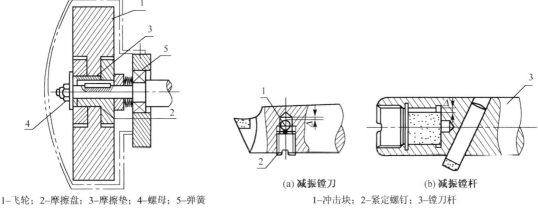

1–飞轮;2–摩擦盘;3–摩擦垫;4–螺母;5–弹簧

图 7-24　滚齿机用固体摩擦式减振器

(a) 减振镗刀　　　　(b) 减振镗杆

1–冲击块;2–紧定螺钉;3–镗刀杆

图 7-25　冲击式减振镗刀与减振镗杆

7.4　质量保证体系

传统的质量保证体系对产品质量的控制工作主要是限于制造过程范围内管理与控制,依靠消极被动的大量"事后检验"来剔除废品。而现代质量保证体系强调"防患于未然,消隐于早期"的主动事前控制。新的质量保证体系概念的引入,要求产品全过程(设计、制造、使用)形成闭环管理系统,质量管理的内容随着质量工程技术的发展而不断完善。

质量工程(quality engineering, QE)分为设计质量工程和制造质量工程。设计质量工程是产品现代质量形成的关键阶段,它采用了现代质量设计的一系列方法;制造质量工程主要解决设计质量的符合性问题,主要研究制造质量系统自动化和计算机集成制造质量系统,制造质量的信息系统(信息获取、分析处理、传递和集成),制造质量的智能预测与诊断,以及制造质量保证。要进一步提高机械产品质量,必须发展现代质量管理体系和质量保证技术。本节将简述和讨论设计质量工程和制造质量工程。

7.4.1　质量工程的定义、范围和发展特点

美国国家标准化协会/美国质量管理协会(ANSI/ASQC)给出了质量工程的定义:质量工程是有关产品或服务的质量保证和质量控制的原理及其实践的一个工程分支。

当前，高新技术不断兴起，企业产销国际化、规模巨型化、产品全球化、经营多元化。质量工程就是西方国家为适应 20 世纪 80 年代的经济迅猛发展和市场激烈竞争形势而提出的质量管理和质量保证的科学方法体系，已在世界范围内迅速推广，并获得巨大成功。

质量工程不仅具有改进产品质量、同时降低成本的双重目的，它还是所有质量保证技术和质量管理方法的总和。

质量工程是将现代质量管理的理论及其实践，与现代科学和工程技术成果相结合，以控制、保证和改进产品质量为目标而开发应用的技术与技能，是有关产品或服务的质量保证和质量控制的原理及其实践的一个工程分支，也是对产品开发全过程质量保证和质量控制的系统工程方法。竞争赋予了质量工程新的内涵。其组成框图如图 7-26 所示。

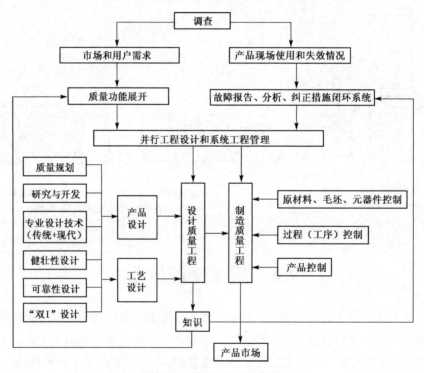

图 7-26　质量工程组成框图

现代质量保证体系发展出现了以下新特点：

(1) 高科技的兴起促使国际市场由价格竞争为主转向以质量竞争为主的质量和价格双重竞争。质量和价格是获取和保持市场竞争优势的双重要素，从长远的观点看，二者缺一迟早会导致市场的丢失。因而开发出"高质量、低成本、高效益"等富有竞争力的产品，成为国际市场竞争的主要方向。这是一场世界范围内的质量和成本商业战，其主要武器是质量工程技术的研究和利用。

(2) ISO9000 标准系列成为世界各国密切注视的热门主题。ISO9000 标准的认证，标志着企业的潜在质量保证能力，是企业获得国际市场的必要条件。

(3) 竞争促成了质量工程研究的"五结合"的研究新机制。多国之间的国际结合，科技与经济竞争结合，军用科技与民用科技结合，科技机构(院校、研究所)与企业、工业界结合，科技开发与质量工程设计、质量改进结合。其中 QER(quality engineering research，质量工程研究)的国际化是最显著的特点。

(4) 竞争促使了现代化质量综合管理的迫切需要。全面质量管理(total quality management, TQM)、可靠性管理(reliability management, RM)应用十分广泛。并行工程(concurrent engineering, CE)、并行设计(concurrent design, CD)、全面可靠性工程(total reliability engineering, TRE)等有效协同工作和设计的系统方法，被工业强国的许多公司越来越多地采用。

(5) 竞争迫使各种新型制造质量技术的迅猛发展。技术的进步和创新是一个民族的灵魂，是企业发展的根本动力。质量工程被誉为 21 世纪国际市场竞争和挑战的重要武器。竞争的焦点集中在设计质量和制造质量以及售后服务质量上。

产品的可靠性、维修性、安全性保证(reliability maintainability safety assurance，RMSA)被视为全球性问题。科学化、定量化、程序化和并行工程化是现代企业管理的主要特点，"防患于未然，消隐于早期"等预防为主的思想是质量保证体系工作的焦点。

7.4.2　设计质量工程

质量是产品、过程或服务满足规定或潜在需要的特征和特性总和。它在时间和空间观念上发生了重要变化，在深度和广度上也有了新的发展。它是随时间而变化的一个动态指标。ISO9000-87 对质量定义可综述如图 7-27 所示。设计质量是产品现代质量形成的关键阶段，其根本目的是"如何把质量设计到产品和过程中去"。围绕这—目的，质量设计开展的主要工作有满足产品高性能、低成本和抗干扰质量指标的健壮性设计，满足产品的时间质量指标的可靠性设计，满足产品全面质量指标的计算机集成化智能设计。它们之间既有区别，又有联系。解决以健壮性、可靠性为重点的有关理论、方法和技术问题，如何把质量、健壮性、可靠性指标设计到产品中去和致力于企业的推广应用，是当前的迫切问题。

图 7-27　质量定义

7.4.3　制造质量工程

面对激烈的国际市场竞争，产品和服务质量是制造企业赢得竞争力的最有力的战略武器。为适应市场竞争的需要，制造质量工程的研究已成为工业发达国家新的研究热点，引起人们的极大关注。特别是随着信息技术的发展，赋予了制造质量工程新的内涵和呈现了新的特点。制造质量工程的工作应以提高产品的质量和市场竞争力为主攻方向，以为制造业提供先进的质量保证和质量控制的技术、方法和体系为研究目标。

1. 制造质量工程的概念

制造质量工程，也有人称为在线质量工程(on-line quality engineering)，是产品生产过程

(包括从原材料入厂、零件制造、产品装配、试验、包装、运输到交付使用全过程)的质量保证与质量控制的原理、方法和技术。主要包括以下研究内容：

(1) 质量体系的开发和运行。

(2) 质量保证和质量控制技术的开发和运用。

(3) 以控制与改进为目的的制造过程参数分析所用的统计方法和计量方法、参数预测、故障诊断与修正。

(4) 试验、检验和抽样程序的开发和分析。

为了衡量制造质量性能的水平，Taguchi 提出了质量损失函数的概念。按传统的方法，制造企业用来衡量质量性能指标是废品率，质量特性超出允许公差范围的称为废品，认为废品造成质量损失；只要质量特性在允许公差范围内均认为其没有质量损失，哪怕质量特性已接近了容差极限值。根据这样的观点，质量损失是一个阶跃函数，即当 $V < V_{lim}$ 时，$L(V) = 0$；当 $V > V_{lim}$ 时，$L(V) = K$。

Taguchi 提出的质量损失函数是一个二次曲线

$$L(V) = KV^2 \tag{7-6}$$

即质量损失 $L(V)$ 与质量特性对目标值的偏差 V 的平方成正比。可见根据 Taguchi 的质量损失函数，质量特性只要偏离设计目标值就产生质量损失，而且偏离越远损失就越大，因而通过持续不断地、最大限度地落在设计目标值上及其附近，是现代制造质量工程追求的核心目标。

2. 质量系统自动化

随着信息技术的发展，计算机集成制造和智能制造成为企业发展的必然趋势。在这一发展过程中质量系统的自动化虽然比制造过程的其他领域要晚得多，但在 20 世纪 80 年代随着计算机集成制造技术的发展而得到了迅速发展。

1985 年 Rembold 等在《计算机集成技术与系统》一书中首次提出了"在未来的制造行业，一个递阶的计算机系统将用来支持集成的质量控制系统"。1987 年美国 Illinois 大学 Kapoor 对集成质量系统(integrated quality system, IQS)给出了定义，并采用制造过程传递函数和质量控制窗实施控制。在欧洲则把自动化的质量系统称为计算机辅助质量系统(computer aided qualify, CAQ)。

1) 实现质量系统自动化的必要性

总结工业发达国家的经验，可以认为制造企业在实现全面质量管理(TQM)的基础上必须实现质量系统的自动化，其必要性主要体现在如下方面：

(1) 为了适应制造活动的新模式，包括柔性自动化、计算机集成制造(CIM)、零存储生产(JIT)，必须及时获取精确的质量信息，并能及时地识别所存在的质量问题。计算机集成质量保证系统不仅为企业的质量保证提供结构上的支撑，同时使不同的质量数据存储在系统中的不同层次，进行不同的处理，完成不同的功能，以形成一组互相协调的资源与过程，以保证质量系统达到企业的质量目标。

(2) 随着制造企业应用自动检测装置，包括坐标测量机、计算机视觉等的增加，有关产品和过程的质量数据急剧增多。为了充分运用这些有用的质量数据，不仅需要自动地采集质量数据，而且必须自动对这些质量数据进行存储、分析、处理、管理，为底层的过程控制提供反馈数据，为上层的质量问题决策提供依据。

（3）通过向各个层次快速而准确地提供质量信息，可以缩短反馈时间，提高制造过程的效率。提高产品质量，增加用户的满意程度。

2）质量系统应实现三方面的集成

计算机集成质量系统(IQS)是计算机集成制造系统(CIMS)的主要组成部分。这一观点已得到国内外专家的公认。由于产品质量涉及企业的各个部门及全体员工，覆盖了产品的整个寿命周期，因此计算机集成质量系统应实现三方面的集成。

（1）纵向集成。质量保证和质量控制涉及零件制造过程质量信息的采集、反馈、控制，以及上层的质量问题决策，底层检测与过程监控的有关信息应能及时传递到企业层，为企业的质量问题决策提供支持。同时企业层的质量计划、检测和质量控制任务、检测规范等也应及时传递到设备层。

（2）过程集成。指制造过程各个阶段的质量信息集成。过程集成包含了两方面的含义：一方面是实现质量计划与检测过程监控的集成。在自动化系统中完成质量计划活动的系统通常称为计算机辅助质量计划系统(computer aided quality planning，CAQP)，包括计算机辅助检测规划的自动生成(computer aided inspection planning，CAIP)，计算机辅助质量计划系统生成的程序传递到自动检测装置实现与计算机辅助检测工作站(CAI)的集成。另一方面是在制造过程的各个阶段，进货(原材料、外购、外协件)、零件加工和工序之间、装配等各个阶段中的信息集成。

（3）功能集成。指制造过程质量系统与产品设计、制造过程设计、生产管理、经营系统等的集成。

因此，集成质量系统贯穿产品的整个寿命周期，是一个分布式计算机系统，通过分布式数据管理系统及计算机网络实现纵向集成、过程集成和功能集成。

3. 制造质量工程的发展

近年来国际上有关制造质量工程的研究主要有以下几方面：

（1）计算机集成质量保证体系结构的研究。计算机集成质量保证系统的参考体系结构能清楚地表达企业实现质量保证系统自动化，解答和阐明企业从系统概念构思到运行中的一系列有关问题。并能提供进行不同方案比较、选择最佳应用方案及技术。在参考体系结构的指导下，可以降低企业开发计算机集成质量保证系统的代价和风险。集成质量保证系统参考体系结构可以指导和帮助用户获得为完成质量保证自动化系统开发和运行所需的技术和能力。集成质量系统参考体系结构具有典型性，企业可以利用它构思自己企业的特定结构，使参考体系结构标准化，可以避免每个企业都从头开发自己的集成质量系统。这将大大缩短系统的开发周期与开发成本。

（2）质量信息获取、分析、处理的自动化、集成化和智能化。为了在自动化生产现场正确而可靠地获取质量信息，新型的自动检测技术及自动检测装置不断涌现，这些自动检测装置不再是自动化的孤岛，而是在分布式计算网络环境下，实现质量信息的共享。以坐标测量机(CMM)为例，它具有与 CAD/CAM，FMS 等的通信接口，可组成制造体系的测量单元，对工序间情况、工夹具、量具及成品进行检验，获取质量信息，进行统计评定和制造过程的信息反馈，实现质量控制。实现质量信息技术的集成化，首先要求坐标测量机有完备的CAQS(计算机辅助质量系统)，它包括 CAQP(质量规划系统)、CAQI(质量检测系统)、

CAQC(质量控制系统)、CAQM(质量管理系统)等子系统,实现信息集成;同时要求加工设备和测量设备在硬件和软件方面的集成,它是先进制造技术的重要支柱。

(3) 制造过程质量的智能预测、诊断与控制预测是对尚未发生或目前还不明确的事物进行预先的估计和推测,是在现时对将要发生的质量问题及制造过程的故障进行探讨和研究。现实的制造系统是复杂的,预测对象不但受到各种人为因素的影响,还受到许多自然因素的影响。这些影响因素常常使预测对象的发展表现得杂乱无章。然而这些偶然性始终要受到内部隐藏着的规律的支配。预测科学的发展取决于两方面的因素:科学的理论基础和科学的预测方法。

质量控制系统实质上是高度智能化的制造控制系统,它以一台或多台加工机床为基础,以 QCC(质量控制计算)为核心,将机床的刀具工况、进给系统和在线传感元件等动态信息,由测量装置采样、数据实时建模、动态预报和补偿反馈控制,以达到最佳的制造质量工况。

(4) 并行工程中的质量保证。并行工程是近年来出现的提高企业竞争能力的现代生产组织和管理模式,是对产品及其相关过程进行并行、一体化设计的一种系统化工作方式。它要求产品开发者从一开始就考虑到产品全寿命周期中的所有因素,包括用户需求、生产过程、质量、成本等,以求真正提高质量,降低成本,缩短产品开发周期。并行工程是当前制造业研究探讨的热点。事实证明,这是一种科学的工作模式,能为企业带来显著的经济效益。并行工程思想强调设计阶段的作用,通过产品和过程的并行一体化设计减少后续阶段的工程改变量。

中国在制造过程质量控制,特别是加工过程质量控制的基础技术方面已进行了较长时间的研究,包括加工过程监控,特别是刀具磨损监控,加工过程的自适应控制,预报控制等。当前机械制造企业的现状是产品质量不稳定、市场竞争能力弱,对质量工程及质量系统自动化提出了迫切的需求。因此,必须做好以下工作:

(1) 研究和解决与机械产品制造质量有关的理论、方法和技术问题。以 ISO9000 系列标准为依据,进行适合国情的现代制造质量保证体系和优化控制研究;制造质量工程的现代理论和技术研究,如质量的定量评定理论,工艺设计的鲁棒性最佳工序质量反馈控制系统设计理论,以及现代精度理论、神经网络、灰色控制、鲁棒控制、遗传基因等在制造质量工程中应用研究。

(2) 以提高中国产品质量和市场竞争力为目标的质量工程是个比较特殊的领域,要以某些先进的技术如制造自动化、人工智能、信息技术、自动控制等为基础。研究制造质量工程必然以提高企业产品质量,提高企业市场竞争力为目标,提高产品质量是提高市场竞争力的根本,为此,制造质量工程应围绕产品质量控制和工艺质量控制为中心展开工作,必须重视解决"科学技术化"问题;同时开展具有普遍应用价值的质量工程基础技术研究,如复合传感技术和复合智能传感器研究等。开展制造过程中的各种质量信息(产品、工艺、管理、设备、工具、物理、经济、计量、材质、规范和专家经验等信息)的应用研究,使制造质量工程推向一个新的高度。

(3) 质量工程研究应以质量系统自动化、集成化和智能化为重点。现代产品的制造质量主要依靠设备自身具有完善的自监视、自诊断和自动控制、自动补偿(或故障自动排除)等功能来保证达到"无废品生产"的目的。以制造质量系统自动化、集成化和智能化研究为重点,以适应信息时代企业发展的需求,也适应未来智能化时代之需要。

目前质量管理正向着定量化、程序化、规范化、并行工程化和高度集成化、智能化及自动化的无废品质量管理阶段发展。

第8章

机器的装配

8.1 装配过程概述

机器制造的最后一个工艺过程是将加工好的零件装配成机器的装配工艺过程。机器的质量最终通过装配来保证。同时，通过机器的装配，也能发现机器设计或零件设计中的问题，从而不断改进和提高产品质量、降低成本、提高产品的综合竞争能力。

8.1.1 机器装配的内容

装配是机器制造中的最后一个阶段，其主要内容包括零件的清洗、刮研、平衡及各种方式的连接，调整及校正各零部件的相对位置使之符合装配精度要求，总装后的检验、试运转、油漆及包装等。其具体内容如下：

(1) 清洗。用清洗剂清除零件上的油污、灰尘等脏污的过程称为清洗。它对保证产品质量和延长产品的使用寿命均有重要意义。常用的清洗方法有擦洗、浸洗、喷洗和超声波清洗等。常用的清洗剂有煤油、汽油和其他各种化学清洗剂，使用煤油和汽油作清洗剂时应注意防火，清洗金属零件的清洗剂必须具备防锈能力。

(2) 连接。装配过程中常见的连接方式包括可拆卸连接和不可拆卸连接两种。螺纹连接、键连接、销钉连接和间隙配合属于可拆卸连接；而焊接、铆接、粘接和过盈配合属于不可拆卸连接。过盈配合可使用压装、热装或冷装等方法来实现。

(3) 平衡。对于机器中转速较高、运转平稳性要求较高的零部件，为了防止其内部质量分布不均匀而引起有害振动，必须对其高速回转的零部件进行平衡。平衡可分为静平衡和动平衡两种，前者主要用于直径较大且长度短的零件(如叶轮、飞轮、皮带轮等)；后者用于长度较长的零部件(如电机转子、机床主轴等)。

(4) 校正及调整。在装配过程中为满足相关零部件的相互位置和接触精度而进行的找正、找平和相应的调整工作。其中除调节零部件的位置精度外，为了保证运动零部件的运动精度，还需调整运动副之间的配合间隙。

(5) 验收试验。机器装配完后，应按产品的有关技术标准和规定，对产品进行全面检验和必要的试运转工作。只有经检验和试运转合格的产品才能准许出厂。多数产品的试运转在制造厂进行，少数产品(如轧钢机)由于制造厂不具备试运转条件，因此其试运转只能在使用厂安装后进行。

8.1.2 装配精度

机器或产品的质量，是以机器或产品的工作性能、使用效果、精度和寿命等综合指标来评定的。机器的质量主要取决于机器结构设计的正确性、零件的加工质量(包括材料和热处理)以及机器的装配精度。

机器的装配精度应根据机器的工作性能来确定，一般包括零部件间的位置精度和运动精度。其中位置精度是指机器中相关零部件的距离精度和相互位置精度，如机床主轴箱装配时，相关轴之间中心距尺寸精度和同轴度、平行度和垂直度等；运动精度是指有相对运动的零部件在相对运动方向和相对运动速度方面的精度。运动方向的精度常表现为部件间相对运动的平行度和垂直度，如卧式车床溜板的运动精度就规定为溜板移动对主轴中心线的平行度。相对运动速度的精度即传动精度，如滚齿机滚刀主轴与工作台的相对运动精度。

装配精度的另一个要求，是配合表面间的配合质量和接触质量。配合质量是指两个零件配合表面之间达到规定的配合间隙或过盈的程度，它影响着配合的性质。接触质量是指两配合或连接表面间达到规定的接触面积的大小和接触点分布的情况。它主要影响接触变形，同时也影响配合质量。它们对位置精度和运动精度也有一定的影响。

正确地规定机器、部件和组件等的装配精度要求，是产品设计的一个重要环节。装配的精度要求既影响产品的质量，又影响产品制造的经济性，因而它是确定零件精度要求和制定装配工艺措施的一个重要依据。

机器的装配精度要求可根据国家标准、部颁标准或其他有关资料予以确定。在缺乏成熟资料的条件下，则往往参考经过实践考验的类似产品的数据，用类比法并结合生产经验定出。必要时，还需通过分析计算和作试验验证，才能最后确定。

机器及其部件既然是由若干零件装配而成的，那么，零件的精度特别是关键零件的精度直接影响相应的部件和机器的装配精度。一般情况下，装配精度高，则必须提高各相关零件的相关精度，使它们的误差累积之后仍能满足装配精度的要求。但是，对于某些装配精度项目来说(详述见后)，如果完全由有关零件的制造精度来直接保证，则相关零件的制造精度都将很高，给加工带来很大困难。这时常按经济加工精度来确定零件的加工精度，使之易于加工，而在装配时则采取一定的工艺措施(修配、调节等)来保证装配精度。这样做虽然增加了装配工作量和装配成本，但从整个产品制造来说，仍是比较经济的。

用尺寸链的分析方法有助于解决所述装配精度的保证问题。这种分析计算工作是在机器设计过程中，结合确定零件基本尺寸及其公差和技术条件，以及计算、校验部件、组件配合尺寸是否协调来进行的。由于这种尺寸链是应用于装配过程的，而且其计算分析均与工艺尺寸链有所不同，因而称为装配尺寸链。

在制定产品的装配工艺过程、确定装配工序、解决生产中的装配质量问题时，也需要应用装配尺寸链进行分析计算。

8.2　装配尺寸链的分析计算

8.2.1　装配尺寸链的概念

装配尺寸链是由各有关装配尺寸(零件尺寸及装配精度要求)所组成的尺寸链。如图 8-1 所示装配关系，双联齿轮是空套在轴上的，在轴向也必须有适当的装配间隙，既能保证转动灵活，又不致引起过大的轴向窜动。故规定轴向间隙量 A_0 为 0.05～0.2mm。此尺寸即装配精度。与此装配精度有关的相关零件的尺寸分别为 A_1、A_2、A_3、A_4、A_k，这组尺寸 A_1、A_2、A_3、A_4、A_k、A_0 即组成一装配尺寸链。

装配尺寸链按各组成环的几何特征和所处空间位置不同可以分为直线尺寸链、平面尺寸链、角度尺寸链和空间尺寸链。其中直线尺寸链是最常见的。

8.2.2　装配尺寸链的建立

正确地建立装配尺寸链，是进行尺寸链计算的基础。为此，首先应明确封闭环。对于装配尺寸链，装配精度要求就是封闭环。再以封闭环两端的两个零件为起点，沿封闭环的尺寸方向，分别找出影响装配精度要求的相关零件，直至找到同一个基准零件或是同一基准表面为止。在查找装配尺寸链时，应遵循以下原则。

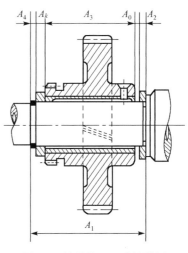

微课视频

图 8-1　线性装配尺寸链举例

1. 装配尺寸链的简化原则

机械产品的结构通常都比较复杂，影响某一装配精度的因素可能很多，在查找该装配尺寸链时，在保证装配精度的前提下，可忽略那些影响较小的因素，使装配尺寸链适当简化。以查找车床主轴锥孔轴心线和尾座顶尖套锥孔轴心线对车床导轨的等高度的装配尺寸链的建立为例，如图 8-2 所示。

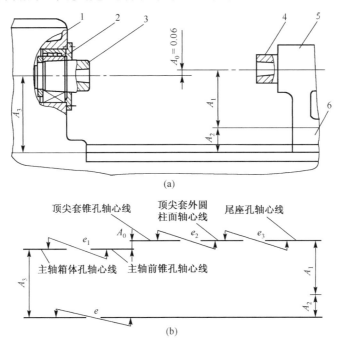

(a)

(b)

1-床头箱体；2-滚子轴承；3-主轴；4-尾座顶尖套；5-尾座体；6-尾座底板；e_1-滚子轴承外环的内滚道对外圆的不同轴度；e_2-顶尖套锥孔对外圆的不同轴度；e_3-由于顶尖套与尾座孔的配合间隙所引起的偏移量

图 8-2　普通车床等高性装配尺寸链

此等高度要求是在高度方向上。在高度方向上的装配关系，一方面是主轴以其轴颈装在滚动轴承内环的内表面上，轴承内环通过滚动体装在轴承外环的内滚道上，轴承外环装在床头箱的主轴孔内，床头箱装在车床床身的平导轨面上；另一方面是尾座顶尖套以其外圆柱面装在尾座的导向孔内，尾座以其底面装在尾座底板上，而尾座底板装在床身的导轨面上。通过同一个装配基准件——床身，将装配关系最后联系和确定下来。按照装配精度的检验要求，主轴锥孔轴心线的位置是取其摆差的平均值位置来表示和确定的。这一位置显然就是主轴的回转轴心线，即轴承外环内滚道轴心线的位置，因而主轴锥孔对主轴颈的摆差以及轴承内环本身的摆差并不影响主轴锥孔在检验时的高度位置，不应计入装配尺寸链的组成。

这样，影响等高度的就是图 8-2(b) 中的那些组成环尺寸 A_1、A_2、A_3 和各个同轴度 e_1、e_2、e_3，以及床身上安装床头箱的平导轨面和安装尾座的平导轨面之间的平面度误差 e。

2. 装配尺寸链组成的最短路线（环数最少）原则

正如工艺尺寸链中所分析的，封闭环的误差是由各组成环误差累积得到的。在封闭环公差一定的条件下，尺寸链中组成环数目少一些，各组成环所分配到的公差就可大一些，这样，各零件的加工就可更方便和经济一些。因此，在产品结构设计时，在满足产品工作性能的前提下，应尽可能简化结构，使影响封闭环精度的有关零件数目最少。

在结构既定的情况下查找装配尺寸链时，应使每一个零件仅以一个尺寸作组成环。相应地，应将该尺寸或位置关系直接标注在有关零件图上。这样，组成环的数目就仅等于有关零

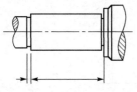

图 8-3 组成环尺寸的不合理注法

件的数目，这就是装配尺寸链的路线最短（即组成环数最少）原则。

相反，如果对图 8-1 中齿轮装配中轮轴局部结构在标注尺寸时注成图 8-3 的形式，则参与到尺寸链中的组成环数目，对轮轴来说是两个尺寸，显然不符合路线最短原则，因而是不合理的。

3. 装配尺寸链的方向性

同一装配结构中，在不同方向都有装配精度要求时，应按不同方向分别建立装配尺寸链。例如，在蜗轮副传动结构中，为了保证其正常啮合，除应保证蜗杆与蜗轮的轴线距离精度外，还必须保证两轴线的垂直度精度、蜗杆轴线与蜗轮中心平面的重合度要求。这是在三个不同方向上的三个装配精度要求，因而应分别建立装配尺寸链。

8.2.3 装配尺寸链的计算

在确定了装配尺寸链的组成之后，就可以进行具体的分析计算工作。装配尺寸链的计算方法与装配方法密切相关，同一项装配精度，采用不同的装配方法时，其装配尺寸链的计算方法也不相同。

装配尺寸链的计算是在产品设计过程中进行的，多采用反计算法，而正计算法仅用于验算。所谓反计算即已知装配精度（封闭环）的基本尺寸及其偏差，求解与该项装配精度有关的各零、部件（组成环）的基本尺寸及其偏差。

计算装配尺寸链的公式可分为极值法和概率法。概率法仅适用于大批量生产的装配尺寸链计算；而极值法可用于各种生产类型的装配尺寸链计算。

1. 装配尺寸链的极值解法

在装配尺寸链中，一般各组成环的基本尺寸是已知的，在计算时仅对其进行验算。所以计算装配尺寸链主要是如何将封闭环的公差合理地分配给各组成环的公差。

按极值法解算装配尺寸链的公式与工艺尺寸链的计算公式相同，这里不再赘述。

采用极值法解算装配尺寸链时，为保证装配精度要求，应确保各组成环公差之和小于或等于封闭环公差，但为了使各组成环公差尽可能大，在计算时取等号，即

$$T_0 = \sum_{i=1}^{m} |\xi_i| T_i \tag{8-1}$$

其中，T_0 为封闭环公差；T_i 为第 i 个组成环的公差；ξ_i 为第 i 个组成环的传递系数；m 为组成环的环数。

对于线性尺寸链，$|\xi_i| = 1$，则

$$T_0 = \sum_{i=1}^{m} T_i = T_1 + T_2 + \cdots + T_m$$

在按极值法计算装配尺寸链时，可按以下步骤进行：

(1) 首先校核封闭环尺寸是否正确

$$A_0 = \sum_{i=1}^{m} \xi_i A_i \tag{8-2}$$

(2) 按等公差原则，计算各组成环平均公差

$$T_{av} = \frac{T_0}{\sum_{i=1}^{m} |\xi_i|} \tag{8-3}$$

当装配尺寸链中有 q 个组成环的公差已经确定时(组成环是标准件或已在别的装配尺寸链中先行确定)，其余组成环的平均公差计算公式为

$$T_{av} = \frac{T_0 - \sum_{j=1}^{q} |\xi_j| \cdot T_j}{\sum_{i=q+1}^{m} |\xi_i|} \tag{8-4}$$

(3) 根据各组成环基本尺寸的大小和加工时的难易程度，对各组成环的公差进行适当的调整。在调整过程中应遵循以下六个原则。

① 组成环是标准件尺寸时(如轴承环的宽度或弹性挡圈的厚度等)，其公差值及其分布在相应标准中已有规定，为已定值；

② 当组成环是几个尺寸链的公共环时，其公差值及其分布由对其要求最严的尺寸链先行确定，对其余尺寸链则也为已定值；

③ 尺寸相近、加工方法相同的组成环，其公差值相等；

④ 难加工或难测量的组成环，其公差可适当加大，易加工、易测量的组成环，其公差可

取较小值。各组成环的公差值尽量取成标准值，各组成环的公差等级尽量相近；

⑤选一组成环作为协调环，按尺寸链公式最后确定。协调环应选择易于加工、易于测量的组成环，但不能选择标准件或已经在其他尺寸链中确定了公差及其偏差的组成环作为协调环；

⑥确定各组成环的极限偏差，对于属于外尺寸的组成环(如轴的直径)按基轴制(h)确定其极限偏差；对属于内尺寸的组成环(如孔的直径)按基孔制(H)确定其极限偏差，协调环的极限偏差按公式计算确定。

2. 装配尺寸链的概率解法

用极值解法时，封闭环的极限尺寸是按组成环的极限尺寸来计算的，而封闭环公差与组成环公差之间的关系是按式(8-1)来计算的。显然，此时各零件具有完全的互换性，机器的使用要求能得到充分的保证。但是，当封闭环精度要求较高，而组成环数目又较多时，由于各环公差大小的分配必须满足公式(8-1)的要求，故各组成环的公差值 T_i 必将取得很小，从而导致加工困难，制造成本增加。生产实践表明，一批零件加工时其尺寸处于公差带范围的中间部分的零件占多数，接近两端极限尺寸的零件占极少数(见"加工误差的统计分析"部分的内容)。至于一批部件在装配时(特别是对于多环尺寸链的装配)，同一部件的各组成环，恰好都是接近极值尺寸的，这种情况就更为罕见。这时，如按极值解法求算零件尺寸公差，则显然是不经济的。但如按概率法来进行计算，就能扩大零件公差，且便于加工。

装配尺寸链的组成环是有关零件的加工尺寸或相对位置精度，显然，各零件加工尺寸的数值是彼此独立的随机变量，因此作为各组成环合成量的封闭环的数值也是一个随机变量。由概率理论可知，在分析随机变量时，必须了解其误差分布曲线的性质和分散范围的大小，同时还应了解尺寸聚集中心(即算术平均值)的分布位置。

1) 各组成环公差值的计算

由概率论可知，各独立随机变量(装配尺寸链的组成环)的均方根偏差 σ_i 与这些随机变量之和(尺寸链的封闭环)的均方根偏差 σ_0 之间的关系为

$$\sigma_0^2 = \sum_{i=1}^{m} \sigma_i^2 \tag{8-5}$$

但由于解算尺寸链时是以误差量或公差量之间的关系来计算的，所以上述公式还需要转化成所需要的形式。

正如在加工误差的统计分析中已介绍过的那样，当零件加工尺寸服从正态分布时，其尺寸误差分散范围 ω_i 与均方根偏差 σ_i 之间的关系为

$$\omega_i = 6\sigma_i$$

即 $\sigma_i = \dfrac{1}{6}\omega_i$。

当零件尺寸分布不服从正态分布时，需引入一个相对分布系数 k_i，因此

$$\sigma_i = \frac{1}{6} k_i \omega_i$$

相对分布系数 k_i 表明了所研究的尺寸分布曲线的不同分散性质(即曲线的不同形状),并取正态分布曲线作为比较的依据(正态分布曲线的 k 为 1)。各种 k_i 如表 8-1 所示。

表 8-1　不同分布曲线的 α、k

分布特征	正态分布	三角分布	均匀分布	瑞利分布	偏态分布	
					外尺寸	内尺寸
分布曲线						
α	0	0	0	−0.28	0.26	−0.26
k	1	1.22	1.73	1.14	1.17	1.17

尺寸链中如果不存在公差数值比其余各组成环公差大得很多,且尺寸分布又偏离于正态分布很大的组成环的情况下,则不论各组成环的尺寸为何种分布曲线,只要组成环的数目足够多,则封闭环的分布曲线通常总是趋近于正态分布的,即 $k_0 \approx 1$。一般来说,组成环环数不少于五个时,封闭环的尺寸分布都趋近于正态分布。

此外,在尺寸分散范围 ω_i 恰好等于公差 T_i 的条件下,就得到尺寸链计算的一个常用公式

$$T_0 = \sqrt{\sum_{i=1}^{m} k_i^2 \xi_i^2 T_i^2} \tag{8-6}$$

只有在各组成环都是正态分布的情况下,才有

$$T_0 = \sqrt{\sum_{i=1}^{m} \xi_i^2 T_i^2}$$

又若各组成环公差相等,即令 $T_i = T_{av}$ 时,则可得各组成环平均公差 T_{av} 为

$$T_{av} = \frac{T_0}{\sqrt{\sum_{i=1}^{m} \xi_i^2}} = \frac{\sqrt{\sum_{i=1}^{m} \xi_i^2}}{\sum_{i=1}^{m} \xi_i^2} T_0$$

当装配尺寸链为直线尺寸链时

$$T_{av} = \frac{T_0}{\sqrt{m}} = \frac{\sqrt{m}}{m} T_0$$

与用极值法求得的组成环平均公差比较,概率解法可将组成环平均公差扩大 $\sqrt{m}$ 倍。但实际上,由于各组成环的尺寸分布曲线不一定是按正态分布的,即 $k_i > 1$,所以实际扩大的倍数小于 $\sqrt{m}$。

用概率解法之所以能够扩大公差,是因为在确定封闭环正态分布曲线的尺寸分散范围时假定 $\omega_0 = 6\sigma_0$,而这时部件装配后在 $T_0 = 6\sigma_0$ 范围内的数量可占总数的 99.73%,只有 0.27%

的部件装配后不合格。这样做，在生产上仍是经济的。因此，这个不合格率常常可忽略不计，只有在必要时才通过调换个别组件或零件来解决废品问题。

2) 各组成环基本尺寸和中间偏差的计算

根据概率论，封闭环的算术平均值 $\overline{A}_0$ 等于各组成环算术平均值 $\overline{A}_i$ 的代数和，即

$$\overline{A}_0 = \sum_{i=1}^{m} \xi_i \overline{A}_i \tag{8-7}$$

当各组成环的尺寸分布曲线均属于对称分布，而且分布中心与公差带中心重合时，算术平均值 $\overline{A}_i = A_i + \Delta_i \ (i = 0, 1, 2, \cdots, m)$，即算术平均值等于基本尺寸与中间偏差之和。因此式(8-7)可以分为以下两式，即

$$\begin{cases} A_0 = \sum_{i=1}^{m} \xi_i A_i \\ \Delta_0 = \sum_{i=1}^{m} \xi_i \Delta_i \end{cases} \tag{8-8}$$

此时的计算公式与极值解法时所用相应计算公式完全一致。

当组成环的尺寸分布属于非对称分布时，算术平均值 $\overline{A}$ 相对于公差带中心的尺寸即平均尺寸就有一偏移量，此偏移量可用 $\alpha\dfrac{T}{2}$ 表示(图 8-4)。这时

$$\overline{A} = A + \Delta + \frac{1}{2}\alpha T \tag{8-9}$$

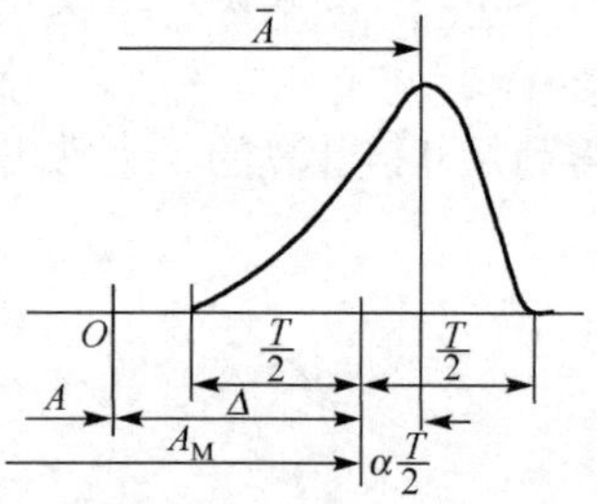

图 8-4　不对称分布时的尺寸计算关系

显然，在 T 为定值的条件下，偏移量越大，α 也越大，可见 α 可用来说明尺寸分布的不对称程度。因而 α 称为相对不对称系数，一些尺寸分布曲线的 α 可参考表 8-1。

由于多数情况下封闭环为正态分布，所以当某些组成环为偏态分布时，其公称尺寸计算公式不变，而中间偏差计算公式为

$$\Delta_0 = \sum_{i=1}^{m} \xi_i \left(\Delta_i + \frac{1}{2}\alpha_i T_i \right) = \sum_{i=1}^{m} \xi_i \Delta_i + \sum_{i=1}^{m} \frac{1}{2}\xi_i \alpha_i T_i$$

3) 概率解法时的近似估算法

对概率解法进行准确计算时，需要知道各组成环的误差分布情况(T_i、k_i 及 α_i)。如有现场统计资料或成熟的经验统计数据，便可据之进行准确计算。而在通常缺乏这种资料或不能预先确定零件的加工条件时，便只能假定一些 k_i 以及 α_i 进行近似估算。

这一方法是以假定各环的尺寸分布曲线均对称分布于公差带的全部范围内，即 $\alpha_i = 0$，并取平均相对分布系数 k_{av} 来作近似估算的。至于 k_{av} 的具体数值，有的资料建议在 1.2～1.7 内选取，有的资料则在一定的统计试验基础上，建议采用 $k_{av} = 1.5$ 的经验数据。

这样，对直线尺寸链整个计算只要用到两个简化公式

$$\begin{cases} T_0 = k_{av}\sqrt{\displaystyle\sum_{i=1}^{m} T_i^2} \\[3mm] \Delta_0 = \displaystyle\sum_{i=1}^{m} \xi_i \Delta_i \end{cases} \tag{8-10}$$

但必须指出，在采用概率近似算法时，要求尺寸链中组成环的数目不能太少。

8.3　保证装配精度的方法

在机械产品的装配中，装配方法的确定，要根据产品及部件的装配精度、生产纲领、结构特点、生产条件进行综合分析。保证装配精度的方法有：互换装配法、选择装配法、修配装配法和调节装配法。

8.3.1　互换装配法

零件按图纸公差加工，装配时不需经过任何选择、修配和调节，就能达到规定的装配精度和技术要求，这种装配方法称为互换装配法。其优点是装配工作简单，生产率高，有利于组织装配流水线和协作生产，同时也有利于产品的维修。

互换法是通过求解尺寸链来达到装配精度要求的，求解尺寸链的核心问题是将封闭环的公差合理地分配到各组成环上去。公差的分配方法有三种：等公差法、等精度法和经验法。

等公差法是指设定各组成环的公差相等，将封闭环的公差平均分配到各组成环上的方法。此方法计算较简单，但未考虑相关零件的尺寸大小和实际加工方法，所以不够合理。常用在组成环尺寸相差不大，而加工方法的精度较接近的场合。

等精度法是指设定各组成环的精度相等的方法。此方法考虑了组成环尺寸的大小，但未考虑各零件加工的难易程度，使组成环中有的零件精度容易保证，有的精度较难保证。此法比等公差法合理，但计算较复杂。

经验法是指先根据等公差法计算出各组成环的公差值，再根据尺寸大小、加工的难易程度及工作经验进行调整，最后利用封闭环公差和各组成环公差之间的关系进行核算的方法。此法在实际中应用较多。

互换法可分为完全互换法和大数互换法。

1. 完全互换法（极值解法）

在全部产品中，装配时各组成零件不需挑选或改变其大小或位置，装入后即能达到装配精度的要求，该法称完全互换装配法。

其特点是：装配质量稳定可靠，装配过程简单，生产率高，易于实现装配工作机械化、自动化，便于组织流水作业和零、部件的协作与专业化生产。但当装配精度要求较高，尤其是组成环较多时，则零件难以按经济精度加工。因此它常用于高精度的少环尺寸链或低精度的多环尺寸链的大批大量生产装配场合。

例 8-1　解组成环尺寸、公差及偏差。

图 8-5 为某双联转子泵的轴向装配关系简图。已知各基本尺寸为 $A_0 = 0$，$A_1 = 41$，$A_2 = A_4 = 17$，$A_3 = 7$。根据技术要求，冷态下的轴向装配间隙 A_0 应为 0.05～0.15mm，即 $A_0 = 0^{+0.15}_{+0.05}$ mm。其组成环尺寸的公差大小和分布位置的确定步骤和方法如下。

（1）画出装配尺寸链图，校验各环基本尺寸。

图 8-5 的下方是一个组成环数 $m=4$ 的尺寸链图，其中，A_0 是封闭环，A_1 是增环，其余是减环，即 $\xi_1 = 1$，$\xi_2 = \xi_3 = \xi_4 = -1$。

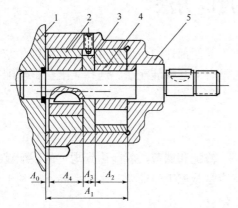

1－机体；2－外转子；3－隔板；4－内转子；5－壳体

图 8-5　双联转子泵的轴向装配关系简图

封闭环计算的基本尺寸为

$$A_0 = A_1 - A_2 - A_3 - A_4 = 0$$

可见各组成环基本尺寸的确定无误。

（2）确定各组成环尺寸的公差大小和分布位置。

为了满足封闭环公差值 $T_0 = 0.1$ mm 的要求，各组成环公差的总和不得超过 0.1mm，即

$$\sum_{i=1}^{4} T_i = T_1 + T_2 + T_3 + T_4 \leqslant T_0 = 0.1$$

在具体确定各 T_i 的过程中，首先可按各组成环为"等公差"的情况，看一下各环所能分配到的平均公差的数值，即

$$T_{av} = \frac{T_0}{m} = \frac{0.1}{4} = 0.025 \ (mm)$$

由所得数值可以看出，此零件制造精度要求是很高的，但仍能加工，因此用极值解法是可行的。

至此还得进一步从加工难易和设计要求等方面考虑，来调整各组成环的公差。

考虑到尺寸 A_2、A_3、A_4 可用平面磨床加工，其公差可规定得较小，且尺寸应能用卡规来测量，其公差还得符合标准公差；尺寸 A_1 是由镗削加工保证，公差应给得大些，且此尺寸属高度尺寸，在成批生产中常用通用量具而不使用极限量规测量。故决定选它为协调环。由此确定

$$A_2 = A_4 = 17^{\ 0}_{-0.018}, \qquad A_3 = 7^{\ 0}_{-0.015}$$

（3）确定协调环的公差和位置。

显然，协调环 A_1 的公差值 T_1 应为

$$T_1 = T_0 - T_2 - T_3 - T_4 = 0.1 - (0.018 \times 2 + 0.015) = 0.049 \ (mm)$$

而协调环的中间偏差值可根据相应的公式计算如下：

$$\Delta_1 = \Delta_0 + \Delta_2 + \Delta_3 + \Delta_4 = 0.1 + (-0.009 \times 2) + (-0.0075) = 0.0745 \ (mm)$$

$$ES_1 = \Delta_1 + \frac{1}{2}T_1 = 0.0745 + \frac{0.049}{2} = 0.099 \ (mm)$$

$$EI_1 = \Delta_1 - \frac{1}{2}T_1 = 0.0745 - \frac{0.049}{2} = 0.05 \text{ (mm)}$$

即 $A_1 = 41_{+0.05}^{+0.099}$。

2. 大数互换法（概率解法）

在绝大多数产品中，装配时各组成零件不需挑选或改变其大小或位置，装入后即能达到装配精度要求，该法称大数互换装配法。

大数互换装配法的装配特点与完全互换装配法相同，但由于零件所规定的公差要比完全互换法所规定的大，有利于零件的经济加工，装配过程与完全互换法一样简单、方便，结果使绝大多数产品能保证装配精度要求。对于极少量不合格予以报废或采取措施进行修复。

大数互换法是以概率论为理论依据的。在正常生产条件下，零件加工尺寸获得极限尺寸的可能性是较小的，而在装配时，各零、部件的误差同时为极大、极小的组合，其可能性就更小。因此，在尺寸链环数较多、封闭环精度又要求较高时，就不应该用极值法，而使用概率法计算。大数互换装配法应用于大批大量生产时，组成环数较多而装配精度要求又较高的装配场合。

例 8-2　仍以图 8-5 中的轴向装配尺寸链为例，现采用概率解法进行计算。尺寸链分析及基本尺寸验算同上。

（1）确定各组成环尺寸的公差大小和分布位置。

按概率解法封闭环公差计算公式

$$T_0 = k_{av}\sqrt{\sum_{i=1}^{m} T_i^2}$$

取 $k_{av} = 1.5$，则各组成环平均公差为

$$T_{av} = \sqrt{\frac{T_0^2}{mk_{av}^2}} = \sqrt{\frac{0.1^2}{4 \times 1.5^2}} = 0.033 \text{ (mm)（只舍不进）}$$

由所得数值可以看出，概率解法所计算的平均公差比极值解法的大，在生产中能够降低零件加工精度，提高经济效益。

仍选择 A_1 为协调环，其他组成环公差及其偏差确定如下：

$$A_2 = A_4 = 17_{-0.027}^{0}, \qquad A_3 = 7_{-0.022}^{0}$$

（2）确定协调环的公差及偏差。

显然，协调环 A_1 的公差值 T_1 应为

$$T_1 = \frac{1}{k_{av}}\sqrt{T_0^2 - k_{av}^2(T_2^2 + T_3^2 + T_4^2)} = \frac{1}{1.5}\sqrt{0.1^2 - 1.5^2(0.027^2 \times 2 + 0.022^2)} = 0.05 \text{ (mm)}$$

而协调环的中间偏差值可根据相应的公式计算如下：

$$\Delta_1 = \Delta_0 + \Delta_2 + \Delta_3 + \Delta_4 = 0.1 + (-0.0135 \times 2) + (-0.011) = 0.062 \text{ (mm)}$$

$$ES_1 = \Delta_1 + \frac{1}{2}T_1 = 0.062 + \frac{0.05}{2} = 0.087 \text{ (mm)}$$

$$EI_1 = \Delta_1 - \frac{1}{2}T_1 = 0.062 - \frac{0.05}{2} = 0.037 \text{ (mm)}$$

即 $A_1 = 41^{+0.087}_{+0.037}$。

由两种解法计算结果可见，对尺寸 A_1，精度等级基本不变；而对于尺寸 A_2、A_3、A_4，其精度等级分别由 IT7 级降低到 IT8 级，减小了加工难度。

当以完全互换法解尺寸链所得零件制造公差在规定生产条件下难于制造时，常常按经济制造精度来规定各组成环的公差，从而使封闭环误差超过规定的公差范围，这时便需要采取相应的装配工艺措施(修配法或调节法)，使超差部分得到补偿。以满足规定的要求，或者根据不同的条件，采取选择装配法。

8.3.2 选择装配法

选择装配法是将尺寸链中组成环的公差放大到经济可行的程度，然后选择合适的零件进行装配，以保证规定的装配精度要求。

1. 选择装配的形式

选择装配法有直接选配法、分组装配法、复合选配法三种装配形式。

(1) 直接选配法，就是由装配工人从许多待装配的零件中，凭经验挑选合适的零件装配在一起。这种方法的优点是不需将零件分组。但工人选择零件需要较长时间，且装配质量在很大程度上取决于装配工人的技术水平。

(2) 分组装配法，是将组成环的公差按互换装配法中极值解法所求得的值放大数倍(一般为 2~4 倍)，使之能按经济精度加工，然后将零件测量和分组，再按对应组分别进行装配，满足原定装配精度的要求。由于同组零件可以进行互换，故又叫分组互换法。

(3) 复合选配法，是上述两种方法的复合，即把零件预先测量分组，装配时再在各对应组中直接选配。例如，汽车发动机的汽缸与活塞的装配就是采用这种方法。下面仅对分组互换法进行讨论。

2. 分组互换法

分组互换法是在大批大量生产中对装配精度要求很高而组成环数较少时，保证装配精度的常用方法。例如，汽车发动机的活塞销孔与活塞销的配合要求(图 8-6)；活塞销与连杆小头孔的配合要求；滚动轴承的内圈、外圈和滚动体间的配合要求；还有某些精密机床中的精密配合要求等，就是用分组互换法来达到的。

以某发动机的活塞销与活塞销孔的装配为例来讨论分组互换法。其装配技术要求规定，销子直径 d 和销孔直径 D 在冷态装配时，应有 0.0025~0.0075mm 的过盈量，

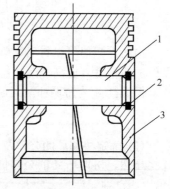

1—活塞销；2—挡圈；3—活塞

图 8-6　活塞与活塞销组件图

即 $T_0 = 0.0075 - 0.0025 = 0.0050$ (mm)，若活塞销和活塞销孔采用互换法装配，并设活塞销和活塞销孔的公差作"等公差分配原则"，则它们的公差都仅为 0.0025mm。又如取活塞销公差带的分布位置为单向负偏差(基轴制原则)，则其尺寸为

$$d = 28^{\ 0}_{-0.0025} \ \text{(mm)}$$

相应地，可求得活塞销孔尺寸为

$$D = 28^{-0.0050}_{-0.0075}\,(\text{mm})$$

显然，制造这样精确的活塞销和活塞销孔是很困难的，也是很不经济的。因此生产上采用的办法是将它们的上述公差值均按同向放大四倍，使活塞销尺寸最后确定为 $d = 28^{\,0}_{-0.010}$ mm，活塞销孔尺寸则为 $D = 28^{-0.005}_{-0.015}$ mm。这样，活塞销外圆可用无心磨床磨削加工，活塞销孔可用金刚镗床镗削加工，然后用精密量具来测量，并按尺寸大小分成四组，用不同颜色区别，以便进行分组装配。

分组装配的要求如下：

(1) 要保证分组后各组的配合性质与原来的要求相同，因此配合件的公差范围应相等，公差增大时要向同方向增大，增大的倍数就是以后的分组数。如图 8-7 所示，以轴、孔配合为例，设轴的公差为 T_d，孔的公差为 T_D，并令 $T_d = T_D = T$，如果为间隙配合，其最大间隙为 $X_{1\max}$，最小间隙为 $X_{1\min}$。现用分组互换法，把轴、孔公差均放大 n 倍，则这时轴与孔的公差为 $T' = nT$，零件加工完毕后，再将轴与孔按尺寸分为 n 组，每组公差仍为 $\dfrac{T'}{n} = T$。取第 k 组来看，其最大间隙及最小间隙为

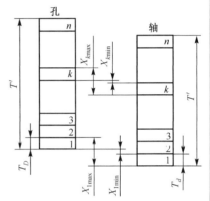

图 8-7　轴孔分组互换

$$X_{k\max} = \left[X_{1\max} + (k-1)T_D - (k-1)T_d\right] = X_{1\max}$$
$$X_{k\min} = \left[X_{1\min} + (k-1)T_D - (k-1)T_d\right] = X_{1\min}$$

可见无论是哪一组，其配合精度和配合性质都保持不变。

如果轴、孔公差不相等时，采用分组互换可以保持配合精度不变，但配合性质却要变化了，这时各组的最大间隙和最小间隙将不等，因此在生产上应用不广泛。

(2) 要保证零件分组后在装配时能够配套。按照一般正态分布规律，零件分组后是可以互相配套，不会产生各组数量不等的情况的。但是如果有某些因素影响，则将造成尺寸分布不是正态分布，因而造成各组尺寸分布不对应，产生各组零件数不等而不能配套。这在实际生产中往往是很难避免的，因此只能在聚集相当数量的不配套零件后，通过专门加工一批零件来配套，否则，就会造成一些零件的积压和浪费。

(3) 分组数不宜太多，只要将公差放大到经济加工精度就行，否则由于零件的测量、分组、保管的工作量增加，会使组织工作复杂，容易造成生产混乱。

(4) 分组公差不能任意缩小，因为分组公差不能小于表面微观峰值和形状误差之和，只要使分组公差符合装配精度即可。

所以，分组互换法只适应于精度要求很高的少环尺寸链，一般相关零件只有两三个。这种装配方法由于生产组织复杂，应用受到限制。

8.3.3　修配装配法

修配装配法简称修配法，就是在装配时根据实际测量结果，改变尺寸链中某一预定组成

微课视频

环的尺寸或者就地配制这个组成环，使封闭环达到规定的精度。

采用修配法时，尺寸链中各组成环尺寸均按在该生产条件下经济可行的公差制造。装配时，封闭环的总误差有的会超出规定的公差范围，为了达到预定的装配精度，必须把尺寸链中某一零件加以修配，才能予以补偿。要进行修配的组成环就叫修配环，它属于补偿环的一种，故也可叫补偿环。通常，修配件应选择容易进行修配加工、容易拆装，并且对其他尺寸链没有影响的零件。同时，不应选已进行表面处理的零件作修配环，以免修配时破坏表面处理层。这种装配法适用于成批生产和单件生产。在修配法中按极值解法计算装配尺寸链。

这种解法的主要任务是确定修配环在加工时的实际尺寸，使修配时有足够的，而且是最小的修配量。修配环在修配时对封闭环尺寸变化的影响不外两种情况：一种是使封闭环尺寸变小；另一种是使封闭环尺寸变大。因此用修配法解尺寸链时，就可以根据这两种情况来进行。

1. 修配环被修配时封闭环尺寸变小

在普通车床精度标准中规定：主轴锥孔轴心线和尾座顶尖套锥孔轴心线对溜板移动的等高度公差为 0.06mm（只许尾座高），如图 8-2 所示。现在来解算这一装配尺寸链。

从图 8-2 可以看出，影响等高度的因素有七项。对于普通车床的要求而言，在解尺寸链时，可将一些影响较小的因素加以忽略而简化成图 8-8 的情况。图中：

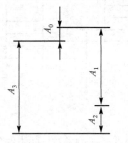

图 8-8　简化后的等高度尺寸链

$A_1 = 156$ mm（尾座座孔中心线到底面的距离尺寸）

$A_2 = 46$ mm（底板厚度）

$A_3 = 202$ mm（床头箱主轴孔中心线到底面的距离尺寸）

A_0 为 $0.03 \sim 0.06$mm

若按互换法的极值解法，各组成环的平均公差为

$$T_{av} = \frac{T_0}{m} = \frac{0.06 - 0.03}{3} = 0.01 \text{ (mm)}$$

各组成环精度要求较高，加工较困难，所以在生产中常按经济加工精度规定各组成环的公差，而在装配时用修配（如刮、磨）底板的方法来达到要求的装配精度。

尺寸 A_1、A_3 根据用镗模加工时的经济精度，其公差值取为 $T_1 = T_3 = 0.1$ mm。其偏差按对称标注为 $A_3 = (202 \pm 0.05)$ mm，$A_1 = (156 \pm 0.05)$ mm。

尾座底板厚度尺寸 A_2 的公差大小，根据半精刨的经济加工精度规定为 0.15mm，至于 A_2 的公差带分布位置则需通过计算才能确定。

为了减少最大修刮量，实际生产中通常先把尾座和尾座底板的接触面配刮好，再将此两者装配作为一个整体，以尾座底板的底面作定位基准精镗尾座上的顶尖套孔，并控制该尺寸精度为 0.1mm。这样，尾座和尾座底板是成为配对件后进入总装的。因此，原组成环 A_1 和 A_2 合并而成为一个环 $A_{1,2}$，原四环尺寸链变成三环尺寸链，如图 8-9 所示。

下面通过这个实例来分析用修配法解尺寸链的计算方法和规律。

计算步骤如下：

（1）画出尺寸链图。

如图 8-9 所示，并选定 $A_{1,2}$ 为修配环。

(2) 根据经济加工精度确定各组成环的制造公差及公差带分布位置。

根据上面分析，确定 $A_3 = (202 \pm 0.05)$ mm，$A_{1,2} = A_1 + A_2 = 156 + 46 = 202$(mm)，$T_{1,2} = 0.1$ mm，$A_{1,2}$ 的公差带分布位置通过计算才能确定。

(3) 计算修配环的尺寸。

由图 8-9 可见，这个尺寸链的特点是修配环越被修配，封闭环尺寸就越小，即尾座顶尖套锥孔轴心线相对于主轴锥孔轴心线越修越低。这样，如图 8-10 所示，当装配后所得封闭环实际尺寸 A_0' 大于规定的最大尺寸 A_{0max}，即实际所得的尾座顶尖套锥孔轴心线高于主轴锥孔轴心线 0.06mm 以上时，就可通过修配底板底面即减小 $A_{1,2}$ 尺寸而使尾座顶尖套锥孔轴心线逐步下降，直到高出 0.03～0.06mm 的装配要求为止。相反，如果装配后所得的封闭环实际数值已经小于规定的封闭环的最小值 A_{0min}，即尾座顶尖套锥孔轴心线低于主轴锥孔轴心线时，如再修 $A_{1,2}$ 环，只能使尾座顶尖套锥孔轴心线更低，此时就无法通过修配达到装配要求。

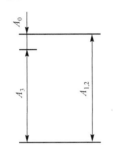

图 8-9　新的等高度尺寸链

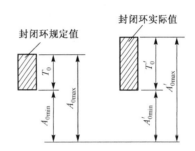

图 8-10　封闭环实际值与规定值相对位置示意图

所以为使装配时能通过修配 $A_{1,2}$ 环来满足装配要求，就必须使装配后所得封闭环的实际尺寸 A_{0min}' 在任何情况下都不能小于规定的封闭环的最小值 A_{0min}。为使修配工作量最小，应使 $A_{0min}' = A_{0min}$。从图 8-10 可见，若 $A_{0min}' < A_{0min}$，一部分装配件无法修复。由于 T_0' 是一定值，$A_{0min}' > A_{0min}$，则 A_{0max}' 也跟着增大，要刮研到 A_{0max} 的工作量就较大。根据这一关系，就可以提出随修配环被修配而封闭环变小时的极限尺寸关系式为

$$A_{0min}' = A_{0min}$$

根据关系式

$$A_{0min}' = A_{0min} = \sum_{i=1}^{n} \vec{A}_{imin} - \sum_{i=n+1}^{m-1} \vec{A}_{imax} = A_{1,2min} - A_{3max}$$

本例中，$A' = 0$，$A_{0min} = 0.03$，按极值法尺寸链计算公式

$$A_{1,2min} = A_{0min} + A_{3max} = 0.03 + 0.05 = 0.08\text{(mm)}$$

由此可得 $A_{1,2} = 202_{+0.08}^{+0.18}$ mm。

当合并后的 $A_{1,2}$ 环按尺寸 $A_{1,2} = 202_{+0.08}^{+0.18}$ mm 加工后，则实际获得的封闭环最大尺寸为 0.23mm，此时最少要修刮 0.17mm 才能保证装配精度要求，此修配余量称为最大修配量。而实际获得的封闭环最小尺寸为 0.03mm，此时如果再对 $A_{1,2}$ 尺寸进行修配，则会造成封闭环超过规定下限而成为废品。但在实际中除对修配环 $A_{1,2}$ 有尺寸要求外，还有平面度及表面存油要求，需对底板底面有最小修刮余量。为了补偿这一最小修刮余量，必须在 $A_{1,2}$ 环上增加一个最小修刮余量。如果最小修刮余量等于 0.15mm，则修正后的实际尺寸应为

$$A'_{1,2} = 202^{+0.33}_{+0.23} \text{mm}$$

此时最大修配量为 0.32mm。当然不是所有的情况下都要留以必要的最小修刮余量的，如键与键槽的修配就不必有这一要求。

2. 修配环被修配时封闭环尺寸变大

牛头刨床摇杆机构的结构如图 8-11 所示，图中 1 为摇杆，2 为滑块。槽和滑块配合间隙的要求为 0.03～0.05mm。

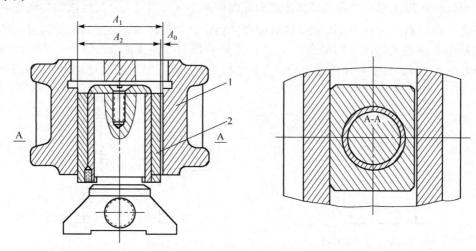

图 8-11　牛头刨床摇杆滑块机构剖面图

在装配过程中，先将摇杆槽两侧面进行修刮至尺寸 A_1，并将滑块的宽度加工至尺寸 A_2。然后将摇杆和滑块进行组装，取滑块为修配环进行修配，来保证装配精度。由图 8-11 可见，这个尺寸链的特点是修配环越被修配，封闭环尺寸(即间隙)就越大。

当装配过程中所得封闭环实际数值小于规定的最小值 0.03mm 时，就可通过修配滑块，使间隙逐渐增大，达到 0.03～0.05mm 为止。相反，如果装配后所得封闭环数值已经大于规定的封闭环的最大值(即 $A'_{0\max} > 0.05$mm)时，再修配滑决只能使间隙变得更大，就无法达到装配要求。

为使装配过程中能通过修配 A_2 环来满足装配要求，就必须使装配后所得封闭环的实际尺寸 $A'_{0\max}$ 在任何情况下都不能大于规定的封闭环的最大值 $A_{0\max}$，为使修配劳动量最小，应使 $A'_{0\max} = A_{0\max}$。根据这一关系，修配环被修配，封闭环变大时的计算关系式为

$$A'_{0\max} = A_{0\max} = \sum_{i=1}^{n} \vec{A}_{i\max} - \sum_{i=n+1}^{m-1} \overleftarrow{A}_{i\min}$$

当各组成环的公差按经济加工精度确定以及除修配环外的各组成环的公差带位置确定后，利用上式就可以确定出修配环的公差带位置。由于 A_2 的两面都要进行刮研，所以该尺寸还要增加相应的刮研量，这样，修配环的尺寸就可最后确定。

实际生产中，通过修配来达到装配精度的方法很多，但常见的为以下三种：

(1) 单件修配法。是选择某一固定的零件作为修配件(即补偿环)，装配时用补充机械加工来改变其尺寸，以保证装配精度的要求。

（2）合件加工修配法。是将两个或更多的零件合并在一起再进行加工修配，合并后的尺寸可以视为一个组成环，这就减少了装配尺寸链的环数，并可相应减少修配的劳动量。例如，尾座装配时，把尾座体和底板相配合的平面分别加工好，并配刮横向小导轨结合面，然后把两件装配成为一体，以底板的底面为定位基面，镗削加工套筒孔，这就把两个组成环合并成为一个组成环，减少了一个组成环的公差。该法一般应用在单件小批生产的装配场合。

（3）自身加工修配法。在机床制造中，有一些装配精度要求，总装时用自己加工自己的方法来满足装配精度比较方便，该法称为自身加工修配法。例如，牛头刨床总装时，自刨工作台面，就比较容易满足滑枕运动方向与工作台面平行度的要求。又如，平面磨床用砂轮磨削工作台面，也属于这种修配方法。该法用于成批生产的机床制造业的装配场合。

8.3.4　调节装配法

对于精度要求较高的尺寸链，不能按互换装配法进行装配时，除了用修配法来对超差的部件进行修配，以保证装配技术要求外，还可以用调节法对超差部件进行补偿来保证装配技术要求。

调节法的特点也是按经济加工精度确定零件(组成环)公差，由于每一个组成环的公差取得较大，就必然会使一部分装配件超差。为了保证装配精度，可改变一个零件的位置(称动调节法)，或选定一个或几个适当尺寸的调节件(也叫补偿件)加入尺寸链(固定调节法)，来补偿这种影响。因此，在机床设计时就应在结构上有所考虑，使调节能顺利地进行。

现将动调节法和固定调节法分别说明如下。

1. 动调节法

所谓动调节法就是用改变零件的位置(移动、旋转或移动和旋转同时进行)来达到装配精度，调节过程中不需拆卸零件，比较方便。在机械制造中使用动调节法来达到装配精度的例子很多，下面通过几个例子来说明。

（1）轴承间隙的调整。图 8-12 所示的结构是靠转动螺钉来调整轴承外环相对于内环的位置以取得合适的间隙或过盈的，保证轴承既有足够的刚性又不至于过分发热。

（2）丝杠螺母副间隙的调整。为了能通过调整来消除丝杠螺母副间隙，可采用图 8-13 所示的结构。当发现丝杠螺母副间隙不合适时，可转动中间螺钉，通过斜楔块的上下移动来改变间隙的大小。

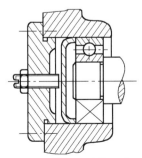

图 8-12　轴承间隙的调整

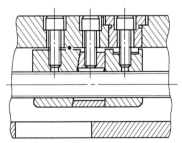

图 8-13　丝杆螺母副间隙的调整

在很多情况下用螺钉及其过孔间的间隙作为动调节的补偿量，如果过孔的相互位置精度做得过低，致使间隙不够补偿，那就不得不在装配过程中对过孔进行修理加工，以纠正其位置偏差，使间隙足以补偿。但这样做十分费劲，所以对于这类问题也应给予足够的注意。

总之，动调节法的应用十分广泛，其他还有自动调节等结构，在设计时应予充分考虑。

2. 固定调节法

这种装配方法是在尺寸链中选定一个或加入一个零件作为调节环。作为调节环的零件是按一定尺寸间隔级别制成的一组专门零件，根据装配时的需要，选用其中的某一级别的零件来做补偿，从而保证所需要的装配精度。通常使用的调节件有垫圈、垫片、轴套等。下面通过实例来说明调节件尺寸的确定方法。图 8-1 所示的车床主轴大齿轮的装配情况，要求隔套、齿轮、固定调节件（垫圈）及弹性挡圈装在轴上后，双联齿轮的轴向间隙量 A_0 为 0.05 ～ 0.2mm（$T_0 = 0.15\text{mm}$）。其尺寸为 $A_1 = 115\text{mm}$，$A_2 = 8.5\text{mm}$，$A_3 = 95\text{mm}$，$A_k = 9\text{mm}$，$A_4 = 2.5_{-0.12}^{0}\text{mm}$（标准件）。构成尺寸链如图 8-14 所示。

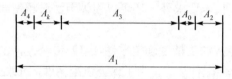

图 8-14　固定调节法装配尺寸链图

现按经济加工精度确定有关零件公差，并用 A_k 表示固定补偿件的尺寸，采用固定调节法装配。各零件的制造公差按"入体原则"及经济加工精度规定如下：$A_1 = 115_{+0.05}^{+0.20}\text{mm}$，$A_2 = 8.5_{-0.1}^{0}\text{mm}$，$A_3 = 95_{-0.1}^{0}\text{mm}$，$A_4 = 2.5_{-0.12}^{0}\text{mm}$。

又已知 $A_k = 9\text{mm}$，$T_k = 0.03\text{mm}$，按"入体原则"标注为

$$A_k = 9_{-0.03}^{0}\text{mm}$$

A_1 的下偏差+0.05mm，是根据互换法的尺寸链解法，选 A_1 为协调环，为保证 $A_{0\min} = 0.05\text{mm}$ 的要求计算确定的，故未按"入体原则"标注。

现结合图 8-15 来说明固定调节法的原理和各级调节件基本尺寸 A_{ki} 的计算方法。

1) "空位"尺寸的变动范围 T_s

图 8-15 中的 A_s 表示装配尺寸链中未放入调节件 A_k 之前的"空位"尺寸，根据增减环极限尺寸的不同组合情况，可得到 $A_{s\max}$ 及 $A_{s\min}$ 两个极限的"空位"尺寸，其变动范围 T_s 等于除了调节环以外的各组成环（此时的数目为 $m-1$ 个）公差的累积值，即

$$T_s = \sum_{i=1}^{m-1} |\xi_i| T_i$$

2) 固定调节法的补偿原理

由图 8-15 可以看出，在装配时，当 A_1 接近最大尺寸，A_2、A_3、A_4 接近最小尺寸，并使"空位"尺寸 A_s 实测值的变动范围处于图中第 Ⅰ 个（$T_0 - T_k$）范围内时，可以用最大尺寸级别的 A_{k1}（其公差为 T_k）来进行补偿，使封闭环实际尺寸 A_0 处于 $A_{0\min}$ ～ $A_{0\max}$，从而保证了装配精度要求。随着实测的"空位"尺寸的不断缩小，选用的调节件的级别和尺寸也应相应减小。例如，当"空位"尺寸的变动范围处于图 8-15 中第 Ⅱ 个（$T_0 - T_k$）范围内时，则可以用 A_{k2} 来

进行补偿，依次类推，直至"空位"尺寸接近 A_{smin} 时，则需选用最小尺寸级别的调节件(图中为 A_{k4})来进行补偿。

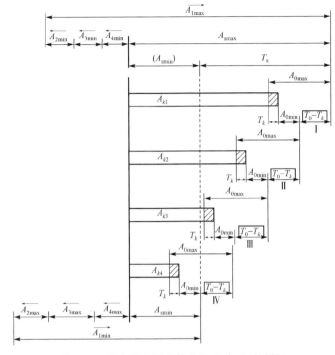

图 8-15　确定固定调节件分级尺寸 A_{ki} 的图解

3) 调节件的补偿能力

每级调节件所能补偿的"空位"尺寸变动范围，称之为补偿能力。如果调节件尺寸能够做得绝对准确(即 $T_k = 0$)，则其补偿能力显然就是封闭环所允许的变动范围，即 $T_0 = A_{0max} - A_{0min}$。实际上调节件本身具有 T_k 的公差，这一公差(即误差值)会降低补偿效果，故此时调节件的实际补偿能力下降为$(T_0 - T_k)$。

两相邻级别的调节件，其基本尺寸之差值(又称级差)应取为 $T_0 - T_k$，以保证补偿作用的连续进行。

在本例中级差$(T_0 - T_k) = 0.15 - 0.03 = 0.12\,(\text{mm})$。

4) 分级数 n 的确定

$$n = \frac{T_s}{T_0 - T_k} = \frac{\displaystyle\sum_{i=1}^{m-1}|\xi_i|T_i}{T_0 - T_k}$$

本例中
$$T_s = \sum_{i=1}^{m-1}|\xi_i|T_i = 0.15 + 0.1 + 0.1 + 0.12 = 0.47\,(\text{mm})$$

因此
$$n = \frac{\displaystyle\sum_{i=1}^{m-1}|\xi_i|T_i}{T_0 - T_k} = \frac{0.47}{0.12} = 3.9$$

因分级数不能为小数，故取 $n=4$。

从以上分析可见，调节件的分级数 n 与调节件的补偿能力 $T_0 - T_k$ 成反比，而与 $\sum_{i=1}^{m-1} |\xi_i| T_i$ 成正比，尤其是调节环的公差对 n 影响很大。如果分组数太多会给生产组织工作带来困难，也给装配工作带来影响。一般情况下组数取为 3、4 组为宜。因此零件加工精度不宜取得太低，尤其是调节环的公差应尽量严格控制。

实际计算中，很难使分级级数取得整数，可进行适当调整，取为整数。各有关组成环公差也可作相应的调整。

5) 调节件各级尺寸 A_{ki} 的确定

A_{ki} 的确定有两种方法：一是首先确定最大尺寸级别的尺寸 A_{k1}，然后根据它依次推算出各较小级别的尺寸 A_{ki}；二是首先确定最小级别的尺寸，进而推算出各较大级别的调整件尺寸。

现说明用第一种方法时 A_{ki} 的计算方法。

由图 8-15 看出，A_{k1} 尺寸的确定，可简便地由其最小尺寸 A_{k1min} 与 A_{0max} 的关系，按下列尺寸链关系式求出：

$$A_{k1min} = A_{1max} - (A_{2min} + A_{3min} + A_{4min}) - A_{0max}$$
$$= 115.2 - (8.4 + 94.9 + 2.38) - 0.2 = 9.32 \ (\text{mm})$$

由于已求得级差为 0.12mm，故可确定调节件分级尺寸如下：

$A_{k1} = 9.35_{-0.03}^{0}$ mm ，$A_{k2} = 9.23_{-0.03}^{0}$ mm ，$A_{k3} = 9.11_{-0.03}^{0}$ mm ，$A_{k4} = 8.99_{-0.03}^{0}$ mm

当然，各级调节件的尺寸 A_{ki} 也可根据 A_{smin} 值自最小级别尺寸（本例中为 A_{k4}）的确定开始，来求算各级尺寸 A_{ki}。

由图 8-15 可得出

$$A_{k4max} = A_{1min} - (A_{2max} + A_{3max} + A_{4max}) - A_{0min}$$
$$= 115.05 - (8.5 + 95 + 2.5) - 0.05 = 9 \ (\text{mm})$$

故可确定调节件分级尺寸如下：

$A_{k1} = 9.36_{-0.03}^{0}$ mm ，$A_{k2} = 9.24_{-0.03}^{0}$ mm ，$A_{k3} = 9.12_{-0.03}^{0}$ mm ，$A_{k4} = 9_{-0.03}^{0}$ mm

两种方法计算所得到的 A_{ki} 有 0.01mm 的差异，这是因为分组数取整后，级差未作调整的缘故。虽然如此，两者都能保证封闭环的要求。

在产量大、精度高的装配中，固定调节件可用不同厚度的薄金属片冲出，如 0.01mm、0.02mm、0.05mm 等，再加上一定厚度的垫片，就可以组合成各种不同尺寸。在不影响接触刚度的前提下，使调节更为方便。这种方法在汽车、拖拉机和自行车生产中应用很广。

3. 误差抵消调整法

误差抵消调整法是在产品或部件装配时，通过调整有关零件的相互位置，使其加工误差相互抵消一部分，以提高装配精度要求的方法。它在机床装配中应用较多，如在组装机床主轴时，通过调整前后轴承径向跳动和主轴锥孔径向跳动大小和方位，来控制主轴的径向跳动；又如在滚齿机工作台分度蜗轮装配中，采用调整蜗轮与轴承二者偏心方向来抵消误差以提高二者的同轴度。

以上论述了互换装配法、选择装配法、修配装配法及调节装配法等保证装配精度的方法。

那么一个产品(或部件)究竟采用什么装配方法来保证装配精度呢？首先在产品设计阶段就应该确定，因为只有装配方法确定后，才能通过尺寸链解算，合理地确定出各个零、部件在加工和装配中的技术要求。但在装配阶段，就要根据产品的装配精度要求、部件(或产品)的结构特点、尺寸链的环数、生产批量及现场生产条件等因素，进行综合考虑，确定一种最佳的装配方案，以保证产品优质、高产和低成本的要求。故一般选择原则为优先选择互换装配法，因为该法的装配工作简单、可靠、经济、生产率高以及零、部件具有互换性，能满足产品(或部件)成批或大量生产的要求，并且对零件的加工也无过高的要求。

当装配精度要求较高时，采用互换装配法装配，将会使零件的加工比较困难或很不经济，就应该采用其他装配方法。例如，大批量生产时可采用分组装配法或调节法。单件成批生产时可采用修配装配法。若装配精度要求很高，不宜选择其他装配方法时，可采用修配装配法。

8.4　自动化装配

8.4.1　自动化装配概述

1. 实现自动化装配的意义

随着柔性制造技术、计算机集成制造技术和信息技术的发展，当今世界机械制造业即将进入全盘自动化的时代。然而，由于加工技术超前于装配技术许多年，两者已经形成了明显的反差，装配工艺已成为现代化生产的薄弱环节，现代制造技术的发展使传统的手工装配工艺面临着严峻的挑战。

由于装配大多是人工操作的劳动密集型过程，生产率在很大程度上取决于装配过程对人的依赖性，其劳动量在产品制造总劳动量中占有相当高的比例。即使是发达国家某些部门从事装配的工人人数也要占工人总数的 50%～60%。据有关资料统计分析，一些典型产品的装配时间占总生产时间的 53% 左右。因而装配对产品的原始成本影响重大，已成为昂贵的生产过程。所以，实现机器装配自动化是制造工业中需要解决的关键技术。

装配自动化在于提高生产效率、降低成本、保证产品质量，特别是减轻或取代特殊条件下的人工装配劳动。实现装配自动化是生产过程自动化或工厂自动化的重要标志，也是系统工程学在机械制造领域里实施的重要内容。

2. 实现自动化装配的条件

通常，机器的装配作业比其他加工作业复杂，它需要依靠人的感觉器官来综合观察和检测零部件的机械加工质量及配套情况，根据装配的技术要求，运用人的智慧和装配知识来进行判断，做出决策，并采取一定的工艺措施，才能获得装配质量完好的机器。为保证自动化装配的顺利实施，通常需具备以下条件：

(1) 实现自动装配的机械产品的结构和装配工艺应该保持一定的稳定性和先进性。

(2) 采用的自动装配设备或装配自动线应能确保机器的装配质量。

(3) 所采用的装配工艺应该保证容易实现自动化装配。

(4) 待装配的机械产品及其零部件应具有良好的自动装配结构工艺性。

3. 自动化装配系统的组成

自动化装配系统包括装配过程的物流自动化、信息流自动化和装配作业自动化。

装配过程中的物流自动化是指装配工艺过程的物料运储系统的自动化。物流系统一般包括产品及零、部件出入库、运输和储存，其作业设备是自动化立体仓库、堆垛起重机、自动导向小车和搬运机器人等。

装配过程中的信息流自动化是指装配过程中的各种信息数据的收集、处理和传送的自动化。主要包括使市场预测、订货与生产计划间信息数据的汇集、处理和传送自动化；零件外购件的存取、自动仓库堆垛配套发放等管理信息自动化；使各种设备工作协调的信息自动化以及装配过程中的监测、统计、检查和计划调度的信息自动化等。

装配作业自动化是指各个自动装配工序的自动化，自动装配工序是指在确定的工位上所完成的装配对象的连接动作，工序之间由传送机构连接起来。自动装配工序包括装配工序、检验工序、调整工序以及清洗、去毛刺等辅助工序。常见的自动装配作业有：轴孔类零件的配合装配；螺钉连接、热压过盈连接；开口销连接、铆接；折边连接、卷边；粘接、焊接、缠绕；加润滑油脂、镶嵌零件等。此外，为完成装配作业还经常进行一些辅助作业。

8.4.2 自动化装配工艺设计注意的问题

自动化装配工艺要比人工装配工艺设计复杂得多。例如，几何形状复杂的装配件的定向问题，凭借人工操作很容易解决，可是在自动装配中可能成为难以解决的问题。又如，按照已装入件的配合间隙，通过手工测量、修配或选择相应厚度的垫片装入，既符合装配要求，还是传统的人工装配工艺的方法。在自动装配中，就需要配备自动检测装置和储料器，根据自动检测结果，驱动执行机构，从储存不同厚度的各组垫片中取出厚度合适的垫片再进行自动装入。由以上列举的情况可知，自动装配的工艺设计要比人工装配的工艺设计复杂得多。为使自动装配工艺设计先进可靠，经济合理，在设计中应注意如下几个问题。

(1) 自动装配工艺的节拍。自动装配设备中，多工位刚性传送系统多采用同步方式，故有多个装配工位同时进行装配作业。为使各工位工作协调，并提高装配工位和生产场地的效率，必然要求各工位同时开始和同时结束。因此，要求装配工作节拍同步。对装配工作周期较长的工序，可分散几个装配工位，这样可以平衡各个装配工位上的工作时间，使各个装配工位的工作节拍相等，而对非同步装配系统则无严格要求。

(2) 避免或减少装配中基础件的位置变动。自动装配过程是将装配件按规定顺序和方向装到装配基础件上。通常，装配基础件需要在传送装置上自动传送，并要求在每个装配工位上准确定位。因此，应尽量减少装配基础件在自动装配过程中的位置变动，如翻身、转位、升降等动作尽量最少，以避免重新定位。由此要求合理设计自动装配工艺，减少装配基础件的位置变动。

(3) 合理选择装配基准面。合理选择装配基准面，才能保证装配定位精度，装配基准面通常是精加工面或是面积大的配合面，同时应考虑装配夹具所必需的装夹面和导向面。

(4) 对装配零件进行分类。为提高装配自动化程度，就必须对装配件进行分类。多数装配件是一些形状比较规则、容易分类分组的零件，按几何特性零件可分为轴类、套类、平板类和小杂件 4 类，每类根据尺寸比例又分为长件、短件、匀称件 3 组，每组零件又分为 4 种稳定状态。因此，共有 48 种状态。经分类分组后，采用相应的料斗装置即可实现多数装配件的自动供料。

(5) 装配零件的自动定向。对于形状比较规则的多数装配件可以实现自动供料和自动定向，还有少数关键件和复杂件往往不能实现自动供料和自动定向，并且往往成为自动装配失败的一个主要原因。必须慎重选择。

(6) 易缠绕零件的定量隔离。装配件中的螺旋弹簧、纸箔垫片等都是容易缠绕贴连的，其中尤以小尺寸螺旋弹簧更易缠绕，需要定量隔离。

(7) 精密配合副的分组选配。自动装配中精密配合副的装配由选配(选择装配)来保证。根据配合副的配合要求(如配合尺寸、质量、转动惯量)来确定分组选配，一般可分 3～20 组。分组数越多，配合精度越高。选配、分组、储料的机构越复杂，占用车间的面积和空间尺寸也越大。除机械式手表因部件多，装配分组也较多外(15～20 组)，一般不宜分组过多。

(8) 装配自动化程度的确定。装配自动化程度的确定是一项十分重要的设计原则，需要根据工艺的成熟程度和实际经济效益确定，具体如下：

①在螺纹连接工序中，由于多轴工作头对螺纹孔位置偏差的限制较严，又往往要求检测和控制拧紧力矩，使自动装配机构十分复杂，因此，用单轴工作头较多，而且检测拧紧力矩多用手工操作。

②形状规则、对称而数量多的装配件易于实现自动供料，故其供料自动化程度较高；复杂件和关键件往往不易实现自动定向，所以自动化程度较低。

③装配零件送入储料器的动作以及装配完成后卸下产品或部件的动作，常按较低的自动化程度考虑。

④装配质量检测和不合格件的调整、剔除等项工作的自动化程度宜较低，或可用手工操作，以免自动检测工作头的机构过分复杂。

⑤品种单一的装配线，其自动化程度常较高，多品种则较低，但在装配工作头的标准化、通用化程度日益提高的基础上，多品种装配的自动化程度也可以提高。

⑥对于不甚成熟的工艺，除采用半自动化外，需要考虑手动的可能性；对于采用自动或半自动装配而实际经济效益不显著的工序宜同时采用人工监视或手工操作。

⑦在自动装配线上对下面各项装配工作一般应优先达到较高的自动化程度，包括装配基础件的工序间传送，装配夹具的传送、定位和返回，形状规则而又数量多的装配件的供料和传送，清洗作业、平衡作业、过盈连接作业、密封检测等工序优先达到较高的自动化程度。

8.4.3　提高装配自动化水平的技术措施

为使所设计的自动装配线不断提高水平，在重要的装配工艺及其装置和供料、传送、检测等方面都要予以考虑。提高水平措施主要有以下几方面：

(1) 自动装配线日益趋向机构典型化，形式统一，部件通用，仅需要更换或调整少量装配工作头和装配夹具，即可适应系列产品或多品种产品组织轮番装配，扩大和提高自动装配线的通用化程度。

(2) 由小型产品面向大中型产品发展，由单一的装配工序自动化向综合自动化发展，形成由装配件上线到成品下线的综合制造系统，即将加工、检验等工序与装配工序结合起来，采用通用性强而又易于调整的程序控制装置进行全线控制，实现更大规模的自动化生产。

(3) 向自动化程度较高的数控装配机或装配中心发展，通过装配工位实现数控化和具有自动更换工具的机能，能同时适应自动装入、压合、拧螺纹等，如此即可使多品种的自动装配线适应系列产品装配的需要，或为多品种成批生产产品实现装配自动化提供条件。

（4）扩大和推广应用非同步式自动装配线，充分利用其可调整性，使得复杂的装配工序在应用了自动装配的同时，可少量采用手工装配，两者实现柔性连接，扩大装配线的通用程度。

（5）采用电子计算机控制装配线，带有存储系统和可调整性，促使两者实现柔性连接，扩大装配线的通用程度。例如，自动装配车轮螺柱在轮壳上的位置与车轮上螺孔位置的自动对准，都是由电子计算机控制的电视摄像机加以识别和确定的。

（6）应用具有触觉和视觉的智能装配机器人。这种装配机器人上配置传感器，能适应装配件传送和从事各种装配操作，如抓取、握住、对准、插入、转动、拧紧等。由于具有触觉和视觉特性，所以能从传送带上自动选别和抓取装配件而后准确装入。这种机器人还可进一步发展成为看图装配的高级智能机器人。它的发展趋势是研究用口语向智能机器人下达指令，建立人机直接联系的统一指令系统。

8.4.4　自动化装配工艺过程设计

1. 自动化装配阶段的划分

机器装配工艺的难度与产品的复杂性成正比，零部件数目大的产品则需通过若干装配操作程序完成。因此在设计装配工艺过程时，将整个机器的装配过程划分为若干个部件的装配过程从而使某些部件预先完成装配，对完成整个机器的自动化装配是十分必要的。

在划分装配工艺过程时，应注意下列事项：

（1）整个装配工艺过程必须按适当的部件形式划分为几个装配阶段进行。

（2）部件的一个装配单元完成装配后，再以单个部件与其他部件继续装配。

（3）部件装配程序必须经过分别检验合格。

（4）部件与部件间的连接形式装配程序的数目应最小。

2. 选择装配基础件

装配基础件是在装配过程中需在其上面继续安装其他零部件的基础零件（往往是底盘或底座），电子工业中较典型的例子是印刷电路板。在回转式传送装置或直线式传送装置的自动化装配系统中，在一定程度上把随行夹具看成装配基础件。

设计基础件时应当使它在装配时可以在随行夹具中自动定心，尽量避免因夹紧工件而增加其复杂性和费用。基础件在夹具上的定位精度是很重要的。当基础件为底盘或底座时，定位误差应满足自动装配工艺要求，使基础件内各连接点有足够的定位精度。

3. 拟定自动化装配工艺

自动装配需要详细编制工艺，包括装配工艺过程图并建立相应的图表，表示出每个工序对应的工作工位形式。具有确定工序特征的工艺图，是设计自动装配设备的基础，按装配工位和基础件的移动状况不同，自动装配过程可分两种类型。

一类为基础件移动式的自动装配线，自动装配设备的工序由对应工位上对装配对象完成各装配操作，每个工位上的动作都有独立的特点，工位之间的变换是由传送系统连接起来。

另一类是装配基础件固定式的自动装配中心，零件按装配顺序供料，依次装配到基础件上，这种装配方式实际上只有一个装配工位，因此装配过程中装配基础件是固定的。

无论何种类型的装配方式，都可用带有相应工序和工步特征的工艺流程图表示出来，如图 8-16 所示，方框表示零件或部件，装配(检测)按操作顺序用圆圈表示。

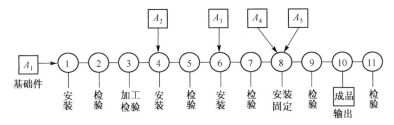

图 8-16　装配工艺流程图

每个独立形式的装配操作还可详细分类，如检验工序包括零件就位有无检验、尺寸检验、物理参数测定等；固定工序包括有螺纹连接，压配连接、铆接、旋铆、焊接等。同时，确定完成每个工序时间，即根据连接结构、工序特点、工作头运动速度和轨迹、加工或固定的物理过程等来分别确定各工序时间。

4. 确定自动化装配工艺的工位数量

拟定自动装配工艺从采用工序分散的方案开始，对每个工序确定其工作头及执行机构的形式及循环时间。然后研究工序集中的合理性和可能性，减少自动装配系统的工位数量会导致工序过于集中而使工位上的机构太复杂，既降低了设备的可靠性，也不便于调整和排除故障。

确定最终工序数量(即相应的工位数)应尽量采用规格化传送机构，并留有几个空工位，以预防因产品结构的改变，随时可以增加装配工位。例如，工艺过程需 10 个工序，可选择标准系列 12 工位周期旋转工作台的自动装配机。

5. 估算完成各装配工序的时间

自动装配工艺过程确定后，可分别根据各个工序工作头或执行机构的工作时间，在规格化和实验数据的基础上确定完成单独工序的规范。每个工序单独持续的时间，既包括装配工步的持续时间，也包括其他工步(如加工、检测、辅助工步等)的持续时间。

完成某单独工序的持续时间为

$$t_i = t_T + t_X + t_Y$$

其中，t_i 为第 i 个工序的工序时间；t_T 为完成工序所必须的操作时间；t_X 为空行程时间(辅助运动)；t_Y 为系统自动化元件消耗的时间。

通常，单独工序的持续时间可用于预先确定自动装配设备的工作循环的持续时间。这对同步循环的自动装配机设计非常有用。分别列出每个工序的持续时间，可以区分出哪个工位必须改变工艺过程参数或改变完成辅助动作的机构，以减少该工序的持续时间，使各工序实现同步。

6. 自动化装配工艺的工序集中

在自动装配设备上确定工位数后，可能会发生装配工序数量超过设备工位数量的情况，此时，若想在给定工位数的自动装配设备上完成装配工艺过程，就必须把有关工序集中，或者把部分装配过程分散到几个自动装配设备上完成。

工序集中有两种方法，其一是在整个装配工艺过程中找出工序时间很短的工序，设法将其合并到相邻工位上；其二是研究在一个工位上平行进行几个装配工步。此外，在传送机构运转行程中，也可以把一些零件人工安装到夹具或基础件上，以减少自动装配设备上的工序数量。但工序过于集中会导致装配设备过于复杂，可靠性降低。

7. 加工与装配一体化的自动装配工艺

装配工艺过程中往往包括一些机械加工(如冲压、配作、热处理、各种涂覆等)等附加工序。所谓短循环是指加工时间可以和装配循环时间相比拟的加工。通常，装配循环时间比加工循环时间短，如在压力机上用压制塑料的方法使塑料件和金属件连接，就可以在自动装配机(或线)上把零件制造工序和装配工序集中在统一的流程上，以达到一体化。

8. 自动化装配工艺过程的检验工序

检验工序一方面保证装配质量，另一方面使装配过程中由于各故障原因引起的损失减为最小。在自动装配工艺中安排检验工序，可以查明装配零件有无和就位正确性，检验装配部件的尺寸。在利用选配法时测量零件，也可以检测固定零件的有关参数(螺纹连接的力矩、压配的作用力等)。

检验工序是自动装配工艺重要组成部分，可在装配过程中同时进行检测，也可单设工位用专用的检测装置来完成检验工作。

8.5　装配工艺规程的制定

在机器的制造工艺过程中，与装配有关的工艺过程称为装配工艺过程。将装配工艺过程以工艺文件的形式固定下来就是装配工艺规程。装配工艺规程是制定装配生产计划、进行技术准备、指导装配生产的主要技术文件，也是新建或扩建装配车间的主要依据。装配工艺规程的好坏对保证装配质量、提高装配生产效率、降低装配生产成本等都有重要的影响。

制定装配工艺规程的主要内容包括以下内容：

(1) 划分装配单元，确定装配方法。

(2) 拟定装配顺序，划分装配工序。

(3) 计算装配时间定额。

(4) 确定各工序装配技术要求，制定质量检查方法及工具。

(5) 确定装配时零部件的输送方法及所需要的设备和工具。

(6) 选择和设计装配过程中所需的工具、夹具和专用设备。

8.5.1　制定装配工艺规程的基本原则及原始资料

1. 制定装配工艺规程时应遵循的原则

(1) 保证产品装配质量，并力求提高质量，以延长产品的使用寿命。

（2）合理安排装配顺序和工序，尽量减少钳工修配的工作量，缩短装配周期，提高装配效率。

（3）尽可能减少装配占地面积。

2. 制定装配工艺规程时所需的原始资料

（1）产品的总装配图和各部件装配图，为了在装配时对某些零件进行修配加工和核算装配尺寸链，有时还需要某些零件图。

（2）产品验收的技术条件，检验的内容和方法。

（3）产品的生产纲领。

（4）现有的生产条件。

8.5.2　制定装配工艺规程的步骤

根据上述原则和原始资料，可以按下列步骤制定装配工艺规程。

1. 研究产品的装配图和验收技术条件

（1）审查图纸的完整性和正确性，对其中的问题、缺点或错误提出解决的建议，与设计人员协商后予以修改。

（2）对产品的装配结构工艺性进行分析，明确各零部件之间的装配关系。

（3）审核产品装配的技术要求和检查验收的方法，确切掌握装配中的技术关键问题，并制定相应的技术措施。

（4）研究设计人员所确定的保证产品装配精度的方法，进行必要的装配尺寸链的初步分析和计算。

2. 确定装配的组织形式

根据产品的生产纲领和产品的结构特点，并结合现场的生产设备和条件，确定装配的生产类型和组织形式。各种生产类型的工作特点和组织形式如表 8-2 所示。

表 8-2　各种生产类型装配工作的特点和组织形式

生产类型	大批量生产	成批生产	单件小批生产
装配工作特点	产品固定，生产活动长期重复，生产周期一般较短	产品在系列化范围内变动，分批交替投产或多品种同时投产，生产活动在一定时期内重复	产品经常变换，不定期重复生产，生产周期一般较长
组织形式	多采用流水装配线，有连续移动、间歇移动及可变节奏移动等方式，还可采用自动装配机或自动装配线	产品笨重、批量不大的产品多用固定流水装配，批量较大时采用流水装配，多品种平行投产时多品种可变节奏流水装配	多采用固定装配或固定式流水装配进行总装，同时对批量较大的部件也可采用流水装配
装配方法	按互换法装配，允许有少量简单调整，精密偶件成对供应或分组供应装配，无任何修配工作	主要采用互换法，但灵活运用其他保证装配精度的装配工艺方法，如调整法、修配法及合并法，以节约加工费用	以修配法和调整法为主，互换件比例较少
工艺过程	工艺过程划分得细，力求达到高度的均衡性	工艺过程划分应适合批量的大小，尽量使生产均衡	一般不详细制定工艺文件，工序可适当调度，工艺也可灵活掌握

续表

生产类型	大批量生产	成批生产	单件小批生产
工艺装备	专业化程度高,宜采用高效工艺装备,易于实现机械化自动化	通用设备较多,但也采用一定数量的专用工、夹、量具,以保证装配质量和提高工效	一般为通用设备及通用工、夹、量具
手工操作要求	手工操作比重小,熟练程度容易提高,便于培养新工人	手工操作比重小,技术水平要求较高	手工操作比重大,要求工人有高的技术水平和多方面的工艺知识
应用实例	汽车、拖拉机、内燃机、滚动轴承、手表、缝纫机	机床、机车车辆、中小型锅炉、矿山采掘机械	重型机床、大型内燃机、大型锅炉、汽轮机

装配组织形式主要分为固定式和移动式两种。固定式装配是全部装配工作在一个固定工作地点完成,多用于单件、小批生产,或质量大、体积大的批量生产中。

3. 划分装配单元,确定装配顺序

将产品划分为不同的装配单元是制定装配工艺规程中最重要的一个步骤,一个产品的装配单元可以划分为零件、合件、组件、部件和产品五个级别。其中合件是由两个或两个以上零件结合成的不可拆卸的整体件;组件是由若干零件和合件的组合体;部件是由若干零件、合件和组件结合成的、能完成某种功能的组合体,如普通车床的床头箱、进给箱等。在确定除零件外其他几个级别的装配单元的装配顺序时,首先需要选择某一个零件(或合件、部件)作为装配基准件,其余零件、合件、组件或部件按一定顺序装配到基准件上,成为下一级的装配单元。装配基准件一般选择产品的基体或主干零部件,因为它有较大的体积和质量以及足够的支承面,有利于装配和检验的进行。

确定了装配基准件后,就可以安排装配顺序。安排装配顺序的一般原则是先下后上、先内后外、先难后易、先精密后一般、先重大后轻小。最后将装配顺序用装配系统图的形式表示出来。装配系统图的格式如图 8-17 所示。图 8-18 所示为车床床身装配简图,它是车床总装的基准部件。一般采用固定式装配形式,其装配系统图如图 8-19 所示。

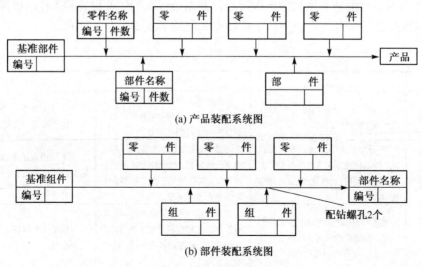

(a) 产品装配系统图

(b) 部件装配系统图

图 8-17　装配系统图

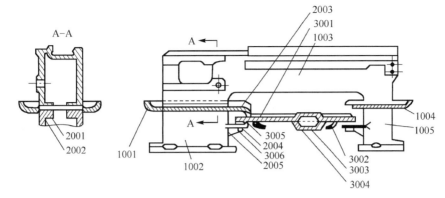

图 8-18　普通车床床身装配简图

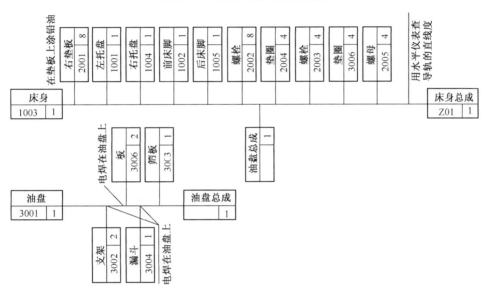

图 8-19　床身部件装配系统图

　　装配顺序确定后就可将装配工艺过程划分为若干个工序，确定每个工序的工序内容、使用的设备和工具以及工时定额等，并规定每个工序的技术要求和检验指标。对于流水装配线，应尽量使每个工序所需时间大致相同。

　　工序内容确定以后，就可以制定装配工艺卡片。单件小批生产时，通常可用装配系统图代替装配工艺卡片。成批生产时，通常制定部件及总装的装配工艺卡片。而大批大量生产时，则每个工序都应制定装配工艺卡片。

　　制定装配工艺规程最后步骤是按产品图样要求和验收技术条件制定检验与实验规范。产品装配完毕后，按此规范对产品进行检验。

第9章

机械制造技术发展

9.1　机械制造技术的发展进程

微课视频

9.1.1　世界机械制造技术发展

世界机械制造技术发展历程大致可以分为三个阶段。

第一阶段，在 1750 年之前，是世界机械制造古代史，开启了机械制造技术的发展史。这个时期的机械制造发展速度很缓慢，工程结构中使用的主要材料是木材。车床和其他少数机床相继出现，但其结构是木制的，用来加工木制零件。金属仅用以制造仪器、锁、钟表、泵和木结构机械上的小型零件。金属加工主要靠工匠的精工细作来达到所需要的精度。这个时期主要特征是用金属逐渐代替木材制造机器、仪器、装备和工具等，图 9-1 以木材和石材为材料制造出来的简单机器和装备。

图 9-1　以木材和石材为材料的机器和装备

随着科学技术的推进和发展，机械产品经历了不同发展阶段，以压力机为例。早期由木材制造压力机，然后用钢铁代替木材实现一些简单压力功能，再后来出现一些性能相对高和功能多的压力机，最后实现了压力机的自动控制功能，图 9-2 为压力机的四个不同发展时期。

图 9-2　压力机的不同发展时期

第二阶段，从 1750 年到 1900 年的近代历史时期，机械制造技术在世界范围内出现了飞速的发展，其主要特征是出现了纺织机械与动力机械以及交通运输工具等；机械制造技术的发展在工业革命的进程中起着重要作用，其标志性的产品有汽轮机、内燃机和各种机床等，同时也推动了机械制造技术的发展，图 9-3 为纺织机械与动力机械以及交通运输工具。

图 9-3　纺织机械与动力机械以及交通运输工具

第三阶段，20 世纪以来，世界机械制造技术的发展速度远远超过了上世纪。第二次世界大战后，科学技术工作从个人活动走向社会化，促进了机械制造技术的快速发展与提升，使各种多功能加工机床相继产生并快速发展，图 9-4 为机床的发展历程。20 世纪下半叶，机械制造技术进入自动化时期，其标志就是数控机床、加工中心、机床群控系统、柔性制造系统和计算机集成制造系统这一系列新产品新技术的出现。

图 9-4　机床的发展历程

9.1.2　中国机械制造技术发展

我国机械制造技术发展大致可以分为三个阶段。

第一阶段，中国古代机械经历一个"迅速发展—成熟—缓慢前进"的过程。这个时期金属材料的冶炼、铸造和锻造技术都达到很高水平，出现了精密天文和计时仪器等杰出科技成果。中国创造发明的古代机械种类多、水平高、价值大，处于世界领先的地位，其中一些兵器、农机、冶金、纺织和陶瓷等技术传到国外。

第二阶段，1840 年的鸦片战争打破了清朝闭关自守政策的堡垒，随之开始了中国近代机械制造技术缓慢进展时期。19 世纪后，传入了先进的钢铁冶炼技术和大型高炉、转炉、平炉以及锻压、铸造、车削加工等各种近代机械设备，建立了近代机械和兵器制造业。

第三阶段，新中国成立后，经过中国人民不懈的努力，建立起独立自主的机械工业并逐步发展成为具有一定综合实力的制造业，有些方面已达到或超过世界先进水平。可以说这个时期中国机械工业和科学技术取得了巨大成就，发展速度超过历史上任何时期。尤其近些年机械制造技术快速发展，已制造出精度更高、结构更加复杂和功能更加全面的新产品，图 9-5 为中国制造的 C919 型客机、盾构机、高铁动车等机械产品和复杂零件。

(a)C919 型客机

(b)盾构机

(c)高铁动车

(d) 叶轮

(e) 叶片

(f) 变导程变深度螺杆

图 9-5　中国制造的机械产品及复杂零件

9.1.3　机械制造技术发展趋势

随着科学技术的快速发展，未来 10～15 年，机械制造技术发展的总趋势可归纳为数字化、精密化、极端化、自动化、网络化、集成化、智能化、绿色化。

（1）"数字化"是机械制造技术发展的核心。通过 CAX（CAD、CAPP、CAE、CAM）系统和 PDM 系统，进行产品的数字化设计、仿真，并结合数字化制造设备，对整个企业的物流、资金流、管理信息流和人力资源进行数字化管理。

（2）"精密化"是机械制造技术发展的关键。精密制造技术包含超精密加工技术和精密加工技术，其主要方法是用精密切削和精密磨削等精细的制造技术，使产品的精度更高，达到纳米级。

（3）"极端化"是机械制造技术发展的焦点。极端化是制造技术发展的重要领域是指在极端条件或环境下，制造极端尺度或极高功能的器件和功能系统。

（4）"自动化"是机械制造技术发展的条件。自动化是指机器或装置在无人干预的情况下按预定的程序或指令自动进行操作或控制的过程，而机械制造自动化就是机器或者装置通过机械方式来实现自动化控制的制造过程。

（5）"网络化"是机械制造技术发展的道路。网络化是构建面向企业特定需求的基于网络的制造系统，开展覆盖产品整个生命周期全部或部分环节的企业业务活动（如产品设计、制造、销售、采购、管理等），实现企业间的协同和各种社会资源的共享与集成。

（6）"集成化"是机械制造技术发展的方法。集成化是指计算机综合制造系统，通过计算机网络技术、数据库技术等软硬件技术，把企业生产过程中经营管理、生产制造、售后服务等环节联系在一起，构成了一个能适应市场需求变化和生产环境变化的大系统。

（7）"智能化"是机械制造技术发展的前景。通过智能化的感知、人机交互、决策和执行技术，实现设计过程、制造过程和制造装备智能化，是信息技术、智能技术与装备制造技术的深度融合与集成。

（8）"绿色化"是机械制造技术发展的必然。通过绿色生产过程、绿色设计、绿色材料、绿色设备、绿色工艺等生产出绿色产品。采用绿色机械制造能最大限度地减少制造对环境的负面影响，同时使原材料和能源的利用效率达到最高。

9.2　机械制造过程自动化

微课视频

机械制造过程可以看成一个在消耗一定能量条件下，把坯件转换成产品的时间历程。它是以优良的质量、高的生产率、低的成本与有吸引力的价格、短的交货期为目标，生产满足市场要求的功能与性能的产品。自动化技术的迅速发展及在制造过程中的广泛应用使得这一目标的实现成为可能。

9.2.1　机械制造自动化意义

（1）提高生产率。采用自动化技术可以大幅度缩短产品制造过程中的辅助时间，使生产率得以提高。

（2）缩短生产周期。在多品种、小批量生产中，被加工零件停留在车间的总时间内，有效切削时间仅占 1.5%，其余的时间都消耗在定位、装夹和测量等辅助动作上以及搬运、存放和等待加工方面。采用自动化技术可以有效缩短零件的无效时间，从而缩短零件的生产周期。

（3）提高产品质量。在自动化制造系统中，由于广泛采用各种高精度的加工设备和自动检测设备，减少了人为因素的影响，因而可以大大提高产品的质量。

（4）提高经济效益。采用自动化技术，可以减少生产面积，减少直接生产工人的数量，减少废品率，因而减少了对系统的投入。由于提高了劳动生产率，使系统的产出增加。投入和产出之比的变化表明可以有效地提高经济效益。

（5）降低劳动强度。采用自动化技术后，机器可以完成绝大部分笨重、艰苦、烦人甚至对人有害的工作，从而降低了工人的劳动强度。

（6）有利于产品更新。现代柔性自动化制造技术使得变更制造对象更容易，适应的范围也较宽，十分有利于产品的更新，因而特别适合于多品种、小批量的生产方式。

机械制造过程自动化可以分为单一品种大批量生产的自动化和多品种小批量生产的自动化两大类，各有其特点，因此实现机械制造过程自动化的手段也各不相同。

9.2.2　刚性自动化

大批量生产中需要解决的主要问题是提高生产率和降低成本。有效解决这一问题的主要途径是根据产品的结构特点、加工精度要求、生产纲领等因素，对制造过程实现不同程度的自动化。根据自动化程度的不同，可以将自动化分为几个层次：单机刚性自动化、刚性自动生产线和综合自动化系统。

1. 单机刚性自动化

单机刚性自动化是利用单台机床实现工件单个工序的加工自动化。例如，单台组合机床、通用多刀半自动车床、转塔车床等，这类机床除了上下料外，可以自动地完成单个工序的加工循环，如果在此基础上，增加自动上下料装置，则可以实现单个工序工艺过程的自动化。

实现单机自动化可以采用通用自动机床或半自动机床，其最大特点是可以根据生产需要，在更换或调整部分零部件后，即可加工不同的零件，适合于大批量多品种生产。主要用于轴类和盘套类零件的加工自动化。对于箱体类和杂件类零件的平面、各种孔和孔系的大批量加工，可以采用组合机床。此外，也可以采用专用机床或者对通用机床进行自动化改装。

单机刚性自动化是机械加工自动化的初级层次，具有投资省、见效快等特点，是大量生产中最常用的自动化加工方法。

2. 机械加工刚性自动线

1）机械加工刚性自动线的基本概念

在大批量生产中，为了提高劳动生产率，保证产品质量，改善劳动条件，不仅要求机床能自动地对工件进行加工，而且要求工件的装卸，工件在工序间的输送，切屑的排除，工序间加工精度的检测，甚至废品的剔除等都能自动地进行。因此，把机床和其他工艺设备按工件的加工工艺顺序依次排列，用自动输送装置和其他辅助装置将它们连接成为一个整体，并用控制系统将各个部分的动作协调起来，使其按照规定的程序自动地进行工作，这种机械加工自动化系统，称为机械加工刚性自动线。

自动线一般由自动化加工设备、工件自动输送系统和控制系统等组成，如图9-6所示。机械加工刚性自动线按加工设备类型可分为通用机床自动线、专用机床自动线和组合机床自动线。

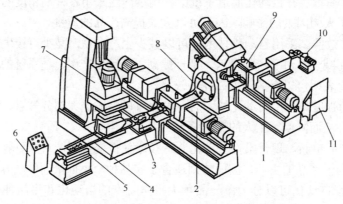

1、2、7–组合机床；3–转位装置；4–输送装置；5–输送传动装置；
6–操纵台；8–转位鼓轮；9–夹具；10–切屑传送装置；11–液压站

图9-6　组合机床自动线

通用机床自动线是由自动化通用机床或经改装的通用机床连成的自动线，通常用于加工比较简单的零件，特别是盘、轴、套、齿轮类零件的大量或批量生产。专用机床自动线是由专门设计制造的自动化机床组成或连接而成的自动线。这种自动线制造成本高、周期长，用于有特殊加工要求的零件生产，生产率高。组合机床自动线是由组合机床所组成，制造成本较低，专用性强，主要适用于箱体类和畸形零件的大量生产，生产率高。

2）组合机床自动线

组合机床自动线一般采用直线形布局，自动线上的组合机床按工件的加工工艺顺序依次排列。工件自动输送系统包括工件自动上、下料装置、自动输料装置、自动转位装置、中间储料装置、随行夹具返回装置和自动排屑装置。自动上、下料装置可以使工件或毛坯定向排列，然后顺次地将其送到机床加工部位，待加工完成后，再将其从工作地取走。自动输料装置以一定的生产节拍将工件从一个工位输送到下一个工位，并且从结构上把自动线的各台设备连接成一个整体。自动转位装置按要求使工件或随行夹具自动回转一定的角度，以改变工件的加工表面。中间储料装置可以自动存储和自动供给毛坯、半成品或成品工件，增加了输料系统的"供料缓冲性"，使自动线不致因为生产节拍不相等或因某台设备出故障而降低利用率或停车。

随行夹具是定位夹紧和自动输送的附加装置，对于结构形状比较复杂而缺少可靠运输基面的工件及有色金属工件，常常将其安装在随行夹具上，和随行夹具一起输送、定位夹紧及通过各台机床进行加工。随行夹具返回装置可以使随行夹具按节拍要求自动地输送工件，并在加工完毕卸下工件后自动地返回原始位置，以实现随行夹具在自动线中的循环使用。自动排屑装置可以及时清理切屑，防止切屑堵塞工作空间，影响加工质量。

控制系统对全线机床、工件输送系统进行集中控制。控制系统可以采用传统的电气控制方式，目前越来越多地采用可编程控制器完成控制功能。

9.2.3　数控自动化

1. 数控自动化的特点

为了适应多变的市场需求，越来越多的企业采用了多品种、中小批量的生产方式。对于如何解决复杂、精密、小批、多变的零件加工问题，数控自动化给出了较好的答案。所谓数控自动化是指采用数控机床或加工中心等加工装备，实现生产过程的自动化。

采用数控自动化与刚性加工自动化系统相比有以下几个特点：

(1) 柔性高。数控机床按照数控程序加工零件。当加工零件改变时，一般只需要更换数控程序和配备所需要的刀具，而不需要专用工艺装备，因此，数控机床可以很快地从加工一种零件转变为加工另一种零件，生产准备周期短，适合于多品种小批量生产。

(2) 自动化程度高。在切削加工过程中，数控机床自动实现刀具和工件的相对运动，自动变换切削速度和进给速度，自动开关冷却液，自动转位换刀。操作者的任务仅仅是装卸工件、操作按键、监视加工过程等。

(3) 加工精度高、质量稳定。现代数控机床装备有 CNC(computer numerical control) 装置和新型伺服系统，采用闭环或半闭环控制，能够对反向间隙和丝杠螺距误差以及刀具磨损进行补偿，使数控机床达到较高的加工精度。由于按照数控程序自动加工，避免了人为的操作误差，因而同一批加工零件的尺寸一致性好，加工质量稳定。

(4) 生产效率较高。数控机床主轴转速范围和进给速度范围比普通机床大，主运动和进给运动一般为无级变速，每道工序都能选用最佳的切削用量，空行程时间明显减少。数控机床的主轴电机和进给驱动电机的驱动能力比同规格的普通机床大，机床的结构刚度高，有的数控机床能进行强力切削，有效地减少机动时间。

(5) 具有刀具寿命管理功能。构成柔性制造单元(FMC)和柔性制造系统(FMS)的数控机床具有刀具寿命管理功能，可对每把刀的切削时间进行统计，当达到给定的刀具耐用度时，自动换下磨损刀具，并换上备用刀具。

(6) 具有通信功能。现代 CNC 机床一般都具有通信接口，可以实现上层计算机与 CNC

机床之间的通信，也可以实现几台 CNC 机床之间的数据通信，同时还可以直接对几台 CNC 机床进行控制。

数控自动化之所以有上述特点，主要是由于计算机技术、信息技术、微电子技术及控制技术等的发展及其在机械制造方面的应用的结果，因此可以认为数控自动化标志着机械制造进入了采用计算机辅助制造技术的新阶段，数控自动化也奠定了实现柔性自动化和集成自动化等先进机械制造过程自动化的技术基础。

2. 计算机辅助制造与数控自动化的发展

数控自动化是伴随着计算机辅助制造（CAM）技术的发展而发展的。CAM 有狭义和广义之分。狭义 CAM 是指制造过程的某个环节应用计算机。广义 CAM 是指利用计算机辅助完成从原材料到产品的全部制造过程，其中包括直接应用于制造过程和间接应用于制造过程。

随着 CNC 技术的发展，大型计算机不仅用于编制工件的加工程序以控制数控机床的加工过程，而且进一步控制工件与刀具的输送，形成了一条由计算机控制的数控机床自动生产线，它为 FMS 的发展提供了有利条件。

FMC 是由单台计算机控制的数控机床或加工中心和环形托板输送装置或工业机器人所组成的单工序加工的可变加工单元。它采用切削监视系统实现无人操作。

FMS 是利用计算机控制系统和物料输送系统，把若干台设备联系起来，形成没有固定加工顺序和节拍的，在加工完成一定批量的某种工件后，能在不停机的情况下，自动地向另一种工件转换的自动化制造系统。

机械制造自动化单元与系统如图 9-7 所示，目前已经形成了自动化单元，它不是按传统的工序进行安排，而由上位机对下位机进行控制传送制造加工过程中的任务。其中自动导向车将毛坯或半成品送到某个单元，由随行夹具做好定位之后送到要求工位上，满足加工精度要求，实现全自动化生产，因此企业将朝着数字化工厂和无人化工厂的方向发展。

图 9-7　机械制造自动化单元与系统

9.3　先进制造技术发展

微课视频

柔性制造、集成制造、智能制造是制造技术发展的三个阶段，代表着自动化制造系统的三个不同的层次。柔性制造强调单件小批多品种生产的高度自动化和可变性；集成制造、智能制造都是面向制造过程自动化的系统，两者密切相关但又有区别。集成制造强调的是企业内部物料流的集成和信息流的集成；而 IMS 强调的则是更大范围内的整个制造过程的自组织能力。从某种意义上讲，后者难度更大，但比集成制造更实用、更实际。集成制造中的众多研究内容是 IMS 的发展基础，而 IMS 也将对集成制造提出更高的要求。集成是智能的基础，而智能也将反过来推动更高水平的集成。

动画

9.3.1 集成制造与智能制造

1. 集成制造系统

计算机集成制造系统(computer integrated manufacturing system，CIMS)是一种基于借助计算机将企业中各种与制造有关的技术系统集成起来，进而提高企业适应市场竞争能力的理念构成的计算机化、信息化、智能化、集成优化的制造系统。

20 世纪 70 年代以来，计算机在企业的产品设计、制造和经营管理领域中的应用不断深化。为了适应动态的、多品种小批量自动化生产方式所需要的柔性，在相关的制造部门和过程中，出现了许多单一目的的计算机辅助自动化应用，如计算机辅助设计(CAD)和计算机辅助制造(CAM)、计算机辅助工艺过程设计(CAPP)、计算机辅助生产管理、计算机辅助质量管理(CAQ)、柔性制造系统(FMS)等。这些系统一般都是在企业生产过程中按部门需要逐个建立起来的，并未考虑彼此之间的信息数据共享问题，人们把这些单项应用形象地称为"自动化孤岛"，这些自动化孤岛从改进单项功能目标上体现了企业的局部效益。为了使企业获得更大的整体效益，人们通过计算机网络和系统集成技术将这些"孤岛"连接成一个整体，使企业内部的信息和数据处理具有充分的及时性、准确性、一致性和共享性，这就是计算机集成制造(CIM)技术产生的背景。

CIMS 是一个复杂的大系统，从设计到实施，最有效的方法是在设计阶段将其分解为不同层次的子系统，而在实施阶段再将这些子系统有机地集成为 CIMS。所谓的 CIMS 体系结构就是研究其各组成部分及其相互关系，从而在保证系统总体效益最优的前提下，有效地协调各子系统的目标与行为。目前，研究最多、应用最广、最为人们所重视的是面向 CIMS 功能构成和控制结构的体系结构。

2. 智能制造

智能制造(intelligent manufacturing, IM)在国际上尚无公认的定义。即目前比较通行的一种定义是，智能制造技术是指在制造工业的各个环节，以一种高度柔性与高度集成的方式，通过计算机来模拟人类专家的制造智能活动，对制造问题进行分析、判断、推理、构思和决策，旨在取代或延伸制造环境中人的部分脑力劳动，并对人类专家的制造智能进行收集、存储、完善、共享、继承和发展。因此，智能制造的研究开发对象是整个机械制造企业，其主要研究开发目标有两个：一个是整个制造工作的全面智能化，它在实际制造系统中首次提出了以机器智能取代人的部分脑力劳动作为主要目标，强调整个企业生产经营过程大范围的自组织能力；另一个是信息和制造智能的集成与共享，强调智能型的集成自动化。

制造系统是一个复杂的大系统，其中包括多年积累的生产经验、生产过程中的人机交互作用和必须使用的智能机器。脱离了智能化，集成化也就不能完美地实现。

9.3.2 网络化制造

1. 网络制造概念

信息技术和计算机网络技术的迅速发展为现代制造企业跨地域、跨行业，实现信息和技术的实时传递与交换提供了必要条件，制造业面临的是全球性的市场、资源、技术和人员的竞争。制造资源市场已成为一个开放型的全球大市场，世界经济全球化的进程日益加快，网络经济必将成为一种改变世界经济面貌的主流经济，制造将不再是传统意义上制造，而是一个跨国界、全球性的大制造概念，制造资源应被更广泛地集成起来以发挥更大、更及时的作用，网络制造即是基于此而逐渐成为现代企业越来越倾向的一种先进制造模式。所谓网络制造，即以网络与信息技术为支撑，辅以各种先进管理理念，实现产品的远程设计、制造及控制的新型制造模式。

2. 网络化制造技术的基本功能特点

(1) 时域特点。基于网络技术可使产品开发周期缩短，市场响应灵敏快捷。

(2) 空间特点。基于网络的异地设计、异地制造使得企业空间拓展到了远地，甚至走向了全球一体化，此外，基于网络的企业动态联盟和资源的动态共享使得虚拟企业空间范围是动态变化的，这就意味着企业的空间范围也是动态变化的。

(3) 生产方式。21世纪的市场将越来越体现个性化需求的特点，因此基于网络的定制将是满足这种需求的一种有效模式。产品需求的明显变化是，过去的"大批量、少品种"和现在的"小批量、多品种"将发展到"小批量、多品种、定制型"的生产方式。

(4) 组织模式。网络和数据库技术将使得传统的封闭性较强的金字塔式的、递阶结构的企业组织模式向着基于网络的扁平化的、透明度高的项目主线式的组织模式发展。

(5) 客户参与。因为基于网络的面向用户设计和基于用户的设计技术将为用户参与产品设计提供可能，所以，客户不仅是产品的消费者，而且是产品的创意者和设计参与者。

(6) 虚拟产品。虚拟产品及虚拟超市将大量出现。这是由于虚拟产品、虚拟超市和网络化销售将是未来市场竞争的重要方式，用户不仅可在网上选购产品，而且可虚拟使用和评价。

(7) 远程控制。通过设备的宽带联网运行，可实现设备的远程控制和管理，并可实现设备资源的异地共享。

9.3.3 绿色制造

绿色制造是一个综合考虑环境影响和资源消耗的现代制造模式，其目标是使得产品从设计、制造、包装、运输、使用到报废处理的整个生命周期中，对环境的负面影响极小，资源利用率极高，并使企业经济效益和社会效益协调优化。

1. 绿色的概念

在实际应用中用得更多的是"绿色"的相对概念。当前对绿色产品的评价，通常是以相关的环境标准和法规为基准，当产品的环境影响符合要求时，即认为是绿色的。

当前，环境问题的主要根源是资源消耗后的废弃物。因此，资源问题不仅涉及人类世界有限的资源如何可持续利用问题，而且它又是产生环境问题的主要根源。制造业在将制造资源转变为产品的制造过程中和产品的使用与处理过程中，同时产生废弃物(也称废弃资源)，废弃物是制造业对环境污染的主要根源。由于制造业量大面广，因而对环境的总体影响很大。因此，绿色制造的根本途径是优化制造资源的流动过程，使得资源利用率尽可能高，废弃资源尽可能少。

2. 绿色制造的相关技术

绿色制造的技术发展主要集中在以下几个方面。

(1) 绿色设计技术。绿色设计是指在产品及其生命周期全过程的设计中，充分考虑对资源和环境的影响，在充分考虑产品的功能、质量、开发周期和成本的同时，优化各有关设计因素，使得产品及其制造过程对环境的总体影响和资源消耗减到最小。

(2) 绿色材料选择技术。绿色材料选择技术是一个系统性和综合性很强的复杂问题。一是绿色材料尚无明确界限，实际中选用很难处理，二是选用材料，不能仅考虑其绿色性，还必须考虑产品的功能、质量、成本等多方面的要求，这些更增添了面向环境的产品材料选择的复杂性。

(3) 绿色工艺规划技术。大量研究和实践表明，产品制造过程的工艺方案不一样，物料和能源的消耗将不一样，对环境的影响也不一样。绿色工艺规划就是要根据制造系统的实际，尽量研究和采用物料和能源，消耗少、废弃物少。

(4) 绿色包装技术。绿色包装技术就是从环境保护的角度，优化产品包装方案，使得资源消耗和废弃物产生最少。目前这方面的研究很广泛，但大致可以分为包装材料、包装结构和包装废弃物回收处理 3 个方面。当今世界主要工业国要求包装应做到"3R1D"（Reduce 减量化、Reuse 回收重用、Recycle 循环再生和 Degradable 可降解）原则。

(5) 绿色处理技术。产品生命周期终结后，若不回收处理，将造成资源浪费并导致环境污染。目前的研究认为面向环境的产品回收处理是个系统工程，从产品设计开始就要充分考虑这个问题，并作系统分类处理。产品寿命终结后，即进行绿色产品回收处理方案设计。

9.3.4　生物制造

1. 生物制造的概念

随着现代制造系统的发展，人们越来越认识到人类的制造过程与自然界的生命过程之间存在着深刻的内在相似性，在制造业日趋信息化，而生命科学走向工程化的今天，这种相似性更趋明显和突出。研究表明，现代制造科学已开始向生命现象和生命科学学习和借鉴。随着生命科学、材料科学等现代科学的发展，使生物制造具备了实现的基础。

生物制造工程是利用生物的功能进行制造（基因复制、生物去除和生物生长）及制造类生物或生物体。生物制造工程将生命科学、材料科学及生物技术融入制造技术之中，为人类健康、保护环境和可持续发展做出巨大贡献。主要包括生物活性组织的工程化制造、类生物智能体的制造、生物遗传制造、利用生物机能的去除或生长成形加工等。

2. 生物制造的进展

随着生命科学和制造科学的交叉融合与发展，生物制造技术在生物系统的建模，模拟与数据处理、生物制造使能技术和新工艺研究、针对成形制造要求的生物材料研究、生物材料成形设备的研究与开发、生物制造成形件的检测和表征等方面取得进展。生物制造工程也在解剖学体外器官模型制造、生物相容性假体制造和组织工程细胞载体框架结构的制造等方面取得了进展。例如，在生物相容性假体制造方面，清华大学和有关医院合作完成了人耳 CT 数据的三维重构，并采用自行研制的 MedForm 机器喷射成形了人耳假体。这是植入人体内具有生物相容性的假体，其上蒙植病人活的真皮可完成人耳的修复与再造，如图 9-8 所示。

(a)人耳的CAD模型　　　(b)快速成形制造的植入物　　　(c)MedForm成形机

图 9-8　人耳修复植入物的建模与制造

9.4　现代制造中的管理技术

微课视频

9.4.1　企业资源规划

1. 企业资源规划概念

企业资源规划(enterprise resource planning，ERP)，是在制造资源计划(manufacturing resource planning，MRP)系统的基础上发展起来的新一代的企业管理信息系统，它以整个供应链为其管理核心，将企业内部所有资源整合在一起，对采购、生产、成本、库存、分销、运输、财务、人力资源进行规划，使企业资源达到最佳组合，然后通过获取客户订单，完成加工和交付，得到客户付款，取得最佳效益。

ERP 可以从管理思想、软件产品、管理系统三个层次上对其进行理解。它是一整套企业管理系统体系标准，其实质是 MRP-E 基础上发展而成的面向供应链的管理思想，是综合应用了客户机/服务器体系、关系数据库结构、面向对象技术、图形用户界面、第四代语言(4GL)、网络通信等信息产业成果，以 ERP 管理思想为灵魂的软件产品，是整合了企业管理理念、业务流程、基础数据、人力物力、计算机硬件和软件于一体的企业资源管理系统。

2. 企业资源规划特点

企业资源计划(ERP)从 MRP-E 上发展起来，克服了 MRP-E 在企业管理方面的一些局限。与 MRP-E 相比，ERP 的概念、功能及其所具有的特点如下：

(1) 在资源管理范围方面的差别。提出了供应链的概念，即把客户需求和企业内部的制造活动以及供应商的制造资源整合在一起，并对供应链上的所有环节进行有效管理。

(2) 在生产方式管理方面的差别。把企业归类为几种典型的生产方式来进行管理，满足了企业多元化的经营需求。

(3) 在管理功能方面的差别。增加了支持整个供应链上物料流通体系中供、产、需各个环节之间的运输管理和仓库管理，支持对工作流(业务处理流程)的管理。

(4) 在事务处理控制方面的差别。是可以支持在线分析处理、售后服务及质量反馈，强调企业的事前控制能力。

(5) 在跨国(跨地区)经营事务处理方面的差别。系统运用完善的组织架构,可以满足跨国经营的多国家地区、多工厂、多语种、多币制应用的需求。

(6) 在计算机信息处理技术方面的差别。网络技术的发展使得 ERP 系统能够实现对整个供应链信息进行集成管理。

9.4.2　产品数据管理技术

1. 产品数据管理概念

产品数据管理(PDM)可以定义为以软件技术为基础,以产品为核心,实现对产品相关的数据、过程、资源一体化集成管理的技术。PDM 明确定位为面向制造企业,以产品为管理核心,以数据、过程和资源为管理信息的三大要素。PDM 系统中数据、过程、资源和产品四者间的关系如图 9-9 所示。

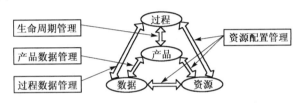

图 9-9　PDM 系统中各组成部分间的关系

2. 产品数据管理系统管理功能

(1) 项目管理。在 PDM 中,按项目方式对数据进行管理,同时提供项目属性管理、项目人员管理、项目资源管理等。具体来说,项目管理的主要功能包括项目的创建、修改、查询、审批、统计等功能。

(2) 工作流程管理。工作流程管理主要用于对产品设计的修改、跟踪和控制。工作流程管理是项目管理的基础,它提供工作流程的定义,提交工作流程执行的设计对象。

(3) 图文档管理。设计过程中,图文档管理实际上是提供一个统一的数据仓库,数据仓库中应包含两方面的信息:一是有关产品数据的基本信息,二是各类电子文档数据。PDM 针对的是产品整个生命周期内所有与产品相关的信息和过程。

(4) 产品配置与变更管理。产品配置通过对与订单无关的产品结构的配置,产生满足特定功能的可销售产品。从产品的开发到原型的制造过程中,产品的各种配置信息经历了多次的变化,结构的改变、信息的增加造成了产品的各种版本。产品配置与变更管理对产品的版本数据提供冻结、释放、复制等操作。

(5) 系统的集成与封装。PDM 系统可以与二维、三维 CAD 系统进行集成,并对于三维的数据模型,系统实现动态拖放浏览。对于三维模型中的装配信息,系统也可以提取并自动建立起模型间的装配关系。同时对于所有三维模型具有一些通用信息,描述零部件的信息建立对应关系。

参 考 文 献

蔡光起, 原所先, 高航, 2002. 机械制造技术基础. 沈阳: 东北大学出版社

陈剑中, 孙家宁, 2011. 金属切削原理与刀具. 北京: 机械工业出版社

巩亚东, 史家顺, 朱立达, 2017. 机械制造技术基础. 2 版. 北京: 科学出版社

韩秋实, 王红军, 2010. 机械制造技术基础. 北京: 机械工业出版社

韩荣第, 王扬, 张文生, 2004. 现代机械加工新技术. 北京: 电子工业出版社

黄健求, 楼应侯, 朱从容, 2011. 机械制造技术基础. 北京: 机械工业出版社

机械工业机械工艺工装标准化技术委员会, 2007. 机械工艺工装标准汇编(上). 北京: 中国标准出版社

贾振元, 王福吉, 董海, 2011. 机械制造技术基础. 2 版. 北京: 科学出版社

江平宇, 2004. 网络化计算机辅助设计与制造技术. 北京: 机械工业出版社

教育部高等学校机械类专业教学指导委员会, 2023. 智能制造工程教程. 北京: 高等教育出版社

李旦, 韩荣第, 巩亚东, 2009. 机械制造技术基础. 哈尔滨: 哈尔滨工业大学出版社

李廉水, 杜占元, 2007. 中国制造业发展研究报告. 北京: 科学出版社

刘明, 谢常青, 王丛舜, 2004. 微细加工技术. 北京: 化学工业出版社

卢秉恒, 洪军, 赵万华, 2005. 机械制造技术基础. 北京: 高等教育出版社

卢秉恒, 赵万华, 洪军, 2017. 机械制造技术基础. 北京: 机械工业出版社

马尔金, 2002. 磨削技术理论与应用. 蔡光起, 巩亚东, 宋贵亮, 译. 沈阳: 东北大学出版社

任小中, 周近民, 2016. 机械制造工艺学. 北京: 机械工业出版社

王贵成, 王树林, 董广强, 2005. 高速加工工具系统. 北京: 国防工业出版社

王隆太, 2007. 先进制造技术. 北京: 机械工业出版社

王润孝, 2006. 先进制造技术导论. 北京: 科学出版社

王宛山, 巩亚东, 郁培丽, 2003. 网络化制造技术. 沈阳: 东北大学出版社

王先逵, 李旦, 孙凤池, 等, 2023. 机械加工工艺手册. 北京: 机械工业出版社

邢鸿雁, 陈容林, 2009. 机械制造难加工技术. 北京: 机械工业出版社

熊良山, 严晓光, 张福润, 2006. 机械制造技术基础. 武汉: 华中科技大学出版社

杨海成, 2007. 数字化设计制造技术基础. 西安: 西北工业大学出版社

杨江河, 程继学, 2006. 精密加工实用技术. 北京: 机械工业出版社

易红, 2005. 数控技术. 北京: 机械工业出版社

于俊一, 邹青, 2005. 机械制造技术基础. 北京: 机械工业出版社

张策, 2015. 机械工程史. 北京: 清华大学出版社.

张福润, 徐鸿本, 刘延林, 2000. 机械制造技术基础. 武汉: 华中科技大学出版社

张世昌, 李旦, 张冠伟, 2014. 机械制造技术基础. 北京: 高等教育出版社

中国机械工程学科教程研究组, 2023. 中国机械工程学科教程. 北京: 清华大学出版社

朱立达, 巩亚东, 史家顺, 2017. 机械制造技术基础学习辅导与习题解答, 北京: 科学出版社